식품가공이용학

FOOD PROCESSING TECHNOLOGY

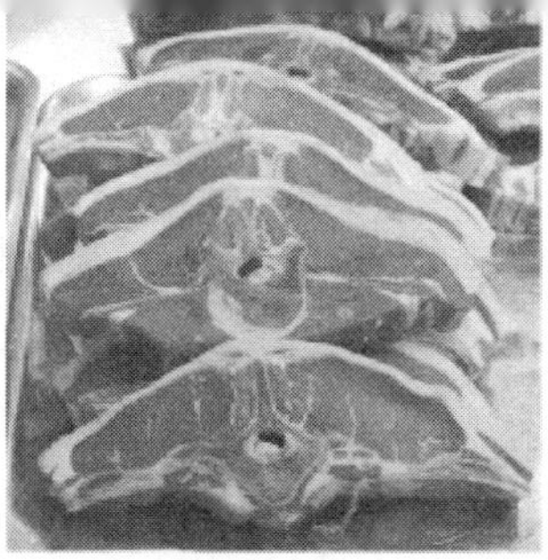

Advanced Food Science

종합해설

식품가공 이용학

<공전·실험서 수록>

농학박사 · 식품기술사 **이 성 갑** 저

碩学堂
www.shdbooks.co.kr

머리말

식품이란 인간의 3대 필수요건의 으뜸으로 보통 식(食)의(衣)주(住)로 말하고 있다. 원시시대 우리선조들은 동물의 3대 욕망인 먹고, 자고 그리고 자손번식을 별 어려움없이 생을 누려왔다. 그러나 인구가 점점 늘어나면서 자연이 주는 천연식품으로는 배불리먹고 생명유지에 식량이 부족하게 되어 이의 해결책으로 인위적인 식량증산기술을 개발 하게 되었다. 천연식품은 자연그대로 재배, 사육, 어획 된 유기식품 으로 식품의 안전성, 건전성, 완전성을 확보 할수 있으나 생산수량이 적어 이의 해결책으로 자연의 순리를 거역하고 인간이 잔꾀를 발휘하여 개발한 무기 인공식품은재래농법을 변경시켜 제한된 조건(장소, 시간)에서 보다 더 많은 생산량을 얻게 되었다.

인공적인 식량생산기술의 요체는 재래종 동. 식물의 종자를 유전공학기술로 변형시켜 다수확 농산물 종자 나 슈퍼가축 품종으로 개량하고 이에 알맞은 경종법으로 비료. 농약 같은 유해화공약제를 사용하고 사양기술로는 성장호르몬이나 항생제 를 사용하여 재래방법보다 10배 이상 의 수확량을 얻는 기술이다. 이 같은 방법으로 생산된 무기식량재료는 각종 위해요소를 함유하여 인간의 생명과 성장발육등에 각종 질병과 건강장애를 수반하여 건전한 식품으로 많은 문제점을 내포하여 최근 웰빙시대의 식품재료는 자연친화적 유기농산물이 선호되고 현재 전 국민이 광우병 소고기 수입을 절대 반대하는 이유이다.

그러나 유기농산물만 고집할수 없는 것은 식량생산량이 적고 생산비가 높아 식료품의 가격이 증가되며 원활한 수요.공급이 어려워 국민들의 식생활에 어려움이 뒤따르게 된다. 식재료가 유기농산물이건 무기농산물이건간에 생산물을 손실없이 보존하려면 과학적인 식품저장기술과 영양성분이나 식미성, 기능성 등을 고려하여 식품재료에 적합한 가장이상적인 제품을 생산하는 식품가공기술이 필수적 과정이며 이러한 식품의 저장가공업이 제2의 식량생산이라고도 한다.

식품보존기술은 1850년대 식품의 부패원인은 미생물로 루이 파스테르 가 과학적으로 입증한이후 그전부터 관행적으로 이용하던 수확후 갈무리법으로 천일건조, 저온이용(움저장, 냉장, 냉동)가열, 염장,훈연, 당장,병조림,통조림, 성분추출분리 등으로 발전하여 오늘에 이르고 있다.

식품은 인류가 불을 발견하기까지는 동물과 같이 생으로 먹는 생식(生食)을, 불을 사용한 후는 화식(火食)으로 변하였고 각종 발달한 식품공학원리를 응용하여 보다 맛있고 영양가 많은 식품을 장기간 보존 할수 있는 식품가공기술로 발전시켰다.

우리나라의 식품가공교육은 1960년대 농업고등학교, 농과대학에서 강좌가 개설한후 식품가공 관계의 학과도 속속 대학과 고교에서 신설되어 농공병진 정책추진에 크게 기여하게 되었다.

본 서는 필자가 다년간 농산물이용연구소(농진청), 인도 Mysore 대학원, 한국냉장(주) ,한경대학교, 호서대학교 등 산. 학. 연(産學研)에서 식품에 관한 연구, 식품가공학 강의(농산, 축산,수산,저장학)와 실험 실습, 그리고 산업체 가공기술 자문등 의 경험에서 배우고 익힌 기술과 자료를 토대로 대학과정의 식품가공학 강의교재로 요점 정리한 것으로 공부하는데 시간적 제약을 받는 학생들이나 이 분야 현장 실무자들의 참고서로서 그리고 국가기술자격검정시험(식품기사/산업기사) 준비서로서 그 활용이 크게 기대됩니다. 아울러 대학및 대학원 · 의 식품가공학 교재로서 뿐만 아이라 식품연구소, 정부관련기관,식품가공업계의 연구나정책참고서로 활용할수 있도록 편찬하였다.

I편 에서는 식품가공. 저장의 기초상식을 II편에서는 식품가공학각론으로 식품원료별(농산가공, 축산가공, 수산가공, 기타)로 이화학적 특성, 성분조성, 각 품종별 저장 가공기술에 대하여 요점 해설을 하였고, III편에서는 식품가공 실험을 알기 쉽게 기술하였고, IV편은 식품제조교과서인 식품공전과 기능식품공전에서 일반식품과 건강기능식품의 기준 및 규격 자료를 편집하여 우리나라의 식품가공업 품목영업종류를 파악시켜 졸업 후 실제 사업추진에 도움을 받게하였고 부록으로 식품가공에 관한 연구논문과 기술 원고를 첨부하여 학문연구에 참고토록 하였다.

보다 완벽한 책자가 되도록 노력하였으나 위낙 천학비재한 사람이 쓰다 보니 내용의 불비나 오류가 있을것 으로 사료되어 차후 독자제현의 기탄없는 지적은 계속 보완할 것을 약속드리며 많은 지도편달 부탁 드림 니다. 끝으로 이 책의 출판을 위하여 수고해 주신 도서출판 석학당의 윤용호사장님과 편집부 마명호팀장에게 심심한 감사를 드립니다.

2008년 9월
농학박사 · 식품기술사
이 성 갑

목차 Contents

목차 Contents

목차 Contents

목차 Contents

목차 Contents

제3편 식품가공실험

제4편 식품/건강기능식품공전

목차 Contents

목차 Contents

목차 Contents

FOOD PROCESSING TECHNOLOGY

Advanced Food Science

종합해설

식품가공 이용학

<공전·실험서 수록>

碩学堂
www.shdbooks.co.kr

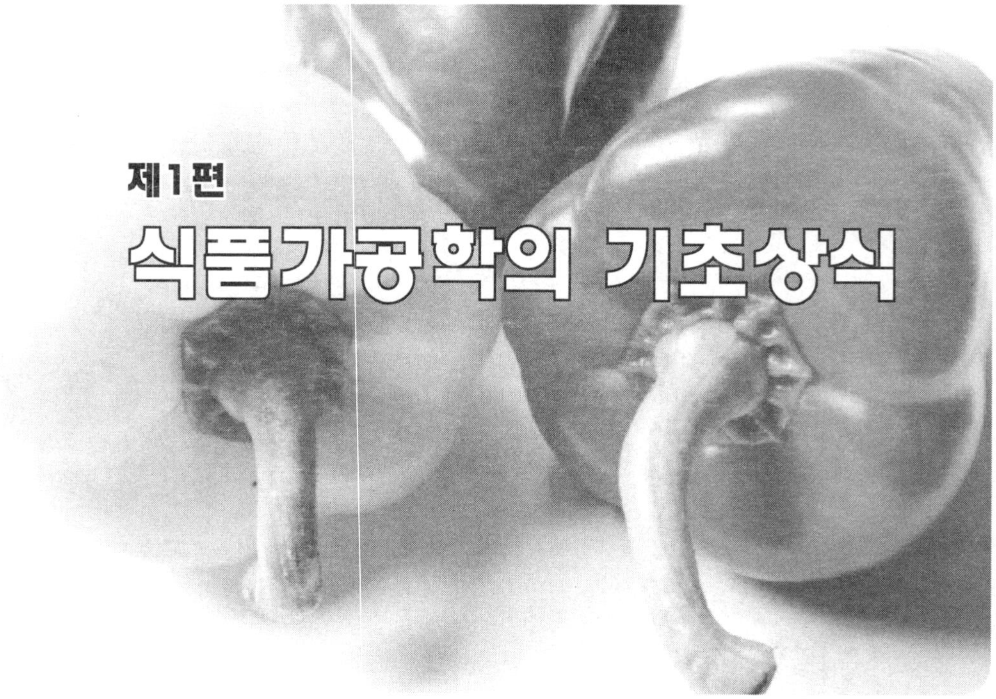

제1편

식품가공학의 기초상식

1장 총 론

◆ 인간의 욕망 : 무병장수(無病長壽);99-88-2-3,
　　　　　　　인간 자연수명 : 25(성장기) × 5 = 125세

◆ 세계3대 장수촌 : ① 코카샤스(아제르바이잔)
　　　　　　　　　② 푼자왕국(파키스탄)
　　　　　　　　　③ 빌카밤바(에쿠아돌)

◆ 한국의 장수지역 : 전남, 제주 해안가

◆ 일본의 장수지역 : 오끼나와

◆ 식이 특징 : 채식위주, 소식, 과실, 채소, 맑은물, 신선한공기

◆ 장수기록 : 진시왕 노력(불노초, 시목탕) 49세졸,
　　　　　에디슨 84세(빵, 과실, 채소, 소식)

◇ 수명 - Thomas Per(영국 152.9세) 4호부인과결혼 120세,
　　　　왕실초청만찬회 과식사망

◇ 체중 - Uribe40세(멕시코, 550kg/2006),
　　　　Hevranco46세(미국, 500kg/2005) - 인간최대 체중

1. 식품의 정의

가. 일반정의

① 가식(edible) ② 1종이상 영양소함유

③ 무독 ④ 소화흡수가능

⑤ 천연물(평화시 400여종, 비상시-구황식품포함 1000종) 또는 가공품

◆ 식위법정의(법 2조1항) : 의약으로서 섭취하는 것을 제외한 모든 음식물

◆ FAO/WHO : 인간이 섭취할 수 있도록 완전 가공 또는 일부 가공한 것 또는 가공 않고 먹을 수 있는 모든 것

◆ 영양소 권장섭취 비율 : 탄수화물 65%, 지방 20%, 단백질 15%/(식품재료 30~40종)/day

◆ 본질 : 식품 = 부패 · 변질성 고분자 불용성 생질(Biomass)

◆ 부패성 물질 : 소화; 가수분해 가능한 광합성 고분자 저장성 유기화합물

◆ 부패원인구명 : 1904(병조림), 1810(통조림), 1855(부패원인구명; Louis pasteur) 자연부패설 → 미생물기인설

◆ 식품(고분자 불용성물질) + 미생물/효소, 이화학작용(산, 알카리, 열, 산소) → 저분자 수용성물질
(탄수화물,단백질,지방) (당류.아미노산.지방산)

◆ 생물상 : ① 동물상 ② 식물상
③ 미생물상(세균, 효모, 곰팡이, 바이러스, 조류, 원생동물, 리켓티아)

◆ 미생물 서식처 : 식품생산기지인 ① 토양, ② 물, ③ 공기 - 극한 과극서, 무기한 상존

◆ 식품과 주요미생물 : 식품 = 생(生, 無菌) 사(死, 有菌)

종 류	세균(bacteria)	공팡이(mold), 효모(yeast)
생육pH	7.0 - 7.5(중성-약알카리성)	4-5(약산성)
중식 수단	포자(spore)	생육세포(vegetative cell)
살균 유형	고온, 고압 (high temp./pressure)	lowtemp./non pressure
살균 온돌℃	고온 100↑ (retort steriliztion)	저온100↓ (pasteurization open kettle

◆ 식품보존[저장]원리 : 저온위생관리, 열처리, 차단

◆ 먹기전(前)

① 미생물제어(유해균인부패균, 병원균살멸, 제거, 생육정지) 유용균 작용조장
② 효소작용 억제로 품질저하예방, 유해효소는 불활성화
③ 소동물(쥐, 새, 곤충)소비방지 – 방서, 방충, 훈증

- ◆ 위생 관리 : 미생물의 오염 방지나 생육억제, 살균 등 (Clean–Cold–Cover = 3C)
- ◆ 식품보존법 : 건조/탈수, 냉동/냉장, 통/병조림, 삼투압(당, 염, 초장), pH산성화(산첨가, 젖산발효), 훈연, 포장, 제균냉살균(여과, 방사선, 살균, 방부제), 가열살균, 호흡작용(CA, MA)

2. 식품위생 정의

- ◆ WHO : 식품의 생육, 생산, 제조로 부터 최종적 사람에게 섭취될 때까지의 단계에서 식품의 안전성, 건전성 또는 위해가 없는 상태를 확보하기 위해서 필요로 하는 모든 수단
- ◆ 식위법(법2조7항) : 식품, 첨가물, 기구 또는 용기, 포장을 대상으로 하는 음식에 관한 위생
- ◆ 식품위생 목적(법1조) : 식품으로 인한 위생상의 위해(危害)방지 와 식품영양의 질적 향상을 도모함으로서 국민보건의 향상과 증진에 기여

가. 식품중 위해 요인의 종류

① 생물적요인 : 경구전염병 식중독세균 기생충

② 화학적요인

ⓐ 의도적 : 식품첨가물, 농약, 용기포장재료, 동물용약품

ⓑ 비의도적 자연독 : 버섯독, 복어독, 조개독, 곰팡이독

ⓒ 환경오염물질 : 중금속, 다이옥신

③ 물리적요인 : 유리, 돌, 나무, 해충 등

(가) 사회발전에 따른 안전성 관심분야

발전 단계	관심 분야	결과 산물	비 고
원시 사회	식용/비식용구분	자연독	We eat to live
농경 사회	변질식품과 미생물의관계	세균성 식중독	We live to eat
산업 사회	가공식품과 화학물질의 이용	화학 잔류물	We live to enjoy
국제화 사회	새로운 안전성 평가	Codex규격, 유기농식품	Well – Being

(나) 식생활 욕구 5단계 와 식품의 선택기준

욕구 단계(Survival)	선택 기준 I	선택 기준 II
생존 단계(Recognition)	경제성	영양가
인식 단계(Cognition)	영양가	안전성
선택 단계(Selection)	기호성/안전성	영양가
도락 단계(Gourmandism)	건강기능	기호성
식예술 단계(Art)	심미성	편의성

나. 식품의 안전에 영향을 미치는 요인

① 인구의 고령화

② 무계획적인 도시개발 및 이주

③ 식품의 대량생산

④ 식습관의 변화

⑤ 식품 및 가축사료의 국제교역량 증가

⑥ 관광여행자의 증가에 따른 병원성 미생물의 확산

다. 식품 안전의 의의

영양소의공급원 → 생활영위
↗ Edible
Foods
↘ 오염물질, 미생물 → 건강악화
Inedible

- 식품안전(Food Safety) : 위해발생을 미연에 방지 → 식품본래의 역할 만수행

◆ 식품이력추적제도(Food Traceability)

① 정의 : 농장에서부터 원료생산, 제품생산, 가공단계, 물류업체에 의한 유통경로 및 소매점을 거쳐 소비자에게 전달 될 때까지의 전과정을 기록해 활용하는 것

② 목적

구 분	내 용
정보의 신뢰성 향상	소비자는 식품과 그 제공자에 대한 정보획득
	정확한 정보를 근거로 제품관리 와 위험관리
	사업자는 자기제품에 대한 신뢰성 확보
식품의 안정성 향상	제품의 안전성 문제에 대해 원인규명하고 대처가능
	사고제품에 대한 추적관리로 회수 및 폐기처리
	사업자에 책임을 명확하게 한다
업무의 효율성 향상	식별화된 제품관리로 재고업무 효율화
	체계적인 제품/품질관리로 비용절감 및 품질향상

라. 음식물과 건강장해위해요소

【표 1-1】 식품으로 인한 건강장애 물질의 개요

분 류	독성물질의 예
고유독 (固有毒)	① 자연 독 : 복어 독, 바지락 독, 독패 류, 독버섯 ② 생리 독 : - 항 갑상선 물질, 장염 비브리오형 - 항효소 성 물질, 식이성 알레르기
외부독 (外部毒)	① 미생물로 인한 독(세균성 식중독) - 감염형 : 살모넬라 형, 장염비브리오형 - 독소형 : 보툴리누스 형, 포도상구균형 - 화학물질형 : 식품첨가물, 중금속, PCB, 농약 - 곰팡이 독 : 아플라톡신, 적 곰팡이독 ② 경구전염병(소화기계) : 이질, 콜레라, 장티프스 ③ 인 축 공통전염병 : 탄저, 블루세라 등 ④ 인위적인 독 - 부정식품 첨가물 : 합성감미료(dulcin등) - 식품 오염물 : 잔류농약(DDT 등), 항생제, 공장배출물(유기수은 등), 가용성 용품 용출물 - 기생충증(경구감염) : 회충, 촌충, 폐흡충 등
가공독 (加工毒)	① 물리적 처리 시 생성 독 - 방사선 조사, 유지 산화 독, 가열 산화유지독 ② 화학적 처리 시 생성 독 - 아 질산염과 아민(니트로소아민)

◆ 기타건강문제

① 비만(과잉 영양 섭취, 운동부족)기인 각종 성인병

② 영양 불균형 질병.

◆ 식품건강위해

유전자조작식품(GMO), 잔류농약, 발암성(aflatoxin, mycotoxin), 방사능오염, 항생물질과 성장호르몬제(어 · 육류), 식품첨가물, 중금속(카드늄, 수은, 납), 환경호르몬과 트리할로메탄(수돗물), 아질산(소금), 니트로자민(소시지), 벤지피린(탄고기), 공장폐수, 합성수지제 용기 등의 피해

2장 식품가공

가. 정의

식품에 물리적, 화학적, 미생물적 변화를 주어 저장성과 영양가를 높이고 기호성 및 기능성을 향상시켜, 우리들 식생활에 필요한 제품을 만들어 내는 것을 식품가공이라 하고 이를 학문적으로 연구하는것을 식품가공학 이라한다. 〈부가가치를 높여 생산농어민이나 소비자 모두 이익〉

◆ 1차가공(원료를직접가공-식육)
2차가공(1차가공품을원료로식품제조-햄. 소시지)
3차, 4차가공

◆ 저차가공(수산물의 단순가공-건어물)
고차가공(고도의 기술로 가공 -어묵,통조림)

나. 가공목적과 분류

(1) 목적

① 저장성향상(통조림)

② 영양과 기호성의 향상(도정, 제분, 제빵)

③ 농산물 가격의 안정(저장, 유통량 조절)

④ 농한기의 노동력 활용(농한기의 노동력 활용)

⑤ 부산물의 이용(비지, 깻묵, 주박 등을 식량, 사료, 비료로 활용)

⑥ 운임의절감(고구마를 전분 가공)

⑦ 농어촌경제공헌(소득창출)

(2) 가공분류

① 식품소재를 그대로 조리, 또는 생식 곤란한 것을 이용하기 쉽게 가공

② 식품소재 또는 자원 중에서 특정한 성분 만을 분리해서 이용

③ 몇 가지 식품소재, 재료 등을 혼합 사용가공

④ 건조, 염장, 훈연, 포장, 가열 등의 처리에 의하여 가공

⑤ 미생물의 작용을 이용

⑥ 효소의 작용을 이용

다. 식품가공의 종류

(1) 농산식품가공

① 식용작물 : 곡류, 콩, 서류(도정, 제분, 제빵, 두부)

② 원예작물 : 과실, 채소(과즙, 건조품,잼, 통조림)

③ 공예작물 : 유채류, 인삼, 유지, 박하

(2) 축산식품가공

① 우유가공 : 우유(분유, 발효유, 치즈, 버터, 크림, 아이스크림)

② 육가공 : 육류(햄, 소시지, 베이컨)

③ 난가공 : 달걀, 오리알(액난, 동결난, 건조난, 마요네즈, 난음료 등)

(3) 수산식품가공

① 건조가공 : 마른오징어, 멸치 등

② 염장 및 젓갈가공 : 새우젓, 멸치젓 등

③ 연제가공 : 어육소시지, 생선묵

④ 수산통조림가공 : 꽁치, 고등어, 골뱅이

⑤ 해조류가공 : 한천, 알긴산, 카라기난

(4) 임산가공(산채, 야생과실류,도토리전분)

◆ 경영에 의한 분류 : 판매용(협동조합, 기업제품), 자급용(자가제조)

라. 효소 : 생체 / 유기촉매

(1) 산화환원효소(酸化還元酵素)

H원자나 전자를 받아 O_2원자의 기질로-OH기의 도입을 촉매, 생체에너지 방출에 관여하는 효소

(2) 전이(轉移)효소

어떤 기질로부터 다른 기질의 전이반응을 촉매 하는 효소

(3) 가수분해(加水分解)효소

각종 결합에 가수해서 절단하는 반응을 촉매 하는 효소

(4) 탈이(脫離)효소

기질에 원자단을 분리하고 이중결합이 생성되거나 반대로 이중결합에 이들 원자단을 부가하는 반응을 촉매 하는 효소

(5) 이성화(異性化)효소

기질 분자의 분해, 전위, 산화환원을 수반하지 않는 분자내 에서의 상호변화의 반응을 촉매 하는 효소

(6) 부가(附加)효소

ATP 등을 이용해서 두 개의 분자를 결합시키는 반응을 촉매 하는 효소

마. 식품가공의 원리와 방법

(1) 가공원리

식품공학의 단위조작(Unit Operation) 기술을 응용

(2) 가공 밥법

(가) 물리적 방법

① 분쇄 : 조직파괴, 소화율향상, 표면적 확대

ⓐ 목적 : 원료중의 내용물 분리, 소화율 향상을 위한 표면적 확대(효소,

약품작용조장), 내용물의 추출분리, 혼합용이

ⓑ 원리 : 압력(조쇄), 전단력(미쇄), 충격, 타격

ⓒ 기계 : 파쇄기, 중간분쇄기, 세분기, 미분기

② 추출 : 유효성분 분리
원료성분 중 한 성분만 녹여 내는 것(콩젖-가열, 콩기름-용제)

③ 여과 : 액상과 고상 분리
원료의 용해부와 불용해부의 분리; 여과천, filter press, 원심분리

④ 압착 : 조직파괴
조직파괴로 성분분리, 여과능력향상; expeller, cage press

⑤ 사별 : 입자 분리

ⓐ 분쇄물의 입자에 따라 분류하는 것

ⓑ 메쉬 : 1인칭에 들어있는 구멍수(미국식)

ⓒ 1㎠내의 구멍수 : 독일식(채의번호) 메쉬 번호가 크면 입자가 적음

⑥ 농축 : 수분 증발
수분을 줄이는 조작, 진공농축, 동결농축이 우수, 연유, 당시럽

⑦ 건조 : 표면건조와 내부확산의 반복으로 식품중의 유리수 배제로 미생물생육억제

- 수분제거조작 : 자연건조, 인조건조(열풍, 분무, 진공, 동결, 피막)

⑧ 증류 : 포도주에서 증류하여 알콜 (위스키) 만 회수
액체를 가열증발냉각으로 다시 액체를 얻는 것(상압, 진공, 수증기, 분별)

⑧ 초음파 : 고진동처리
수정발전기로 진동수 6,000사이클 이상 초음파를 수중에 발전시켜 끓는 상태로 하여 용액, 교질의 균질화(식품 · 화장품), 세척기(실험기구, 정밀기계)

⑨ 마이크로파(microwave) : 가열, 전자레인지

(3) 화학적 방법 : 성분의 화학변화로 맛, 소화율향상

(가) 가 열

조직유연화, 성분변화로 기호성 개선, 보존성 향상(부패균), 위생성(병원균 살멸), 자숙, 증숙, 배소;성분변화-전분호와, 당캐러멜화, 단백변성, 유지중합, 효소불활성화

◆ 효과 : ① 녹말호화 ② 효소의 불활성화

③ 단백질의 변성　　　④ 당의 캬라멜화
⑤ 유지의 중합　　　⑥ 당과아미노산과의 반응

(나) 알칼리 처리
오렌지내피, 복숭아 외피 왁스제거, 중화면제조

(다) 산 천리
산 당화 전분당, 아미노산간장, 오랜지 내피제거

(라) 소금첨가
방부성, 식미부여, 제면의 구루텐 점성, 탄성 증가

(마) 효소처리
엿기름, 미생물 등의 효소이용 가공(엿, 치즈, 청징 과즙)

(4) 미생물학적 방법

(가) 발효
미생물효소작용을 이용하여 유기화합물의 산화, 환원/분해 합성하는 것으로 생성물별로 알코올발효, 젖산발효, 초산발효

◆ 발효식품-맥주, 포도주, 빵, 과실주(효모), 청국장(나토균), 식초(초산균), 청주(곰팡이, 효모), 침채류(젖산균, 효모), 된장(곰팡이, 효모, 세균), 간장(효모, 세균)

3장 식품가공의 특징

식품가공학
食品加工學

가. 요약

식품의 저장 · 가공 · 포장 · 분배 · 조리 이용에서 과학적 지식과 공학적 기술을 이용하는 자연과학이다. 취급분야에는 가공식품 · 가공공정 · 가공기계의 개발, 가공원료의 선택, 가공중에 나타나는 화학성분이나 물성의 변화, 그리고 가공제품의 영양가나 안전성의 문제가 포함된다.

▶ Food Processing Engineering(unit operation)
▶ Food Technology(비공학적)
▶ Food Manufacture(제조)

나. 식품가공학의 이해

식품재료를 처리하여 가공식품을 만드는 일련의 제조과정과 가공식품의 취급. 저장, 유통, 소비 등을 종합적으로 연구하는 학문으로 그 기원은 인류가 생존을 위해 원시적인 가공에서 비롯되었다.

취급분야에는 가공식품 · 가공공정 · 가공기계의 개발, 가공원료의 선택, 가공중에 나타나는 화학성분이나 물성의 변화, 그리고 가공제품의 영양가나 안전성의 문제가 포함된다. 식품의 저장 · 가공 · 조리 문제는 유사(有史) 이전부터 경험에 의하여 터득한 지식이 축적되어 왔다. 1804년 프랑스의 요리사 N.아페르가 병조림 기술을 발명하여 식품저장의 원조로 일컬어졌으며, 수십 년이 지난(1855)다음 프랑스의 미생물학자 L.파스퇴르는 살균의 원리를 규명하여 통조림 기술을 뒷받침하였다. 제2차 세계대전 중에는 편의성 · 저장성 · 기호성 · 영양가와 안전성이 보장된 전투식량이 개발됨으로써 식품가공 기술이 크게 발전하였다. 1950년대에 들어오면서 식품가공학이 학문으로 정립되어 선진국에서는 식품과학을 포함한 식품이공학의 고등교육이 시작되었다. 한국에서는 1960년대에 들어와 대학 및 전문대학에서 식품가공학(또는 식품공학)의 전문교육이 시작되어 식품기사 자격이 주어진다. 앞으로식품가공의 발달추이는 식량자원의 개발과 전통식품을 가공화시키는데 주력할것이며 가공원료의 합성, 천연물을 이용한 기능식품의 개발, 포장식품의 다양화, 간편식품 등의 개발에 역점을 둘것이다. 특히 특수식품으로 우주식, 산악인식, 전투식, 원양선원식과 특수목적식(노약자, 청소년, 유아, 환자, 운동선수) 또는 DIY식품이 선호 될것으로 기대되고 유전적인 방법을 비롯한 다양한 가공기술의 개발로 새로운 식품이 제조 될것이다.

【표 1-2】 새로운 가공기술과 21세기 미래형 식품

【표 1-2】 새로운 가공기술과 21세기 미래형 식품

기술분야	세부기술	미래강조분야	식품종류
진공	냉각, 탈기, 탈취, 증류, 해동, 농축, 건조, 튀김, 포장	간편성	냉동조리식품, 간편편의식품, 외식패스트푸드, 조리식품, 배달식품, 출장요리식품, 파티배달식품
선별	사별, 기류, 광학(초음파, 전파, 근적외선, 레이저광선, X선)선별		
가압	압출, 초임계추출, 부피축소, 가압팽화, 살균, 초고압 이용 살균		
세척	습식, 건식, 초음파, CIP세척		
혼합	액체/액체, 액체/고체 혼합, 이송 중 혼합, 초음파 혼합		
분리	막처리(주로 한외여과), 점성체와 고체의 분리		
응집	열교환방식, 유도가열, 유전가열		
농축	막처리(한외여과, 역삼추, 다이내믹막), 동결농축		

가열	열교환방식, 유도가열, 유전가열	건강성	건강식품, 기능성식품, 유기식품, 자연식품, 건강특수용도식품, 미용식품
냉각·동결	액화·고압가스의 이용(CO_2, N_2, LNG), 진공, 급속동결, 동결건조, 동결분쇄, 동결변성		
해동	가압, 진공, 마이크로파 해동		
건조	분무, 유동, 기류, 가압, 진공 및 동결건조		
저온처리	동결농축, 동결분쇄, 동결탈수, 동결변성		
성형	조립(과립), 압밀화(壓密化), 가압성형팽화, 조직, 피막화	특수성	우주식품, 산악등산용식품, 레저식품, 전투식품, 원양어선선원식품, 병약자식품, 노인/청년/유아/여성용 식품, 체중 조절 다이어트식품, IQ식품
포장	무균충진, 가스치환, 산소흡수제 및 건조제 혼합 포장		
마이크로파	해동, 건조, 팽화, 간이살균, 살충, 파괴, 원적외선가열, 자외선살균, 오존살균		
방사선	발아방지, 살균, 멸균		
가스살균·훈증	methyl bromide, ethylene oxide, propylene oxide, 항산화 휘발성 물질 사용		
반응	가압, 금속촉매, 고정화 효소		
바이오반응	고정화 효소, 바이오센서, 고정화 미생물		

◆ Food Engineering = Unit operation(물리적-분쇄) + unit process(화학적-가열)

◆ 가공식품의 발달 : 소비자 식생활 패턴의 변화에 충족
양(量)→질(質), 소규모→대규모, 일정규격식품→다양한규격식품

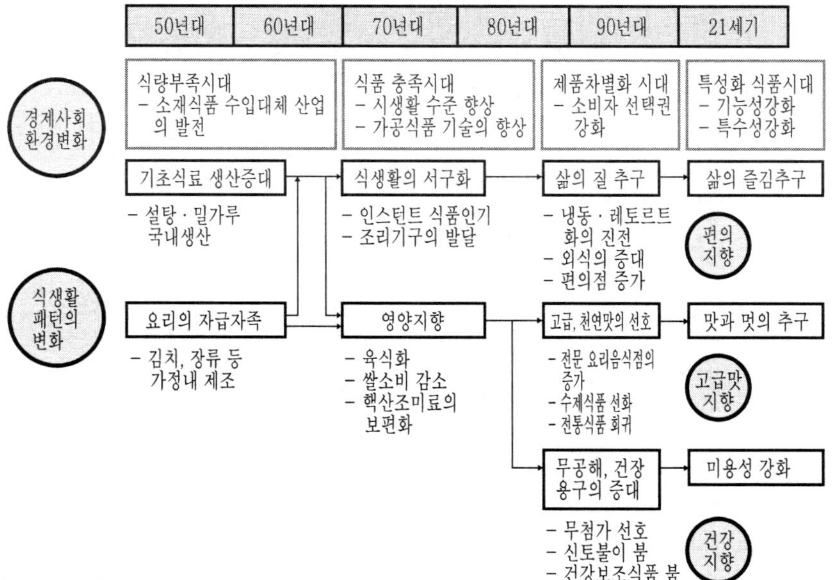

【그림 1-1】 가공식품과 식생활 패턴 변천과정

식품가공학의 관련분야와 필요한 자연과학. 공학분야의 기초학문 분야는 매우중요

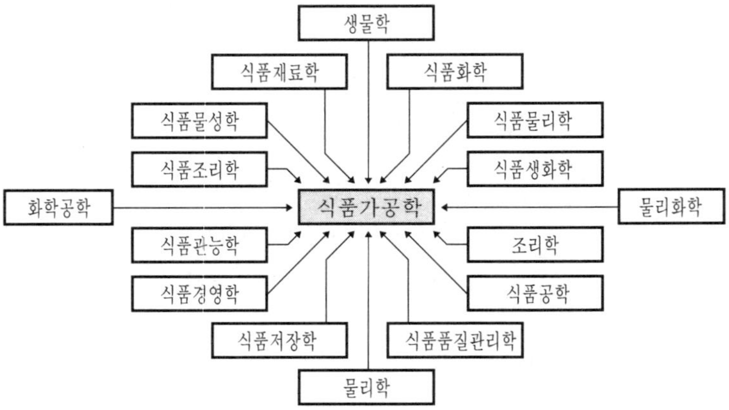

【그림 1-2】 식품공학에 필요한 학문 분야

4장 식품가공의 기초공정

가. 선별공정(Sorting/Selection Operation)

- 물리적으로 이물질 분리제거 조작

(가) 선별의 중요성 : 작업의 표준화로 작업능율 향상, 원가절감 → 제품의 품질향상

① 원료에 혼입된 제거 할 물질 : 화학물질(농약, 항생제)과 물리적이물(돌, 흙, 모래, 금속, 배설물, 털, 잎, 나뭇가지)로 구분

② 선별과정 : 재료의 물리적성질(색, 크기, 무게, 모양, 비중, 성분조성, 전자기적성질)의 차이 에 따라 분리제거하는 조작

③ 선별용어 : 분급Classification(입자크기별), 등급Grading(품질차이별)

④ 선별방법 : 인위적(관능적) 방법 - 숙련필요무재현성, 기계적 방법 - 신빙성, 재현성

⑤ 선별효과 : 가공열 효율(박피, 자숙, 제핵, 살균, 탈수, 냉동),규격포장 용이.기호성(크기, 모양)

(나) 선별의 종류

① 모양과 무게 · 크기 선별(shape and weight, size sorting) – 미숙, 과숙, 기형, 변질품

② 색깔에 의한 선별(Color/Photometric Sorting) – 투과광, 반사광 응용

나. 세척공정(Cleaning operation)

(가) 세척의 의미와 원리

① 정의 : 원료로부터 오염물질(표 1-3)을 분리 · 제거하는 단위공정

【표 1-3】 식품원료에서 발견되는 오염물질

종 류	오염 물질
금속(metal)	쇳가루, 비철금속, 볼트, 필링
무기물(mineral)	흙, 엔진오일, 그리즈, 돌
식물(plant)	입, 잡초씨, 잔가지, 깍지, 껍질
동물(animal)	털, 뼈, 혈액, 곤충, 나방, 배설물
화학물질(chemical)	비료, 농약, 제초제
미생물 세포(microbial cells)	연부(softrots)곰팡이, 효모발생
미생물 생성물(microbial products)	색깔, 향미, 독물(toxions)

② 세척내용 : 오염물제거, 탈피(청과물), 박피(육류), 표면세척(어류), 데치기(채소)

③ 세척시간 과 오염물질 변화는 그림1-3와 같이 I(초기 표면부착오염물 제거), II(잔존 오염물 젖음과 팽윤), III(오염물질제거), IV(잔류오염물제거기)로 구분됨

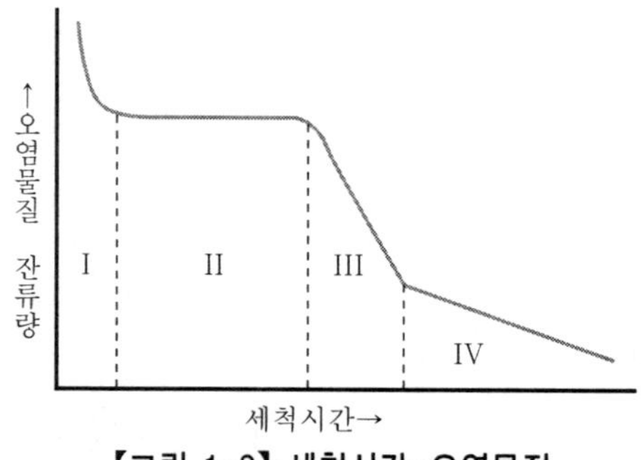

【그림 1-3】 세척시간-오염물질 잔존량 관계

(나) 세척방법

① 마른세척(dry cleaning) : 체질, 마찰, 흡인, 자석, 정전기(茶類), X선(유리, 금속)

② 젖음세척(wet cleaning) : 정지, 분무, 부유(비중차), 초음파(계란, 과일, 채소)

다. 분쇄공정(size reduction)

(가) 분쇄 : 연마 · 절단 (고체), 에멀존화. 미립자화 (액체)

① 목적 : 입자당 표면적증대로 가열시간 단축, 균일분쇄, 혼합능력과 가공효율, 추출분리

② 분쇄기본형식 : 압축, 절단, 충격, 비들림(전단, shear)

③마쇄력 : 압축력(조쇄), 충격력(미쇄), 전단력/마찰력(유연윤활하게 곱게분쇄)

(나) 분쇄기의 종류

① 롤밀(곡류) ② 해머 밀(결정형고체)

③ 디스크 밀 ④ 버밀(제분) ⑤ 볼밀

라. 혼합과 성형공정(mixing and forming)

(가) 혼합의 정의 : 2종이상의 다른성분을 서로 섞어서 보다 균일한 생성물을 만드는것.

① 교반(혼합성액체-액체간의 혼합), 반죽(고체-액체를), 유화(비혼합성액체-액체간혼합)

② 고체입자의 혼합(Solid particle mixing) : 대류 → 확산 → 비틀림(전단) → 완성

③ 액체의 혼합(liquid mixing) : 교반과 유화

(나) 혼합기의 종류

① 분말과 입자 혼합기 ② 액체 혼합기

③ 반죽과 페이스트 혼합기

마. 건조와 농축공정(Food drying and dehydration)

(가) 건조원리 : 표면건조와 내부확산의 반복작용,
에너지이동 = 열이동 + 물질(수분)이동

① 식품건조의 좋은점

ⓐ 식품의 무게와 부피를 축소하여 수송과 취급편리

ⓑ 미생물이 자랄수없게 수분제거로 식품의 저장성 향상

ⓒ 식품을 건조

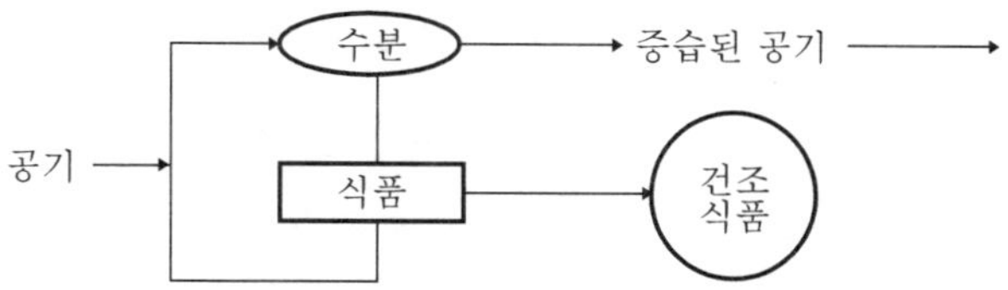

【그림 1-4】 식품의 건조기구

(나) 식품건조방법 : 자연건조(천일, 자연동결), 인공건조(열풍, 접촉, 복사, 동결, 유동식, 감압식)

【표 1-4】 건조방법과 건조제품

건조 방법	건조식품
분무건조	우유 / 커피
터널 / 벨트건조	과일류 / 채소류
순환	곡류
유동층	설탕
간접로타리식	반죽
동결	버섯
드럼	주스류
마이크로파	칩(chips)

◆ 수분활성도(Water Activity, Aw) : 미생물과 효소의 주반응에 크게영향, 순수Aw는 1.0(신선식품 0.85, 건조식품 0.6)

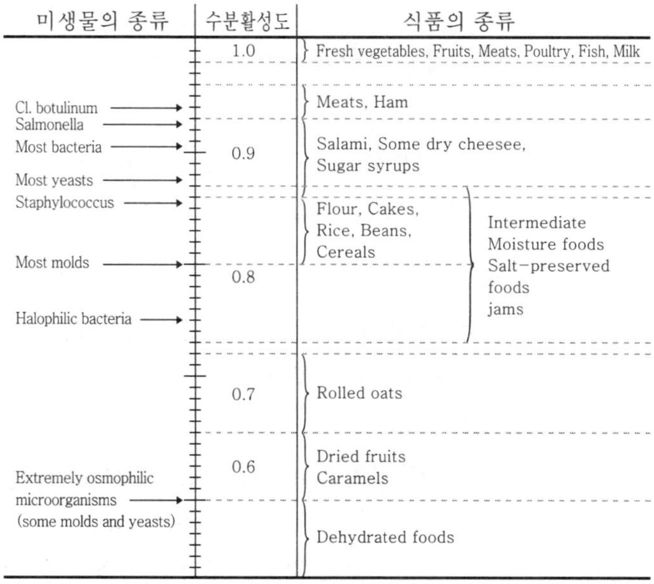

【그림 1-5】 식품의 A_w와 미생물의 생육한계

(다) 식품의 주요건조장치

① 열풍건조장치

ⓐ Kiln ⓑ Tunnel ⓒ 유동층(Fludized bed)

ⓓ 기송식(Pneumatic) ⓔ Drum

② 분무식 건조장치(Spray dryer)

③ 냉동건조장치(Freeze dryer)

④ 자연건조(Sun and solar drying)

바. 식품의 농축(Evaporation and Concentration)

(가) 농축의 원리 : 비점을 이용하여 식품중의 일부 수분을 제거하여 용액농도를 높여 주는 조작〈건조와 차이는 최종산물이 고체대신 액상인점; 증발농축(수분)과 증류의 차이(증기성분응축)〉

(나) 농축의종류

① 증발농축(evaporation) - 가열하여수분을증발제거

② 냉동농축(concentration) - 용액을 냉동시켜 물을 얼음결정하여 석출제거

③ 막농축(thin film evaporation)

사. 식품살균(Pasteurization and Sterilization)

(가) 열처리 효과 : 영향 저해성분 파괴(트립신인히비터, 아비딘), 영양성분 이용성 개선(전분호화, 나이아신결합완화), 가공조건의 단순화, 마이야르 반응, 달걀응고,락토글로부린응고

(나) 열전달 방식 : 대류(액상), 전도(고체), 복사(전자레인지.복사열)

(다) 식품의 열처리 : baking, broiling, roasting, boiling/frying stewing, extrusion/100℃↑)

① cooking(조리)

ⓐ 장점 - 미생물사멸/생육억제, 효소파괴, 위해물질파괴, 색, 풍미, 조직의 변화 유도, 소화성 향상

ⓑ 단점 - 영양분(무기질, 수용성비타민) 파괴와 손실, 관능특성의 변화

② Blanching(데치기) : 채소.과실의 전처리로 열수, 증기사용, 효과(효소

파괴, 변색, 변질방지, 가스배출, 탈피, 조직의 유연화, 냄새제거, 색깔 고정, 재세척효과

【표 1-5】 채소류의 데치기 방법에 따른 비타민C의 손실

처 리	비타민C의 손실(%)		
	완두콩	브로콜리	강남콩
열탕데침-수냉	29.1	39.7	15.1
열탕데침-공냉	25.0	30.6	19.5
증기데침-수냉	24.2	22.2	17.7
증기데침-공냉	14.0	9.0	18.6

③ 저온살균(pasteurization) : 100℃↓효모, 곰팡이생육세포 살균, 세균 90% 살균, LTLT(30분/62.5~65℃) HTST(15초이상/72~85℃), 우유, 과일주스, 포스포타제활성 시험으로 살균 검사

④ 고온살균(heat sterilization)/멸균 : 100℃↑살균, 생세포와 세균 포자 100%살멸, pH4.5↑식품 살균 지표균(Clostridium botulinum, 포자 살균 4분/121℃)

(라) 가열살균 이론 : 미생물은 많은 개체로된 집단전체의 사멸과정 가열로 초기에는 열에 약한 개체부터 순서대로 사멸진행(가열1분내 50%사멸, 다음 1분내 50%되어 직선관계-대수적사멸

◆ 가열처리 살균용어 : F-value, D-value, Z-value, Fo-value(살균기준)

【표 1-6】 가열처리 표현용어

용 어	정 의	표시(예)	설 명
D値	일정한 온도에서 미생물을 90%감소(살멸)시키는데 필요한 시간	$D_{110℃}$=10분	110℃에서 미생물 90% 사멸시키는데 필요한 시간은 10분
Z치	가열 치사 시간을 90% 단축하는데 다른 상승 온도	Z=10℃	온도가 10℃ 상승하면 사멸시간이 90% 단축됨
F치	일정온도에서 미생물을 100%사멸시키는데 필요한 시간	$F_{110℃}$=8분	110℃에서 미생물을 모두 사멸시키는데 걸리는 시간은 8분
F_0치	250℉(121℃)에서 미생물을 100%사멸시키는데 필요한 시간	$F_{250℉}$=8분	250℉에서 미생물을 모두 사멸시키는데 걸리는 시간은 8분

아. 식품의 냉동(Food Freezing)

(가) 공정 : 냉동, 냉동저장, 해동

◆ 목적 : 저장기능(식품원료, 가공식품-빙과류,건조식품.냉동품)

(나) 저온구분 : 예냉(precooling, 4-5℃, 과실 · 채소), 냉각(chilling, -5~5℃, 선어), 냉장(cooling, 5~10℃, 각종 가공식품), 냉동/동결(freezing, -5~-80℃), 부분동결(-3℃, 비내동성 어류, 송어), 일반냉동(-18℃↓온도 동결, 어류, 육류), 심온동결(-35~-80℃이하 동결,참치)

(다) 식품의 동결원리

① 미생물의 저온에 의한 생육억제

② 식품조직 → 세포구성 → 세포액 → 유리수동결 → 미생물생육억제 → 사멸 → 장기저장실현

(라) 냉동 기술 발달 : 자연(빙, 설) 석빙고-경주, 동/서빙고동(서울 한강변) → 한제(공융혼합물)이용(소금1:괴(塊)빙3, -21℃) → 드라이 아이스(-80℃) → 액체N(-196℃) → 냉동기계 → 냉장고(5~15℃, 동결실-15℃)/냉동(-18℃↓), 실(창고)

【표 1-7】 식품의 수분함량과 빙점

식품	수분(%)	빙점(FP)
채소류	78~92	-0.8~-2.8
과실류	87~95	-0.9~-2.7
육류	55~70	-1.7~-2.2
어류	65~81	-0.6~-2.0
우유	88	-0.5
계란	74	-0.5

(마) 냉동이론

빙점이하로 온도를 저하(-5~-30℃)시키면 증발이 쉬운 액체(냉매)는 저압으로 증발 되면서 주위로부터 열을 흡수하여 제거되어 자연히 온도가 저하되는 원리. 계속 저온으로 식품중에 빙결정 형성으로 냉동식품 제조 (자유수만 결빙, 빙결율 80%, 이때 온도는 공정(共晶)점)

(바) Freeze Fl0 저장

◆ 의의 : 냉동식품의 결점인 해동과정 없는 저장이용법으로 중간수분식품(intermediate moisture food, IMF)과 냉동식품을 조합한 Freeze-F10 저장기술개발(미국, Rich Product Co) Aw 0.65~0.85, 10~40%(건조품 0.65, 동건/분무건조품 0.2)

(사) 식품의 냉동방법

① 자연순환식 냉동법 : 소규모, 냉각코일사용, 냉동효율 저조

【표 1-8】 전통적인 중간수분 식품

식품	수분(%)	Aw
건조(salami) 소시지	30	0.83~0.78
오징어 젓갈	64	0.80
잼, 마멀레이드	30	0.80~0.75
치즈	66	0.78
오징어 훈제	17	0.76
케이크	25	0.74
건조과실	17~25	0.72~0.65
젤리	18	0.69~0.60
말린 새우	23	0.64

② 강제순환식 냉동법 : 냉각공기를 고속으로 강제 순환(-18~-34℃; 풍속 0.5~18m/sec)

③ 유동층식 냉동법 : IQF, 완두, 딸기, 단옥수수 등 냉동

④ 접촉 냉동법 : 아이스크림, 육류 냉동

⑤ 침지식 급속 냉동법 : 침지(냉동염수, 설탕, 그리세롤, PP그리콜), 살포(액체질소, 드라이아이스 등)

⑥ 냉동식품의 해동 (Thawing, Defrosting process)

ⓐ 해동(융해잠열이 비동결부위 열전도)은 동결(융해잠열이 동결부위 열전도)의 반대 공정

ⓑ 열전도도(물1:얼음4), 열확산도(물1:얼음8) 결국 해동시간이 길다. (고온해동은 품질손상초래)

⑦ 해동곡선 : 열이동 방향이 반대, -4℃~-20℃에서 급경사, [-1~-4℃]평탄한 온도 상승은 열량이 해빙용(최대 유효 해동온도대; effective thawing temperature zone)

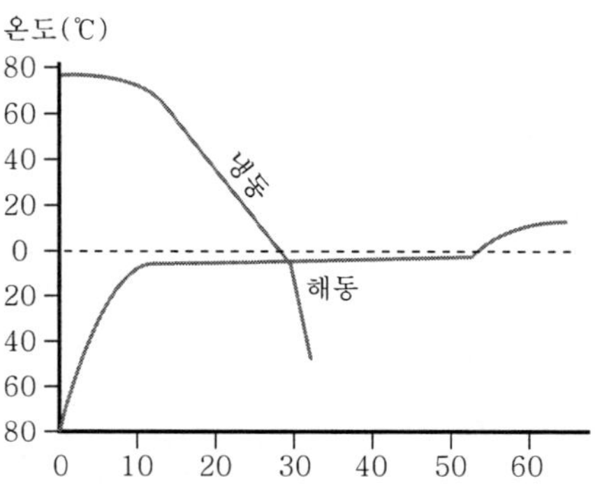

【그림 1-6】 식품의 냉동과 해동곡선의 비교

◆ 냉동식품 상식

ⓐ 냉동과 해동속도차 : 큰것(다수분식품-채소 · 과실), 작은것(육류, 어류)

ⓑ 급격해동시 : 품질열화 (drip 발생, 조직 변화)

ⓒ 적정해동 : 동결품온도 보다 10~15℃ 낮은 온도, 2시간내 해동

⑧ 해동방식

ⓐ 외부 가열식해동 : 공기해동(정지, 유동, 혼합), 물해동(정지유동, 살수, 쇄빙), 수증기해동(고압, 진공)

ⓑ 내부 가열식해동 : 전기해동(초단파(micro wave) 가열해동, 고주파 가열해동)

ⓒ 최신 진공해동 장치 : 해동시간 단축, 성분변화 억제, 건조방지, 위생적, 무공해, 저비용

ⓓ 원리 : 냉동식품을 진공하에서 저온의 수증기(약20℃)와 접촉시키고 접촉된 수증기는 응축시 증발 잠열을 주어 해동 수행

5장 원료식품별 가공요점

I. 농산식품가공

가. 곡류의 가공

(1) 쌀 (白米)

(가) 도정 (搗 精)

① 정의 : 벼, 보리의 겨층을 제거하는 조작

② 원리 : 마찰 → 절삭 → 찰리 → 충 격

③ 도정율(%) = 도정미 ÷ 현미 × 100

(나) 쌀의 도정에 따른 분류 [벼(正租)100 = 현미(玄米) 80 + 왕겨 20]

① 현미
나락에서 왕겨층만 제거한 것 [현미(玄米) 100 = 백미 92 + 겨(米糠) 8]

② 5분도미
겨층의 50%를 제거한 것 [도정수율 96 = 현미 92 + 겨 4(8×0.5)]

③ 7분도미

겨층의 70%를 제거한 것 [도정수율 97.6 = 현미 92 + 겨 5.6(8×0.7)]

④ 백미
현미를 도정하여 배아, 호분층, 종피, 과피 등을 없애고 배유만 남은 것(92%)

⑤ 배아미
배아가 떨어지지 않도록 도정한 것

⑥ 주조미
술의 제조에 이용되며 미량의 쌀겨도 없도록 배유만 남게 한 것

◆ 현미와 백미 비교 : 현미가 영양가, 수율이 높고 식미, 소화율이 불량(백미는 반대)

(다) 도정 중의 변화

① 물리적 변화
용적은 초기에 감소되다가 다시 증가된다. 보통 현미가 백미보다 무겁다.

② 화학적 변화
도정 중에 화학성분이 변하는데 도정도가 증가함에 따라 단백질, 지방, 섬유, 회분, 비타민, 칼슘, 인 등이 감소되고 탄수화물은 증가된다.

(라) 곡물원료 조건이 도정도 와 도감율(搗減率)에 영향을 미치는 인자

① 겨층 두께 : 겨층이 두꺼울수록 도감율이 높다.

② 건조도 : 건조가 덜되면 도정이 쉽고 잘 건조되면 도감율이 적어진다.

③ 저장 : 건조가 덜된 현미는 저장중 충해로 파손미, 쇄미가 많아져 도감율이 증가된다.

(마) 도정도를 정확하게 판단하는 방법

① 도정횟수 ② 도정시간 ③ 겨층의 벗겨진 정도
④ 쌀겨 생성량 ⑤ 쌀의 색깔 ⑥ 염색법(MG 시약)
⑦ 전력소비량

(바) 쌀 가공품

① 알파미
백미에 물을 가하고 가열하여 α 전분으로 변화시킨 다음 고온에서 급격히 탈수 · 건조시켜 α 전분 상태로 고정시킨 것

② 강화미

세척도중 손실되는 쌀의 영양분을 강화시켜 제조한 것으로 정미에 비타민 B1, B2, 니코틴산, 철 등을 용해한 액을 분무하여 건조시켜 1차 피막을 입히고 단백질 등으로 2차 피막을 입혀 건조시킨 것을 백미 200:1의 비율로 섞은 것

③ Parboiled rice

현미를 냉수에 침지시켜 수분함량이 30~35%가 되게 하여 끓는 물에서 30~60분 끓인 후 일광건조로 수분함량이 10~13%가 되게 하여 도정

④ 즉석미

현미를 상온에서 침지시켜 수분함량이 14%가 되게 하고 150~180℃에서 40분간 baking한 후 다시 상온에서 침지시켜 원래의 2배로 팽창시킨 후 다시 150~180℃에서 baking한것.

(2) 밀가루

① 밀의 구조 : 피부:배유:배아(16:82:2)

② 제 분공정 : 원료→정선→조질→만쇄→사별→분쇄→숙성→완성

③ 밀가루의 품질

(ㄱ) 글루텐함량에 따른 분류

ⓐ 강력분(strong flour) : 점탄성이 크고, 단백질 함량이 높으며, 경질소맥을 원료로 하며 습부량은 40% 이상, 건부량은 13% 이상으로 빵, 마카로니에 사용

ⓑ 중력분(medium flour) : 중간질의 밀을 제분한 것으로 습부량은 35% 내외, 건부량은 10~13%로 면류에 사용

ⓒ 박력분(weak flour) : 촉감이 부드럽고 연질소맥을 원료로 하며 습부량은 30% 이하, 건부량은 10% 이하로 과자나 튀김에 사용

(ㄴ) 회분함량에 따른 분류

ⓐ 고급 밀가루 : 회분함량이 0.5% 이하

ⓑ 보통 밀가루 : 0.5~0.7%

ⓒ 저급 밀가루 : 1.0% 이상

④ 밀가루의 시험

ⓐ 습부량(wet gluten, %) 과 건부량 (dry gluten, %)

ⓑ Farinograph : 밀가루 반죽의 점탄성을 측정하는 장치

ⓒ Extensograph : 반죽의 신장도 및 인장항력을 측정 · 기록하는 장치

ⓓ Amylograph : 밀가루 속에 있는 α-amylase의 활성(호화액의 점도)을 측정하는 장치

(3) 제 빵

(가) 빵 제조법

① 직접반죽법

원료 전부를 한꺼번에 넣고 반죽하는 법으로 단기간 발효와 적은 노력, 제품 향미 향상, 감량축소 등이 장점이다.

② 스펀지법

원료 일부를 반죽발효 증식후 나머지 원료를 가하여 본 반죽하는 법

(나) 빵의 품질요소

① 겉모양 : 균형잡힌 좋은 모양인 것, 겉껍질이 고르게 엷은 갈색으로 구워진 것

② 속모양 : 조직이 곱고 고르며 탄력있고, 우유빛깔의 윤이 나는 것

③ 풍미 : 특유한 향미가 있고 신선하며, 이미·이취가 없고 조화된 맛을 가진 것

(다) 주요 팽창제

① 중조($NaHCO_3$) ② 탄산암모니아

③ 주석산 팽창제 ④ 주석산칼륨 팽창제

나. 서류(署類)가공

(1) 전분가공

당화율(Dextrose equivalent;D.E) : 전분의 가수분해 정도를 나타 내는 것

D.E = 직접환원당(포도당으로 표시) ÷ 고형분 × 100

(2) 전분으로 포도당을 얻는 가수 분해법

① 산당화 포도당 : 전분에 묽은산과 같이 가열하면 쉽게 가수분해되어 100g의 무수전분에서 110g의 무수 D-glucose를 얻는다.

② 효소당화 포도당 : 원료의 정제가 필요없고, 분해율이 크며, 내산·내압용기가 필요없고 중화가 필요없으며, 분말액을 먹을 수 있는 장점이 있다.

다. 두류(豆類)의 가공

(1) 두부류

(가) 두부원료 : 콩, 탈지 콩(콩깻묵)

(나) 제품량 : 콩 1kg에서 300g 두부 10개 생산(3배)

(다) 두부 종류

① 보통두부 : 콩100%의 두유에 응고제로 응고 시킨 것

② 전 두부 : 미세 분말대두를 물에 녹여 가열 후 비지분리 없이 응고제로 그대로 응고시킨 것

③ 동결두부: 생두부를 얼린 후에 1~3주일간 냉장 숙성, 빙질을 고르게 한 다음 녹여 건조

④ 튀김두부: 두부를 탈수후 유채유, 땅콩유로 튀겨(120℃)다음 다시 튀긴 것(180~200℃)

(2) 장 류

(가) 코지 제조시설
국실, 코지상자, 시루, 살균제(포르마린, 유황훈증, 차아염소산소다)

(나) 간 장

① 한식간장

ⓐ 재래식 간장 : 한식메주를 주원료로,식염수에 발효숙성한 여액을 가공 한것.

ⓑ 개량한식 간장 : 개량메주 로 만든것

② 양조간장 : 대두,대두박.곡류 등을 제국하여 식염수에 발효숙성 후 여액가공 (간장박 7~9%)

③ 혼합간장 : 한식 / 양조간장에 산 / 효소분해 간장을 적정비로 혼합한 것 / 분해 간장원액에 단백질,탄수화물 원료를 첨가, 발효시킨 여액을 가공한 것 / 이 원액을 양조 / 산 분해 간장원액을 혼합한 것

④ 산 분해 간장 : 단백질 원료를 염산으로 가수분해하여 가성소다나 탄산소다로 중화시켜 얻은 아미노산과 소금의 혼합용액인 화학간장

⑤ 효소 분해 간장 : 단백질, 탄수화물 원료를 효소 가수분해 한 후 그 여액을 가공한 것

(다) 된 장

(라) 고추장

(마) 청국장

(3) 콩나물

(4) 대두단백가공

(가) 탈지대두박

콩을 cracking한 후 탈지하고 가열하여 용매를 제거하고 상온까지 냉각 후 분쇄하여 분말 형태로 제조

(나) 농축대두단백

탈지대두를 이용하며 수용액 추출법, 알코올 추출법, 산용액 추출법으로 나누며 단백질의 양은 65~73%

(다) 분리대두단백

탈지대두박을 pH 9의 수용액에서 단백질을 용출한 후 산을 가해 pH를 4.5로 하여 단백질을 응고 시켜 protein curd를 만든 다음 수세, 중화, 건조하여 제조

(라) 조직화 대두단백

meatless meat, imitation meat 원료로서 식품에 직감을주며 extrusion법과 spinning법이 있다.

라. 과실(果實) 및 채소(菜蔬)가공

(1) 과실주스

(가) 천연과실주스

① 투명주스 : 청징한 사과, 배, 포도 주스

② 불투명 주스 : 청징하지 않은 오렌지, 파인애플, 토마토주스

③ squash : 천연과즙에 과육편이 혼합된 것

④ 품질요소

ⓐ 과실 특유의 향기성분 함량　　ⓑ 비타민 C의 함량

ⓒ 산과 당의 비율　　ⓓ 빛깔

⑤ 청징 방법

ⓐ 난백처리 : 2% 건조난백 용액을 사용

ⓑ 카제인 처리 : 4~5배 암모니아액에 카제인을 녹여 가열,암모니아를 발산후 2배 희석하여 사용

ⓒ 젤라틴 및 탄닌처리

ⓓ 흡착제 처리 : 규조토, 산성백토, 활성백토

ⓔ 효소 처리 : pectinase, polygalacoturonase 등의 펙틴 효소를 첨가

(나) 농축과실 주스

① 정의 : 천연과실주스를 50% 이상 농축시킨 것

② 농축방법

ⓐ 진공농축법 : 진공도 740mmHg, 온도 30~40℃의 진공농축기에서 과실주스를 엷은 막이나 안개의 형태로 분무하여 농축

ⓑ 동결농축 : 완속동결법을 이용하여 주스 중의 수분을 얼음으로 동결시켜 분리

(2) Jam

◆ 과실설탕 졸임품 : 잼 (과육+설탕), 제리(과즙+설탕),
마마레이드(과즙+과피+설탕)

(가) Jelly 화 3 요소 : 당 60-65%, 산 0.3%(pH 3.2) ,펙틴 1-1.5%

(나) Jelly point 측정

① Cup Test : 넣을 때 흩어지지 않는 것

② Spoon test : spoon으로 떠서 볼 때 은근히 늘어질 때

③ 온도계법 : 온도계로 104~105℃가 될 때

④ 당도계법 : 당도계로 측정시 65%될 때

(3) 침채(沈菜)류

(가) 정 의

채소류를 소금, 장류, 조미료, 식초 등을 단용 또는 혼합 하여 담근 조리와 저장을 겸한 염장 발효식품

(나) 보존성

소금의 높은 삼투압성에 의한 것으로 소금17%의 삼투압은 120기압 정도로 부패균의 증식 방지

(4) 과실 및 채소의 건조

(가) 건조과실

① 유황훈증처리 효과

ⓐ 산화효소 파괴 ⓑ 건조촉진 ⓒ 방부효과

(나) 건조 채소의 종류

① 무말랭이 ② 절간 고구마 ③ 건조 시금치

(다) 감의 탈삽

① 열탕법 : 35~40℃ 물속에서 12~24시간 처리

② 알코올법 : 밀폐용기에 감과 알코올(소주)을 넣어서

③ 탄산법 : 밀폐용기에 CO_2를 넣어

④ 냉동법 : CA냉장

마. 식용유지(食用油脂)

(1) 식용유지 원료

콩, 유채, 쌀겨,옥배, 참깨, 들깨, 해바라기종자, 야자, 팜, 올리브, 동물의 지방조직

(2) 식용유지의 종류

(가) 동물성유지

① 육산 동물기름 : 정제 소기름, 정제 돼지기름, 유지방

② 해산 동물기름 : 어유, 간유, 고래 기름

(나) 식물성유지

① 식물성 유 : 콩기름, 유채기름, 면실유, 참깨기름

② 식물성 지 : 야자기름, 카카오 기름

(3) 유지의 이용

① 식탁용 : 버터, 마아가린

② 샐러드유 : 올리브유, 땅콩기름, 콩기름, 옥수수기름

③ 튀김용 : 유채유, 콩기름, 들기름, 미강유, 참기름

④ 조리용 : 우지, 돈지, 콩기름, 유채유

⑤ 제과용 : 카카오유지, 야자유, 쇼트닝

⑥ 저장용 : 올리브유, 콩기름, 면실유

(4) 유지 채취법

① 용출법 : 원료를 가열하여 내용물을 팽창시켜 세포막을 파괴하고 함유된 유지를 세포밖으로 녹여내는 방식

② 압착법 : 원료를 정선한 뒤 탈각하고 파쇄, 가열하여 압착

③ 추출법 : 원료를 휘발성용제에 담가 유지를 용제로 녹여 용제는 휘발시키고 유지를 채취

④ 초취법 : 소, 돼지, 고래 등의 지방조직을 절단해서 이중솥에 넣고 증기를 통해 가열하고 지방을 녹여서 방냉하여 여과, 압착한다.

⑤ 증열법 : 동물의 지방조직을 고압통에 넣고 증기를 불어넣어 가압 용융하고 여과, 압착한다.

⑥ 자취법 : 어유를 뜨거운 물속에 넣어 삶고 뜬 기름을 정치 또는 원심분리해서 취한다.

(5) 유지의 정제

① 탈검(Degumming) : 탈산하기전에 탈고무공정은조유에 함유된 인지질 같은 고무질을제거 공정

② 탈산(Deaciding process):원유중의 유리지방산을 가성소다로 중화제거하는 알칼리 정제법사용

③ 탈색(Decoloring process) : 조유 중에 용매에 녹는 색소체를 제거하는 것

④ 탈취(Deodoring process) : 기름중의 알데히드,케톤,탄화수소등 냄새물질과 흙내음을 제거.

⑤ 탈납(Winterization) : 기름이 냉각시 고체지방으로 생성이 되는 것을 방지하기 위하여 탈취전에 고체지방을 제거하는 것

(6) 유지 가공식품

① 식용 경화유 : 액상기름에 수소를 첨가하여 경화시켜 고체지방화 한것 (cis형 → trans형 유지)

② 마아가린 : 기름 80%에 물과 발효우유 등을 20%를 섞어유화시킨제품 (cis형 → trans형 유지)

③ 쇼팅 : 야자유, 소기름, 콩기름 등에 10~15%의 질소가스를 이겨 만든 것

④ 분말유지 : 식물유를 단백질 같은 교질물로 포위한 것

(7) 유지의 자동산화

유지를 구성하는 지방산(RH)의 일부에 수소를 상실한 유리기가 생성되며(RH→R · +H ·), 이 유리기는 분자상태의 산소와 결합하여 peroxy radical(ROO ·)로 된다. 이 peroxy radical이 이웃한 다른 지방산으로부터 수소를 탈취하여 hydroperoxide(ROOH)로 되면서 새로운 유리기(R ·)를 만든다. 이렇게 생성된 R · 은 다시 공기 중의 산소와 결합하여 결국 hydroperoxide와 새로운 유리기 R · 을 만드는데 이러한 과정이 반복되면서 지방산의 hydroperoxide가 연속적으로 생성되는 것

II. 축산식품 가공

1. 식육(食肉) 및 육(肉)제품가공

가. 식육의 영양성분 특징

① 수분함량이 많고 지방함량이 적은 편이다.

② 육질은 연하고 육색이 밝은 편이다.

③ 육 엑기스가 적어 담백한 풍미를 가진다.

④ 단백질이 풍부한 급원, 지질은 우육보다 돈육이 많고, 무기질은 1% 내외, 탄수화물 0.7%내외, 비타민류는 A, B1, B2, C 등이 많다.

나. 근육의 사후변화

(1) 해당작용

근육내 glycogen 물질의 혐기적 대사에 의하여 glycogen → lactic acid의 생성

(2) 사후강직

도살직후의 고기는 부드럽고 탄력성이 크며 보수력이 높지만 일정시간이

지나면 고기는 굳어지고 장력이 발생하여 보수력이 크게 저하되는 현상

(3) 강직해제

① 수축근육이 이완되는 현상

② 해경시기 : 계육(3~4시간), 소(7~10일), 돼지 · 말(3~5일)

③ 해경변화 : actomyosin 이완개시, 보수력 증강

(4) 자가소화

숙성이라고도 하며 물리적, 화학적 변화는 육질이 변화, glycogen의 감소와 젖산의 증가, 유기태 인산의 감소와 무기태 인산의 증가, 산가 값 의 증가, 가용성 질소의 증가, 아미노산의 양이 증가

(5) 부패

숙성된 유기물질 등이 세균작용으로 분해되는현상, 생성물질의 냄새를 부패취라 함

다. 염지(Curing)

(1) 정 의

원료육과 소금, 기타 첨가물을 혼합하여 염지 하는것

(2) 염지에 이용되는 재료

소금, 질산나트륨, 질산칼륨, 설탕, 화학조미료, 복합인산염 등

(3) 염지효과

① 염미를 부영하여 방부성 향상

② 보수력과 결착력의 증대

③ 독특한 발색과 풍미의 향상

(4) 염지법의 종류

① 건염법 : 고체 소금을 일정량 고기에 뿌리거나 발라서 스며들게 하는 방법

② 액염법 : 물에 소금을 용해시켜 염용액에 육을 침지하는 방법

③ 염지액 주사법 : 염지액을 만들어 직접 고기조직에 물리적으로 주입시키는 것으로 염지시간을 단축할 수 있는 방법

④ 변압침투법 : 감압 또는 가압 상태로 교대로 유지시켜 염지액을 침투시키는 촉진법

⑤ 가온염지법 : 염지액의 온도를 50℃로 유지하여 염지하는 방법으로 염지시간이 단축되는 방법

⑥ massaging 또는 tumbling : massager 또는 tumbler내에서 교반하여 염지시간의 단축과 결착성의 향상

(5) 염지온도와 기간

① 온도 : 2~4℃

② 기간 : 원료 1kg에 5일 전후

라. 훈연(Smoking)

(1) 훈연의 목적

① 제품중의 독특한 풍미 부여

② 안정한 색택의 부여

③ 산화방지의 효과

④ 저장성의 연장

(2) 훈연재료

활엽수(벗나무, 참나무)의 경질목의 목재, 톱밥, 대패밥, 왕겨: 부적합한 것-뽕나무, 전나무

(3) 훈연방법

① 냉훈법 : 30℃ 이하

② 온훈법 : 30~50℃

③ 열훈법 : 50~80℃

④ 배훈법 : 80℃ 이상

마. 향신료

① 교취작용 향신료 : 고기, 생선의 생취(날비린냄새)를 제거시키는 물질

② 부향작용 향신료 : 식욕을 돋아주는 향을 만드는 물질

③ 식욕증진작용 향신료 : 신미와 향으로 식욕을 증진시키는 물질

④ 착색작용 향신료 : 색상을 물리적으로 착색시키는 물질

2. 우유(牛乳) 및 유(乳)제품가공

가. 우 유(牛乳)

(1) 우유의 건강증진 효과

① 건강영양소 풍부(Ca, P, B_{12}, B_2)

② 위 보호와 소화흡수용이

③ 생활습관병예방(콜레스테롤 저하)

④ 위생적이고 거의 완전에 가까운 식품

⑤ 초유(분만 7일내 착유)는 고형분 24%(일반유 12%)로 면역성분과 발육소가 많다.

(2) 우유의 특수(면역 · 생리활성) 성분

① 타우린 : 2-α-aminoethanesulfonic acid로서 S를 함유하고 있는 아미노산의 일종으로 초유(colostrum)에는 3.5~4.5mg/100g이 들어 있으며, 담즙산대사 촉진, 망막수용체 활성, 심장근육 보호, 생식기관 발달, 두뇌 및 세포의 기능 활성

② 강글리오시드 : 산성을 띠는 복합당지질로서 sialic acid인 NANA(n-ace-tylneuramic acid)를 1~3분자를 가지고 있으며, 중추신경계 활성, 뇌 · 신경세포 기능회복, 세포의 분화 및 성장조절, 세포막의 유동성 관여

③ Erythropoietin : 비타민 B12를 함유하는 악성빈혈을 억제하는 물질로서 조혈기능, 적혈구생성 등의 인자로 작용

④ Somatomedin : 초유 및 유청중에 주로 함유하는물질로서 관절이나 골격형성등의 인자로 작용

⑤ Flavonoid : 각종 식물의 색소성분으로서 우유 중에는 많은 종류의 fla-vonoid 성분이 존재하며 항산화기능, 항암, 암억제 기능

⑥ 면역단백질 : 초유 50%, 정상유 2%, Euglobulin, Pseudoglobulin

⑦ 항균합성물질 : Lactolin, acidolin, 백혈구

(3) 우유를 응고시키는 요인

① 산에 의한 응고 : pH 4.6

② 응유효소에 의한 응고 : rennet

③ 가열에 의한 응고 : 단백질의 열변성

④ 알코올에 의한 응고 : 알코올 7구0%

⑤ 염류에 의한 응고 : 염석, NaCl, 유안

(4) 우유의 살균

① 저온살균법(Low temperature long time) : 2중구조의 원통형 솥의 내벽 사이에 열탕이나 증기를 넣어 62~65℃에서 30분간 유지하는회분식 살균(살균유무판정 - Phosphotase 활성검사)

② 고온살균법(High temperature short time) : 관형 또는 판형 열교환기를 이용하여 70~75℃에서 15초간 가열함으로써 연속살균이 가능한 살균법

③ 초고온살균법(Ultra high temperature method, UHT) : 130~135℃에서 1~5초간 가열하는 살균법 (80~90℃ 예열필요)

(5) 우유의 변질과정

1기(자체살균기) → 2기(발효 및 산생성기) → 3기(중화기) → 4기(부패기)

나. 유제품(乳製品)

(1) 발효유(醱酵乳)

우유를 유산균으로 유산발효 또는 초산발효시킨 액상 또는 반고형상의 산미를 가지는 제품

▶ 제조방법

① 조제액 혼합 : 탈지유에 무지유 고형분을 조정

② starter seeding → 유산균 → 계대배양 → seed starter → mother starter → bulk starter 순으로 조제액에 2~3%를 접종

③ 발효 : 보통 40±3℃에서 12~18시간

④ 충전

⑤ 보관 : 10℃ 이하 냉장고

⑥ 출하

(2) 버 터(Butter)

우유 중의 지방분을 분리하여 cream을 얻고, 다시 cream을 진탕 교반함으로써 지방구만이 응집하여 만들어지는 제품

▶ 제조방법

① 원료유

② 크림분리 : 유지방함량 35~40%, 산도 0.2~0.25%

③ 살균 : HTST(75~80℃/15~20초간) 방식으로 살균

④ 숙성 : 15℃ 전후

⑤ 교통(churning) : 회전속도는 150~200rpm, 시간은 45~50분간

⑥ 버터밀크 배출 ⑦ 버터입자 세척

⑧ 가염 : 크림량의 0.5~3% 첨가

⑨ 연압 : roller 등의 압착방식에 의해

⑩ 충전 ⑪ 동결보관 ⑫ 출하

(3) 치 즈(Cheese)

원유를 응고시켜 만든 발효제품

▶ 제조방법

① 원료유 ② 표준화 ③ 살균 : HTST

④ 냉각 : 30~35℃ ⑤ starter 접종: 원료유의 1~2%

⑥ 응유효소 첨가 : 원료유의 0.01~0.15%

⑦ 커드 절단 ⑧ 열탕가열 : 40℃까지

⑨ 유청배출 ⑩ 퇴적 ⑪ 가염 : 1.5~2% 분산 살포

⑫ 압착 ⑬ 숙성 : 9~10℃, 3~6개월

⑭ 외피 코팅 ⑮ 포장

III. 수산식품가공

가. 수산가공학

수산가공에 대한 이론과 방법을 연구하는 학문

(1) 대 상

어(魚)류(어육, 어란, 내장, 어유 등), 조개류(貝), 바다풀(海藻)

(2) 분 야

식료품, 의약품, 사료, 비료, 화장품, 가공용 원료, 공업용원료

나. 수산가공의 목적

① 저장 · 안정성의 부여

② 기호성, 영양성 부여

③ 신제품으로 부가가치 창출

④ 간편화, 축소화

⑤ 수요 · 공급의 조절

⑥ 식생활의 윤택화

⑦ 비식용 원료의 제품개발로 자원 활용

다. 수산가공품의 분류

① 식용품 : 냉동품, 건제품, 염장품, 통조림, 연제품, 훈제품, 조미품, FPC

② 공용품 : 어유, 알긴산, 어교, 피혁

③ 약용품 : 간유, 인슈린

④ 농용품 : 어박, 어분, 가공부산물활용

라. 어패육(魚貝肉)의 사후(死後)변화

(1) 사후변화 5단계

① 해당(解糖)작용(Glycolysis) : 간당 → 젖산 ; ATP → H_3PO_4 + ADP

② 사후경직(硬直; Rigor Mortis) : pH 6.3↓

③ 해경(解硬; Off Rigor, Resolution of Rigor) : ATP소실, 근섬유 파열

④ 자가소화(自家消化; Autolysuis) : 육질연화, 산가↑, 인산↓, NH_3, aa, 가용성N↑

⑤ 부패(腐敗; Putrefaction) : 자가소화+대장균에 의한 분해의 공동작업

마. 어패류 선도 유지기술

(1) 단기유지

① 내장, 아가미 제거로 해수세균, 내장효소 등 오염원의 영양원 제거

② 수세로 부착세균, 오물제거로 품질유지 - 수침, 분사세척 실시〈어류, 어상자, 어창 등〉

③ 신속 냉각으로 저온유지 시켜 세균증식 억제 〈냉각법(빙장, 냉장, 동결) 빙장-어류+쇄빙, 수빙침지

: 10일간 보존가능 : 빙사용량 :-春.秋(어와동량),夏(氷2배)冬(氷1/2량)

: 夏저장일수별-1일(동량), 2일(1.5배), 3일(2배 얼음)

④ 상처 · 타박상 발생주의 : 산물적재시 적당높이, 취급주의 (소형어의 어육이 더 연약함)

(2) 장기 유지

(가) 저온저장

동결점부근냉각, 해수어 4-15일(-1℃ - 0) 담수어 2-5일 (0 - 1℃)

냉각법- 냉공기, 얼음, 항생제빙, 염수빙, 냉염수, 부분동결

(나) 광선이용

① 자외선(저압수은등, 테불위 2m, 대장균살멸 (1분/ 15w)고기숙성

② X선 (세균살멸-300만W음극선, 효소파괴,)

(다) 첨가물 이용

① 방부제(솔빈산, 안식향산, 포로피온산)

② 산화방지제(BHA, BHT)

③ 드립방지제 (복합인산염, 당류, 식염)

④ 발색제(아질산Na,질산Na)

⑤ 탄력보강제

(라) 약제빙(안식향산, 살리칠산, 붕산, 유효염소 0.02~0.06%),

(마) 부분동결(빙장, 수빙법의 결점보완
- 비내동성 어류, 송어 (2주/-2℃ ~ -10℃)기생충 사멸

(바) 동결 : 내동성 어류, 대량장기저장 가능, -18℃↓ 급속동결

바. 어획물의 취급과 관리

(1) 선상의 취급관리

(가) 선상선도유지

오염원신속제거, 효소작용억제, 직사광선회피, 저온유지, 상처 및 유혈 방지로 미생물오염 발육 및 변색방지

(나) 선상처리

① 선별 - 신속실시, 취급주의 (타박. 상처 방지)

② 예비처리

ⓐ 어획물 즉살처리(대어 - 광어, 민어, 삼치) 필요

ⓑ 내장제거 - 장내세균, 효소작용억제, 선상처리유리

ⓒ 세척 : 오염원 제거 (청수로 혈액. 오물세척)

ⓓ 상자담기 : 혼합어 입상배제, 적량, 적정한 배열 필요

◆ 입상자(入箱子)법

① 배립(排立)형〈등이위로〉

② 복립(腹立)형〈배가 위〉

③ 평편(平編)형〈옆으로〉

④ 산립(散立)형〈무배열〉

⑤ 환상(環狀)형〈장어〉

◆ 배열법 결정요인 : 어종. 용도. 저장기간(배립 10일 이내, 복립 10일 이상저장)

(2) 유통중 취급 및 관리(빙장, 염장, 냉동)

① 철저한 청결상태 유지 - 초기오염원 과 미생물 영양물질 (내장, 아가미) 제거

② 어체온도 신속저하 - 부패세균 과 효소활성 작용지연

③ 위생처리 준수 - 아가미, 내장은 철저분리, 세척(오염원), 불결빙, 부패어, 부산물제거

④ 취급주의 - 상처예방〈밟거나 던지기, 갈고리로 찍는 작업 배제〉오염어 격리

사. 수산가공품

① 수산건제품　② 수산냉동품　③ 수산 연제품
④ 수산통조림　⑤ 수산훈제품　⑥ 수산염장품
⑦ 젓갈류　⑧ 어 유　⑨ 해조가공품

Ⅳ. 기 타

가. 중간수분식품(IMF; Intermediate Moisture Food)

(1) 정 의

신선식품과 건조식품의 중간 정도에 해당하는 식품(Intermediate Moisture Food, IMF)

(2) 종 류

잼, 간장, 된장, 양갱, 곶감

(3) 특 성

수분함량이 20~50%, 수분활성은 0.65~0.85

(4) 제조법

① 습식침투법 : 식품을 glycerin, 식염, 설탕, sorbitol, 조미액 등에 일정시간 침지하여 수분유지제의 침투와 탈수에 의해 소정의 수분활성이 조절

② 건식침투법 : 건조한 식품을 glycerin, 식염, 설탕, sorbitol, 조미액 등에 침지하여 소정의 수분치로 될 때 까지 흡습시키는 방법

③ 혼합법 : 수분함량을 아는 각종 재료를 혼합하여 소정의 수분치가 되도록 하는 방법

나. 건조압축식품 (DCF; Dehydrated Compressed Food)

(1) 정 의

식품을 동결건조하는 과정 중 기계적으로 압축하여 부피를 5~12%, 무게를

10~40%로 줄인 동결건조식품

(2) 특 징

부피가 작고, 잘 부서지지 않으며 복원성이 좋다.

(3) 종 류

채소류, 과일, 곡류, salad, pudding 등

6장 식품저장 보존의 원리와 방법

1. 식품저장 원리

미생물 살멸 및 생육조건 악화(수분, 온도, pH, 영양분 등), 생리작용억제, 부패변질방지, 자가소화방지

2.식품보존 4대 원칙

① 미생물의 제어(살균, 제거, 생육정지)

② 효소작용의 억제 및 상실(데치기, 활성억제제)

③ 산소작용의 억제 및 제거(밀폐포장 - 진공, 통/병조림)

④ 소 동물 배제(구서(驅鼠), 훈증, 포장)

3. 주요 식품 저장 수단

(1) 건조(乾燥, Drying)

① 유리수분 제거, 성분농후화, 무게감소

② 수분활성 : P/P°(순수Aw=1)

③ 미생물생육한계 : 곰팡이 0.65, 효모 0.78, 세균 0.86

(2). 냉동(冷凍, Freezing)

① 빙결점이하 온도에서 동결, 완만(간접동결), 급속(침지, 분무, 접촉)

② 냉장 : 빙결점 이상(0~10℃) 저장

③ 적온 : 세균(30,45,70℃), 효모, 곰팡이 40℃

(3) 밀봉(密封) · 가열(加熱)(통 · 병조림)

외부차단, 가열살균(생육세포 60℃, 30분;포자 121℃, 4분)

(4) 삼투압(滲透壓, Osmotic Pressure)

(가) 소 금(食鹽)

고삼투압으로 Aw 감소, 미생물 생육억제, 호염균 10% 생육

(나) 설 탕(雪糖 , sugar)

① 고삼투압으로 Aw 감소

② 내당균 : 일반 40%, 효모 · 곰팡이 70%

③ 효모저지 : 설탕 60~70% = 포도당 40~50% 유지

(5) 포장(包裝, packaging)

세균 · 공기 · 수분 · 광선의 차단, 파손방지, 수송용이, 종이, 금속, 플라스틱, 나무, 상자

(6) 기타 방법 : 훈연(건조, 살균제), 방부제, 방사선, 항생제

4. 식품종류별 저장 방법

(1) 곡류의 저장

① 상온저장 ② 저온저장 ③ 사이로

④ 밀폐 C.A. ⑤ 방사선조사 ⑥ 약품처리

⑦ 수중저장

(2) 육류의 저장

① 냉장법 ② 냉동법 ③ 염장법

④ 훈연법 ⑤ 건조법 ⑥ 밀봉저장
⑦ C.A.저장 ⑧ 살균제 ⑨ 방사선조사

(3) 청과물의 저장

① 상온저장 ② 저온저장 ③ 냉동저장
④ C.A.저장 ⑤ 기타

5. 저온에 의한 식품저장

① 빙장법 : 식품과 가루얼음을 섞든가, 또는 식품을 얼음물에 담가 저장하는 방법

② 냉장법 : 식품을 빙실 또는 이에 준하는 저온실에 넣어 저장하는 방법

③ 동결저장법 : 식품 중 수분의 대부분을 빙결시켜 저장하는 방법

6. 저온 저장중에 일어나는 식품의 품질변화

(1) 생물학적인 변화

① 선도저하 ② 저온장해
③ 미생물의 번식 ④ 효소의 작용

(2) 물리적 변화

① 수분의 증발 ② 얼음결정의 생성과 조직의 손상
③ 유화 상태의 파괴 ④ 조직의 변화
⑤ 노화 ⑥ 단백질의 변성

(3) 화학적 변화

① 지질의 변화 ② 색과 향미의 변화 ③ 비타민의 감소

7. 가열살균에 의한 식품저장

(1) 살균방법

① 저온살균(LTLT)법 : 100℃ 이하의 온도에서 살균하는 방법

② 증기살균법 : 수증기를 이용하여 가열 살균하는 방법

③ 간헐살균법 : 내열성 균을 완전 살균할 필요가 있으나 고압살균기가 없을 때 또는 고온으로 인해서 배지성분의 변화가 염려될 때

④ 고온단시간살균(HTST)법 : 75℃에서 15초 정도 처리, 130~150℃에서 0.75~2초로 처리할 수 있는 방법은 초고온단시간살균(UHT)법

⑤ 병장살균법 : 액체를 넣고 96~98℃에서 15분간 가열하는 방법

⑥ 열탕살균법 : 100℃에서 30분간 살균

⑦ 건열살균법 : 140~160℃에서 30~60분 정도 건열건조기에서 가열

⑧ 전기살균법 : 2,660~4,200볼트, 20~23암페아의 교류전류를 이용하여 60~64℃로 가열

⑨ 극초단파살균법 : 식품을 포장된 상태로 단시간내에 micro wave를 쏘여 가열시키는 방법

⑩ 동요식 살균법 : 내용물이 담긴 용기 자체를 회전시키거나 전체 살균솥을 회전시켜 내용물이 담긴 용기를 동요케 하는 살균법

(2) 가열살균이 식품변질에 미치는 영향

① 영양가의 변화
② 색깔의 변화
③ 향미와 조직의 변화
④ 단백질의 변화
⑤ 유지의 변화
⑥ 탄수화물의 변화
⑦ 비타민의 파괴

8. 건조에 의한 식품저장

(1) 건조방법

① 천일건조법 : 태양열과 풍력에 의하여 건조하는 방법

② 열풍건조법 : 식품을 선반이나 tray에 얹어서 건조실에 넣어 열풍으로

건조하는 방법

③ 배건법 : 식품을 배건선반에 얹어 배건로 위에 쌓아 올리고 화상에 목재를 태워 그때의 복사열과 상승기류에 의하여 수분을 증발시키는 방법

④ 분무 건조법 : 액체식품을 안개처럼 뿜어서 열풍으로 건조시키는 방법

⑤ 드럼 건조법 : 회전할 수 있는 드럼에 스팀을 통과시켜 가열하고 그 표면에 식품을 균일하게 얇은 층으로 발라서 건조

⑥ 진공건조법 : 건조실내의 압력을 수mmHg~수십mmHg 정도로 유지하여 건조실내 공기의 수증기압을 낮게 하고 가열기에 온도를 높여 표면 수증기압을 높임으로써 증발이 왕성하도록 한다.

⑦ 동결건조(Freeze Drying)법 : 식품을 동결시킨 다음 고도의 진공하에서 식품 중의 빙결점을 승화시켜 건제품을 만든다.

⑧ 냉풍건조법 : 제습하여 수증기압을 적게 한 냉풍을 식품에 접촉시켜 수분의 증발을 촉진하는 방법

⑨ 자연동건법 : 겨울의 자연저온을 이용하여 수분을 빙결시킨 다음 10℃ 정도의 온도에서 융해시켜 수분을 증발 또는 유출시킴

⑩ 약품건조법 : 염화칼슘, 5-산화인, 실리카겔 등으로 건조

(2) 건조과정에서 일어나는 변화

① 물리적 변화

ⓐ 가용성 물질의 이동 ⓑ 수축현상
ⓒ 표면피막경화 ⓓ 성분의 석출

② 화학적 변화

ⓐ 영양가의 변화 ⓑ 단백질의 변성
ⓒ 탄수화물의 변화 ⓓ 지방의 산화
ⓔ 핵산계 물질의 변화 ⓕ 향신료의 성분변화
ⓖ 식품색소의 변화

(3) 생물학적 변화 : 미생물에 대한 영향

9. 절임에 의한 식품저장

(1) 소금절임(salting)

① 마른간법 : 식품에 직접 소금을 뿌려 절임하는 방법

② 물간법 : 적당한 농도의 소금물에 식품을 담가 절임하는 방법

③ 개량물간법 : 마른간을 하여 재우고 적당히 가압하여 절임하는 방법

④ 개량마른간법 : 처음 물간으로 가염지를 하여 식품에 부착한 세균 및 식품표면의 점질물 등을 제거한 후 마른간으로 본염지를 하여 소금절임 효과를 높이는 방법

(2) 당절임(sugaring)

① 잼류 : 과일을 그대로 또는 물과 같이 끓인 다음 어느 정도 농축시킨 후 여기에 당분을 넣어 졸여서 겔화시킨 것

② 당과류 : 과일 또는 채소에 당액을 넣어 가열하여 당을 침투시켜 보존성이 있게 만든 것

(3) 산절임(vinegaring)

마늘, 양파 같은 채소를 식초에 담가 보존성이 있게 만든것

10. 기체조절에 의한 식품저장

(1) C.A.저장(Controlled atmosphere storage)

① 개요 : 수확된 과일과 채소류의 호흡작용으로 인하여 시간이 지날수록 많은 양의 탄산가스가 배출되어 질식상태까지 되며, 산소를 흡수하여 대사가 왕성해지면 신선도가 빨리 떨어진다. 그러므로 신선도를 유지하기 위해서는 1~5%의 저농도산소와 2~10% 농도의 탄산가스하에서 호흡을 억제시키면 신선도가 유지된다. CA냉장은 탈삽기술병행

② 정의 : 인공적으로 저장고 내에 가스를 적당히 조절하고 내부를 냉장상태로 유지시키는 저장법

③ 조 건 - ⓐ 기체 : CO_2, O_2 ⓑ 온도 : 냉장 ⓒ 습도 : 85~95%

④ 적용 : 호흡이 왕성한 과일이나 채소류의 저장

⑤ 저장중의 품질변화 : 냉장을 겸하기 때문에 저장중 냉해(cold injury)를 입을 수 있다.

(2) M.A.저장(Modified atmosphere storage)

① 정의 : 각종 plastic film 등으로 과일을 포장하는 경우 film 등의 기체투과성, 과일로부터의 발생기체의 양과 종류에 의하여 포장자루 속의 기체는 대기와 현저하게 변하기 때문에 이것에 의해 저장을 하는 방법

② 조 건

ⓐ 사과 : 산소 2~3%, 탄산가스 2~3%

ⓑ 배 : 산소 4%, 탄산가스 5%

ⓒ 감 : 산소 1~2%, 탄산가스 5~8%

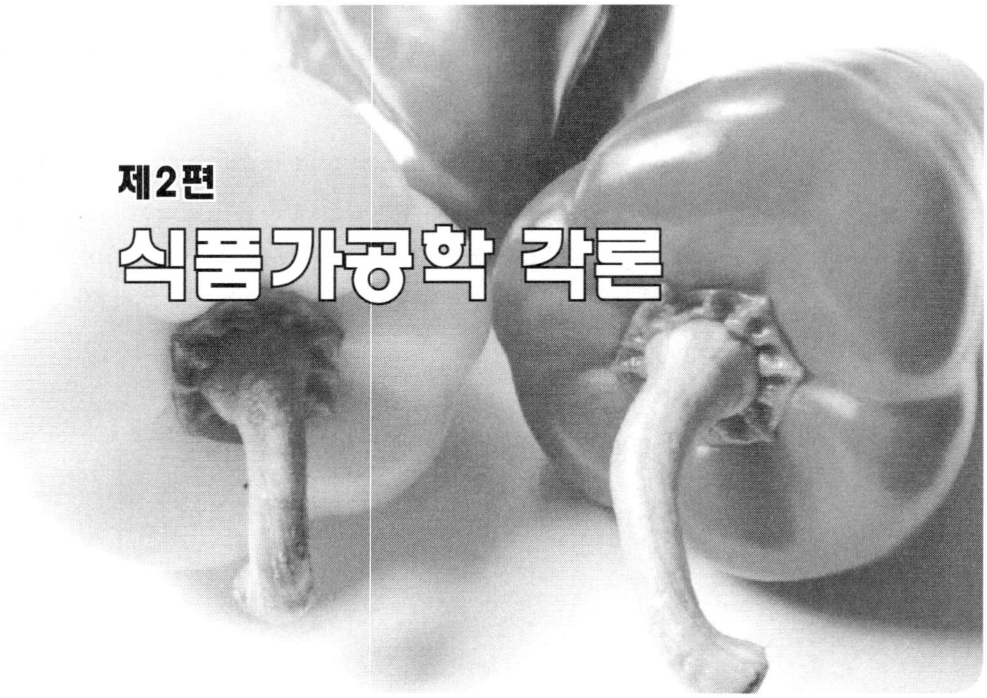

제2편
식품가공학 각론

1장
농산식품가공

◆ 농산물의 특질

생명체로 생리작용과 자가소화작용을 계속 영위하여 영양성분이 소모 소실되고 품질이 악화초래 수확농산물은 적절하게 가공되어야 소비자가 이용할 수 있고, 원료가 가지는 식품적 가치가 개선될 수 있어 농산물을 더욱 안전하고 효율적으로 이용하기 위해서는 농산가공은 계속 발전이 필수적이다.

가. 농산물가공의 의의

농산가공목적은 원료의 품질을 보존·개선하여 영양, 위생 등 식품적 가치가 우수한 제품을 소비자에게 공급하는 데에 있다. 농산물은 소비자에 의해 손쉽게 이용될 수 있는 형태로 전환되어야 하고 소비자에게까지 운송되어야 하는데 이 과정에서 농산식품의 영양적 가치, 기호에 관련된 특성, 위생적 품질 등이 확보되어야 한다. 대부분의 곡물은 과피에 싸여 도정의 과정을 거치는데, 도정이 지나쳐 영양이 손실되지 않도록 해야 하고 과일이나 채소는 수확된 상태로 이용할 수 있긴 하나 수분함량이 높고 조직이 약하며 주 영양소인 비타민은 파괴되기 쉬어 소비되기까지 적절한 보존조건에서 취급되어야 한다.

이와 같이 농산식품의 품질을 유지 · 개선하기 위해서는 원료에 따라 가공방법과 저장법이 확립되어야 하며, 새로운 가공법을 도입하면 영양적 가치, 저장성, 기호특성이 개선되고 원료와는 다른 특성을 가지는 제품을 생산할 수 있는데 이에는 건조, 동결, 농축, 가열, 성분의 분리 및 첨가, 화학분해발효 등 원료 및 목적제품의 특성에 따라 각기 특징적인 가공법이 이용된다.

이러한 각종 가공처리에 의해 농산식품의 가치가 증진되고, 저장성의 개선은 공급과 수요의 불균형에 대한 완충기능을 가능케 하고, 기술혁신과 경영개선으로 식품공업이 더욱 발전할 수 있으며, 농산물이 새로운 특성을 가짐으로 해서 소비자가 즐거운 마음으로 섭취할 수 있어 새로운 소비를 창출할 수 있게 된다.

나. 농산물 가공 산업

(1) 발전과정

① 한국의 농산물 가공산업은 일제(日帝)시대에 시작되었으나 대중화하지 못하였고 해방(解放) 직후에도 식량부족으로 농산가공산업발전은 어려웠다.

② 6.25전쟁(戰爭)을 거치면서 식량사정은 더욱 어려워졌다. 6.25전쟁후(後) UN단체의 원조 사업으로 서구 식품이 우리나라의 전통식 생활에 유입되기 시작되었다.

③ 1956년부터 미국의 잉여농산물이 도입되어 이를 바탕으로 제분 · 제당산업이 시작되었다. 1960년대에는 경제개발계획이 진행되면서 국민소득이 증가되고 도시화, 공업화하면서 식생활이 서구화되기 시작하였다. 경제성장이 약간 되었으나 식량 부족은 여전하여 많은 곡물을 도입하였고 쌀 부족을 분식 정책으로 장려되어 제과 · 제빵 · 제면공업의 발달이 시작 하였고, 이 때 축산진흥정책으로 축산물 생산도 증가하기 시작하였고 후반기에는 식용유, 통조림, 맥주공업이 등장했다.

④ 1970년대에 들어 고도경재성장으로 농산식품가공산업이 근대적 대규모 생산체계를 갖추게 되었으며 1970년대 중반에 녹색혁명으로 인하여 쌀의 자급이 달성되었고 이와 함께 경제작물, 특용작물의 비중이 증가하여 식품소비구조가 고급화, 다양화로 식품산업이 팽창했으나 외국 기

술 모방하는 단계였다.

⑤ 1980년대에는 국민소득이 상당수준 증가하였고 고도산업사회로의 이행이 가속화됨으로서 식품소비에서 편의성, 고급화, 다양화를 추구함에 따라 가공식품의 내수시장이 급속히 발전하였고 농산물가공제품도 고급화, 다양화하게 되었다.

⑥ 1990-2000년대 이후는 식품산업의 2차 성장.성숙기로 GNP향상과 산업화,도시화의 급진전으로 가공식품의 내수시장이 급속팽창확대되었고, 고급화,다양화, 편리성,안전성에 대한 소비자욕구가 더욱 강열해져 고부가가치 가공식품의 시장 확대가 이루어 지고 있다. 앞으로 건강지향식품, 편의성지향식품,품질지향식품등이성장동력의 주역을 이루면서 수입식품과 불리여건(UR, WTO, FTA)하에서 치열한 경쟁은 가속되어 왔고 이러한 현상은 앞으로 계속 될것 이다.

⑦ 앞으로 더욱 중점적으로 개발하여야할 식품분야로 건강기능식품, 레트로트식품, 특수영양식품,전통음식,외식산업상품화등이 제시되고 있다.

(2) 농산물가공산업의 현황 - 매출시장 년 40조 규모

가공의 주원료는 쌀이고 맥류와 서류는 저하되고 과실. 채소류는 공급이 증가하고 있다. 식량자급도는 28%로 주식인 쌀, 보리, 서류를 제외하고는 공업원료식량인 밀,옥수수, 콩, 유지, 축산물등이 거의가 수입에 의존하고 있는 형편이다.

아직도 우리는 대부분의 에너지원을 주식인 쌀이 식생활의 주종이나 육류, 계란, 우유,생선 등 동물성 단백질식품과 유지 의존도가 꾸준히 증가하고 있다. 2006년 우리나라 식품가공산업의 총사업체 숫자는 19,872여 개소에서 224,941명(식품산업종업원수 36만명)이 종사하고 총매출액은 33조원에 이르며, 이는 총식품비 중 30%를 차지하며 우리나라 제조업 전체의 14%에 해당한다. 빵 · 과자 · 국수제조업, 우유가공, 수산가공, 알코올성 음료 등의 연간 매출액이 1조원이상을 상회하여 식품가공산업의 주류를 이루고 있다.

우리나라의 식품공업은 앞으로 계속 신장될 수 있을 것으로 기대하고 있으나, 이를 위해서는 식품가공기술의 개발을 위해 최신 과학기술과 연계한 연구가 이루어져야 한다. 현재 우리나라의 농산가공식품은 주로 서구식품부분에서 이루어지고 있으나, 전통식품가공을 발전시켜 우리나라의 특징을 개발함으로써 수출산업으로까지 육성시켜야 할 것이다.

1. 곡류의 가공

벼, 보리, 밀 같은 곡물들은 바깥층의 부피, 과피 및 종피로 단단하게 둘러 싸여 있어 소화율과 기호성을 향상시키기 위하여 곡물의 종류에 따라 도정이나 제분 등의 1차가공을 하며, 2차가공은 1차가공품을 이용하여 다시 가공하는 것을 뜻한다.

곡류의 가공처리과정은 다음 표와 같다.

【표 2-1】 곡류의 가공처리과정

곡류의 종류	1차 가공처리	2차가공처리
쌀	벼-현미-백미(도정)	밥, 떡, 술, 식초, 과자류
밀	밀가루(제분)	빵, 국수, 스넥류, 과자류
보리	보리쌀(도정)	밥, flake류
	맥아(제맥)	맥주, 위스키
옥수수	그릿트, 전분(도정)	스넥류, 호화전분, 변성전분, 전분당

가. 도 정

벼, 보리의 겨층을 제거하는 조작으로 정백이라고 하며 도정한 제품을 정미, 백미 또는 정맥이라고 한다. 벼의 구조는 왕겨층, 겨층(과피, 종피), 호분층, 배유 및 배아로 이루어지며, 크게 현미 80%와 왕겨 20%로 구성된다. 또 현미는 과피, 종피, 호분층, 배유, 배아로 되어 있으며, 호분층과 배아에는 단백질, 지방, 비타민 등이 많고 배유에는 대부분 전분으로 되어있다.

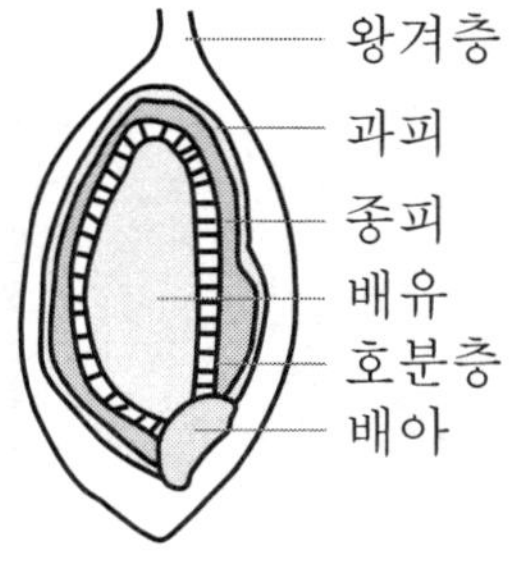

【그림 2-1】 벼의 구조

도정의 원리는 ① 마찰 ② 절삭 ③ 찰리 ④ 충격 등 물리적 작용이 공동으로 어우러져 실시되고 정미기와 정맥기가 있다. 도정의 정도는 도정도와 도정율로 표시하는데 도정도는 겨층이 박리된 정도로, 현미는 백미(10분도) 92%와 겨층이 8%로 이루어져있으며, 이 겨층을 완전히 제거한 것을 10분도미 또는 백미라고 하고, 겨층을 반만(4%) 제거한 것을 5분도미라 한다. 도정율은 정미의 중량이 현미중량의 몇 %에 해당하는가에 따른 배율을 나타

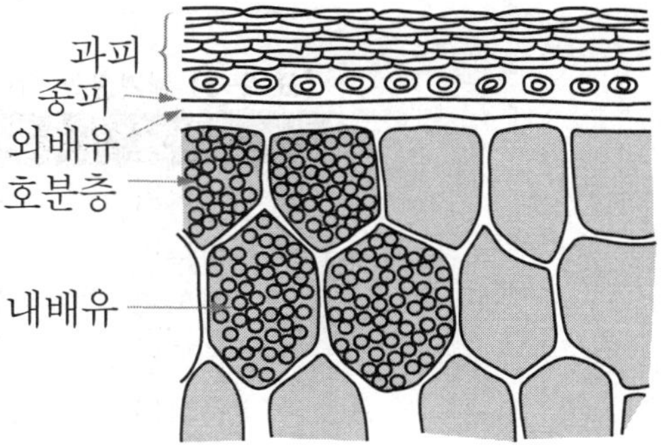

【그림 2-2】 쌀겨층의 단면

내는 방법이다.

$$도정율(\%) = \frac{도정미}{현미} \times 100$$

(1) 곡물원료 조건이 도정도와 도감율에 영향을 미치는 인자

① 겨층두께 : 겨층이 두꺼울수록 도감율이 높다.

② 건조도 : 건조가 덜되면 도정이 쉽고 잘 건조되면 도감율이 적어진다.

③ 건조가 덜된 현미는 저장중 충해로 파손미, 쇄미가 많아져 도감율이 증가된다. 벼저장이라도 건조상태에 따라 다르나 보통 저장 기간이 길면 도감도가 떨어진다.

④ 도정시기 : 여름에는 강도가 적어 도감이 많고 겨울에는 반대로 도감이 적다.

【표 2-2】 쌀의 도정에 따른 분류

종 류	특 성		도감율	소화율
현 미	나락에서 왕겨층만 제거한 것	100	0	95.3
5분도미	겨층에서 50%를 제거한 것	96	4	97.2
7분도미	겨층에서 70%를 제거한 것	94	6	97.7
백 미	현미를 도정하여 배아, 호분층, 종피, 과피 등을 없애고 배유만 남은 것.	92	8	98.4
배아미	배아가 떨어지지 않도록 도정한 것 (원통마찰식을 사용하여 배아미를 도정하며, 도정방법은 추의 저항을 약하게 하는 방법, 추의 저항을 크게 했다가 나중에 약하게 하는 방법(가장 실용적), 도중에 일단 쌀을 방냉시키는 방법 등의 3가지가 있다)			
주조미	술의 제조에 이용되며 미량의 쌀겨도 없도록 배유만 남게 한 것(주조미의 도정에는 주로 수형 연삭식 정미기를 사용한다)			

【표 2-3】 쌀겨층의 박리도와 도정도

도정도	겨층 박리 정도
5분도미	측면부의 겨층이 어느 정도 벗겨진 정도
6분도미	측면부의 겨층이 완전히 벗겨진 정도
7분도미	배부 겨층이 완전히 벗겨진 정도
8분도미	하단부의 겨층이 완전히 벗겨진 정도
9분도미	등부와 상단부의 겨층이 완전히 벗겨진 정도
10분도미	고랑의 겨층이 완전히 벗겨진 정도

(2) 도정도를 정확하게 판단하는 방법

① 도정횟수　　② 도정시간
③ 겨층의 벗겨진 정도　　④ 쌀겨생성량
⑤ 쌀의 색깔　　⑥ 염색법(M.G 시약)
⑦ 전력소비량

(가) M.G 염색법

May Grunwald(M.G)시약(eosin과 methylene blue 등을 메탄올에 녹인 것)을 소량의 시료와 함께 시험관에 넣고 30분간 가볍게 흔든 다음 염색액을 버리고 2~3회 수세후 쌀알의 각부에 염색된 상태를 관찰하여 도정도를 판단한다.

① 과, 종피 : 청색

② 배유부 : 담청홍색 또는 담홍색

③ 호분층 : 담녹색 또는 약청색

④ 배아 : 담황녹색

(나) 도정중의 변화

① 물리적 변화 : 용적은 초기에 감소되었다가 다시 증가된다. 보통 현미가 백미보다 무겁다.

② 화학적 변화 : 도정 중에 화학성분이 변하는데 도정도가 증가됨에 따라 단백질, 지방, 섬유,회분, 비타민, 칼슘, 인 등이 감소되고 탄수화물이 증가된다. 겨층에 각종 영양소가 있기 때문이다.

(다) 현미의 겨층을 제거하는 기기를 정미기(정맥기)라고 하며 그 종류는 구조와 작용에 따라 다음과 같이 분류된다.

① 마찰식 : 횡형원통마찰식(수평원통의 한쪽에 현미를 투입하여 나선홈의 움직임으로 인해서 다른쪽 배출구로 밀어내는 것으로 이때 배출구에 추를 달아 쌀의 유출을 막고 압력을 가하게 한 것)과 송풍식(원통안에 송풍기로 바람을 불어넣고 생성된 겨를 제거하도록 만든 기계)이 있다.

② 연삭식 : 종형과 횡형이 있고 수직형은 세로의 원통 중심부에 회전축이 있고 그 주위에 금강사 롤러가 벼의 표면을 깍아내고 추로 도정도를 조정한다. 이 도정기는 도정력이 강하고 싸라기가 적어 만능 도정기라 한다.

(3) 도정 및 가공

① 도정한 쌀은 겨를 제거한 후 상품가치를 높이기 위해 연마기로 표면을 닦는다.

② 대형정미기는 큰 공장에서는 50마력 이상의 송풍식과 연삭식을 함께 쓰고 있다.

③ 정 맥
보리에서 겨를 제거하는 공정으로 사용하는 기계를 정맥기라 한다.

④ 정맥공정형식

ⓐ 수형연삭기 단용식 : 한국농촌에서 채용하고 있는 무수도정으로 처음에는 빠른 회전으로 처리하고 중간이후부터 회전수를 적게 하여 도정한다.

ⓑ 혼수 → 횡형원통마찰식 → 수형연삭식 : 외국에서 쓰는 방법으로 혼수 후 횡형원통마찰식으로 대부분 박리한 후 수형연삭식으로 도정을 완성한다.

ⓒ 수형연삭식 → 혼수 → 횡형원통마찰식 : 수형연삭식을 무수로서 대부분 박리한 후 소량의 물을 혼수 하여 횡형원통마찰식으로 도정을 완성한다.

ⓓ 수형연삭식 → 혼수 → 횡형원통마찰식 → 수형연삭식 : 앞의 ⓑ와 ⓒ의 방법을 조합한 방식인데 현재는 활용이 적다.

⑤ 정맥가공공정

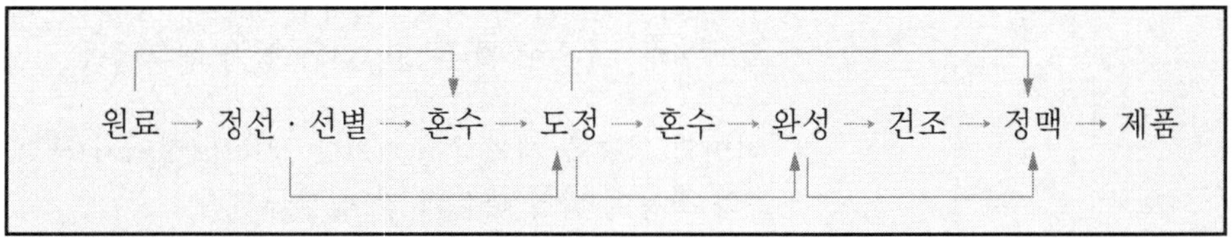

ⓐ 원료의 정선 · 선별 : 원맥을 체, 풍구 등으로 협잡물을 제거 · 정선 · 선별하고, 형태와 크기를 고르게 하여 도정도를 일정하게 한다.

ⓑ 도정 : 보리의 도정은 수형연삭식 또는 횡형원통마찰식으로 도정하는데 후자를 사용할 때는 반드시 혼수공정이 수반된다.

ⓒ 혼수 : 혼수 이점으로는 박리가 용이하며, 압편이 잘 되고 제품의 외관이 좋은 것 등으로 가수량은 원맥에 대해 박리용은 5~8%, 완성용은 3~8%가 적당하다.

ⓓ 완성 : 완성용의 횡형원통마찰식은 박리용과 달리 원통의 돌기 및 롤러가 모가 나지 않은 것이 좋으며, 완성시 혼수하면 입자 내에 다소 침

수하여 소량의 수분은 압편시 예열로 가열되어 압편이 잘 된다.

⑥ 절단맥 가공

보리의 깊은 고랑을 완전히 제거할 목적으로 보리쌀의 고랑에 따라서 절단하여 도정하는 가공법으로서 만든 것을 절단맥 혹은 할맥이라 한다.

⑦ 도정 곡물 가공법

ⓐ 만할곡물 : 만할곡물은 소화율, 식미성이 좋아져 만할보리, 오트필, 콘밀 등의 제조에 이용된다.

ⓑ 팽화곡물 : 곡물은 팽화시켜 조직을 연하게 하여 먹기 좋게 한 것으로 옥수수, 쌀 같이 견고한 곡식을 사용한다.

ⓒ 강화미: 비타민 B_1 150mg, B_2 35mg을 백미에 첨가한 것

ⓓ 알파(α)미 : 쌀전분에 가수가열하여 α화시킨 후 고온에서 수분이 15% 이하로 급속히 탈수 건조시켜 α전분 상태로 고정한 것으로서 즉석미, 건조 밥이라 한다.

ⓔ parboiled rice : 벼를 냉수에 1일 침지시켜서 수분 40% 정도로 하고 100℃에서 30분간 처리한 다음 말려서 탈곡 도정한 것으로서 배아와 겨 속의 B_1이 배유로 옮겨 영양손실을 막고 표면강화로 저장성도 향상된다.

ⓕ Puffed rice : 쌀을 고온 · 고압으로 유지하다가 급격히 상온 · 상압으로 조절하여 팽창시킨 것으로 튀밥을 말한다. 주로 쌀, 보리, 옥수수 등 잡곡이 이용된다.

나. 제 분

곡식을 분쇄하여 외피섬유를 체로 사별, 분리하는 것이다. 제분능력을 바렐(barrel)로 표시하는데 1바렐이란 1주야동안 22kg(1포)들이 4포대를 만들 수 있는 능력으로 규모는 대형제분소 200~1,000바렐 정도, 소형제분소는 100바렐 이하이다.

(1) 제분공정

원료밀 → 정선 → 부분조절 → 배합 → 파쇄 → 체질 → 분쇄 → 체질 → 밀가루 → 숙성 → 영양강화 → 포장 → 제품

(가) 정 선

밀 이외의 다른 물질을 제서하고 기울부분이 분쇄되지 않도록 하며 배유부가 분리되기 쉽도록 하기 위하여 수분을 첨가하는데 가수량의 계산식은

$$가수량(g) = 밀무게 \times \left(\frac{100 - 원료\ 밀수분\ 함량}{100 - 목표\ 수분\ 함량} - 1 \right)$$

로 수분조절 후 적당한 가열로 조질(調質)을 실시한다. 제품에 적합한 수분은 경질소맥 16~17%, 연질소맥 14% 가량이며, 조질 목적은 ① 밀기울 분리 조장 ② 회분량 조절 ③ 밀자체의 효소력을 조질하여 밀의 그루텐을 용도로 따라 개선하기 위함이다.

(나) 파 쇄

Break roller 파쇄로 하는데 축에 대해 약 15° 각도로 나선형인 홈이 파쇄가 진행됨에 따라 홈은 작아지고 수가 많다. roll은 고속(회전수가 큰 것)과 저속(적은 것)으로 그 비율은 2.5:1~3:1이다. 밀은 배젖부터 바스라져 껍질과 배젖이 분리되어 처음에는 흰 조립상태이다. Break roller의 3대 작용은 압착, 절단, 비틀림이다.

(다) 체 질

조립은 shifter로 체질하여 껍질만 남겨 밀기울을 분리한다. 조립은 purifier를 사용하여 기울과 기타 불순물을 비중차로 제거한다. 여기서 얻은 조립, 즉 semolina는 분쇄하게 된다.

(라) 분 쇄

Smooth roller로 분쇄 체질하면 체위에 소피가 남는다. 분쇄에 따라 각종 가루를 얻어 정당히 혼합사용 하거나 그대로 용도에 따라 제품화한다.

① break flour : 조쇄한 가루

② middling flour : 분쇄한 가루

③ patent flour : purifier를 통과한 고급밀가루(기울, 소피를 제거한 것)

④ clear flour : 기타 밀가루

⑤ red dog : 맨 마지막 생산된 가루

⑥ straight flour : 구분하지 않고 모두 혼합한 가루

⑦ 밀가루는 제분 후 제빵적성의 향상과 색 개선을 위해 숙성과정을 거치는데 일반적으로 자연숙성은 시간이 걸려 인공숙성을 채용하며 사용하는 산화제로는 이산화질소(NO_2) 10ppm, 과산화밴조일($(C_6H_5CO)_2O_2$) 20ppm, 아산화염소(ClO_2) 10~20ppm 정도가 첨가된다. 기타 취소산칼륨($KBrO_3$)을 50ppm 이하 첨가하여 밀가루의 점탄성을 증가시키기도 한다.

⑧ 밀의 제분율 $\left(\dfrac{\text{제분중량}}{\text{원료 밀 중량}} \times 100\right)$은 밀의 품종, 제분규모, 제분기 종류, 제분목적에 따라 차이가 있으나 보통 80% 이하가 적당하며 밀기울이 섞이지 않아야 한다.

⑨ 제분율이 낮을수록 상급 밀가루로 회분량이 적고, 글루텐량이 많다. 밀의 회분은 배유부(0.4%)와 껍질에 많으며 우수밀가루는 회분이 0.5%이하이다.

⑩ 밀단백질은 gluteinin과 gliadine이며, glutenin은 탄성을 gliadin은 밀가루의 점성을 준다.

⑪ 밀가루의 영양강화는 비타민, 무기질 또는 부족한 필수 아미노산(L-lysine)을 첨가하는 것으로 비타민 C는 protease의 작용을 억제시킨다.

⑫ 밀가루의 검사는 회분(밀기울 혼입파악), 산도(균질성), 입도(밀가루 보수력 판정)가 측정된다. 밀가루의 주요한 품질성분은 글루텐 함량이다. Gluten은 밀가루 품질 결정 요소로 밀가루의 종류와 품질에 따라 크게 차이가 있다.

⑬ 밀가루 반죽 품질검사 기기로는 점탐성은 farinograph로, 반죽의 인장항력은 exten-sograph로, 전분의 호화도는 amylograph로, 그리고 밀가루 색도는 pekar test로 한다.

⑭ 초자율은 밀알단면의 반투명도의 정도를 나타내는 것으로 그 계산식은 다음과 같다.

$$\text{초자율(\%)} = \frac{(\text{초자질 갯수} \times 1) + (\text{중간질 갯수} \times 0.5)}{\text{총 밀 알 수}} \times 100$$

⑮ 각종 곡류의 제분율은 밀가루 80%, 쌀가루 90~95%, 메밀가루 75~80%, 옥수수가루 90%, 콩가루 80% 정도이다.

【표 2-4】 밀가루의 성질과 용도

종 류	글루텐 함량		특 성	용 도
	습부량	건부량		
강력분	40%이상	13%이상	점탄성이 크고, 단백질 함량이 높으며 경질소맥을 원료로 한다.	빵, 마카로니
중력분	35%내외	10~13%	중간질의 밀을 제분한 것이다.	면류
박력분	30%이하	10%이하	촉감이 부드럽고 연질소맥을 원료로 한다.	과자, 튀김

다. 제 면

밀가루(중력분, 건부량 10~13%)에 물과 소금(3~4%)을 넣어 글루텐의 점탄성을 이용하여 반죽한 것을 길고 가늘게 만든 것을 생면 건조시킨 것을 건면이라 한다. 면류원료는 메밀가루, 쌀가루, 전분 등을 사용할 수 있으나 밀가루가 주가 된다.

(가) 면류의 종류

면류의 종류는 제조법에 따라 선절면(중력분 사용), 신연면(소면, 우동, 중화면), 압출면(강력분, 마카로니)과 조리과정을 거친 즉석면이 있다.

(나) 면의 굵기

선절면의 굵기는 절치번수로 표시하는데 3㎝ 너비의 면대에서 나온 국수가락수로 10번면이란 3㎝면대에서 10개의 국수가락이 나온 것이며, 번호가 크면 면선이 가늘어진다.

(다) 메밀 국수

메밀가루와 밀가루를 혼합(7:3~3:7)하여 만든 국수로 밀가루는 접착제 역할을 한다.

(라) 중국 국수

밀가루를 함수(탄산소다와 탄산칼리)로 반죽하여 제면한 것으로 중국의 견수가 사용된다.

(마) 라면

즉석면으로 조미된 면을 식용유로 105~160에서 약 2분 통과시켜 기름에 튀긴다.

(바) 마카로니류

압출면으로 듀럼밀가루나 강력분을 사용한다. 먼저 반죽기에서 고압으로 금속판을 통과시켜 압출하는데 금속판의 구멍모양에 따라 여러가지 종류의 제품이 제조된다. 전달된 마카로니는 수분이 12%정도 되게 예비건조(곰팡이 방지, 부착방지, 향미생성 등의 목적)와 본 건조를 한다. 건조 조건은 30~60℃, 습도는 30~90%이다.

(사) 당면

고구마 전분으로 묽게 반죽하여 실모양의 가닥을 뽑아 끓는 물에 삶아내서 동결시킨 후 천천히 녹여 물기를 빼고 바람이 잘 통하는 곳에서 건조시킨 것이다. 일명 동면이라고 한다. 동결방법에는 자연동결법과 인공동결법이 있다.

라. 제 빵

빵(bread)이란 밀가루와 부재료를 첨가 혼합하고 이겨서 만든 반죽(dough)을 탄산가스를 내는 팽창제로 부풀게 하여 구어서 만든 것으로 팽창제로 효모를 사용한 것을 발효빵(식빵), 화학약품을 팽창제로 사용한 것을 무발효빵(비스킷)이라 한다. 빵의 분류는 원료에 따라 밀가루빵 · 흑빵, 제조법에 따라 미국빵 · 프랑스빵, 모양에 따라 감형 · 산형 · 코페 · 로울빵, 굽는 방법에 따라 팬빵 · 직소빵 등으로 다양하다.

(1) 제빵의 원료

주원료-밀가루, 효모, 물

부원료-설탕, 지방, 이스트후드, 소금

① 밀가루 : 강력분인 글루텐 11% 이상의 초자질이 좋다. 수분은 15%이하로 회분이 적고, 희며 무취한 것으로 제분후 20~40일 숙성하는 것이 좋다.

② 효모 : 빵효모인 Saccharomyces cerevisiae가 사용되며 이는 당분을 에틸알코올과 이산화탄소로 분해시킨다. 생육은 24~30℃의 온도, 산소, 물이 필요하다. 빵효모 제품은 압착한 것과 건조한 것이 있고 사용량은 압착효모 1.5~2.0%이고 건조효모는 압착한 것의 1/2가량이다.

③ 소금 : 소금은 빵의 풍미를 향상시키고, 반죽의 gluten 탄력성을 증가시켜 발효를 적당하게 조절해준다. 사용량은 밀가루의 1.5~2.0%인데 여름에는 조금 많게, 겨울에는 조금 적게 쓴다.

④ 설탕 : 설탕을 효모의 영양이 되어 발효작용을 촉진함과 동시에 특유의 향미 창출과 빵의 노화방지에 기여한다. 또한 구울 때 비타민 B의 손실을 방지하고 빵의 단맛과 색을 좋게 한다. 사용량은 4~6%, 과자빵 15~30% 정도인데 4%까지는 빵 팽창률이 증가하나 그 이상은 감소한다.

⑤ 지방 : 빵을 부드럽게 하고 monoglyceride는 빵의 노화방지, 풍미와 색을 좋게 한다. 보통 쇼트닝을 3~5% 사용한다.

⑥ 물 : 55~65%를 첨가하는데 보통 음료수가 좋다. 반죽에 가장 좋은 pH가 5.2~5.5이므로 알칼리성물이나 센물은 좋지 않다.

⑦ Yeast food : 이스트후드는 발효촉진제와 분질개량제를 혼합한 것으로 최근에는 α-amylase도 첨가하여 반죽의 gel화를 더디게 하여 팽창을 도와 품질을 향상시키기도 한다. yeast food의 성분은 유기물과 무기물이 사용되나, 질소원, 황산칼슘, 산화제가 구성분이다. 사용량은

0.2~0.5% 정도이다.

(2) Yeast food 조성

$CaSO_4$ 25%(반죽견고), $KBrO_3$ 0.3~0.5%(산화제), NH_4Cl 10%(탄산가스 생산량 향상), NaCl 25%, 전분 40%(부형재)

(3) 빵 제조법(원료배합 방식에 따라)

① 직접반죽법(straight dough method) : 원료 전부를 한번에 넣고 반죽하는 법으로 단기간 발효와 적은 노력, 제품향미향상, 감량축소 등의 점이 좋다.

② 스펀지법(sponge method) : 원료 일부를 반죽발효 증식후 나머지 원료를 가하여 본 반죽하는 법으로 많은 노력, 긴 작업시간, 발효감량증가 등의 단점이 있으나 효모절약, 가벼운 빵, 좋은 조직의 우수 빵 제조가 가능하다. 이때 식빵의 노화현상은 설탕, 지방 등의 첨가로 방지된다.

(가) 직접반죽법의 제조 공정

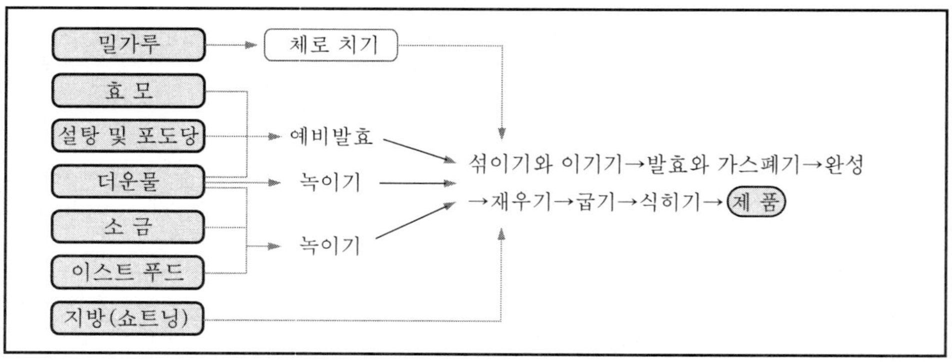

① 원료 처리 : 밀가루를 체로 쳐서 협잡물의 제거와 공기를 충분히 함유시킨다. 효모는 약 5배 정도의 양의 물에 넣고 설탕을 소량 첨가하여 26~30℃가 적당하다.

② 혼합과 이기기(Maxing and kneading) : 먼저 밀가루에 물로 녹인 설탕, 포도당, 소금 용액을 넣고 혼합시킨 다음 어느 정도 섞고 효모현탄액을 넣어 교반을 계속하여 가루모양이 없어지면 쇼트닝을 조금씩 나누어 넣어 반죽을 고르게 한다. 이 조작은 원료 전부를 고루 분산시키고, 글루텐을 발달시킨다.

③ 발효 및 가스빼기 : 발효통에 넣은 반죽은 습도 95%, 온도 27~29℃에서 1~3시간 후 2~3배 부풀면 가스빼기를 한다. 강력분은 2회 가스빼기를 한다. 가스빼기의 목적은 반죽온도 균일 유지, 효모에 신선한 공기

공급, 효모에 당분공급이다.

④ 완성 : 반죽나누기, 중간나누기, 성형, 빵형넣기 등 4가지 조작으로 한다.

⑤ 재우기 : 32~37℃, 습도 85~90%에서 재운다.

⑥ 굽기 : 1단계는 60℃에서 효모사멸, 알코올 증발, 가스팽창, 74℃에서 글루텐 응고, 110℃ 빵골격 완성, 2단계는 거죽이 누런 갈색으로 착색된다. 3단계는 굽기완성, 굽는조건은 200~240℃, 20~50분(빵 오븐의 온도가 낮으면 굽는 동안 발효가 계속되어 기포가 너무 크게 되므로 주의한다)이다.

⑦ 식히기 : 실온으로 급냉, 특히 여름철에는 급냉하지 않으면 곰팡이가 발생한다.

(나) 스펀지법

① 원료 처리 : 직접반죽법과 같다.

② 혼합과 이기기 : 스펀지 반죽과 본반죽의 2회로 한다. 반죽은 밀가루 일부와 효모를 물과 함께 섞어 이기며 이때 온도는 24~25℃가 좋다. 이같이 만든 스펀지 반죽은 발효시간을 4~5시간 정도 길게 한 다음 믹서에 넣어 나머지 물과 쇼트닝 이외에 원료를 넣은 다음 본 반죽용 밀가루의 약 반을 넣어 믹서를 회전시켜서 스펀지 반죽이 부서지면 나머지 가루를 넣고 이긴다. 본반죽의 발효 온도는 27~28℃이다.

③ 발효

ⓐ 스펀지반죽발효 : 발효실에서(27℃, 습도 75%) 실시하여 pH 4.5에서 완성된다.

ⓑ 본 반죽 발효 : box에서 실시

④ 완성이후의 공정은 모두 직접법과 같다.

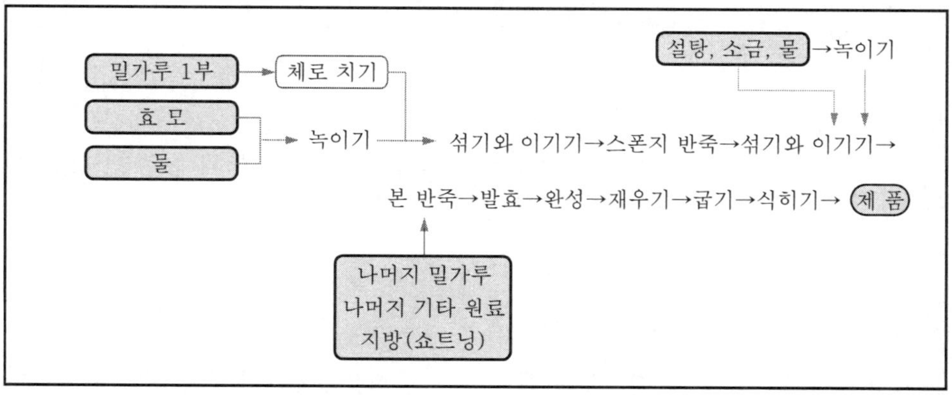

(4) 스펀지 케이크

카스테라와 비슷한 것으로 먼저 계란 흰자로 거품을 내고 노른자는 설탕과 물에 잘 섞은 후 거품을 낸 흰자와 합하여 거품을 낸다. 여기에 체질한 밀가루와 베이킹 파우더의 혼합물을 섞은후 오븐이나 화덕에서 160~170℃로 굽는다.

(5) 카스테라

스펀지 케이크보다 설탕양이 많고 제조법도 복잡하다. 계란 흰자와 물엿으로 거품을 낸 것에 밀가루를 섞어 철판위에 붓고 굽는다. 원료조성(%)은 설탕 1.7, 물엿 0.2, 달걀 1.9, 밀가루 0.9이다.

(6) 빵의 품질 요소

겉모양, 내부색깔, 빵 조직, 촉감, 풍미 등을 종합 판단한다.

① 겉모양:균형잡힌 좋은 모양인 것, 겉껍질이 고르게 엷은 갈색으로 구워진 것, 무게에 따라 일정한 부피일 것(100g에 400㎖의 부피), 겉껍질이 얇고 부드러우며 매끈한 것

② 속모양:조직이 곱고 고르며 탄력있고, 우유빛깔의 윤이 나는 것

③ 풍미:특유한 향미가 있고 신선하며, 이미 · 이취가 없고 조화된 맛을 가진 것

【표 2-5】 식빵에 대한 각국의 평가기준(점수)

기준 / 나라	외관	조직	촉감	향미
미국	25	20	20	35
영국	25	25	25	25
일본	30	10	25	35
한국	25	10	20	35

(7) 과자빵

지방 및 설탕을 넣어서 발효시킨 식빵과 같은 반죽을 거죽으로 하고 그 반죽속에 팥고물, 잼, 크림 등을 넣거나 설탕, 포도당의 감미를 강화해서 만들고 있다.

(8) 비스킷

박력분(단백질 7~8%, 회분 0.4%)에 중탄산소오다(중조)를 팽창제로서 부

풀린 무발효 빵의 일종으로 원료를 혼합 성형 후 굽기 때문에 숙성은 불필요하다. 팽창제는 밀가루에 대해 0.5~2.0% 정도 사용한다.

(9) 주요 팽창제

① 중조(NaHCO3) : $2NaHCO_3 \rightarrow Na_2CO_3 + H_2O + CO_2 \uparrow$
알칼리성이 강한 탄산소다가 생기므로 쓴 맛과 알칼리 맛 등 특수한 냄새가 나며 불충분한 혼합은 황색의 반점이 생기므로 주의가 필요하다.

② 탄산암모니아 : $(NH_4)_2CO_3 \rightarrow 2NH_3 \uparrow + H_2O + CO_2 \uparrow$
휘발성이 강하여 저장 중 탄산가스가 날아간다. 보통 중조와 섞어 쓰면 유리하다.

③ 주석산 팽창제 : 중탄산소다와 주석산을 섞은 것으로 반응이 예민해서 장기보관이 불가능하기 때문에 사용 바로 전에 이들을 섞어 반죽한다.
$2NaHCO_3 + HOOC(CHCO)_2COOH \rightarrow NaOOC(CHCH)_2COONa + 2CO_2 \uparrow + 2H_2O$

④ 주석산칼륨 팽창제 : 중조와 주석산칼륨을 섞어 만든 것으로서 반응이 온화하며 저장중 변화가 적어 제품의 색도 하얗고 냄새가 없어 널리 사용한다.

(10) 비스킷 제품의 종류(원료배합에 따른)

① hard biscuit : 강력분에 설탕과 지방을 넣어 만든 것

② soft biscuit : 박력분에 설탕과 지방을 많이 넣어 만든 것으로 가볍고 단맛이 강하다.

③ fancy biscuit : 설탕과 달걀을 많이 넣어 질이 연하고 단맛이 강한 고급 비스킷이다.

(11) 초콜릿

Cacao 콩을 볶아 껍질을 제거하고 이것을 분말로 하여 cacao butter, 설탕 우유를 혼합한 것으로 비중 0.058~0.865, 융점 30~34℃, 응고점 21~27℃이다. 즉 카카오 콩을 약 150℃에 볶아 외피부와 입부를 분리하는데 탄닌성분의 변화로 풍미가 향상되고 살균효과도 얻는다.

초콜릿 입자의 균일분산을 위해 레시틴 같은 계면활성제가 사용된다.

Cacao 콩에는 theobromoine 성분이 많아 풍미를 주고 초콜릿이 습기를 흡수하여 설탕이 용해되면 다시 건조되어 결정화 현상인 sugar blooming이 일어나고 cacao butter의 융점 이상이 되면 단단해지는 fat blooming이 일어나 품질을 저하시킨다.

(12) 캔디(성질에 따라)

① hard candy : 드롭스와 같이 단단하고 흡수성이 적다.

② chewy candy : 입에 넣어 씹는 캔디로 캐러멜, 젤리, 잼 등이 있다.

③ aerated candy(기포형) : todant, nougat, marshmallow 등 공기가 든 것

주요첨가물은 다음과 같다.

① 기포제 및 젤리화제 : egg albumin, gelatin, agar

② 결합제 및 젤리화제 : arabian gum, trancath gum, dextrin

③ 유화제 및 젤리화제 : 레시틴, 솔비톨, monoglyceride, CMC

(13) 츄잉껌

풍선껌, 당의껌, 약용껌, 판껌 등이 있는데 gum은 원래 sappodilla나무에서 얻은 chicle gum에 감미료, 향료를 넣어 만든다. 천연 chicle은 gutta와 resins가 주성분이다.

2. 서류의 가공

서류(감자 고구마) 가공은 1차직접가공(전분제조)과 이전분으로 물엿, 포도당가공의 2차가공

가. 전분제조

서류의 주성분인 전분을 물리적 처리로 분리하는 전분제조는 주로 고구마, 감자가 사용되고 옥수수, 쌀, 밀 같은 곡류로도 만든다.

전분은 포도당 분자가 모여 구성되고 포도당의 결합된 모양에 따라 amylose와 amylopectin의 두 가지 성분으로 구분되어 이들 성분 비율에 따라 메전분, 찰전분 등으로 결정된다. amylopectin의 안정된 농도는 15~20% 정도이다. 요오드반응을 보면 amylose는 청색, amylopectin은 자주색으로 변한다.

전분을 150~160℃로 가열 분해하면 수용성 dextrin이 되고 여러 단계를 거쳐 포도당이 된다. 전분이 분해 되면 단당류나 과당류가 되는데 이때의 중간 생성물을 모두 호정(dextrin)이라고 하며, 그 분류는 표 D-6과 같다.

전분에 묽은 산이나 알칼리 또는 염류용액을 작용시키면 팽윤되며 호화가 일어난다.

【표 2-6】 덱스트린의 종류 및 성질

종 류	요오도액 반응	침전되는 alcohol농도
Soluble starch	청남색	
Amylodextrin	청남색	40%
Erythrodextrin	적갈	65%
Achromodextrin	엷은 황색	85%
Maltodextrin	반응 없음	

쌀의 호화는 60℃ 정도인데 쌀 2g을 호화(α화)하기 위하여 65℃에서 10시간, 90℃에서는 2~3시간 가열한다. 비스킷, 건빵 등은 불완전하기는 하나 α 화가 된 것이기 때문에 오래되어도 맛이 있고 소화가 잘 된다. 밀전분의 호화 개시는 65℃이다.

(1) 전분제조

원료를 마쇄(조직파괴)하여 전분입자를 분산침전 원심분리(섬유, 단백질, 무기물 제거)시켜 제조한다. 전분원료는 감자, 고구마, 밀, 쌀, 옥수수, 칡, 타피오카 등이 이용되며 그중 고구마가 세포조직에서 전분분리가 쉬워 비교적 소규모의 설비로도 제조할 수 있다.

(2) 고구마 전분제조

고구마를 마쇄하여 체질 사별한 전분유를 침전 분리하여 물로 여러번 정제하여 얻는다.

(3) 석회처리효과

고구마 전분유를 침전 분리할 때 4~5시간 경과하면 수용성 당분이 발효되어 고구마 단백질인 ipomein의 등전점인 pH 4.0까지 저하되어 수용성 단백질이 침천하는 동시에 일부가 변성되어 불용성화하여 삽부라는 암록갈색을 띄우는 부분이 된다, 또한 고구마를 마쇄할 때 폴리페놀 성분의 일부가 액속에 녹아서 산화중합이 일어나 멜라닌 색소가 형성되어 착색된다. 따라서 전분제조시 마쇄액에 석회수를 사용하여 pH를 5.5~6.5로 조절하면 polyphenol의 흡착을 억제하여 전분 백도(3~5% 향상)를 높인다. 또한 펙틴산 석회염을 형성하고 전분막의 교질을 파괴하여 전분수율(10~20% 향상)을 좋게 하고 단백질의 혼입을 막아 순도를 높이게 된다.

(4) 전분입자 분리방법

① 탱크침전식 : 콘크리트 침전탱크에 10~12시간 방치하여 앙금을 침전시키는데 색이 좋아질 때까지 수세정제한 후 30㎤ 가량의 크기로 절단하여(생전분) 그늘에서 말려(수분17~18%) 1번분을 얻는다.

② 테이블침전식 : 경사진 목제나 콘크리트로 만든 홈통으로 흐르게 하여 흐르는 동안 비중으로 전분입자를 가라앉히는 것으로 단시간에 전분 앙금을 얻고 그 폐액을 연속으로 제거하는 장점이 있다.

③ 원심분리식 : 연속식 원심분리가 사용되는데 전분을 신속히 분리할 수 있으며 전분입자와 불순물의 접촉시간이 짧아 우수제품을 얻는다(옥수수 전분 분리).

(5) 정 제

식용고구마 전분은 물로 씻고 다시 침전시킨 것에 표백분이나 차아염소산소다 등으로 표백한 후 120mesh 정도로 분쇄하여 제품으로 한다.

(6) 감자전분

감자전분도 고구마와 같이 제조하나 마쇄효율(90%)이 좋다. 감자전분유의 분리하는 탱크식, 테이블식, 원심분리식 등이 쓰이고 탱크식 경우 4~5시간 소요된다.

(7) 옥수수전분

① 특징 : 원료의 아황산용액 침지공정으로 처리

② 침지공정 : 옥수수 → 정선 → 아황산용액침지(0.2~0.5%, 50℃, 48시간) → 분쇄 → 배아분리 → 사별(200 메쉬) → 조전분유 → 전분입자분리(침전법, 테이블법, 원심분리법) → 탈수건조 → 옥수수전분

(가) 아황산 침지 목적

① 옥수수 조직 팽윤 ② 전분 결합한 단백질 파괴

③ 미생물 번식억제

(나) Corn steep liquor(옥수수침지액)

아황산침지로 가용성분의 용출, 젖산발효로 젖산 생선, 젖산균의 protease에 의한 단백질 분해촉진에 작용한다. 이때의 용액을 농축하여 얻는 액체를 corn steep liquor라 하고 페니실린이나 스트렙토마이신의 제조배

양액으로 이용된다.

(다) 옥수수전분의 종류(건조 조건별)

① Pearl starch : 77℃의 온도에서 20시간 건조한 것

② Crystal starch : 생전분을 1주간 계속 건조 분쇄한 것

③ Powdered starch : 펄 스타치를 분쇄사별한 것

④ Lump starch : 파우더드 스타치를 증기와 고압으로 처리한 것

나. 절간서류의 제조

절간서류는 서류의 1차 가공품으로 고구마, 감자를 얇게 썰어 말린 것으로 생으로 말린 생절간과 쪄서 말린 증절간이 있다. 절간 서류는 저장성이 우수하여 주정원료나 간식용으로 많이 만든다.

> ※ 생절간 : 고구마 → 선별 → 수세 → 절단 → 건조 → 생절간
> (선별 ↘ 수침 ↗ 수세)
>
> ※ 증절간 : 고구마 → 선별 · 수세 → 찌기 → 박피 → 절단 → 건조 → 재우기 → 완성 → 증절간

① 절간두께는 0.3cm 정도가 좋고, 천일 건조는 4~5일 말려 수분을 12~13%까지 한다.

② 증절간 표면의 백분의 주로 엿당이고, 기타 가용성 전분, 자당 덱스트린, 전화당 및 인산염 등이다.

③ 고구마 증절간의 갈변방지법 : 아황산, 구연산(2%) 처리

다. 전분 가공

전분은 직접 이용하는 외에 공업원료로 이용되는데 식료품, 물엿, 포도당, 접착제, 잡공업 등으로 구분하여 그중 가수분해 가공품인 물엿 및 포도당이 가장 많이 이용된다.

(1) 당화율(Dextrose equivalent:D.E)

전분의 가수분해 정도를 나타내는 것으로 계산식은 다음과 같다.

【표 2-7】 각종전분당의 D.E와 성질

종류	수 분 (%)	D.E	평균 분자량	단맛	점도	당의결 정성	당결정의 억제작용	흡습성	용액의 동결점
분말 물엿	5이후	20~40	크다	낮다	높다	낮다	크다	크다	높다
물 엿	16	35~50							
액상포도당	25~30	55~56							
고형포도당	10~13	80~85	↑	↓	↑	↓	↑	↓	↑
분말포도당	8~10	92~94							
정제포도당	10이하	97~98							
결정포도당	8.5~10	100	적다	높다	낮다	높다	적다	적다	낮다

(2) 분해도

전분은 분해도가 높아지면 포도당이 증가되어 단맛과 결정성이 증가되는 반면 덱스트린은 감소되어 평균분자량은 적어져 흡습성 및 점도가 적어진다. 평균분자량이 적어지면 빙점이 낮아지고 삼투압 및 방부효과가 커지는 경향이 있다.

(3) 전분으로 포도당을 얻은 가수분해법에는 산이나 효소가 이용된다.

(가) 산당화 포도당

전분에 묽은 산과 같이 가열하면 쉽게 가수분해되어 100g의 무수전분에서 110g의 무수D-glucose를 얻을 수 있다.

$$(C_6H_{12}O_6)(C_8H_{10}O_5)\chi + \chi H_2O \rightarrow (1+\chi)(C_6H_{12}O_6)$$

① 당화제 : 염산, 황산, 수산

② 탈색제 : 골탄, 활성탄

③ 분해도 : D.E 92~93

④ 당화점 검사 : 알코올 검사(전분은 침전, 포도당은 불침전)

(나) 효소당화 포도당

원료의 정제가 필요없고, 분해율이 크며, 내산·내압 용기가 필요 없고 중화가 필요 없으며, 분말액을 먹을 수 있는 장점이 있다. 하지만 시간이 오래 걸리는 단점이 있다. 산화당의 큰 결점인 쓴맛, 착색물질의 생성이 없어 고순도의 포도당이 제조된다. 당화효소균주로 Rhizopus delemar(100% 분해), Aspergillus niger(80~90% 분해)가 쓰인다.

【표 2-8】 산당화법과 효소당화법의 비교

구 분	산 당 화 법	효 소 당 화 법
원료 전분	정제를 완전히 해야 한다.	정제할 필요 없다.
당화전분농도	약 25%	50%
분해한도	약 90%	97% 이상
당화 시간	약 60시간	48시간
당화의 설비	내산·내압의 재료를 써야한다	쓴맛이 없고 이상한 생성물이 생기지 않는다.
당화액의 정제	활성탄 0.2~0.3%	0.2~0.5%(효소와 순도에 따른다)
	이온교환지수	조금 필요하다.
관 리	분해율을 일정하게 하기 위한 관리가 어렵고 중화가 필요하다.	보온(55℃)만 하면 되며 중화할 필요는 없다.
수율(收率)	결정포도당 분말액은 먹을 수 없다.	결정포도당으로 80% 이상이고 분말포도당으로 하면 100% 분말액을 먹을 수 있다.
가 격		산당화법에 비하여 30%에 정도 비싸다.

(4) 전분의 호화온도 측정법

현미경으로 micelle 팽윤 검경

(5) 물엿

전분당이라 하며, 산당화엿(dextrin + glucose)과 맥아엿(dextrin + maltose)이 있다.

(6) 산당화엿

제조는 산당화포도당 제조공정 중 정제 농축 이후의 과정이 생략된 것 이외에는 동일하다.

(7) 맥아엿

맥아의 당화력(효소)을 이용한 것으로 맥아는 보리의 싹을 길러 만드는데 장맥아(보리 길이의 1.5~2배)가 엿제조에 쓰이며, 발아온도는 14~18℃가 좋다. 발아시킨 것은 생맥아, 건조한 것은 건조맥아로 구분하며, 생맥아는 당화력이 강하고 건맥아는 저장력이 좋다.

맥아엿 제조용 맥아는 단백질이 많고 아밀라아제 생산이 좋은 6조대맥이 사용되고, 엿기름은 발아상자에 여름철은 10~13㎝, 겨울철은 15~20㎝ 두께로 쌓아 발아시킨다.

3. 두류의 가공

콩은 '밭에서 나는 소고기' 라고 하듯이 단백질 34~38%, 지방 16~19%를 함유하는 영양 덩어리로서 동양인들의 식물성 영양보급원으로 예로부터 이용되어 왔다.

풍부한 영양을 갖는 콩이지만 조직이 단단하여 소화가 좋지 않아 소화율과 영양소의 이용율이 떨어진다. 이를 개선하기 위하여 가공조작이 필요하므로 간장, 된장, 두부, 청국장, 콩나물 등으로 이용되며, 소재원료로는 콩단백농축물로 대부분 가공되고, 식용유로 콩기름을 만들어 사용한다.

【표 2-9】 밀과 콩류의 성분

종류별 성분별	수분	단백질	지방	탄수화물
밀	11.2(g)	12.9(g)	27(g)	69.0(g)
콩	10.5	38.5	18.5	23.1
팥	15.0	20.6	0.7	54.0
녹두	20.2	1.3	1.3	52.7

【표 2-10】 콩 및 콩가공품의 소화율과 영양량

콩 및 콩제품	소화율	가공수율	영양량
복은 콩	50~70	–	–
간 장	98	35	34
된 장	85	90	77
두 부	95	–	–
납 두	85	90	77
콩나물	55	75	42

주 : 영양량은 수율과 소화율을 곱해서 계산한 것이다.

가. 콩단백질 가공

앞에서 설명한 바와 같이 콩은 단백질을 많이 함유하고 있을 뿐 아니라, 단백질의 성질이 특별함으로 근래에 와서 이것을 분리하여 특수한 단백식품으로 가공하는 기술이 발달되었다.

(1) 콩 단백질의 특성

콩단백질을 물로 추출하면 그 90%가 녹아 나오는데 그 중 80% 이상이 글로불린(globulin)에 속하는 글리시닌(glycinin)으로 되어있다. 그러나 콩분말에서 단백질을 용출시킬 때 그 용출도는 pH 또는 거기에 들어있는 용염류의 종류와 농도에 따라 크게 달라진다.

낮은 온도에서 탈진한 콩에 대하여 pH를 달리하였을 때의 추출율을 보면

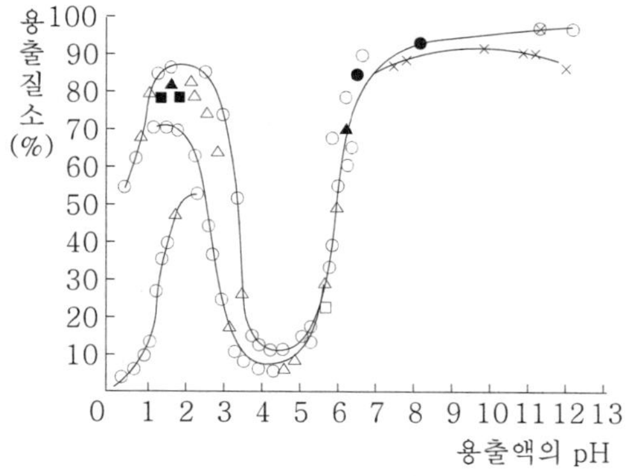

【그림 2-3】 pH에 따른 콩단백질의 추출곡선

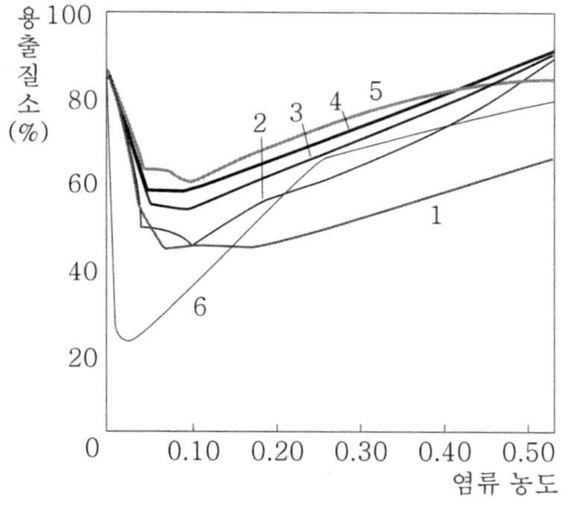

【그림 2-4】 중성염용액별 콩단백질의 추출곡선

〈그림2-3〉과 같다. 즉, 수산화나트륨과 수산화칼슘을 써서 pH를 높게 하면 물보다 추출률이 약간 높아진다. 산을 써서 산성으로 하였을 때 산의 종류에 관계없이 다같이 pH 4.3근처일 때 추출률이 가장 낮아지고, 그것보다 더 산성일 때 추출율이 다시 높아진다.

추출용매로서 중성염을 사용했을 때의 추출곡선은 〈그림2-4〉와 같다. 즉 모든 염류에서 어느 농도까지는 추출률이 점차 낮아지는데 특히 염화농도가 낮을 때 현저하다. 가장 추출율이 낮은 점은 염의 종류와 농도에 따라 다른데 일반적으로 칼슘과 같은 2가 양이온이 현저하게 낮다. 염류용액은 농도가 높아지면 다시 추출률이 높아진다.

또한 pH추출곡선에서도 공존하는 중성염의 영향을 받는데 특히 칼슘염이 공존하면 상당히 넓은 pH범위에 걸쳐 추출율이 낮아진다. 이와 같은 사실은 pH가 높은 추출액에서도 칼슘염과 같은 중성염을 넣어주면 단백질을 침전시킬 수 있다는 것을 알 수 있다. 그러나 콩단백질은 열변성을 잘 일으키므로 탈지할 때 끓는점이 높은 용매를 사용하면 단백질의 변성으로 단백질의 용해도가 낮아진다. 근래에 와서 끓는점이 낮은 n-hexane 등을 사용하면 변성이 덜 되어 단백질의 용해도가 비교적 높아진다. 탈지콩을 20~40배의 물로써 처리할 때 용출되는 단백질(질소)을 정량하여 원료탈지콩 중의 단백질(질소)에 대한 %로 표시한 것을 NSI(Nitrogen Solubility Index)라 한다.

(2) 두부류

두부는 콩단백질인 글리시닌(묽은 염류 가용성)을 콩에서 마쇄분리한 두유(자체함유 인산칼리 같은 염에 의해)를 70℃ 이상으로 가열하고 염화마그네슘($MgCl_2$), 염화칼슘($CaCl_2$), 황산칼슘($CaSO_4$) 등의 응고제를 첨가하면 글리신 응고제의 Mg^{2+}, Ca^{2+} 등의 금속이온에 의해 변성(열, 염류)응고시켜 얻는다. 간수는 응고두부를 수시간 물에 담가서 제거한다.

(가) 두부원료

콩, 탈지콩(가열 압착박, hexane 탈지박)

(나) 제품량

콩 1kg에서 300g 두부 10개 생산(3배)

(다) 두부 제조공정

① 보통두부

```
                                                    비지          응고제
                                                     ↑              ↓
콩 → 수침 → 마쇄 → 마쇄 → 두미 → 증자 → 여과 → 두유 → 응고 →
탈수 → 성형 → 절단 → 수침 → 두부
```

② 전두부

```
원료콩+가수 5~5.5배 → 두유+응고제 5~6g/kg 첨가하여 제조한 것
                    ↑
                   마쇄
```

전두부는 콩의 영양소를 모두 보유하고 외관이 매끈하다.

③ 동결두부

생두부 → 절편 → 냉동 → 냉장 → 해동 → 건조 → 정형 → 팽연처리 → 제품

동결두부는 생두부를 얼린 후에 1~3주일간 냉장 숙성시켜 빙질을 고르게 한 다음 녹여 건조시켜 만드는데 풍미와 저장성이 좋고, 수분은 10%내외이며, 단백질 및 지방이 풍부한 식품이다. 동결은 자연동결(-5~-2℃, 12시간)이나 인공동결(-10℃, 6시간 혹은 -18℃, 3시간)을 실시한다.

두부 중심의 빙결점이 너무 고우면 건조 후 가수복원력이 불량하게 되어 이의 개선법으로 표면만 급속히 얼리고 내부는 완만동결시며 빙결정을 크게 하는 2단동결법을 이용한다.

④ 튀김두부:두부에서 탈수하여 단단하게 만든 후 먼저 유채유, 땅콩유로 120℃에서 튀겨 잘 편 다음 다시 180~200℃의 온도로 튀기는데 튀김용 두부는 보통두부보다 두미의 가열시간을 약간 짧게 하여 탄력을 유지시킨다.

두부류는 보통두부, 전두부(全豆腐)와 같은 생두부, 얼림두부(凍結豆腐)와 같은 두부가공품으로 나눌 수 있다.

(3) 제조원리

콩을 물에 담그면 콩 조직 속으로 물이 침투되어 콩 세포속에 있는 단백질과 지방은 침투된 물과 함께 교질용액을 이루는데, 이것을 마쇄하여 세포를 부수면 이들 교질이 세포 밖으로 나오게 된다. 콩단백질의 주성분은 글린시닌이며, 이것은 묽은 염류용액에 녹는 성질이 있는데, 콩 중에는 인산칼륨과 같은 가용성 염류가 들어 있으므로 콩을 물과 함께 마쇄하여 콩젖을 만들면 글리시닌이 여기에 녹아있게 된다. 이것은 가열만으로는 간단히 응고되지 않으나 70℃ 이상으로 가열한 다음 염화마그네슘, 황산칼슘과 같은 염류를 넣으면 글리시닌이 응고하여 침전된다. 그러나 넣은 염류가 너무 많으면 침전된 단백질이 다시 용해된다. 응고된 것을 보자기로 싸서 가볍게 누르면 흰색두부가 된다.

(가) 생두부

① 보통두부

(ㄱ) 원 료

ⓐ 콩 및 탈지콩

콩의 성분 이용면으로 보면 단백질과 지방함량이 높은 콩이 두부원료로서 좋으며, 특히 단백질이 많은 것은 가장 적당하다. 그러나 단백질이 많은 콩이라 해도 햇콩과 다음해 여름을 지낸 콩으로 만든 콩젖 및 두부의 성질은 각기 다른데 햇콩에는 가용성 단백질이 많다.

우리나라의 콩은 금당대립, 전주재래, 금두, 장단백목이 두부원료로 적당하다. 근래에 와서 탈지콩도 원료로 사용할 수 있다. 종래의 가열압착한 탈지콩이나 벤젠 등의 용제로 탈지한 콩은 단백질이 변성되어 두부원료로 사용할 수 없었다. 그러나 근래에 와서 추출용제로서 끓는점이 낮은 hexane을 사용하면 가열온도를 높이지 않아도 용제를 제거할 수 있게 되어 단백질의 변성이 가볍게 일어나 두부원료로 사용할 수 있게 되었다. 탈지콩은 콩이 납작하므로 두부용으로 사용할 때는 이것을 분쇄하여 사용한다.

ⓑ 응고제

두부 응고제로 간수, 황산칼슘($CaSO_4$), 염화칼슘($CaCl_2$)이 있는데 실제로 염화칼슘은 그다지 쓰이지 않는다. 간수는 제염장에서 부산물로 얻어지며, 염화마그네슘($MgCl_2$)이 주성분이나 황산마그네슘($MgSO_4$)도 들어있다. 황산칼슘은 주로 소다공업에서 만들어지며, 두부를 만들 때 특별한 기술이 없어도 안전하게 사용할 수 있다.

근래에 와서 글루코노-델타-락톤(glucono-δ-lacton)이 응고제로 쓰이게 되었는데 이것은물에 잘녹고 수용액을 가열하면 락톤(lacton)이 끊어져 글루콘산(gluconic acid)이 된다.

따라서 락톤용액을 가열된 콩젖에 섞어 두면 글루콘산에 의하여 콩젖은 균일한 겔상태가 되는데, 그 사용량은 0.3%가 알맞으며 너무 양이 많으면 신맛이 나서 좋지 않다.

ⓒ 소포제

소규모의 경우에는 유채유와 조개껍질회분을 사용하였으나 근래에는 허가된 실리콘수지 또는 지방산 에스테르가 많이 쓰인다.

(ㄴ) 제조법

ⓐ 보통두부의 제조공정

비지 (↓ 짜기), 응고제 (↓ 엉기기)

[콩] → 담그기 → 마쇄 → [콩죽] → 끓이기 → 짜기 → [콩젖] → 엉기기 → 압착 → 모양만들기 → 자르기 → [두부]

ⓑ 담그기

원료콩은 철분이 없는 물로 깨끗이 씻어 불순물을 제거한 다음 겨울에는 24시간, 여름에는 5~6시간, 봄과 가을에는 12시간 가량 물에 담가둔다. 탈지콩의 원료로 사용할 때에는 담글 필요 없이 필요한 양만큼 콩에 섞어서 사용한다.

ⓒ 마쇄

물에 담갔던 콩을 광주리 등에 담아두어 물기를 뺀 다음, 맷돌 또는 그라인더(grinder) 같은 것으로 조금씩 물을 떨어뜨리면서 마쇄하면 콩죽을 얻게 된다.

ⓓ 끓이기와 짜기

콩죽을 손에 넣고 잘 저으며 약 30분 끓이는데, 이때 거품이 생겨 넘치기 쉬우므로 소포제를 약간 떨어뜨려 주는 것이 좋다. 30분쯤 끓이면 비린내가 없어지는데 이것을 베자루에 넣고 짜서 비지를 분리하여 우유 모양의 콩젖(豆乳)을 만든다.

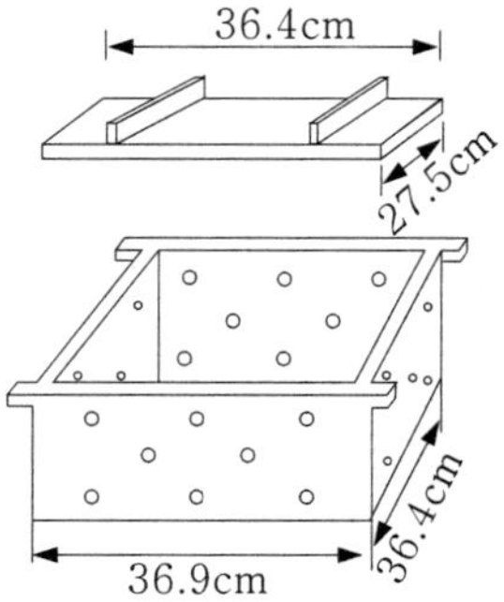

【그림 2-5】 두부 상자

ⓔ 엉기기, 압착 및 모양 만들기

콩젖이 식어서 70~80℃가 되면 응고제를 넣어 응고시킨다. 응고제로 간수를 쓸 때에는 세번 나누어 넣고 저으면 잠시 후 엉키게 된다. 응고제의 사용량은 콩원료 20리터에 대하여 간수는 10~15% 수용액으로 하여 2리터 정도, 황산칼슘은 270~370g을 물 2리터에 녹여서 넣는다. 글루코노델타락톤 응고제는 물에 녹여 콩젖의 0.3% 정도 되게 넣는다. 단백질이 엉기어 갈색의 웃물이 생겼을 때 베보를 깐 두부상자에 떠 넣는다. 물기가 흘러내린 다음 그 위에 사방에서 베를 넣어 뚜껑을 덮고 누름돌을 얹어 놓아 무게를 더해가며 누르면서 20분가량 지나게 되면 완전히 응고된다. 도중에 누름돌과 뚜껑을 열고 비뚤어진 베보를 잘 골라 다시 누르는 것이 좋다.

ⓕ 자르기

엉킨 두부를 두부상자에서 꺼낸 다음 적당한 크기로 자르고 물 속에 2~3시간 담가두어 간수분을 빼어 낸다.

㈐ 제품과 부산물

두부는 연하고, 질이 치밀한 것이 좋다. 콩젖을 짜낸 찌거기인 비지는 풍미가 좋으므로 조리하여 먹기도 하나 사료로 많이 쓰다.

② 전두부(全豆腐)

전 두부는 콩 비지의 폐기 없이 콩의 영양 성분을 모두 활용하는 새로운 두부의 제조법으로 기존 두부가 대두액에 응고제를 가해 응고시킨 형태인데 반해 전두부는 대두를 미세 분말화해 물에 녹여 가열한 후 천연 응고제로 응고시킨다. 이에 따라 기존두부는 콩의 66%로만 사용해 만들고 33%를 비지로 버려야 했던 것과는 달리 전 두부는 탈피된 콩을 1000Mesh(13㎛) 이상의 입도로 초미분화시켜 대부분을 물에 녹여 용해해 응고시키기 때문에 비지로 버리는 부분이 없다. 전 두부는 습식 전두부와 건식 전두부로 구분하고 일반 두부와 비슷한 제조공정으로 발생하는 비지를 다시 가공해 투입하는 습식보다는 건식 전두부가 순수전두부에 가까운 것으로 평가된다.

전 두부는 처음부터 가수량이 5배 정도 되게 물을 적게 넣어 진한 콩젖(두유)을 만들고 응고시켜 탈수하지 않은 채 구멍이 없는 두부상자에 넣어 콩젖 전체를 모양 만들기를 하는 것이다. 따라서 전두부는 외관이 매끈할 뿐 아니라 콩젖의 영양소를 전부 그대로 보유하고 있는 특징이 있다.

미쇄콩분말 → 가수(4배) → 두유 → 증자 → 응고 → 성형 → 절단 →
↑ [응고제]
전두부

콩젖을 만들기 위하여 콩에 넣는 물의 양은 5~5.5배로 하게 되므로 콩젖의 농도가 진하여 고형물이 10~12%, 단백질 5~6% 정도가 된다. 이와 같이 농도가 진하면 단백질이 지나치게 응고되는 수가 있으므로 끓이는 시간이 너무 길지 않게 주의해야 한다. 일반적으로 콩젖의 농도가 높으면 단단해지는 경향이 있다.

③ 포장두부

포장두부는 전두부와 같이 진한두부를 만들어 냉각시킨 것을 스티로폼으로 만든 용기에 응고제와 함께 집어넣어 가열응고시킨 것이다. 따라서 원료로는 보통원료 이외에 포장제가 필요하다.

[비지]
↑
[콩] → 담그기 → 마쇄 → [콩죽] → 끓이기 → 짜기 → [콩젖] → 냉각 → 용기에 넣기 → 가열 → 냉각 → [포장두부]
↑
[응고제]

전두부를 만들 때와 같이 물에 담갔던 콩에 약 5배의 물을 가하면서 마쇄하여 콩죽을 만들어 20분간 가열한 다음 베자루에 넣어 짜서 콩젖을 얻는다.

이 콩젖을 20~30℃로 식혀서 여기에 응고제(황산칼슘 또는 글루코노-델타-락톤)를 섞어 탱크에 넣고 냉각된 상태에서 포장용기를 넣는다. 용기뚜껑을 닫고 밀봉하여 이것을 가열수조에 넣어 90℃로 40분간 가열응고시킨 다음 냉각시키면 콩젖이 응고되어 포장두부제품이 된다.

(나) 생두부의 가공

생두부는 그대로 조리하여 먹는 것이 보통이나 맛과 영양을 좋게 하고, 저장성을 높이며 풍미를 더욱 좋게 하기 위하여 얼린두부와 기름튀김두부 등을 만든다.

① 얼린두부

얼린두부는 생두부를 얇게 썰어 얼린 다음 말려서 풍미와 저장성을 좋게 한 스펀지모양의 두부가공식품이다. 생두부를 얼리는 것은 생두부속에 들어있는 수분을 얼려서 부피가 커지게 하여 단백질에 강한 압력을 미치게 함으로써 조직이 오므라들게 하며, 또 단백질이 수분을 잃어 조직이 치밀해지고 탄성이 생기게 하기 위해서다. 이것이 다시 녹으면 얼었던 물이 빠지게 되어 스펀지 모양을 이루게 된다.

얼린 두부를 만드는 방법에는 자연동결법과 인공동결법의 두 가지가 있다.

(ㄱ) 자연동결법

날씨가 좋은 겨울날 온도가 -2℃ 이하일 때 두부를 얇게 썬 것을 널빤지 위에 약 30cm 간격으로 늘어놓아 바깥바람이 잘 통하는 높은 장소에 놓고 하룻밤 얼린다. 보통 하룻밤으로 완전히 얼게 되나 불충분하면 하루밤 더 얼리는 것이 좋다. 얼린 다음날 해가 뜨기 전에 집 안으로 들여와 온도의 차가 심하지 않는 찬 곳에 5~8일간 냉장해 두었다가 물에 넣어 얼음을 녹인 다음 물을 빼고 짚으로 싸서 햇볕에 말린다. 제품의 수율은 원료 콩에 대하여 약 22%이다.

(ㄴ) 인공동결법

공업적으로 만드는 방법이다. 우선 큰 두부모를 만들어 10℃내외의 찬물에 2일쯤 담가두었다가 칼로 얇게 썬다. 얇게 썬 두부를 -10℃의 냉장고에서는 6시간, -18℃의 냉장고에서는 약 3시간 넣어두어 얼렸다가 꺼내어 -2℃ 정도로 얼린 채 1~2주일 냉장 숙성시킨다.

이것을 광주리에 넣어 흐르는 물에 수시간 담가 두어 얼음을 녹인 다음 압착기 또는 원심분리기로 물을 빼고 밑바닥에 발을 댄 얕은 상자에 넣어 건조실에서 40℃내외로 6시간 건조시켜서 제품으로 한다.

제품은 질이 고르고 끓이면 연해지며 고운 황색을 띠는 것이 특징이다.

② 기름튀김두부

이것은 두부의 위아래에 발을 대고 위에 돌을 얹어 물기를 뺀 다음 기름에 넣어서 튀긴 것이다. 즉 두부를 칼로 얇게 썰어서 발 사이에 놓고 위에 돌을 얹고 누름으로써 물이 빠지게 한다. 물을 빼는 것이 가장 중요한 일이며, 물이 충분히 있으면 기름에 튀길 때 두부속의 물로 말미암아 기름이 튀어 오르게 되어 위험할 뿐 아니라 속이 거친 제품이 된다. 물을 뺀 두부는 땅콩기름 또는 유채유를 써서 표면이 황갈색이 될 때까지 튀기며, 튀긴 다음 기름을 빼어 제품으로 한다. 이것은 두부보다 지방을 많이 함유하고 있으므로 영양가가 높다.

(다) 콩 젖(두 유)

콩젖은 두부를 만들 때 중간산물로 얻을 수 있으므로 간단하게 두부를 만드는 방법으로 만들 수 있다. 그러나 공업적으로는 콩젖으로 건조시킨 건조콩젖을 만드는 수가 있다.

건조콩젖은 두부원료로 쓸 수 있을 뿐만 아니라 제과원료, 연제품을 만드는 등 여러 가지 방면으로 쓰이고 있으므로 이것에 관하여 설명하기도 한다. 건조콩젖을 만들려면 먼저 NSI가 높은 탈지콩을 물로 처리하여 가용성분을 녹여낸다.

① 건조콩젖의 제조법

건조콩젖은 콩단백질을 용출시켜 건조시키는 것으로서 다음과 같은 공정으로 되어있다.

[탈지콩] → 가수 → 추출 → 여과 → 농축 → 건조 → [제품]
↑
[물]

탈지콩에 넣는 물의 양이 많을수록 단백질의 용출량은 많으나 너무 많이 넣으면 농축할 때 경비가 많이 들므로 보통 탈지콩의 10배 내외의 물을 넣는다. 그리하여 추출은 실온으로 하는 경우와 고온으로 하는 두 가지 경우가 있으나 보통 온도를 실온보다 약간 높게 하여 추출한다. 이리하여 추출이 끝나면 녹지 않은 물질을 제거하기 위하여 여과를 한다. 여과하여 얻은 추출여액은 감압농축하여 고형분의 약 15%되게 한다. 농축을 너무하게 되면 점도가 높아 응고되어 뒤처리가 어렵게 된다. 농축액은 보통 분무건조를 하여 수분이 2~3% 되는 분말통젖을 만든다. 건조기의 온도는 입구가 180℃, 출구가 90℃ 정도가 좋다.

② 건조콩젖 제품

건조콩젖은 건조온도가 적당하여 단백질의 일면성이 일어나지 않아 완전히 물에 녹는 것이 좋다. 물에 완전히 녹아도 이것이 미세한 분말이므로 물과 친화성이 낮아 보통 제품에 설탕 또는 기타의 당류를 넣는 수가 있다.

건조콩젖의 화학조성은 〈표 9〉와 같다.

【표 2-11】 건조콩젖의 화학조성(단위:%)

수분	단백질	지방	탄수화물	회 분
6	53	20	16	5

(라) 콩단백커드

콩단백커드(curd)는 수산연제품 등에 쓰이는데 어육소시지 등을 만들 때 어육과 함께 섞어서 만든다. 원료는 저온에서 탈지한 콩으로서 입도가 130mesh 이하로서 고운 것이 좋다.

① 제조법

콩단백커드는 콩단백질을 일단 가열한 물로 녹였다가 다시 침전시켜서 만든다.

[물] ↓ [응고제] ↓
[원료] → 가수 → 가열추출 → [단백추출액] → 응고 → [단백응고물] → 수세 → 물 분리 → 갈기 → [제품]

탈지콩에 먼저 8~10배 되는 물을 가하여 100℃로 약 10분간 가열하면 콩단백질이 열수에 용출되고 불용성의 섬유 등은 밑으로 침전된다. 이것을 여과하지 않고 응고제로서 염화칼슘을 넣으면 단백질이 응고된다. 맑은 웃물을 제거하여 물로 여러 번 씻은 다음 원심분리를 사용하여 물을 분리하면 수분이 80% 정도 들어있는 단백질과 불용성 탄수화물의 혼합물을 얻을 수 있다.

이것을 뢰궤기로 갈게 되면 단백질이 서로 엉기게 되는 콩단백커드를 얻게 된다.

② 제품

콩단백커드는 콩의 비린내가 없어지고 풍미가 담백하여 조미 향신, 착색

등을 자유롭게 할 수 있는 장점이 있다. 조성은 〈표 10〉과 같다.

【표 2-12】 콩단백커드의 화학조성(단위:%)

수분	단백질	탄수화물	조섬유	회 분
81~83	11.5~12.5	4.5~5.5	1	1

(마) 분리콩단백

분리콩단백은 종래 미국에서 설탕시럽의 기포제로서 제과방면에 쓰이는 이외에 소시지에서 분리방지제 등으로 사용되어 왔다. 그러나 근래에 와서는 그 영양가를 중시하여 단백식품의 일부를 이것으로 대체하는데 쓰이고, 또한 고기 유사제품의 주재료로서 사용되고 있다.

① 제조법

분리콩단백은 저온으로 탈지한 콩에 물 또는 알칼리로서 콩단백을 가용화시켜서 추출 · 분리한다. 즉, 원료를 넣어 둔 탱크에 물 또는 알칼리를 넣고 잘 저어서 콩단백질을 녹여서 추출한다. 이 추출액을 체를 써서 거른다. 이때 미세한 가루가 섞였으므로 이것을 원심분리하여 제거하고 얻은 추출액에 염산을 넣어 pH가 4.3이 되게 하면 단백질이 침전된다,

여기서 상징액을 제거하고 얻은 침전물을 탈수시켜서 건조하면 분리콩단백을 얻을 수 있다.

[물 또는 알칼리] ↓ 미세분 ↑ [염산] ↓

[탈지콩] → 추출 → 여과 → 원심분리 → [추출액] → 단백질침전 →
상징액제거→[침전물]→탈수→건조→[분리콩단백]

↓ [상징액] ↓ [물]

② 제품

원료탈지콩의 30~35%의 수율로서 얻을 수 있다.

(바) 콩단백섬유

콩단백섬유는 콩단백질을 섬유상으로 만들어 식품으로 이용하는 것으로서 미국에서는 고기를 쓰지 않는 건조법(Ham), 베이컨(Bacon) 등을 이 단백섬유와 향신료, 색소, 결착제, 지방 등을 조합하여 만들고 있다. 일본에서는 함수상태의 단백섬유다발을 가축, 고기 또는 물고기와 섞어서 식품으로 제조하고 있다.

① 콩단백섬유의 제조법

콩단백섬유는 먼저 앞에서 설명한 분리콩단백을 만들어 10~30%의 알칼

리에 녹여서(방사액이라 한다) 이것을 격막에 뚫린 많은 작은 구멍을 통하여 소금이 들어있는 식초산 용액 중에 압출한다.

> [알칼리]
> ↑
> [탈지콩] → 분리콩단백 → 알칼리용해 → [단백방사액] → 압출 → 응고신연 → [단백섬유]

이리하여 단백질을 실모양으로 응고시키는 동시에 연신시켜서 분자를 어느 정도 일정방향이 되게 조직을 형성시킨다. 이때 섬유의 굵기, 강도가 식품을 씹을 때의 감각, 그리고 식품을 삼킬 때의 감촉 등에 영향을 미치므로 목적하는 식품에 따라 굵기와 강도를 적당하게 조절한다.

섬유의 굵기는 산용액 중에 있는 구멍의 크기와 연신하는 정도에 달려있는데 구멍은 0.002~0.008inch, 연신도는 원래길이의 1.5~5배 정도가 보통이다. 섬유의 강도는 연신의 정도에 크게 영양을 받게 되어 연신도가 클수록 분자의 향배가 강하게 되어 강도가 높아진다.

② 단백섬유를 이용한 인조육제조법

앞에서 설명한 바와 같이 만든 1개의 단백섬유는 소금용액에 담가서 일단 경화시킨 후 다발이 되게 하여 근육의 근섬유다발과 같이 만들어 이것을 고기제품과 같이 씹는 맛이 나게 한 것이다. 이들 섬유를 묶어서 서로 결책시키려면 바인더(binder)를 써야 한다.

이것으로는 난백, 그 밖에 열응고성의 단백질 또는 고분자물질이 쓰인다. 그리고 섬유를 알칼리 또는 산으로 처리하여 표면을 다시 용해시켜 이때 생기는 결착력을 이용하는 수도 있다.

단백섬유로 인조육제품을 만들려면 여러 가지 부재료를 써야 한다. 즉 먹었을 때 식감을 부드럽게 하기 위하여 식물성 지방을 섞는데 보통 방사액에 지방을 유화시켜 섬유 표면에 분산시킨다. 그리고 색소 조미료 향신료를 섬유에 흡착시켜야 한다. 따라서 이들 색소 조미료 및 향신료를 녹인 용액중에 섬유를 통과시킨 것은 롤러로 압착한 다음 액을 제거한다.

이리하여 얻은 단백섬유는 결착성 단백질과 섞어서 정형한 후 가열하여 적당한 모양으로 절단하여 건조 또는 냉장하여 제품한다.

나. 장 류

장류는 우리의 전통식품으로 일상식생활에 필수 조미료로서 단백질 공급원으로도 기여하여왔다. 메주, 누룩(koji)은 콩, 곡류 또는 밀기울, 감자 등 전분질에 황국균(Aspergillus)을 번식시킨 것으로 곰팡이는 빛깔에 의해 황국균과 흑국균류로 나눈다. 또 균사가 긴 장모균(강한 전분 분해력)과 짧은 단모균(강한 단백질 분해력)이 있다. 황국균은 전분, 단백질 분해력이 강하여 약주, 탁주, 간장, 된장과 술의제조에 이용되고 발육적온은 37℃이고,포자의 색이 황록색에서 갈색으로 변한다.

(1) 코지 제조시설

국실, 코지상자, 시루, 살균제(포르마린, 유황훈증, 치아염소산소다)

【표 2-13】 주요 Aspergillus속의 빛깔에 의한 분류

황록색	흑색	백색
Asp. oryzae Asp. sojae	Asp. niger, Asp. awamori Asp. usamil	Asp. kawachii

(2) 간 장

용기에 소금물을 넣고 메주를 넣어 발효숙성 후 압착하여 국물과 찌꺼기로 나누고 국물은 80℃에서 30분간 달인다. 달이는 목적은 ① 미생물살균 및 효소파괴 ② 향미부여 ③ 갈색향상 ④ 청징(단백질응고 앙금제거) 등이다.

Koji는 단모균이 좋고 감칠맛 성분이 glutamic acid는 장을 담근 후 8~9개월에 최고가 된다.

(가) 간장의 종류

① 재래식 간장 : 가을에 콩으로 메주를 만들어 온돌방에서 띄운 다음, 햇볕에 말려서 장을 담근 것으로 유용한 누룩곰팡이보다 잡균에 많이 오염되므로 질이 좋지 않다.

② 개량식 간장 : 콩과 밀로 간장코지를 만들어 코지가 찐 콩에 특유한 풍미를 갖게 하고 균의 부착력을 향상시키기 위해 볶은 밀가루와 코지균을 섞은 후 배양한다.

③ 아미노산 간장 : 단백질 원료를 염산으로 가수분해하여 가성소다나 탄산소다로 중화시켜 얻은 아미노산과 소금의 혼합용액인 화학간장으로서 풍미가 양조간장에 떨어지는 것이 단점이다.

(3) 된 장

찐콩 또는 쌀이나 보리로 만든 코지를 섞어서 물과 소금을 넣어 일정기간 숙성시킨 것이다. 소금량이 많으면 저장성은 향상되나 숙성이 늦어지고 콩이 많거나 코지가 적으면 효소작용이 약해 숙성이 늦어진다. 숙성을 빨라지게 하려면 소금을 적게 넣거나 뒤섞기를 해서 공기의 접촉을 좋게 하는 방법이 있다.

속양 된장은 소금을 적게 넣거나 효소력가가 강한 미생물을 순수배양해서 쓰거나 숙성온도를 30~40℃의 항온실 내에서 만든 것이다

(4) 고추장

된장에 고춧가루를 섞어 만든 것으로 된장보다 단맛이 있다. 원료는 고추, 찹쌀, 또는 보리쌀, 소금 등이며 숙성온도는 30℃ 이하가 좋다 이것은 코지균의 생육에 알맞고 또 젖산균의 번식이 억제될 수 있는 온도이다.

(5) 청국장

메주콩을 삶아 식기 전에 그릇에 담아 따뜻한 곳에 두고 담요나 이불을 씌어 2~3일간 보온하여 Bacillus natto균을 번식시켜 제조한다. 이 균은 40~42℃의 고온에서 발육되며 단백질 분해효소, 당화효소 등이 있어 소화률이 높다. 일반가정에서는 볏짚의 야생 natto균을 이용하기도 한다.

(6) 콩나물

콩에는 없는 비타민이 콩나물에서는 다량생산이 된다. 겨울철 영양보급에 효과적이고, 특히 비타민C가 많으며, 지방함량은 콩보다 적어진다.

다. 기타 가공품

(1) 땅콩버터(peanut butter)

땅콩을 볶아 쵸핑하여 조미한 것으로 과실 버터 모양으로 만든 것이다.

[땅콩] → 볶음 → 내피제거 → 파쇄 → 제품 → 조미 → 제품
↑ (200~250℃, 10~15분) (볶음)
↑ (2% 소금) (조미)

(2) 대두단백가공품

두유, 대두단백 curd, 분리대두단백, 대두단백섬유(인조육) 등이 새로운 콩가공 제품이다.

4. 과실 및 채소 가공

과실 · 채소는 신선식품으로 비타민류, 무기질류의 중요한 공급원일 뿐만 아니라 수분의 간접공급, 풍부한 방향과 식미 등을 가져 즐거움을 주는 기호식품으로도 인기가 높다. 이들 식품은 신선한 상태로 식용하는 것이 가장 좋

으나 농산물의 특징인 시기성이나 저장성이 약하여 적절한 저장과 가공이 수반되어야 한다, 통조림, 주스,잼,젤리,마멀레이드, 토마토 퓨레와 케첩, 건조품, 과실주, 절임류, 탈삽감 등의 가공품제조나 처리가 실시된다.

과실의 저장가공상 관계가 큰 특성은 다음과 같은 것이다.

① 일반적으로 수분을 많이 함유하고 있어 잘 부패된다.

② 포도당, 과당, 자당 등의 당분 및 만니틀 등의 당알코올과 사과산, 주석산, 구연산 등의 유기산을 풍부하게 함유하여 조화된 상쾌한 맛을 준다.

③ 저급지방산의 에틸, 아밀 또는 부틸에스테르 등의 방향성분인 에스테르류를 많이 함유하고 있어 향기가 좋다.

④ 잘 익은 과실에는 안토시아닌계 색소, 카로티노이드계 색소, 플라보노이드계 색소를 함유하여 색깔이 아름답고 기호성이 높다.

⑤ 비타민 C, 카로틴, 비타민 B1, B2 등의 비타민류 및 무기염류을 비교적 많이 함유하여 영양적 의의가 크다.

⑥ 과실에 따라서는 펙틴이 많이 들어있어 매끈한 촉감을 가질 뿐 아니라, 젤리로 가공할 수 있다.

⑦ 비교적 적게 들어있는 단백질은 과즙 중에 녹아 과일주스, 잼 젤리 등으로 가공했을 때 제품을 흐리게 하지만 끓이면 응고되어 표면에 떠올라 제거된다. 또 탄닌을 함유하는 과실에는 제품의 색을 나쁘게 하는 경우가 있다.

채소류의 특징은 과실과 유사하나 무기질 중 특히 Ca이 많아 식품의 산성을 중화하는 점과 염록소 함량이 많은 점이 과실과 다르다.

가. 통조림 · 병조림

통조림은 식품을 용기에 넣어 공기를 빼고 밀봉한 다음 가열에 의하여 부패미생물을 사멸시키고 조직중에 함유된 효소들을 불화성화시킴으로서 음식물을 안전하게 저장하는 수단이다. 식품의 변질 부패를 막기 위한 통조림은 ① 탈기 → ② 밀봉 → ③ 살균 → ④ 냉각의 공정을 거친다. 당액 농도계산은 다음 식으로 할 수 있다.

$$Y = \frac{W_3Z - W_1X}{W_2}$$

W1 : 과육량(g)	W2 : 당액량(g)	W3 : 내용총량(g)
X : 과육당도(%)	Y : 시럽당도(%)	Z : 목포당도(%)

(1) 감귤 통조림

(가) 공 정

[원료] → 선별 → 처리 → 외피벗기기 → 건조 → 내피벗기기 → 담그기 → 선별 → 담기 → 탈기 → 밀봉 → 살균 → 냉각 → [제품]

(나) 원 료

완전히 익어 풍미가 좋고 신선하며, 둥근 것보다 납작한 것이 좋고 60~100g 정도가 적당하다. 감귤류의 맛은 신맛(구연산, 아스코르빈산), 단맛(설탕, 포도당, 과당)의 조화에 의한다.

(다) 내피 벗기기

산, 알칼리 병용법을 이용하는데 1~3% 염산액과 1~2% NaOH용액이 이용된다.

(라) 백탁현상방지

밀감통조림 저장중 과육에 흰 반점이나 시럽을 혼탁시키는 속껍질과 헤스페리딘(비타민 P) 및 펙탄질은 박리후 흐르는 물로 충분히 씻어 제거해야 한다. 그밖에 CMC 첨가나 완숙원료사용, 고농도시럽 사용, 장시간 가열, 재가열 등의 처리가 있다.

(2) 복숭아 통조림

(가) 공 정

[원료] → 선별 → 추숙 → 절단 → 제핵 → 박피 → 조정 → 선별 → 담기 → 탈기 → 밀봉 → 살균 → 냉각 → [제품]

(나) 원 료

완숙 4일전 수확, 1~2일 추숙사용, 알칼리 박피(1~2%의 끓는 NaOH용액에서 30~60초), 중화(0.2% 구연산, 염산액)

(다) 핵주위의 안토시아닌의 적색부분은 절단시킨다.

(3) 죽순 통조림

(가) 공 정

[원료] → 조제 → 열처리 → 냉각 → 조정 → 담그기 → 선별 → 담기 → 탈기 → 밀봉 → 살균 → 냉각 → [제품]

(나) 원 료

칼, 절단기로 죽순 위 5~6cm 가량을 상처없게 비스듬히 자른다.

(다) 열처리는 100℃의 물에서 40~60분간 삶은 후 물을 갈아주면서 24시간 수침시켜 수용성분을 제거하고 특히 제품에 백탁을 일으키는 tyrosine을 용출시킨다.

(4) 그린피스 통조림

(가) 공 정

[원료] → 깍지까기 → 선별 → 열처리 및 착색 → 담그기 → 선별 → 담기 → 주입액 넣기 → 탈기 → 밀봉 → 살균 → 냉각 → [제품]

(나) 깍지는 손이나 탈협기로 까고 염수선(Be 10°)으로 완숙콩을 선별하여 청색고정을 위하여 물 18ℓ에 10g의 황산동용액을 끓여 8~15분 열처리 한다.

(5) 양송이 통조림

(가) 공 정

슬라이스
↗ ↘
[원료] → 자루절단 → 선별 → 씻기 → 열처리 → 냉각 → 선별 → 담기 → 탈기 → 밀봉 → 살균 → 냉각 → [제품]

(나) 원 료

20~40cm정도의 직경인 것을 채취하여 상처없이 조심해서 취급하고 그늘에서 보관한다.

금속제 용기사용은 피하고 갈변방지를 위하여 0.01% 아황산수가 사용된다.

(다) 담 기

살균시 감소되는 점을 감안하여 10~15%를 더 담는다.

주입액은 2~3% 염수에 150~200mg% 비타민 C 및 glutamic acid를 첨가하여 사용한다.

(6) 피 클

채소나 과실류 소금, 식초 또는 이것에 향신료를 넣은 것에 절인 것을 총칭한다. 오이가 많이 쓰이고 칼리플라워, 양파, 미숙 토마토가 사용되기도 한다. 피클에는 원료를 소금에 절임하여 젖산발효시킨 제품과 무발효제품으로 식초를 첨가한 간이제품이 있다, 소금액은 여름 10%, 겨울 8%가 적당하다.

나. 과실주스(과즙)

과실 중의 수분을 과육의 향기, 맛, 영양성분 등을 그대로 포함시켜 얻은 즙액으로 가열처리하여 살균(미생물, 효소파괴)한 제품이다.

과즙의 당분량 계산은 다음 식으로 한다.

$$S = \frac{W(b - a)}{100 - b}$$

S : 설탕량, W : 과즙량, a : 원료과즙당도, b : 목표당도

과실주스의 종류는 다음과 같다.

(가) 천연과실주스(과즙)

① 투명주스 : 청징한 사과, 배 포도주스

② 불투명(혼탁)주스 : 청징하지 않은 오렌지, 파인애플, 토마토주스

③ squash : 천연과즙에 과육편이 혼합된 것으로 천연과즙은 산도가 높아 pH 2.5~5.0이고 비중은 1.05이며, 엑기스분은 10~15%이다. 당류, 산 이외의 고무질, 점액질, 펙틴, 단백질, 색소, 향기성분을 함유한다.

④ 천연과즙의 품질요소

ⓐ 천연과즙의 품질요소

ⓑ 비타민 C의 함량

ⓒ 산과 당의 비율

ⓓ 빛깔

(나) 농축과일주스

천연과즙을 농축한 것으로 당, 산, 색소를 첨가하지 않은 것

(다) 가루주스

농축과즙을 건조하여 수분을 1~3%로 한 가루

(라) 과즙함유음류

천연과즙에 물, 당, 산류, 향료, 유화제 등을 가하여 과즙의 풍미를 살리도록 조미한 것으로 보통 soft drink beverage라 한다.

(라) 기타

넥타(복숭아, 살구의 puree(과즙의 과육혼합물), squash(과육조각, 가당 한 것), 이산화탄소 주스(CO_2)

(1) 천연과실주스

(가) 공 정

[원료] → 선별 → 씻기 → 파쇄 → 착즙 → 여과 · 청징 → 조합 → 탈기 → 살균 → 담기 → 밀봉 → 냉각 → [제품]

(나) 청 징

투명과즙제조시 혼탁물인 펙틴, 섬유, 단백질 등을 분해, 응고, 침전시켜 제거하는 조작이다. 청징방법으로는 난백, 카페인, 젤라틴, 탄닌, 흡착제 효소 등을 처리하여 실시한다.

① 난백 처리 : 2% 건조난백 용액을 사용하는데 과즙 10ℓ당 건조난백 100~200g을 첨가하여 교반 · 가온(75℃) 후 냉각 · 침전 · 여과한다.

② 카제인 처리 : 4~5배 암모니아액에 카제인을 녹여 가열하여 암모니아를 발산후 2배 회석하여 사용

③ 젤라틴 및 탄닌 처리 : 과즙 100ℓ당 100g 탄닌첨가 후 120~130g의 2% gelatin용액을 넣어 교반 20시간 방치침전 후 분리한다.

④ 흡착제 처리 : 규조토, 산성백토, 활성백토 첨가

⑤ 효소 처리 : pectinase, polygalacturonase 등의 펙틴 효소를 0.1% 첨가하여 pH 4.0, 온도 40℃로 조정하여 분해시킨다. 대체로 과즙은 가열한 후 효소 처리한다.

(다) 탈 기

착즙 여과한 신선과실에는 공기가 함유되어 탈기를 박막식이나 분무식으로 71~74cmHg의 높은 진공으로 처리한다. 보통 착즙 과즙에는 1ℓ중 33~35mℓ의 공기가 함유되는데 과즙의 품질저하의 산소량은 2.4~4.7mℓ 정도만 있어도 유효하다.

(라) 살 균

생과즙을 그대로 두면 미생물이 생육되어 부패가 일어나고 효소작용으로 품질이 저하되기 때문에 가열하는데 살균법으로 순간살균, 보통살균, 자외선살균 혹은 방부제 첨가도 한다.

(2) 사과주스

(가) 공 정

[원료] → 선과 → 씻기 및 절단 → 부수기 → 착즙 → 청징 → 여과 → 탈기 → 열처리 → 밀봉 · 냉각 → [제품]

(나) 원 료

완숙과 병충해 및 곰팡이의 오염이 없는 품종(국광, 홍옥)

(다) 세 척

침지, 교반, 살수 등의 세척이 있으며, 과피의 잔류농약제거는 묽은 염산(1% HCl액)액으로 씻고 물로 헹군다.

(라) 갈변방지는 비타민 C의 첨가로 하고 금속용기의 사용은 피한다.

(3) 포도주스

(가) 공 정

[원료] → 꼭지제거, 파쇄 → 가열 → 짜기 → 저장 및 주석제거 → 옮겨 담기 → 냉각 → [제품]

(나) 원료 품종

Campbell' s early, Concord

(다) 가열착즙

포도알은 과피속의 색소로 녹여내기 위하여 이중솥으로 65℃로 가열한 후 착즙(수율 60%)

(라) 주석제거

자연1침전, 탄산가스, 동결법, 농축여과 등(주석은 산도 저하, 색소 침착, 상품가치 저하)

(마) 살 균

80℃에서 30~40분(소규모), 순간살균(대규모)

(바) 포 장

도장관, 착색병 사용

(사) 과즙의 발효방지법

가열(80℃, 10~30분), 알코올첨가(15%), 당 첨가(60%)

다. 젤리(Jelly)

과실을 으깬 과육에 설탕을 넣어 졸인 것이 jam이고, 과즙에 설탕을 넣고 졸인 것이 jelly이며, 젤리(과즙)에 과피조각을 첨가하여 제조한 것을 marmalade라 한다. 또 과실을 으깨어 일부조각이 그대로 제품 중에 있는 jam 모양의 것을 preserve라 한다.

Jelly point를 형성하는 3요소는 설탕(60~65%), 펙틴(1.0~1.5%), 유기산(0.3, pH 3.0%) 등이다.

【표 2-14】 pectin 함량이 일정한 경우의 jelly화에 미치는 유기산과 당농도의 영향

유기산량 (%)	Jelly화에 필요한 당분량(%)	Jelly 중량 (g)	유기산량 (%)	Jelly화에 필요한 당분량(%)	Jelly 중량 (g)
0.05	75.5	100	3.05	52.0	100
0.29	64.0	100	3.45	50.0	100
0.55	61.5	100	4.05	50.5	100
1.05	56.5	100	5.05	50.0	100
1.45	56.5	100	6.05	50.5	100
2.05	53.5	100	7.05	50.5	100
2.55	53.5	100	8.05	50.5	100

【표 2-15】 산도가 일정한 경우의 jelly화에 미치는 pectin 농도의 경향

pectin %	0.05	0.75	0.90	1.00	1.25	1.50	1.75	2.00	2.75	4.25	5.50
jelly화에 필요한 최소당분(%)	jelly화가 되지 않는다.		65.0	62.0	54.0	52.0	51.0	49.5	48.0	45.0	43.0

라. 잼(jam)

[원료] → 세척 → 꼭지, 과심, 과피제거 → 세절 → 쵸핑 → 가당(2~3회) → 가열 → 농축 → 완성점검사 → 병담기 → 밀봉 → [제품]

(가) pectin 정량

95%의 알코올과 동량의 과즙을 시험관에 넣고 응고상태를 관찰 판정한다. 전체가 응고덩어리가 생기면 펙틴이 많으므로 설탕양은 과즙의 1/2~1/3량 첨가, 덩어리가 작고 여러 개 생기면 펙틴양은 보통으로 과즙과 동량의 설탕첨가, 응고덩어리 적거나 없으면 펙틴양이 적은 것으로 이때는 과즙을 농축시키거나 펙틴이 많은 과즙이나 펙틴을 첨가한다.

(나) 유기산 검사

pH paper로 찍어 판단(pH 3.0)하거나 0.1N-NaOH로 적정하여 산도검사

(다) 당분

굴절당도계(refractometer)로 측정한다.

(라) Jam의 완성점 결정

온도계 104~105℃, 당도계 (65%), 컵 · 스푼검사

(마) Jam의 펙틴 대체성분

Na-alginate, gelatin, agar-중량제, jelly-중량제로 0.5~1.0% agar, gelatin을 첨가

(바) Jelly point측정

① cup test : 넣을 때 흩어지지 않는 것

② spoon test : spoon으로 떠서 볼 때 은근히 늘어질 때

③ 온도계법 : 온도계로 104~105℃가 될 때

④ 당도계법 :굴절당도계로 측정시 65%가 될 때

(사) Jelly 제조시 과육에 물 첨가는 원료성분추출, pectin 유리, protopectin 분해

(아) Jelly 제조시 소포제로 식물유지, 실리콘 oil 첨가

(자) Marmalade에 첨가하는 orange 껍질은 flavanon 배당체인 쓴맛을 내는 naringin이 많아 뜨거운 물이나 알코올 또는 알칼리로 녹이고 무기산으로 분해시킨다.

(차) Pectin substance

protopectin(미숙과), pectin(완숙과), pectic acid(후숙과), pectinic acid(후숙과)

(카) Fruit candy(당과)

과실 또는 채소를 당액에 넣어 가열한 후 침투시켜 보존성을 높인 당장품이다.

생식 1~2일전 과실을 사용하여 과육이 연화되면 0.2% 명반액에 담그거나 끓여 단단하게 한 후 낮은 농도부터 서서히 올린다. 당액은 설탕 2, 포도당 1을 혼합하여 30% 당액을 만들어 쓴 다음 40%, 70%로 농도를 높여 사용하고 건조는 45℃ 이하에서 행한다.

(타) Fruit butter

사과, 서양배, 복숭아, 살구 등을 사용하여 jam보다 pulp조직이 더 작고 더 농축된 제품이다.

마. 토마토 퓨레와 케첩

토마토는 과채류로 우리의 고추와 같이 서양인 조미향신료의 주원료로서 식탁에서 차지하는 비중이 크다. 토마토 가공품에는 다음과 같은 것들이 있다.

(가) Tomato solid pack

완숙토마토를 박피, 꼭지제거 후 원형 그대로 통에 담고 토마토 puree나 당 시럼을 주입하여 통조림한 것이다.

(나) Tomato puree

Tomato를 pulper로 파쇄하여 얻은 pulp를 조미하지 않고 농축시킨 것으로 농축정도에 따라 제품의 종류가 다르고 완성점 결정은 ① 비중계사용법, ② pulp 감량법, ③ 유하속도법, ④ 굴절계법 등을 입력한다. 토마토 퓨레의 종류는 다음과 같다.

① 저도토마도퓨레:전고형물 6.3% 이상

② 중도토마토퓨레:전고형물 8.37% 이상

③ 고도토마토퓨레:전고형물 12.0% 이상

(다) Tomato pasta

Tomato puree를 더 농축, 전고형물 20% 이상, 저도 paste(TS 25~29%), 중도 paste(TS 29~33%), 고도 paste(TS 33% 이상)

(라) Tomato juice

토마토를 착즙한 과즙(소량의 소금첨가)

(마) Chili sauce

박피후 가늘게 썰어 puree를 혼합 조미한 것으로 마늘 붉은 고추 파쇄물, 양파를 첨가한다. 씨, 과육을 으깨어 혼합한 점이 케첩과 다른 점이다.

(바) Tomato ketchup

Tomato puree(비중 1.06)에 각종 조미료(소금, 설탕, 식초), 향신료(양파, 마늘, 계피, mace, 정향, 고추, 후추 등)을 넣어 농축하여 전고형분이 25% 이상인 것

(사) 토마토색에는 lycopen(적), carotene(황), xanthophyll(청), flavon(황)계가 있다. 토마토의 숙성은 30℃에서 황색이 되고, 20℃ 숙성은 적색

이 되며, lycopen은 고온에서 생성되지 않고 가열로 변화되고 철분과 접촉하면 갈변된다.

(아) 완숙토마토 통조림(solid pack) 제조중 육질이 붕괴되기 쉬워 구연산 칼슘, 염화칼슘 등을 처리하여 과육의 연화를 방지한다. 칼슘의 처리는 펙틴산과 반응하여 과육속에서 gel을 형성하므로 가열하여도 세포조직을 보호하여 과육을 유지한다. 또 토마토의 아린맛이나 토마토 냄새를 제거하기 위하여 생강과 계피의 혼합액을 몇 방울씩 통에 첨가한다.

바. 과실 및 채소의 건조

(가) 건조과실

과실을 건조하면 ① 부피축소, ② 갈변방지, ③ 세균번식방지로 저장성 보유, ④ 과실 고유의 색택보유, ⑤ 운반간편 등의 이점이 있다. 건조과실은 수분 함량이 24% 정도이고 천일건조, 화력건조, 열풍건조 등이 있으며 화력건조는 40℃ 이하, 열풍건조는 60~65℃가 좋다

(나) 유황훈증 처리효과

① 산화효소파괴(H_2SO_3)

② 건조촉진

③ 방부효과 : 사과는 원료 10kg에 30g의 황을 태워 10~30분간 처리한다.

(다) 건조채소의 종류

① 무우말랭이:무우를 썰어서 자연건조시키는데 가급적 신속한 건조가 제품의 갈색화를 방지한다. 건조는 수분10~12%로 약간 탄력있는 게 좋다.

② 절간고구마:생절간과 증절간이 있으며 생절간고구마는 주정원료, 물엿, 전분원료로 쓰인다.

③ 건조시금치:뿌리를 자르고 2~3분간 뜨거운 물로 처리한다. 열처리 후 급랭건조상자에서 건조한다. 건조채소를 데치기(blanching, scalding)하는 목적은 ㉮ 효소작용 불활성화, ㉯ 조직의 유연화, ㉰ 악취 제거 등이다.

(라) 호흡율

1kg의 과실이 1시간에 방출하는 CO_2 gas의 mg량

(마) 수확과실의 저장중 변화

① 호흡작용(성분변화)

② 증산작용(신선도저하, 중량감소)

(바) 호흡작용

온도 습도 및 산소의 농도에 따라 다르며 온도는 0℃에서 호흡율이 가장 늦고 10℃ 상승에 따라 상승하고 30~40℃가 최고가 된다.

(사) 증산작용

습도의 영향이 가장 크지만 통풍, 환기, 환기속도, 광선세기, 온도 등으로 조절할 수 있다.

(아) 호흡량이 많은 과실 포장재

P.E. 염화고무, 염화비닐, acetylcellulose(gas, 투과성이 좋은 필름)

(자) 감의 탈삽

① 원리 : 떫은맛을 내는 성분인 탄닌세포 중의 저분자 가용성탄닌을 고분자 불용성탄닌으로 변화시키는 것

② 방법

ⓐ 열탕법(35~40℃물속에서 12~24시간 처리)

ⓑ 알코올법(밀폐용기에 감과 알코올(소주)을 넣어서)

ⓒ 탄산법(밀폐용기에 CO_2을 넣어 탈삽:상압법, 가압법)

ⓓ 냉동법(-20℃ 이하 동결냉동)

③ 가용성 탄닌이 불용성이 되려면 과실내에서 생성되는 acetaldehyde, acetone, alcohol 등이 탄닌에 작용하는 분자간 호흡상태유지, 즉 CO2의 양이 100%일 때이다

사. 침채류

채소류에 소금, 간장, 고추장, 술지게미, 쌀겨 등을 한가지 또는 한가지 이상 섞어 만든 것으로 대표적인 것으로는 김치와 단무지가 있다. 침채류는 풍부한 섬유질과 무기질이 정장작용, 비타민급원, 소화효소에 의한 소화조장 등의 효과가 크다.

(가) 배추김치

[배추]→ 씻기 → 절이기 → 씻기 → 물빼기 → 속넣기 → 담기 → 저장 →[제품]
↑
소금

(나) 단무지

[원료무우]→건조→담기→저장→[제품] ↑ 부원료

▷개량법(생제품) : 원료무우와 소금을 노지에 구축한 간이지하탱크 (2×2×2 M, 부직포와 비닐을 사용)에 대량삽입하고 지상부에 봉분을 만들어 염장 (무우에 대한 첨가소금은 사용기간이 늦을쑤 록 많게, 예로 가을에 담아 2~3월 사용시는 5~6월 보다 적게 가염)후 조미가공

5. 제유 및 식용유 가공

식용유지는 식물성유지와 동물성유지로 나누는 데 어느 것이나 화학적으로 고급 지방산인트리글리세라이드(triglyceride)이다. 우리나라의 동물성 유지 원료는 소기름, 돼지기름, 어유 등이 사용되고 식물성유지원료는 쌀겨, 유채, 참깨, 콩, 팜, 야자 등이 사용된다. 쌀겨에는 7분도미의 경우 17~20%의 기름을 함유하고 있으나 lipase 때문에 착유전 산패가 일어나는 결점이 있다. 그러나 생산량이 많아 착유원료로 사용된다.

(1) 유지 채취법

동물성(용출법), 식물성(압착법, 추출법)이 있다.

① 용출법 : 원료를 가열하여 내용물을 팽창시켜 세포막을 파괴하고 함유된 유지를 세포밖으로 녹여 내는 방식으로 건식(직화, 열풍 및 이중 솥으로 가열)과 습식(원료를 온수 또는 염수에 침지 가열)방법이 있다.

② 압착법 : 원료를 정선한 뒤 탈각하고 파쇄, 가열하여 압착시킨다.
[원료]→정선→탈각→파쇄→가열→가체→압착→정재→[기름]
탈각은 낙화생, 피자마 등은 필요하나 채종유는 필요치 않다. 압착은 wedge press, screw press, hydraulic press 등이 있고 연속압착장치로는 expeller가 있다.

③ 추출법 : 침출법이라고도 하는데 원료를 휘발성용제에 담가 유지를 용제로 녹여 용제는 휘발시키고 유지를 채취하는 채유효율이 가장 좋은 방법이다. 뱃지식, 배터리식, 연속추출식 등 3가지가 있는데 연속추출식은 회전하는 나선에 의해 원료가 연속적으로 이용되며 용제는 반대방향으로 흐르게 한 것으로 연속추출식은 다시 여추식, 침치식, 여추침지병용식, 특수방식 등으로 나누고 있다.

(2) 침출용제

침출용제로는 석유벤젠, 벤젠, 사염화탄소,아세톤,이유화탄소, 에틸알코

올, n-헥산등이 사용된다.

(3) 용제 구비조건

① 유지만 추출되는 것
② 악취 · 독성이 없는 것
③ 인화 · 폭발성이 적은 것
④ 기화및 비열이 적은 것
⑤ 추출장치의 부식이 없는 것
⑥ 염가일 것

(4) 유지추출장치 구성

침출관, 증류관, 응축기, 용제저장조

(5) 추출

추출탱크에 넣어 용매로 추출한다. 추출한 액을 miscella(기름에 함유하는 용제)라고 하는데 이것을 응축기 중에 유도하고 수증기로 가열 용매를 제거하여 남아있는 유지를 채취한다.

(6) 유지의 정제

채취한 조제유지는 불순물을 제거하는데 물리적 방법인 정치, 여과, 원심분리, 가열, 탈검처리와 화학적 방법인 탈산, 탈색, 탈취, 탈납공정 등이 병용된다.

① 탈검(Degumming process) : 탈산하기 전에 탈고무공정은 조유에 함유된 인지질 같은 고무질을 제거하는 공정으로 온수 혹은 수증기를 불어넣어 순환시키며 gum 물질들은 불용성이어서 정치나 원심분리로 제거한다.

② 탈산(deaciding process) : 원유 중의 유리지방산을 NaOH로 중화제거하는 알칼리 정제법이 쓰이는데 먼저 공기가 들어가지 않게 가급적 신속히 교반하여 NaOH용액을 표면에 살포하여 30~60분 반응시킨다. 이때 기름온도가 너무 높으면 검화가 되기 쉬우므로 상온으로 한다. 탈산법은 뱃지식, 연속식, 반연소식 등 3가지가 있다.

③ 탈색(Decoloring process) : 기름중에 용매에 녹는 색소체(카로틴 엽록소)를 제거하는 것으로 가열탈색법과 흡착탈색법이 있다. 가열법은 기름을 속에 넣고 직화로 200~250℃로 가열하여 색소류를 산화 분해하는 방법으로 기름의 산화가 일어나는 것이 단점이다.

흡착법은 흡착제인 산성백토, 활성탄소, 활성백토 등이 있으나 주로 활성백토가 쓰인다. 사용량은 기름에 대해 1~2%로 보통 110℃로 가열 후 filter press로 여과한다.

④ 탈취(Deodoring process):기름 중의 알데히드, 케톤, 탄화수소 등 냄새물질과 흙내음을 제거하는 것이다. 기름을 탈취통에 넣어 3~6mmHg의 감압으로 하고 적당히 온도를 올린 다음 200~250℃의 과열수증기를 불어넣고 냄새물질은 증류하여 제거하는데 반연속 탈취법에서는 dowthem 증기가 사용된다.

⑤ 탈납(Winterization) : Salad oil 제조시에만 실시하는데 기름이 냉각시 고체지방으로 생성되는 것을 방지하기위하여 탈취전에 고체지방의 제거가 필요하다. 이 작업을 winteri-zation 또는 dewaxing(탈납)이라 하고, 이 조작을 한 기름은 winter oil이라 한다. 냉각실이나 찬물로 냉각(-1~3℃)시킨다. 면실류는 낮은 온도에 두면 고체지방이 생겨 사용할 때나 외관상 좋지 않으므로 이 작업을 꼭 거친다.

가. 식용유지의 용도 및 성질

(가) 튀김용

콩기름, 채종류가 가장 많이 사용되고 미강유, 들기름 고추씨기름 등도 쓰인다.

※ 튀김용 기름조건

① 열에 안정하여 튀김시 거품이 나지 않을 것

② 튀길 때 연기나 자극적인 냄새가 나지 않을 것(튀김유 발연점 210~240℃, 튀김온도 160~180℃)

③ 점도의 변화가 적을 것

(나) Salad oil용(튀김용보다 더 정제된 기름)

① 무색, 무취

② 저장 중 산패가 없을 것

③ 저온에서 굳거나 탁하지 않을 것

④ salad oil용으로는 면실유 외에 olive oil, 옥수수기름, 콩기름, 채용유가 사용된다.

(다) 제과용

비교적 변패가 적은 것이 좋으며, 초콜릿에는 cacao butter가 쓰인다.

(1) 유지의 경화(마가린, 쇼팅의 제법 및 성질)

(가) 경화유

액상기름에 수소를 첨가하여 경화시켜 고체지방으로 하면 이미와 이취를 제거할 수 있다.

마가린용 고체지방의 경화유는 먼저 정제한 유지와 환원 니켈 또는 raney 니켈를 촉매로 수소를 불어넣으면 불포화 지방산의 2중 결합에 수소가 결합해서 포화지방산이 된다. 일반적인 방법은 촉매를 섞은 유지를 내산성인 경화장치에 넣고 예열시켜 100~180℃에서 6~12기압의 수소를 불어넣어 반응시킨다. 이때 처음에는 140~150℃이고 최종 200℃로 한다. 반응 후 뜨거울 때 filter press로 촉매를 제거하는데 촉매를 400℃로 가열시키면 다시 니켈이 되어 바로 기름에 넣어 촉매로 사용하며 탈취로 불쾌한 경화유 냄새를 뺀다. 수소첨가반응은 발열(1kg 유지가 1.6kcal 생성)되므로 냉수로 온도를 조절한다.

촉매독소란 접촉작용를 방해하는 물질을 말하는데, 우수 경화유의 제조 조건을 간단히 정리하면 다음과 같다.

① 정제유

② 촉매독소가 없는 순수한 수소

③ 강한 촉매

④ 최상조건의 제공

(나) 마가린(Margarin)

인조버터라고도 하는데 기름 80%에 물과 발효우유 등을 20% 섞어 유화시킨 제품이다. 천연버터와 마가린은 휘발성 지방산의 함량에는 차이가 있으나 그밖에 성질은 거의 같다.

제조는 식용경화유(정제동물성지방, 면실류, 콩기름, 땅콩유 등)을 배합, 융점(25~30℃)에 발효유, 소금, 레시틴(유화제), 산화방지제(BHA, BHT), 향료, 착색제, 비타민 A 등이 첨가된다. 이 때 불포화지방의 함량에 따라 soft margarin과 hard margarin으로 구분한다.

(다) 쇼 팅

Shortening은 돈지의 대체품으로 야자유, 소기름, 콩기름 등에 10~15%의 질소가스를 넣어 만든 것으로 쇼팅성, 유화성, 크리밍성 등이 요구되며 넓은 온도 범위에서 가소성이 좋고 제품을 부드럽고 연하게 하며 공기의 혼합을 쉽게 한다. 마가린과 쇼팅의 차이는 수분함량인데 쇼팅은 거의 100%가 기름이고 마가린은 80%가 기름이다.

(라) 분말유지

식물류를 단백질 같은 교질물로 포위한 것으로 외모는 고체이나 경화유 같은 고체지방은 아니다. 유지, 물, 유화제와 교질물질을 섞어서 유화시키고 분무식 건조기로 건조하여 제조하는 것으로 장기저장성이 좋다.

(2) 유지의 산패

기름은 광선, 열에 오랫동안 노출시키면 케톤체의 불쾌한 냄새가 나서 먹을 수 없고, 유독한 산패가 일어난다. 불포화도가 높은 기름일수록 산패는 빨리 일어나고 이때 광선, 열, 미량의 금속이 있으면 더 빨리 일어난다. 유지의 산패는 가수분해, 산화에 의한 산패, 외부의 악취를 흡수하여 생기는 산패 등이 있으며, 지방산패효소는 lipase가 있다.

(3) 유지의 산화방지제

식물성유지는 천연항산화제를 포함하고 있어서 동물성 기름보다 산패발생이 적다. 식물성유지중의 황산화물로는 토코페롤(비타민 E), sesamol, 아스코르빈산(비타민 C), quercetin, gallic acid 등이 있다 그러나 이들 항산화물은 항산화력이 적고 함량도 적기 때문에 유지저장에는 별도의 항산화제나 synergist를 첨가한다.

Synergist는 항산화력은 없으나 항산화제의 능력을 조장하는 효과를 갖춘 물질이다. 즉 토코페롤을 갖는 식물성유지에는 아르코르빈산이나 구연산등을 첨가하는 것이 효과적이고 동물성 유지에는 항산화제나 synergist는 거의 함유되지 않으므로 토코페롤 같은 항산화제를 첨가하는 것이 좋다.

나. 식물유(植物油, vegetable oil)

식물성식용유로는 쌀겨기름, 면실류, 유채유, 콩기름, 참깨기름, 들깨기름, 고추씨기름 등이 있고 공업용유지로는 피마자유, 아마인유 등이 있다.

① 쌀겨 : 함유지방량 17~20%, 압착 · 추출법으로 채유

② 면실 : 함유지방량 15~25%, 압착법으로 채유

③ 유채 : 함유지방량 37~44%, 압착 · 추출법으로 채유

④ 참깨 : 함유량 45~50%, 압착법으로 채유

⑤ 콩 : 16~25%(17%), 추출법으로 채유

⑥ 땅콩(40~45%), 옥수수배아(33~40%), 들깨(55%) : 압착법으로 채유

다. 약용식물유(藥用植物油)

정유(essential oil), 방향유라 하며 휘발성으로 냄새가 난다. 방향유를 함유하는 식물은 60종류이나 그중 국화과, 장미과, 솔나무과, 미나리과, 녹나물과, 물풀과, 운향과에 많이 함유되어있다.

이용 부위는 꽃(장미, 카네이션, 라일락), 과피(귤, 바닐라, 이조완), 잎(박하, 제라늄), 줄기(백란, 티나로에), 뿌리, 근경(창포, 오리스) 등이다. 방향유의 선분은 isoprene의 중합체이다.

채취는 수증기 증류(박하유)나 enfleurage 방법(꽃을 분해시켜 향분을 회수하는 화향유)을 이용하며 침출법(석유에테르, 사염화탄소, 유화탄소 등으로 감압추출)이 있다.

6. 기호음료와 청량음료

가. 서 론

기호음료는 기호품 중에서 액체상태로 된 마실 수 있는 것(커피, 술, 차, 코코아 등)이며, 청량음료는 맛이 시원하고 상쾌한 기분을 느끼도록 만든 음료수이다.

기호음료는 소비종류로 볼 때 커피권(북미와 남미), 홍차권(유럽과 아프리카), 녹차권(한국, 중국, 일본 및 북아프리카)으로 나눌 수 있다. 동양에서는 우리나라만이 커피를 주로 마시고 있다. 외국에서는 마시기 편리함 때문에 기호음료의 소비는 둔화되고, 청량음료의 소비는 꾸준히 신장되고 있다.

나. 차의 분류

- 비발효차 (녹차)
  - 배건차 (덖음차 중국식)
    - 녹차
    - 단(團)차
  - 증건차 (찐 차 일본식)
    - 전(煎)차
    - 옥로(玉露)차
    - 말(抹)차
    - 번(番)차
- 반발효차 (oolong차)
  - 빠우쫑(包種)차
  - 우롱(烏龍)차
- 발효차 (홍차)
  - 홍차
  - 홍단차

차의 분류

차(茶)는 차나무 유엽(幼葉)을 원료로 한 음료이며 제법의 차이에 따라 발효차, 반발효차 및 비발효차로 나눈다.

차는 산지에 따라 보성차, 제주차, 영암차 등으로 생산시기에 따라 1번 · 2번 · 3번차 혹은 봄차, 여름차로 나누기도 한다. 또한 차는 사별에 따른 차형의 대소에 따른 등급, 완성과정의 차이에서 생기는 형태, 향미의 차이, 기계제품 또는 손제품 등에 따라 다양하게 분류된다.

녹차는 가공 첫과정에서 차잎을 화열(중국식) 또는 증기(일본식)로 가열하여 차잎속의 효소를 실활시켜 산화를 방지하고 고유의 녹색을 보존시킨 차이다.

홍차는 차잎은 시들게 하여 잘 문질러서 잎 속의 산화효소작용으로 잎 성분의 산화를 일으켜 말린 차이다.

우롱차(oolong)는 차 잎을 햇볕에 쪼여 조금 시들게 하여 잎성분의 일부를 산화시켜 방향이 생긴 후 볶은 반발효차이며 향미는 녹차와 홍차의 중간 성분을 갖는다.

빠우쫑차(包種茶)도 반발효차에 속하는 차이며 향미는 녹차에 더 가깝다.

단차는 차잎을 증기로 연화시켜 틀에 넣어 압축하여 판자형 또는 누룩형으로 차를 정형(整形)한 후 말린 것으로 녹차를 원료로 한 것이 녹단차, 홍차를 원료로 한 것이 홍단차이다. 녹단차는 몽고, 티벳, 홍단차는 소련, 터어키 지방에서 음용한다.

다. 차잎의 성분

차의 생엽은 수분이 75~80%이며 나머지는 고형물로서 탄닌, 퓨린(purine), 염기(카페인이 주임), 단백질, 아미노산, 아미드, 탄수화물로는 당 호정, 전분, 섬유소, 펙틴 등이 있으며 기타 납질, 수지류, 유기산, 정유, 효소, 비타민, 무기성분을 함유한다, 일반 식물섬유와 비교하여 특이한 점은 테아닌과 카페인을 함유하며 탄닌함량이 많고 또 무기성분으로 망간과 불소가 많은 점이다.

라. 녹차의 제조

녹차는 전술한 바와 같이 생엽을 덖느냐 또는 찌느냐에 따라 배건차(중국식)와 증건차(일본식)로 나누는데 일본에서도 초기에는 배건차가 생산되었으나 대량생산이 쉬운 증건차로 전향되어 지금은 거의가 기계화된 증건차가 생산되고 있다. 우리나라에서도 대기업은 증건차를 기계로 생산하고 있으나 중소기업에서는 건조과정만 열풍건조기를 이용할 뿐 손으로 배건차를 만들고 있다. 배건차는 고소한 향이 짙으나 증건차는 고소한 향보다 풋내가 짙다. 증건차에는 고소한 향을 돋우기 위해 볶은 현미와 섞은 현미차가 있고, 대만에서는 녹차의 향을 돋우기 위해 정향을 섞은 화차가 유명하다.

(1) 증건차(蒸乾茶)

(가) 원 료

차나무는 소엽(小葉)이고 탄닌함량이 적고 효소활성이 약해서 녹차제조에 알맞는 중국종과, 대엽(大葉)이고 탄닌함량이 많고 효소활성이 강해서 홍차제조에 알맞은 Assam종으로 크게 나눈다.

원료인 차엽은 많을수록 우량제품이 된다. 따라서 채엽시기와 채엽정도에 따라서 성분조성이 달라지고 우리나라에서는 곡우 전후가 되는 5월5일에서 5월10일 사이를 채엽 적기로 하고 있으며(1番茶) 1창2기(1槍2旗)를 채엽 정도의 표준으로 하고 있다. 채엽한 다엽은 호흡작용을 계속하고 있으므로 가급적 12시간 이내에 가공에 들어가야 한다.

(나) 제조법

녹차 제조공정의 한 예를 보면 다음과 같고, 제조표준처리는 표 16과 같다.

> 증열(蒸熱) → 냉각(冷却) → 조유(粗揉) → 유념(揉捻) → 중유(中揉) → 정유(精揉) → 건조(乾燥)

【표 2-16】 증건차 제조표준 처리조건

공정		시간	온도℃	풍온℃	압력	수분	비고
증열		30~40초	100	98	-	400%	
조유	초기	5분	110	35	1.7~25kg/㎠	150	비빔장치압력
	중말기	30~40분	80				
유념		5~10분	실온	-	23kg	-	추중량
중유		20분	70	40	1.0kg/㎠	50	비빔장치압력
정유		30~40분	150~170	120~140	10kg	12	추중량
건조		30~40분	60	50	-	6	

① 증열(蒸熱)

증열은 포화증기를 사용하여 차 잎에 있는 polyphenol oxidase, peroxidase 등 산화 효소를 실활시키고 생엽의 풋내를 없애고(저비점 정유 성분의 일부 감소) 차 잎의 유연성을 돋우며 녹차 고유의 향미를 만들며 유념과 건조조작을 쉽게 하기 위해서 한다.

증열를 위해서 일반적으로 사용되고 있는 장치는 급엽기(給葉機), 증자기, 냉각기로서 급엽기는 벨트컨베이어로 차잎의 쌓임 두께를 조절하고 컨베이어 속도와 함께 공급량이 조절된다.

냉각기는 망제의 벨트 컨베이어로 찐 차잎을 배출부로 보내는 사이에 선풍기로 빨리 냉각한다.

② 조유(粗揉)

건조의 제1단계로 열풍 속에서 차잎을 저어주며 가볍게 문질러주어 항율(恒率)건조시간을 지속 연장시켜 품온의 상승에 의한 변색을 방지하면서 특유의 풍미, 색깔을 가급적 보존하면서 차잎 각부분의 수분을 균일하게 능률적으로 건조하는 공정이다. 이 공정에서 품온(약 35℃)이 높게 되면 off flavor로 되기 쉽고 또 겉만 마르면 우린 물에 가루가 많아져 조금 떫은맛을 느끼는 감칠맛이 모자라는 차로 되므로 공정관리 실패가 품질에 미치는 영향이 가장 큰 공정이다.

③ 유념(rolling)

유념은 조유엽의 유(遊) 문지름 부족과 고르지 못한 건조를 바로잡아 수분을 균일하게 하여 이후의 유건 조작을 쉽게하기 위하여 한다. 손으로 채엽한 원료는 미성숙의 부드러운 차잎만의 원료에는 이 공정이 불필요하다.

④ 중유(中揉)

제2단계의 건조공정으로 수분함량 15%의 유념엽을 약 50%까지 건조한다. 사용하는 장치는 원통형의 회전건조기로 내부에 조유기와 같은 문지름 장치가 있으며 외통의 회전보다 조금 빠르게(1.5~1.8배) 동일방향으로 회전시켜 통과되는 사이에 차 잎을 놓고 문지름을 작동시킨다.

⑤ 정유(精揉)

정유공정은 차 잎의 내부수분을 문질러 말리면서 정형조작이 주목적인데 이 공정을 빼면 우린 물이 묽어 맛없는 차로 된다. 손으로 만든 차에서 짙은맛을 느낄 수 없는 것은 가압력이 약하기 때문이며 주로 탄닌 성분의 용출이 억제되기 때문으로 생각된다.

⑥ 건조(乾燥)

정유 공정을 마친 차잎의 수분함량은 13% 전후이므로 다시 6% 전후까지 건조하는 공정으로 보통 일반적인 열풍건조기로 건조된다. 단, 이 건조는 황차(黃茶)단계의 것으로 가열향기가 나지 않도록 건조해야 하며 일반적으로 70℃를 넘지 않도록 주의해야 한다.

(2) 배건차(焙乾茶)

이 차의 형태는 둥근 형이며 다색은 황록색, 수색(水色)은 진한 황금색으로 고소한 향에 대한 기호에 길들어진 우리에겐 친숙하기 쉬운 차이다. 그러나 이 차는 주로 손으로 만드므로 대량 생산이 어렵고 생산성이 뒤지는 단점이 있다.

마. 홍차(紅茶)의 제조

세계적으로 음용되는 차의 80% 이상이 홍차이며 주산지는 인도, 스리랑카, 동남 아프리카 등이다. 우리나라도 70년대 전후하여 홍차 보급을 위해 일본의 홍차 품종(베니호마레)를 많은 면적에 파종하여 다원을 조성하여 지금도 많이 남아있다. 베니호마레는 내한성도 약할 뿐 아니라 제품에 특유한 향이 엷어 현재 수입홍차를 30~50% 혼합해 향을 보완하여 시판하고 있다. 홍차제조의 주요조작은 차 잎 속의 polyphenolase 등의 산화효소를 이용하여 차잎 탄닌인 카테킨을 산화 중합시키는 것이며 카테킨을 중압하여 2합체인 thealubitin, theaflavin이 생성된다. 카테킨의 2합체는 물에녹아 특유의 적등색을 띠우거나 종합체가 되면 물에 불용성이 된다.

홍차의 일반적인 제조공정은 위조(萎凋, weathering), 유념, 발효와 건조이다. 위조는 차잎을 그늘 또는 저온(30℃)의 열풍건조기로 건조시키는 과정이며 이 조작으로 차잎은 유연해지고 산화효소의 활성이 강해진다.

바. 차류(茶類)와 재제가공(再製加工)

우리나라는 생산량이 적기 때문에 한 공장에서 재제가공(再製加工 또는 2차가공)까지 겸하고 있으나 차의 주산지에는 1차가공과 2차가공이 따로따로 실시된다. 앞에서 설명한 녹차 및 홍차의 가공법도 황차라는 1차 가공품은 일반으로 생산농가의 개인 또는 협동공장에서 실시되며 홍차는 거의 estate 경영방식(노동력을 가족단위로 고용하는 방식)에 의하여 생산된다.

사. 커 피 (Coffee)

커피는 북위 28도에서 남위 30도 사이에 있는 열대와 아열대 그리고 일부 온대지방(coffee zone)에서 재배되는 천초과에 속하는 상록 관목의 과실이며 그 씨가 커피 원두(原豆)이다. 커피 과실은 coffee cherry라고도 불리며 외피, 과육 양피질(羊皮質)의 엷은 막의 순으로 쌓여 있으며 반원형의 편평한 2개의 부분으로 되어 있다. 커피 원두는 종실이지만 콩이나 팥과 같은 두류(豆類)가 아니고 종핵(種核)이며 조직도 단단한 목질로 되어 있다. 이 커피 원두를 일정시간 고온에서 볶아야 비로소 독특한 색깔과 향기가 잇는 커피로 된다.

커피의 품종은 50여종이 있으며 또 산지에 따라서도 품질이 크게 달라지는데 커피의 품종은 생산과 유통의 실태에서 Arabica종, Robusta종, Liberica종의 3종으로 대별할 수 있다. Arabica종은 세계에서 가장 많이 마시는 품종으로 세계 산출량의 75%를 차지하며 Liberica종은 1% 미만이다. Robusta종과 Liberica종은 향기가 조금 적고 품질도 떨어진다. 원두의 품종 및 명칭에 따른 풍미의 특징은 표17과 같다. 생두(Green bean)의 수분 함량은 12% 안팎이며 온도와 습도가 맞추어지면 2~3년 저장은 가능하다.

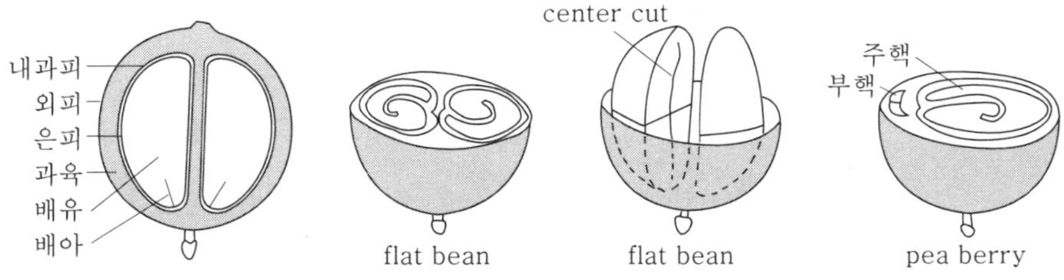

【그림 2-6】 커피 과실 단면도

【표 2-17】 주요한 커피 원두의 특징

명 칭	산출국	맛의 특징						특징
		산미	감미	고미	중성	진한맛	향기	
Blue Mountain	Jamaica Is.	△	●	△		○	○	감산 고미에 진한맛과 향기를 갖추고 이들이 잘 조화된 커피의 왕이다. 영국 왕실용으로 유명, 스트레이트용
Mochz	Yemen	●	△	△				센 산미에 적당한 감미와 고미가 있으며 좋은 향기와 진한 맛을 뽐내는 커피의 귀부인, 스트레이트용이나 배합의 기본으로도 정평이 있음.
Kiliman-jaro	Tanzania	○	△			△	△	산미가 뛰어난 원두로 감미 진한맛 향기를 갖춘 것. 아프리카산 원두 중 최고급품 스트레이트용
colombia	Colombia	○	○			○	○	산미의 원두로 단 향기에 감치는 진한 맛을 가지며 순한 커피의 대표격, 어느 원두와도 조화되며 배합의 기본으로 최적
Guate-mala	Guatemala	○	△	△			○	부드러운 산미로 고미와 향기가 조화되어 있다. 스트레이트도 가능
Hawaii Kona	Hawaii	●						아주 센 산미로 달콤한 향미가 있음. 수년 지낸 묵은 원두는 맛이 조화되어 Guatemala와 같은 맛이 된다.

Mexico	Mexico	○	△				△	산미의 원두로 부드러운 감미와 향기가 있음. 고지산과 저지산이 있고 고지산이 우량품.
Brazil Santos	Brazil	△		△	○		○	산미와 감미가 잘 조화된 중성 원두로 향기가 좋다. 배합용 세계 최대의 산출량을 자랑한다. 브라질산 중 산토스가 최우량품
Mandhe-ling	Sumatra Is.					○	△	고미를 특징으로 하며 아주 진한 맛과 크림과 같은 부드러움을 가짐. 배합용
Java Robusta	Java Is.			○			○	야성적인 고미와 보리 볶음향과 같은 독특한 향기가 있다. 배합용
Costa Rica	Costa Rica	●				△		아주 센 산가 특징 수년간 묵힌 것이 마시기 좋다. 고산지 것이 우량품
Salvador	El Salva-dor	○			○			고지산은 산미, 저지산은 중성의 원두이며 고지산이 우량품

※ ● 강함 ○ 조금 강함 △ 보통

(1) 레귤러 커피

레귤러 커피(regular coffee)의 제조 공정은 아래와 같다.

커피 과실 → 수 세 / 비수세 → 생두→선별→정마→혼합→배전→냉각→배합→분쇄→계량

→ 충천 → 지공 포장, 가스 충전 → 상자 포장 → 제품 출하
↓
→ 원료용 볶은 콩 출하 → 원료분 출하

생두는 선별한 다음 원두 표면의 먼지 등을 제거하고 광택을 내게 한 다음(정마), 독특한 맛을 내도록 생두를 혼합한다. 선별, 정마, 혼합된 원두는 일정량이 배전기에 들어가 볶아진다. 이 때 일반적으로 200~250℃의 고온으로 볶는 데 심한 볶음, 중간 볶음, 가벼운 볶음 등 각기 특징이 살 수 있는 볶음 정도가 다르며 볶음의 소요 시간은 15~20분 혹은 기종에 따라 7~8분의 단시간에 끝낼 수 있는 것도 있다.

생두는 선별한 다음 원두 표면의 먼지 등을 제거하고 광택을 내게 한 다음(정마), 독특한 맛을 내도록 생두를 혼합한다. 선별, 정마, 혼합된 원두는 일

정량이 배전기에 들어가 볶아진다. 이 때 일반적으로 200~250℃의 고온으로 볶는 데 심한 볶음, 중간 볶음, 가벼운 볶음 등 각기 특징이 살 수 있는 볶음 정도가 다르며 볶음의 소요 시간은 15~20분 혹은 기종에 따라 7~8분의 단시간에 끝낼 수 있는 것도 있다. 어느 쪽이든 볶음의 비결은 가급적 단시간 내에 원두의 표면에서 속까지 균일하게 볶는 데 있으며 볶은 공정에서 적절한 열관리를 함으로서 순조로운 화학 변화를 일으켜 원두중의 커피 특유의 기호 성분을 조화되도록 하여 향기와 맛을 내는 데 있다. 볶음 정도는 우리나라에서는 연한 볶음(american roast), 중간 볶음(medium roast), 강한 볶음(french roast)의 세 가지로 분류하고 있으나 미국에서는 표 2-18과 같이 8단계까지 분류한다. 연한 볶음의 커피는 외관상 옅은 다갈색이고 신맛이 혀에 남고, 강한 볶음의 커피는 외관상 흑갈색을 띄고 쓴맛이 진하다. 중간 볶음의 커피는 알맞은 다갈색이며 신맛, 쓴맛이 알맞게 조화되어 있다.

볶은 커피 원두는 원두 자체의 열로 지질이 녹아 표면으로 침출되며 또 지질의 산화가 커피의 맛을 나쁘게 함으로 가급적 빨리 볶음 후에 냉각할 필요가 있다.

【표 2-18】 미국의 커피 원두의 볶음 단계

볶음 단계	볶음 상태	볶음 단계	볶음 상태
light	아주 연한 볶음	city	강한 볶음
cinamon	연한 볶음	full city	아주 강한 볶음
medium	중간 볶음	french	france식 볶음
high	중간 강한 볶음	italian	italian식 볶음

(2) 인스턴트 커피

인스턴트 커피는 분무 건조 제품과 냉동 건조 제품으로 분류할 수 있으며 제조공정은 다음과 같다. 커피 원두의 정선, 배합, 볶음, 분쇄는 레귤러 커피와 같다.

정선 원료→볶음→배합→분쇄→추출→농축→건조→저장→포장→제품
(냉동 진공)
(열풍 고온)

(가) 추출 및 농축

추출된 물 가용 성분 추출액에는 커피의 생명인 방향과 맛 그리고 진한 맛을 보유해야 한다. 일반적으로는 고온(150~180℃), 고압(20~10kg/㎠)

다단(多段)추출법이 쓰이나 추출 효율을 높이기 위해 필요한 고온 고압은 거꾸로 커피의 향미 성분을 낮게 하는 작용이 있다. 추출 소요시간은 1~2시간으로 추출액의 농도는 20~30% 정도이다.

(나) 건 조

추출액은 역침투법, 냉동농축법 등으로 농축하여 건조하는 데 농축시에는 가급적 산소, 공기와 접촉하지 않고 또 저온하에서 실시해야 한다. 이는 커피액이 열과 산화에 약하고 가열로 방향 성분이 날아가기 때문이다. 건조도 분무, 냉동 건조하여 수분 3% 정도의 분말, 활편상 결정체로 한다.

아. 청량음료

청량음료는 유산균 음료, 우유 및 유제품을 제외한 주정분 1% 미만의 음료로 탄산음료, 과실음료, 냉동과실음료, 광천수(鑛泉水) 기타를 가리킨다. 청량음료 업계에서는 탄산음료, 과실음료, 유성(乳性)음료, 기타의 음료로 구분하고 있으나 이들에는 탄산가스를 함유하는 것(중량으로 5/10,000 이상)과 함유하지 않은 것이 있는 데 과실음료, 유성음료 중에서도 탄산가스를 함유하는 것은 통계상 탄산음료로 분류한다,

(1) 청량 음료의 종류

청량음료의 특징은 향에 있으므로 향의 종류에 따라 청량음료를 분류하면 다음과 같다.

① 향이 없는 것 : 광천수, 소다수

② 과실의 향이 있는 것 : 이는 다시 정유(精油) 성분으로 착향한 것과 과즙을 함유한 것으로 나누고 전자는 사이다, 후자는 주스로 불린다. 또 합성 향료로 착향한 것도 있다.

③ 종실, 수피, 잎 또는 뿌리의 추출물을 함유하는 것:종실로는 콜라가 대표적이며 카페인을 함유한다. 수피로는 계피, 뿌리로는 생강이 있다. 생강의 추출액을 함유하는 탄산음료를 ginger-ale이라 한다.

④ 젖산 음료 : 탈지유를 젖산 발효시킨 것에 설탕을 가한 것이다.

우리나라는 투명한 탄산음료를 사이다라고 부르고 있으나 이것은 우리나라와 일본에서만의 명칭이고 국제적으로는 사이다는 사과주를 뜻한다.

여기에서는 탄산음료에 대하여만 설명하기로 한다.

(2) 탄산음료의 제조

우리나라의 탄산을묘는 거의가 franchise bottler 형태로서 원액을 공급받아 정해진 처방에 따라 당액과 탄산가스를 압입한다. 탄산음료의 제조법은 먼서 물과 당류를 혼합한 당액(simple syrup)을 만들고 이에 산미료와 flavoring agent를 가하여 조합(調合) 당액(flavored syrup)으로 하여 이의 일정량을 병에 담은 후 탄산수를 채우는 postmix방식과 조합 당액과 물을 미리 정량 혼합기(proportioner)로 일정 비율로 연속적으로 혼합한 것에 탄산가스를 압입하는 premix방식이 있다.

2장 축산식품가공

1. 식육(食肉) 및 육(肉)제품 가공

가. 정의와 원료육의 특성

(1) 정의

① 식육(meat) : 식품으로 이용될 수 있는 모든 동물의 조직(animal tissue)을 말한다. 식육은 근육조직을 포함하여 간, 콩팥, 골(brain) 등 가식부인 내장육(variety meat)까지 포함된다. 식육자원으로는 한우, 젖소, 고기소, 돼지, 닭, 오리, 칠면조, 거위, 면양, 산양, 토끼, 말 등(12종)을 포함한다. 우리나라의 3대 주요 식육자원은 쇠고기, 돼지고기, 닭고기라 할 수 있다.

② 식육 가공품 : 소, 돼지, 양, 염소, 토끼, 닭, 칠면조, 꿩, 메추리 등 식생활 관습상 통상적으로 사용되는 고기와 식용가능한 장기류 및 부산물을 주원료로 하여 제조가공한 햄, 소시지, 베이컨, 건조저장육, 양념육(육지물), 분쇄육, 포장육 등을 말한다.

③ 지육 : 머리, 꼬리, 다리 및 내장을 제거한 도체(carcass) 콩팥과 그 지방

$$\text{도체(지육)율(\%)} = \frac{\text{도체무게(지육중량)}}{\text{생체무게}} \times 100$$

④ 정육 : 지육으로부터 뼈를 분리한 고기

$$\text{정육율(\%)} = \frac{\text{정육무게(살코기 중량)}}{\text{도체무게(생체무게)}} \times 100$$

(2) 성분규격

① 아질산이온 : 0.07g/kg 이하(포장육은 제외)

② 타르색소 : 불검출(소시지류는 제외)

③ 대장균군 : 음성(베이컨 및 비 가열제품은 제외)

④ 휘발성 염기질소 : 20mg% 이하(원료육과 포장육에 한함)

⑤ 보존료 : 소르빈산 및 소르빈산칼륨이 2.0g/kg 이하(소르빈산으로써)

(3) 구 분

① 고기소(비육우) : Short, Hereford, Charolais, Aberdin-angas, Brahaman

② 돼지 : Berkshire, Yorkshire, Landrace, Poland china, 규격돈 기준은 미경산, 거세돈으로 6~8개월 사육된 생체 중량 90~100kg이 적당, 성취가 없고 백모종으로 단미사료(옥수수, 건초, 밀기울)로 사육된 것이 바람직하다. 장방형으로 몸통이 길게 발달되고 폭과 두께가 길어야 한다.

③육계(닭) : broiler로서 8~10주 정도 양계한 체중 1.8kg 정도가 좋다. Barred polymouth Rock, White Rock, New Hampshire, Rhode Island Red, Nagoya, Black Orpington

④ 분할부위와 부위육 명칭(일반적인)

【표 2-19】 우육의 부위별 요리용도

등급별	상등육 (16.1%)	중등육(29.9%)	보통육(13.5%)	갈비(13.8%)
부위명	안심.등심.채끝	설도.우둔.목심.앞다리	양지.사태	
용 도	로스구이.스테이크	불고기. 장조림	국거리.장조림.탕류	갈비구이.탕

【표 2-20】 한우육 과 수입육 육안구분방법

구 분	한우고기	수입 소고기
지방두께	얇다	두껍다
지방색	희다	황색(호주산)흰색(미국산)
고기색	선홍색	암적색
뼈 크기	작은편	큰 편
상강도	낮다	비교적 높다
부위별 크기	원형의 크기가 작다	크다
갈비모양	늑간의 폭이 좁다	넓다
육색변화속도	늦다	빠르다
탄력성	높다	낫다
외형	신선도 높음	신선도 낮음
지방교잡상태	지방부분이적다	지방이 많다
보관방법	냉장	냉동
갈비안장살	있음	없음
수분함유정도	적어보임	많아보임

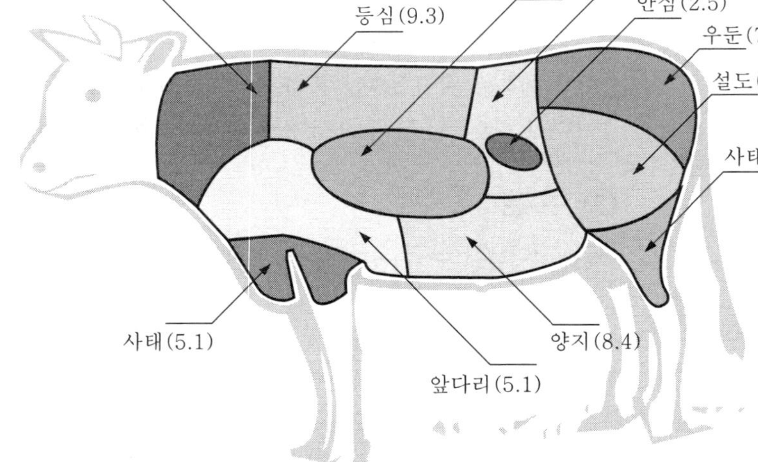

로스구이 · 스테이크 : 안심, 등심, 채끝　　불고기 : 우둔, 설도
국거리 : 양지 , 사태　　갈비구이 : 목심, 앞다리, 갈비

【그림 2-7A】 소의 부위별 고기명칭(수율%)

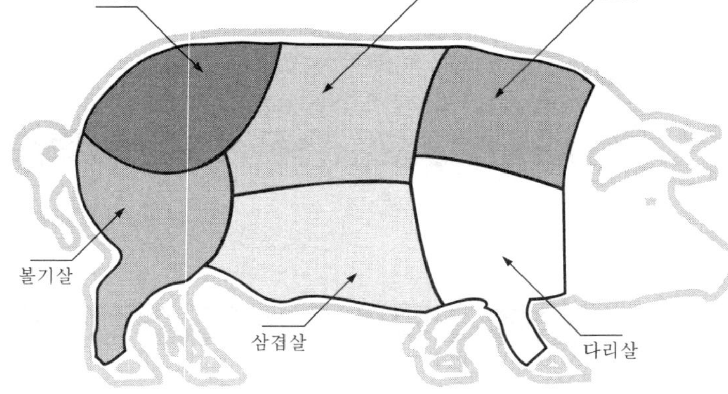

【그림 2-7B】 돼지의 부위별 고기명칭

【표 2-21】 돈육부위별 가공제품

부위	명칭	생산제품
목등심	어깨등심(shoulder loin), 목등심	통조림 프레스햄, 소시지
등심	등심(loin)	로인햄, 프레스햄, 소시지
안심	안심(tender loin)	바비큐 햄
볼기살	볼기살(ham), 뒷다리	본인햄, 본레스햄, 장조림햄, 소시지, 프레스햄
삼겹살	삼겹살(belly)	베이컨, 소시지
어깨살	어깨살(shoulder), 앞다리	통조림, 소시지, 프레스햄
갈비	갈비(spare rib)	갈비, 바비큐
족	족(foot)	족발

(4) 도축방법과 처리

① 도축법 : 타액법, 총살법, 전살법, 교살법, 압살법, 가스마취법이 있으며, 우리나라의 경우 대가축인 소는 타액법으로 도축, 돼지는 전살법으로 도축시킨다. 실신 직후에 경동맥을 절단시켜 방혈, 탈모, 박피, 해체, 수세 냉장하여 이용한다.

② 탈모 : 돼지의 경우, 방혈후 63~66℃에서 4~5분 침지한 후, 탈모기로 약 1분 동안 탈모시킨다.

③ 혈액처리 : 방혈처리시에 나온 혈액은 응고를 방지하기 위하여 잘 교반 후 섬유소 물질은 건져내고 혈액소시지, 순대소시지, 조리용으로 이용한다.

(5) 이상육 중 PSE육, DFD육

① PSD육(Pale Soft Exdudative) : 육색이 창백하고 근육조직이 단단하지 못하여 흐늘거리며 수분분리가 많이 일어난다. 돼지고기중 20% 정도가 발생한다. PSD육은 조리시 수분손실이 많이 발생하기 때문에 다즙성(juiceness)이 떨어지고, 가공육 제조시 결착력이 낮고 감량이 많은 결점이 있어 경제적 손실이 크다.

② DFD육(Dark Firm Dry) : 육색이 검고 조직이 단단하며 건조한 외관을 나타낸다. 쇠고기에서 주로 많이 발생하고 약 3% 정도이다. 원인은 도살전 피로, 운동질식, 흥분, 싸움 등의 stress를 받았을 때, 근육내의 glycogen이 고갈되어 근육 pH가 높은 상태로 유지되기 때문이다.

(6) 식육의 영양성분 구성특징

① 수분함량이 많고 지방함량이 적은 편이다(70~75%, 지방층은 제외).

② 육질은 연하고(softness) 육색은 밝은 편이다.

③ 육 엑기스가 적어 담백한 풍미를 가진다.

④ 단백질이 풍부한 급원(15~20%), 지질은 우육보다 돈육이 많고(쇠고기 2.8% 정도, 돼지고기 8.5% 정도), 무기질은 1% 내외, 탄수화물 0.7% 내외, 비타민류는 A, B1, B2, C 등이 많다.

◆ 식육의 조성분의 특징

① 수분 : 가축의 종류, 부위에 따라 함량의 차이가 있으며, 약 70~75%로 고기중의 수분은 자유수, 결합수로 존재, 수분함량이 많은 경우에 지방함량이 적다.

② 단백질 : 고기 중에는 구주단백질, 근장단백질, 결체조직단백질로

나누어져 있다.

- 구조단백질 : myosin, actin, troponin, γ -actinin, β -actinin
- 근장단백질 : 수용성 단백질로서 myogen, globulin X 단백질이다.
- 결합조직단백질 : 육기질단백질로 교원섬유단백질인 collagen, 탄성섬유단백질인 elastin, 세망섬유단백질인 reticular가 있으며, 근초, 모세혈관벽, 힘줄의 구성을 이룬다.

③ 지방 : 축척지방과 조직지방으로 구분

- 축척지방 : 피하, 근육사이, 신장주위, 망막에 존재(중성지질로 존재)
- 조직지방 : 장기, 뇌, 신경계

④ 탄수화물 : glycogen으로 소량존재

⑤ 무기질 : 주요무기질은 K, Na, Mg, Ca, Zn, Fe, Cl, S, P

⑥ 엑기스물질 : ATP, ADP, AMP, creatine, free amino acid, glycogen, succinic acid, glutathion, 엑기스 물질은 정미성을 가진다.

(7) 근육조직의 분류 및 특성

형태적 분류	구조적분류	기능적분류
횡문근(striated muscle)	골격근(skeletal muscle)	수의근(voluntary muscle)
	심근(cardiac muscle)	불수의근(involuntary muscle)
평활근(smooth muscle)	내장근(viscerak muscle)	불수의근(involuntary muscle)

① 골격근 : 뼈 주위에 붙어있는 고기(주로 식용, 가공용, 식육의 대부분을 차지)

② 심근 : 심장을 이루는 근육으로 횡문근이면서 불수의근의 특징이 있다.

③ 평활근 : 횡문의 무늬가 발달하지 아니한 근육으로 내장, 혈관, 생식기 등의 근육

(가) 골격근

직경 10~100㎛ 근섬유, 장축방향으로 평평하게 다수 모여 다발을 이룬다. 골격근에는 혈관, 신경섬유, 내근주막, 핵 등이 존재한다.

(나) 골격근의 구성단위

① 근육(muscle) : 수많은 개개의 섬유가 근속으로 묶여져 한 집합체를 구성

② 근속(muscle bundle) : 근섬유 다발

③ 근섬유(muscle fibre) : 여러 개의 근원섬유가 모여서 이루어지며, 체적의 75~92% 차지

④ 근원섬유(myofibrils) : 근원섬유는 가늘고 긴 원통형 막대모양이며 일반적으로 직경 1~2㎛, 근절과 근절사이에 여러 개의 대(band)와 여러 개의 선(line)이 있다.

⑤초원섬유(myofilament) : 근원섬유의 구성단위, 섬유의 한가닥으로 여기에는 F-actin filament, myosin filament로 이루어 짐

(다) I-band(isotropic band)

명대, 편광으로 볼 때에 이중으로 굴절하기 때문에 단굴절성을 띤다. 50Å, thin, filament, actin 성분으로 구성된다.

(라) A-band(anisotropic band)

암대, 편광으로 볼 때에 이중으로 굴절하므로 복굴절성(anisotropic)을 띤다. 100~110Å thick filament, myosin 성분으로 구성된다.

(마) 근절(sarcomere)

근원섬유의 반복되는 구조적 단위에서 근육의 수축과 이완의 순환이 일어나는 기본단위, 두 개의 인접한 Z-Z line 사이를 근절

(8) 근육의 사후 변화 과정

살아있는 가축(동물)들은 여러 가지 방법에 의하여 도살되며 생명이 없는 상태에서는 산소의 공급이 없어지고 근육내에서는 혐기적인 효소의 작용이 개시되어 해당작용(glycolysis)과 같은 생화학적 변화가 시작된다. 이어서 사후강직(rigor mortis)을 일으키고 해경(release)에 의해 자가소화(autolysis)를 나타낸다. 이 시기에 근육내 세균의 증식에 의해 부패(putre-faction)를 일으키게 되어 식육으로서의 가치를 완전히 잃게 된다.

(가) 해당작용

근육내 glycogen 물질의 혐기적 대사(효소적 분해대사)에 의하여 glycogen → lactic acid의 생성, 극한 산성에 도달(pH 5.3~5.6) 미생물의 발육 억제, 보수력 및 용해도가 저하된다.

(나) 사후강직 및 해경

근육조직내의 actin이 myosin A와 결합, 근육조직은 수축, 경화되며 가축의 종류, 도살, 피로도, 근육온도에 따라 달라진다. 강직 개시 시간은 돼지고기 30분~2시간, 쇠고기 2~3시간, 닭고기 수분~1시간, 사후강직시 신선성이 떨어지고, ATP 함량의 감소, pH의 저하가 나타난다.

(다) 자가소화

숙성이라고도 하며, 물리적 · 화학적 변화는 육질의 변화, glycogen의 감

소와 젖산의 증가, 유기태 인산물의 감소와 무기태 인산의 증가, 가용성 질소 증가, 아미노산의 양이 증가한다.

(라) 부 패

분해된 유기물질 등이 세균작용에 의해 분해될 때 생성되는 물질이 갖는 냄새를 부패취라 한다. 그 분해 물질은 amine, 지방산, oxy acid, keto acid, 개미산, CO_2, NH_3, H_2O, iodol, skatole, methane, mercaptane이 생성된다.

아미노산의 분해형식에 따른 유형은 탈탄산작용, 탈아미노작용, 탈탄산, 및 탈아미노 병행작용, 아미노산 발효 등이다.

나. 식육가공품 제조의 기본이론

(1) 염지공정 : 혈교 → 본 염지 → 수침

(가) 혈교와 염지(bleeding and curing)

① 혈교(bleeding)와 염지처리는 원료육에 소금, 질산칼리, 질산나트륨을 일정량을 배합, 만육시켜 염지실에서 유지시키고, 혈액을 제거하고 무기염류성분을 조직중에 침투시킨다.

② 염지효과

ⓐ 식품가공품에 염미를 부여하여 방부성 향상(보존성의 연장)

ⓑ 보수력과 결착력 증대(water holding capacity, binding capacity)

ⓒ 독특한 발색과 풍미의 향상(meat color, meat flavour)

③ 염지에 이용되는 재료

소금(정제염), 질산나트륨(아질산나트륨), 질산칼슘(아질산칼륨), 설탕, 화학조미료, 아스코르빈산, 복합인산염 등

④ 염지법의 종류

ⓐ 건염법 : 일정한 양의 고체 소금을 고기에 뿌리거나 발라서 스며들게 하는 방법

ⓑ 액염법(습염법) : 물에 소금을 용해시켜 염용액에 육을 침지하는 방법

ⓒ 염지액 주사법(stitch injection) : 염지액을 만들어 직접 고기조직에 물리적으로 주입시키는 것으로 염지시간을 단축할 수 있는 방법

ⓓ 변압침투법 : 감압(vacuum) 또는 가압(pressure) 상태를 교대로 유지시켜 염지액을 침투시키는 촉진법

ⓔ 가온염지법(thermal or hot curing):염지액 온도를 50℃로 유지하여

염지하는 방법으로 염지시간을 단축시키는 방법

ⓕ massaging 또는 tumbling:massager 또는 tumbler 안에서 교반하여 염지시간의 단축과 결착성을 향상시킴

⑤ 염지온도와 기간

고기의 온도를 냉장온도(2~4℃)로 유지하는 것이 좋고, 5℃가 넘으면 육질의 변화를 초래할 수 있으며, 염기기간은 원료 1kg에 5일 전후가 적당하다. 그러나 염지액주사법, 가온염지법, 변압침투법 등은 염지시간을 1/3~1/2로 단축시킨다.

(2) 가공공정 : 정형/ 연합→케싱충전/ 성형포장→건조 →훈연 →가열

(가) 훈연(smoking)

① 훈연목적

ⓐ 제품중 독특한 풍미 부여(flavour)

ⓑ 안정한 색체의 부여(meat color의 고정)

ⓒ 산화방지의 효과(antioxidation)

ⓓ 저장성 연장(long storage)

② 연기성분의 육조직 침투 효과

ⓐ 나무를 연소시킬 때 발생하는 연기중, 200여종의 방부성 화학물이 침투

ⓑ phenol류 화합물은 육제품의 산화방지제로 독특한 훈연취를 부여

ⓒ methyl alcohol 성분은 약간 살균 효과

ⓓ carbonyl화합물은 훈연색과 풍미를 부여하고 가열된 육색을 고정

③ 훈연법의 조건과 특성

【표 2-22】 훈연방법별 처리조건과 장점

종류	온도(℃)	습도(%)	기간	보존성	색조	풍미성
냉훈법	10~30	75-85	1~3주	장기간	어둡다	강하다
온훈법	30~50	80	3일간	중간	중간	약하다
열훈법	50~80	85	2시간	단기간	밝다	매우 약하다
속훈법	85이상	85	단시간	단기가	밝다	매우 약하다

④ 훈연시 이용되는 나무재의 조건

수지함량이 적고 향기가 좋으며 방부성 물질이 많이 생성되는 나무중에서 활엽수종으로 건조된 나무를 이용한다. 최근에는 나무 chip, 톱밥 등을 사용한다. 유해한 성분(benzpyrene, dibenzenthracen, 발암성물질)이 적은 벚나무, 떡갈나무, 너도밤나무, 참나무, 보리수, 단풍나무, 마호가니목재 등이 이용된다. 색조는 황갈색 적갈색 황금색의 색조를 띠는 것이 좋으며 침엽수종은 어둡고 검은색을 나타내므로 부적당하다.

(3) 염지육색의 고정(발색기구)

(가) 육색고정제 : KNO_3, KNO_2, $NaNO_3$, $NaNO_2$

육색고정 보조제 : ascorbic acid

(나) 질산염이 질산염 환원균에 의해 아질산염으로 환원되어 작용

$KNO_3 \rightarrow KNO_2$　　　　$NaNO_2 \rightarrow NaNO_3$

질산염 환원균 : Achromobacter dentricum, Micrococcus epidermis
Micrococcus nitrificans

(다) 육색고정의 기구

① $NaNO_3 \xrightarrow{\text{세균에 의한 환원작용}} NaNO_2 + H_2O$

② $\left.\begin{array}{l}\text{환원형 Mb}\\ \text{Oxy-Mb}\end{array}\right\} \xrightarrow{NaNO_2\text{에 의한 산화}} \text{Met-Mb} \xrightarrow[\text{첨가한 환원제}]{\text{고기의 환원작용}} \text{환원형-Mb}$

③ $NaNO_2 + CH_3CHOHCOOH \rightarrow HNO_2 + CH_3CHOHCOO \cdot Na$

④ $2HNO_2 \xrightarrow{\text{고기의 환원작용}} Na + NO_2 + H_2O$

⑤ $Mb + NO \xrightarrow{\text{첨가한 환원제}} Mb\text{-}NO + NO_2 + H_2O$

(라) 가열에 의한 육색 안정화

Nitrosomyoglobin을 가열하면 단백질 대부분의 globin이 열변성하여 nitrosomyochromogen으로 된다. 이것이 안정된 적색물질인데, 이렇게 된 고기를 CCMC(Cooked Cured Meat Color)라 한다.

(4) 향신료

육류가공중 식품에 향미를 부여하기 위해 쓰이는 향미를 지닌 재료를 말한다. 주로 열대나 아열대지역에서 생산되는 특유의 향기와 신미를 가진 식물의 꽃, 과실, 나무껍질, 뿌리, 잎 등을 이용한다.

【표 2-23】 식육원료별로 선택되는 향신료

구분	소고기, 돼지고기	닭고기	생선류
방향성	nutmeg, clove, dill, coriander, carraway	carraway	dill, fennel
탈취성	sage, thyme, ginger, bay-laurel	bay-laurel, sage, thyme	garlic, thyme, bay-laurel
식용증진성	red-pepper, black-pepper	카레분	pepper, mustard, 카레분
착색성	paprika		paprika

【표 2-24】 향신료 종류와 그 성분

향신료	이용부위	유효성분
cinnamon(계피)	나무껍질	cinnamic, aldehyde(신미)
laurel(월계수)	잎	cineol, eugenol, α -pinene(향기)
allspice	열매	eugenol, sesquiterpene(향기)
clove	꽃봉우리	eugenol(향기)
nutmeg	열매	camphene, dipentene, geraniol(향기)
pepper	열매	piperine, limonene(신미, 향기)
paprika	열매	carotene(색소)
mustard	씨	sinigrin, sinalbin(신미)
garlic	뿌리	diallyl sulfide(신미)
turmeric	뿌리	glutamic acid(신미)
cardamon	씨	cineal, limonene, terpinene(향기)
thyme	꽃잎	thymol, carvacrol(향기)
sage	잎	pinene cineol, borneol(향기)
fennel	열매	anethol(향기)
anise	씨	anethol(향기)
ararway	열매	carvone, limonene(향기)
dill	열매	carvone, limonene(향기)

① 교취작용 향신료 : 식육, 생선의 생취(노린내, 비린내)를 제거시키는 물질

② 부향작용 향신료 : 식욕을 돋구어주는 향신료

③ 식욕증진작용 향신료 : 신미와 향으로 식욕을 증진 시키는 물질

④ 착색작용 향신료 : 색상을 물리적으로 착색시키는 물질

다. 햄(ham) 제조

햄이란 돼지의 엉덩이살(볼기살) 또는 돼지나 다른 동물의 여러 부위(덩어리고기)를 원료로 하여 정형을 한 후 염지, 훈열, 가열해서 제품화한 것을 말한다.

(1) 종 류

① Regular(bone in) ham : 돼지 볼기살을 뼈가 있는 체로 제조한 것

② Boneless ham : regular 햄에서 뼈를 제거하고 둥글게 정형시켜 제조한 것

③ Press ham : 작은 고기덩어리(육괴)를 서로 밀착시켜 햄과 같이 1개의 육괴로 제조한 것(한국, 일본에서 주로 생산)

④ 기타 비정규햄 : 등심햄(loin 부위), 어깨햄(boston butt부위) shoulder ham(어깨부위), bell ham(아랫배 부위)

(2) 성분규격

① 아질산이온 : 0.07 g/kg 이하(70ppm 이하)

② 타르색소 : 검출되어서는 안된다.

③ 대장균 : 음성

④ 보존료 : sorbic acid 및 potassium sorbic acid(sorbic acid로서 2.0g/kg 이하)

(3) 일반적인 제조공정(boneless ham press ham)

원료육의 선정, 골반 → 정형 → 염지(예비염지, 본염지) → 수침 → 정형(두루마리) → 예비건조 · 훈연 → 가열, 냉각 → 포장 · 표시 → 제품

① 원료육 선정, 골반 : 규격돈의 지육을 선택하며 미추골, 골반골을 절단시킨 후 대퇴골 · 하퇴골 제거, 지방 · 인대제거, press ham의 원료육은 boneless ham, bacon 제조 후 자투리 고기를 모아서 이용한다.

② 정형 : boneless ham은 표면의 지방층 두께를 3~5mm로 정형(trimming)하고, press ham은 3×3×3cm의 크기로 골패쪽 썰기

③ 염지 : 고기중량에 대한 염지제를 선택하여 평량하며 정형된 고기와 혼합시킨다. 이때 meat mixer를 사용(15~20분간 작동), 염지제로 NaCl, $NaNO_3$($NaNO_2$), 설탕, 복합인산염, sodium ascorbate 등

④ 혼합 : 혼합재료는 마늘분말, 생강분말, 양파분말, 백후추, 화학조미료, 분리대두 단백질, 전분 등을 혼합시키는데 meat mixer에서 1~2분간 염지육을 만육 후 혼합제를 섞으면서 8~9분간 저속으로 작동시킨다.

⑤ 충전 : boneless ham의 경우, 두루마리 상태로 묶어준다. press ham은 retainer 안에 cellophane을 넣고 stuffer에서 고기를 빼내어 채워 넣는다(내용량 : 185g, 350g, 600g, 850g).

⑥ 예비조건 · 훈연 : 예비건조 40~45℃에서 30~60분, 냉훈실시는 15~25℃에서 5~7시간, 또는 열훈법 60~65℃에서 2~3시간 실시

⑦ 가열 : 가열탱크에서 실시하되 물의 온도와 ham의 중심온도를 잘 점검하여야 함

【표 2-25】 press ham의 가열처리 기준

내용중량(g)	물의온도(℃)	중심온도(℃)	유지시간(분)
158	85	75	80
350	85	75	100
850	85	75	120

⑧ 냉각 : 10℃ 이하 냉각, 이유는 햄 표면의 주름방지, 호열성 세균의 사멸효과

⑨ 외관검사, 포장 : 외관, 색깔, 내포장 상태, air pocket 여부, 탄력성 검사 후 내포장된 cellophane을 벗겨내고 비통기성, 방습성, 차광성의 film으로 진공포장

⑩ 표시 및 저장 : 육가공품 표시기준에 의거 표시, 저장실 습도 70~80%, 저장실 온도 0~10℃, 유효기간 30일로 규정됨.

라. 소시지(sausage)제조

각종 고기와 햄 또는 베이컨 제조할 때에 나오는 자투리고기를 주원료로 한 분쇄육 형태의 저급육제품으로 제조는 염지, 조미, 향신료, 증량제 첨가로 만들며 특히 전분첨가가 많으나 최근에는 전분첨가량을 낮게 조절하여 제조하는 경향이다.

식품공정상의 정의는 식육에 조미료 및 향신료 등을 첨가한 후 케이싱에 충전하여 냉동, 냉장한 것 또는 훈연하거나 열처리한 것으로 수분 70% 이하, 조지방 35% 이하의 것을 말한다.

(1) 종 류

(가) Domestic sausage

수분함량이 70% 이하로 fresh sausage, smoked sausage, cooked sausage 등이 있다.

(나) Dry sausage

① 미훈연건조 sausage(hard형) : 수분 35% 이하

② 훈연건조 sausage(hard형) : 수분 35% 이하

③ 반건조 sausage(soft형) : 수분 55% 내외

(다) 그 밖의 종류

pork sausage, frankfurt sausage, bologna sausage, winner sausage, mortadela sausage, liver sausage, head sausage, blood sausage, salami sausage, cerverat sausage

(2) 제조공정(domestic sausage)

[dry sausage]

원료육의 선정, 처리 → 염지 → 세절 → 유화 및 혼합 → 충천 → 건조, 훈연 → 가열, 냉각 → 포장 및 표시

① 원료육의 선정, 처리 : ham, bacon 가공 후에 나온 자투리 고기, 건, 인대, 연골, 뼈 등을 제거 및 절단, 지방은 세절한다.

② 염지 : 염지제, 소금, $NaNO_3$($NaNO_2$), 설탕, 충합인산염, 가는 얼음, meat mixer에서 혼합, 만육시켜 3~4℃에서 2~3일간 염지 유지한다.

③ 세절 : 염지 후 chopper로 고기입자 크기를 6mm 크기로 세절(열상승에 주의)

④ 유화 및 혼합 : silent cutter에 세절된 육을 넣고 혼합체인 지방, 전분, 분리대두 단백질 화학조미료, 향신료를 넣고 혼합 유화시킨다. 이 때에 얼음을 20% 정도 준비(넣는 양의 1/3씩 나누어 첨가), silent cutter 작동시간은 5~8분 이내, 육의 온도 9℃ 이내 유지

⑤ 충전 : 유화 혼합된 고기 반죽을 stuffer에서 넣고 nozzle을 끼운 다음, 포장케이싱은 천연케이싱(돈장, 양장)이나 합성케이싱에 채우고 양끝을 단단히 매어준다.

⑥ 건조 및 훈연 : 40~50℃에서 1시간 표면건조 실시, 50~55℃에서 2~3시간 훈연 실시한다.

⑦ 가열 및 냉각 : 가열이 필요한 제품은 70℃의 온수에서 1시간 이상 가

열 유지, 냉각은 25~30℃의 중심온도가 되도록 냉수로 샤워실시, 냉각할 때에는 6% 염수에 침지시키면 소시지 내의 염의 삼출억제와 수분흡수 억제의 효과가 있다.

⑧ 포장 및 표시 : 외포장재로 밀착포장, 표시기준에 의거 표시

마. 베이컨(bacon)제조

베이컨은 돼지의 복부(belly) 또는 특정부위를 정형한 것을 염지한 후 훈연하거나 열처리한 것으로 수분 60% 이하, 조지방 45%이하의 제품이다. 원료육의 부위에 따라 복부육을 이용하여 가공한 bacon류, 등심육 또는 복부육이 붙어 있는 등심육을 가공한 loin bacon, 어깨육으로 가공한 shoulder bacon류가 있다.

(1) 제조공정

원료육의 선정 → 골발 → 혈교 → 염지 → 정형 → 수침 → 건조, 훈연 → 냉각 → slice → 포장 → 냉각 → 제품

① 원료육의 선정, 골반 : 돼지 지육 중에서 배 부위육을 선정, 지방층 껍질 제거, 갈비뼈 골발, 장방형으로정형.

② 혈교, 염지 : bacon은 혈교를 잘 해야 하는데 혈교에 의한 효과는 염지 효과와 유사하여 혈교를 별도로 하는 방식이 있으나 염지로 하여 동시에 혈교가 되는 방법을 많이 채용.

즉, 혈교와 염지처리는 bacon 육중량 10kg에 대해 소금 250g~300g, 질산칼리(아질산칼리) 10g 정도, 질산나트륨(아질산나트륨 0.2g)을 배합, bacon 표면에 마사지시켜서 염지통에 지방층이 맨 바닥으로 하고 고기와 고기표면끼리 맞물리도록 하여 vinyl로 덮은 후 12~24시간 정도 냉장 유지시켜 피빼기를 실시.

염지로 할 때도 마찬가지이다. 이 때 설탕, 화학조미료 등을 혼합시키는데, bacon kg당 3일을 기준으로 하는 방법과 고기두께 2.54cm당 1주일 기준으로 함.

③ 수침, 정형 : 수침은 혈교나 염지에 의해 과도한 염분의 침투로 인하여 짠맛이 강하기 때문에 염분을 제거시킬 목적으로 실시한다. 5℃의 물에(bacon양의 10배의 물) 1~2시간 수침, 다시 마른수건으로 물기를 제거, 다시 모양을 장방형으로 손질

④ 건조, 훈연 : bacon육의 결체조직 사이에 bacon pin을 꿰어 현수시킴. 건조와 훈연은 여러가지 조건에 있어서 다르나 건조처리는 65℃에서

50분간 실시한후 70℃에서 50~60분간 훈연처리.

⑤ 냉각, 포장 : 훈연이 끝나면 냉각시켜 2~3℃로 유지하고 slicer로 두께 2~3mm로 절편시키고 진공포장시켜 10℃이내의 저장고에서 유지 · 유통시키며 유통기한은 15일 정도.

바. 축육통조림 제조

통조림은 일정한 통(금속관, 병, pouch)에 식품을 전처리하여 채워 넣고, 가열하여 공기의 일부를 빼낸 후 밀봉하여 통 내외의 공기유통을 차단시킨다. 또한 통 외부로부터 내부로 세균이 침입하는 것을 방지하며, 가열살균에 의하여 통조림 안에 존재하는 세균을 사멸시켜 통 내외의 세균의 작용을 봉쇄하고 내용물(식품)의 품질을 연장시켜 준다.

종류로는 쇠고기 통조림, 돼지고기 장조림 통조림, 런천미트 통조림, 양고기 통조림, 닭고기보일드 통조림 등이 있다.

(1) 제조공정

[가미 통조림]

원료육의 선정 → 정형 → 조미액 조제 → 관에 담기 → 탈기 · 밀봉 → 살균 → 냉각 → 품질검사 → 제품

[런천미트 통조림]

원료육의 선정 → 세절 → 혼합 → 염지 → 재혼합 → 담기 → 탈기 · 권체 → 살균 → 냉각 → 제품

① 원료선정 : 어깨고기 사용, 결체조직 제거, 냉동원료는 냉장실에서 해동

② 세절, 혼합 : chopper로 세절, silent cutter에서 3mmØ 정도로 고기갈이, 질산염, 향신료, 소금, 아질산염을 넣고 혼합 후 여기에 부재료인 향신료, 얼음을 넣고 고기갈이를 한다.

【표 2-26】 런천미트 통조림 재료

원 료	염지제	향신료
돼지 어깨고기	소금	백후추가루
쇠고기	설탕	메이즈
염통	아질산나트륨	육두구
혀	질산나트륨	생강가루

③ 염지 : 혼합된 육을 염지통에 담고 vinyl로 덮고, 2~4℃에서 12~24시간 유지

④ 담기 · 권체 · 살균 : 담기 전에 염지된 육을 다시 silent cutter에서 1분간 고기갈이 실시, 자동충전기로 통조림관에 담기, 진공도 25inchHg 유지, 살균은 301-5호관의 경우는 121℃에서 60분간 실시

⑤ 냉각, 검사 : 냉수 샤워로 냉각(30℃ 이하 유지) 통조림 외관을 마른 헝겊으로 닦아서 건조, 표시기준에 의해 표시, random sampling하여 가온검사

사. 건조저장육(jerky)제조

건조저장육(jerky)은 식육류에 조미료 및 향신료 등을 첨가하여 건조하거나 열처리하여 건조한 것을 말하며 수분함량이 55% 이하이다. 종류로는 쇠고기를 주원료로 한 산포, 편포, 약포, 장포 등이 있다. 건조저장육은 기호성, 저장성 및 대중성이 좋기 때문에 비상식품, 간식용으로 폭넓게 활용할 수 있는 이점이 있다.

(1) 제조공정

원료선정→전처리→동결→절편→염지→건조→방냉→포장→제품

① 원료선정 : 쇠고기의 볼기살, 사태살, 돼지고기 등심육, 지방성분의 제거, 정형

② 동결처리 : 정형된 육 -20℃에서 5~6시간 동결

③ slicing : 4.0×60.0×100.0mm(두께×폭×길이)의 크기로 slicer로 절편

④ 염지숙성 : 염지제는 간장, 흑설탕, 질산나트륨, 복합인산염, 향신료 등을 사용하여 혼합시킨다(meat mixer). 실내온도에서 12시간 정도 숙성

⑤ 건조 · 방냉 : 열풍건조기로 1단계건조 70℃에서 1시간, 2단계건조 55℃에서 2~3시간, 3단계건조 45℃에서 30~40분 건조시키며, 방냉실에서 18~20℃로 12시간 방냉

⑥ 포장 · 표시 : 방습성, 가스 비투과성, 내열성 포장지로(Nylon/LDPE) 포장, 표시기준(제품명, 영업허가, 성분함량, 제조회사, 중량, 가격, 상담실연락처, 유효일자)으로 표시한다.

2. 계란 및 난가공

가. 알가공품

알가공품이라 함은 알의 내용물에 식품 또는 첨가물 등을 가한 것이거나 분리, 건조동결, 가열, 발효, 숙성 등의 방법으로 가공한 것을 말한다.

(1) 성분규격 및 유통기한

① 수분 : 10.0% 이하(분말 건조품에 한함)

② 세균수 : 1g당 10,000 이하(살균제품에 한함)

③ 대장균군 : 1g당 10 이하(살균제품에 한함)

④ 살모넬라균 : 음성(살균제품에 한함)

⑤ 유통기한 : 액상제품 중 살균제품은 -5℃ 이하에서 5일, 비살균제품은 -5℃ 이하에서 3일이며, 동결제품은 -15℃에서 12개월, 건조제품은 12개월

나. 계란의 등급

【표 2-27】 우리나라 계란의 중량별 등급기준

등급	중량(g)	등급	중량(g)	등급	중량(g)
특란	61이상	중란	48~54	경란	42이하
대란	55~60	소란	42~47		

【표 2-28】 계란의 품질등급 기준비교

		미국 AA급	EEC A급	일본 특급	한국 특급(안)
외곽검사	난각	깨끗하고, 깨지지 않은 정상 난형	깨끗하고, 깨지지 않는 정상 난형	깨끗하고, 깨지지 않는 정상 난형	청결하고, 상처없는 정상 난형
투광검란한 경우	기실	깊이는 3mm 이하 위치가 고정된 것	깊이 6mm 이하	깊이 4mm 이내	깊이가 4mm이내 위치가 일정할 것
	난백	맑고, 투명하고, 농후하며, 난황을 중앙에 싸고 움직임이 적은 것	맑고, 투명, 견고한 성질, 이물질 없는 것	투명하고 견고한 것	투명하고 견고한 것
	난황	난황이 어렴풋이 보이며, 알 중앙에 위치하고 이물질이 없는 것	윤곽이 흐릿하고, 중앙에 위치하고 움직임이 적으며, 이물질이 없는 것	중심에 위치하고 윤곽이 어렴풋하며, 결점이 없는 것	중심에 위치하고 윤곽을 엷게 볼 수 있고 결점이 없는 것
	배아		알아볼 수 없을 정도		
습식 또는 건식세척			허락 안 됨		

【표 2-29】 계란등급별 등급기준

구분부위 \ 검사등급		특급	1급	2급	3급
투광 검란한 경우		청결하고 상처가 거의 없으며, 정상인 것	거의 청결하고 상처가 없으며, 약간 이상이 있는 것	약간 오염이 있고 상처가 없으며, 이상이 있는 것	난각에 상처가 있으며, 현저히 오염되어 있고, 난각의 형성조직이 현저하게 불량한 것
투광 검란한 경우		중심에 위치하여 윤곽이 엷게 볼 수 있는 것으로 결점이 없는 것	거의 중심에 위치하여 윤곽은 거의 명확하며 약간의 결점이 있고 약간 퍼져 편평한 것	중심으로부터 상당히 떨어져 있으며, 평면꼴로 보이며, 많이 퍼져서 편평하고 약간의 결점이 있는 것	난황, 난백에 이상이 있는 것으로 혈괴, 기타의 이상물질을 함유하는 것
투광 검란한 경우	난백	투명하고 견고한 것	투명도가 약간 연한 것	투명도가 연약하며 액상이고 적은 핏덩이가 있는 것	
투광 검란한 경우	기실	깊이가 4mm 이내로서 거의 일정한 것	깊이가 8mm 이내로서 약간 이동한 것	깊이 8mm 이상으로서 기포를 함유하고 크게 이동한 것	악취가 있는 것
난각을 파괴할 경우	확산면적	적은 것	보통인 것	꽤 넓은 것	
난각을 파괴할 경우	난황	둥글게 쌓아 올라간 것	약간 편평한 것	편평한 것	
난각을 파괴할 경우	농후난백	대량으로 쌓아 올라가 난황을 잘 포위한 것	소량으로서 편평하게 된 것	거의 없는 것	
난각을 파괴할 경우	수양난백	소량인 것	보통량인 것	대량으로 차지한 것	

다. 계란의 이화학적 성질

① 알은 난각 및 난각막, 난백, 난황으로 구성되어 있다. 난백은 공기와 접촉되면 굳어지는 성질이 있어 기포성이 크다. 이 성질을 이용하여 제과, 제빵의 기포제와 아이스크림의 안정제로 이용된다.

【표 2-30】 난의 구성비

구 분	전 란	난각과 난각막	난 백	난 황
중 량(g)	85	6	33	19
비 율(%)	100	6~11	56~59	30~33
평 균(%)	100	11	58	31

② 계란 저장 중에 비중이 감소되는 것은 수분증발과 동시에 기실이 커지기 때문이다.

③ 계란의 화학적 조성은 난각을 포함하여 수분 65.6%, 조단백질 12.1%, 지방 10.5%, 탄수화물 0.9%, 회분 0.9% 정도이다.

④ 계란의 열응고에 있어서 전란은 74.2℃, 난백은 63℃, 난황은 69℃에서 응고된다.

⑤ 계란의 소화율은 생란 중에서 단백질이 96.9%, 지방이 95.9%이다. 삶을 경우에는 단백질이 96.2%, 지방이 93.7%로 떨어진다.

⑥ 계란의 난백 중에는 Ca이 부족하고 비타민 C가 없으며 난백장해도 있다.

라. 계란의 선도검사

(1) 외부적인 선도

(가) 난형(egg shape)

$$E \cdot S = \frac{S}{L} \times 100 \text{ (S:단경, L:장경)}$$

(나) 난각질 : 품질이 양호한 난각질은 난각 침착이 균일, 기공의 수 1㎠당 129±1.1

(다) 난각의 두께 : 0.31~0.34 mm

(라) 건전도(soundness) : 항력시험에서 난가파괴력은 계란 3.61~5.20kg, 꿩알 3.5kg, 타조알 55kg이다.

(마) 청결도 : 청결상태에 따라 4등급으로 분류(A, B, C, D급)

(바) 난각색 : 백색, 갈색, 담색, 청색

(사) 비중(specific gravity) : 신선란 1.0784~1.0914 사이이며 1일경과시 0.0017~0.0018씩 감소

① A급란 : 11% 식염수에 가라앉는 난(신선란)

② B급란 : 11% 식염수에 뜨나 10% 식염수에서는 약간 가라앉는다(약간 신선란).

③ C 급란 : 10% 식염수에 뜨고8% 식염수에 기라앉는 난(부패가능란)

④ 부패란 : 8% 식염수에 떠오르는 란(묵은란)

(아) 진음법 : 신선란은 내용물이 충만 · 충실하여 소리가 나지 않고 묵은알은 소리가 난다.

(자) 설감법 : 신선란은 따뜻한 느낌(둔탁한), 묵은알은 차가운 느낌

(2) 내부적인 선도

(가) 투시검사

투시검란기를 사용하여 기실 크기, 난백 상태(견고난백, 수양화난백, 혈괴 및 혈반) 등 검사

(나) 할난(割卵)검사

① 난백계수 = $\frac{\text{농후난백의 높이(h)}}{\text{농후난백의 직경(d)}}$

② 신선란의 난백계수:0.06 정도

ⓐ Haugh 단위 : Hu = 100log[H−1.7W0.37 +7.57]

H : albumen height(㎜), W : weight of egg(g)

ⓑ 신선한 Hu : 85 이상

ⓒ U.S 규격 − AA:71 이상, A:59 이상, B:29 이상, C:29 이하

③ 난황(卵黃)계수 = $\frac{\text{난황의 높이(h)}}{\text{난황의 직경(d)}}$

신선란의 난황계수 : 0.442~0.361

④ 난황편심도 : 계란을 할란하여 유리판 위에 놓았을 때 난백의 중심에 안정하게 위치되는 것을 1점, 난백의 바깥까지 나간 것을 10점으로 하여 편심도 판정

마. 난가공품 제조

① 1차가공품(단순가공품) : 위생란, 액상란, 동결란, 건조란 등

② 2차가공품(고차가공품) : 계란음료, 마요네즈, 피단, 훈제란, 자비란, 염지란, eggnog, 과자류(custard, angel, cake, spongy cake, mer-inque)

(1) 위생란(sanitary egg) 처리

위생란은 양계장에서 생산된 계란을 grading and packing(GP) 처리공정을 거친 난을 말한다. 신선란 입하 → 급란 → 세척 · 소독 → 건조 → 검란 → 선별 → 포장 → 출하의 과정을 거치며, 국내의 일부 회사에서 처리 · 공급하고 있다.

(2) 액상란(liquid egg) 및 동결란

액상란은 전란액, 난백액, 난황액으로 구분하여 제조할 수 있다. 할란된 액란은 보통 가열살균한 제품이나, 액란은 열응고성이 있어 초고온살균을 할 수 없기 때문에 살모넬라와 대장균을 사멸시키기 위하여 저온살균을 실시하여야 한다. 그 방법은 다음과 같다.

① 투시검란, 할란검사를 실시하여 원료난을 선정

② 할란하여 껍질, 알끈, 난황막 등을 제거 후에 난액을 여과

③ 살균은 60℃에서 3.5분간, 58℃에서 3분, 50℃에서 1.5분 실시하는 방법

④ 5℃이하로 냉각시켜 포장용기에 주입 · 밀봉

⑤ stainless관이나 plastic bag에 넣어 -23~-40℃로 동결 후 -18~-20℃의 저장실 저장

⑥ 동결란의 해동은 5℃ 이하의 냉장실에서 48시간 해동하거나, 24시간 이내에 해동하는 것이 바람직하다.

【표 2-31】 동결란의 분류

종 류	사용용도	내 용
동결난백	과자, 연제품 원료	흰자만을 동결처리
동결난황	이유식, 면류 원료	노른자만을 동결처리
동결전란	과자제조 원료	흰자와 노른자를 혼합하여 동결처리
조제동결전란	과자제조 원료	전란액에 소금, 설탕, 시럽을 섞어 동결처리
동결가당난황	과자, 이유식 원료	노른자에 설탕을 가해 동결처리
동결가염난황	마요네즈 원료	노른자에 소금을 섞어 넣고 동결처리

(3) 건조란(dried egg)

계란 전란액 중 수분을 제거하면서 열에 의하여 건조시킨 것이다. 난황과 난백을 혼합시켜 건조한 것, 난백을 건조시킨 것과 난황을 건조시킨 것이 있다. 건조란은 저장성이 크고 수송 및 취급에 편리하나 지방성분의 산패, 용해성의 감소, 저장 중에 당분이 단백질과 반응에 의한 갈변현상을 나타내기 때문에 난액 중에 당분제거와 수소이온농도를 저하시키는 방법이 있다.

공정은 전처리→당제거 작업→건조→포장→저장의 과정을 거치며, 제품의 수분함량이 2~5% 이하가 되도록 한다.

(4) 마요네즈(mayonnaise)

난황의 유화력을 이용한 대표적인 가공품이다. 난황과 salad oil을 주원료

로 하여 식초, 겨자가루, 후추가루, 소금, 설탕 등을 혼합하여 유화시켜 만든 것으로 제품의 전체구성 중 salad oil이 60%, 난황액 10~15% 정도이다.

제조방법은

난황분리 → 균질 → 배합 → 교반 → 담기 → 저장 → 제품

【표 2-32】 마요네즈 제조의 원료배합의 예

국가별	난 황	식물성 기름	식 초	향신료·조미료
일본(A)	17	65	13	5
일본(B)	6.3	81.2	9.3	3.2
미국(C)	9.0	77.0	10.5	3.5
미국(D)	8.5	78.8	9.5	3.2
한국	5~8	65~80	6~8	3~5

(5) 피단(pidan)

중국에서 고안한 것으로 주로 오리알을 사용한다. 배합물은 탄산소다, 나뭇재, 소금, 생석회를 이용하며 도포법과 침지법으로 한다.

이외에도 함단(kandan), 조단(zoodan), 참단(shiedan), 초란(vinegar) 등이 있다.

(6) 계란음료

계란음료는 계란에 과즙, 우유, 향료, 술 등을 가하여 만드는 것이다. 영양분이 풍부하고 신맛, 단맛을 가지며 향기가 많다. pepsin, papain 등 단백질 분해효소처리로 난단백을 분해시키거나 많은 양의 설탕을 넣어 당도를 높이고 유기물을 가하여 풍미를 주는 동시에 pH를 낮게 유지시켜 열에 대한 안정성과 저장기간을 연장시켜준다.

제조방법은

전처리 → 설탕첨가 → 자가소화유도 → 설탕시럽의 첨가 → 유기산의 첨가 → 색소첨가 → 향료첨가 → 용기에 담기 → 제품 순이다.

(7) 훈연란(smoked egg)

훈연란은 생란을 가열하여 완숙, 응고시켜 난각질을 벗긴 뒤에 염용액과 조미액에 침지하여 그 액을 난 조직내로 침투시킨 뒤 다시 훈연시킨 것이다. 저장성, 풍미성, 색택, 훈연취 등을 나타내는 고급 훈연제품이다.

제조방법은

> 원료란 → 저숙, 껍질제거 → 염지액 침지 → 조미액 침지 → 냉훈 → 냉각 → 담기 → 제품

(8) 계란의 저장법

냉장법, 가스 냉장(CA 냉장, CO_2 gas 3~5% 주입), 계란의 간이정장은 방습법(톱밥, 재, 석회, 소금으로 도포), 침지법(물유리, 석회수, 식염수, 과망간산칼리, 붕산, 재, 살리실산 용액에 침지), 도말법(물유리, 바세린, 파라핀 도말)

3. 우유(牛乳) 및 유(乳)제품가공

가. 우유(cow's milk)

우유는 젖소가 새끼 분만과 동시에 유방의 유두(teats of udder)로부터 송아지에게 영양을 공급하기 위한 것으로 유선(mammary gland)에서 합성되어 분비되는 백색의 불투명한 분비물(secretion)을 말한다.

(1) 우유류의 성분규격 및 유통기준

① 성상 : 유백색 또는 황색의 액체로서 이미 · 이취가 없어야 한다.

② 비중(15%) : 1.028~1.034

③ 산도 : 0.18% 이하(젖산으로서)

④ 무지유고형분 : 8.0% 이상

⑤ 조지방 : 3.0% 이상

⑥ 세균수 : 1mℓ당 2,000 이하(멸균제품의 경우 55℃에서 1주일 또는 37℃에서 2주일 보관 후, 표준평판배양법에 의할 때는 음성이어야 한다)

⑦ 대장균군 : 1mℓ당 2 이하(단, 멸균제품의 경우 음성이어야 한다)

⑧ 포스포타제 : 음성이어야 한다(단, 저온살균제품에 한한다).

⑨ 유산균수:유산균 첨가제품에 한하여 1mℓ당 1,000,000 이상이어야 한다(유산균 첨가품).

⑩ 살균제품은 0~10℃에서 냉장보관하여야 한다.

⑪ 권장유통기한은 살균제품은 0~10℃에서 5일이고, 멸균제품은 7주 정도이다.

(2) 우유 성분의 조성

젖소의 품종, 개체, 연령, 기후, 사료의 종류 등 유전적인 요인(heritability factor)과 환경적인 요인(environmental factor)에 의하여 영향을 받으며, 우유의 성분조성은 대체적으로 다음과 같다.

- 총고형분 (≒12.6%)
  - 지질 (≒3.7%)
    - triglyceride 등
    - 지용성 화합물
      - 인지질(lecitins, cephaline 등)
      - sterols
      - 지용성 vitamie(A, D, E, K)
      - carotenoids
  - 무지고형분 (≒8.9%)
    - 질소화합물
      - 단백질 (≒3.4%)
        - casein(α_s, κ, β, γ)
        - whey protein(α-lactoalbumin, β-lactoalbumin)
        - proteose-peptone, bovine serum albumin
        - enzyme
      - 비단백태 질소화합물
    - 탄수화물 (≒4.8%) - lactose, glucose 외
    - 수용성 vitamin - B_1, B_2, B_{12}, C 등
    - 무기질 (≒0.7%)
      - 주요무기질 - Ca, P, K, Cl, Na, Mg, S, Fe
      - 미량무기질 - Zn, Al, Cu, I, Mn, Sr 등
    - 기타 - 유기산, 구연산, 백혈구, 표피세포, hormone 등
- 수분(≒87.4%)(용해되어 있는 CO_2, O_2, N_2 등 함유)

【우유의 성분조성】

영아나 유아에게 공급시켜야 할 가장 좋은 것은 모유(mother' s milk)이지만 유아의 영양요구량이 높아져 오랫동안 먹을 수 없다. 그러므로 어린 포유동물들이 먹어야 할 유유(cow' s milk), 산양유(goat' s milk), 물소유(buffalo' s milk), 면양유(sheep' s milk) 등이 있으나, 생산량이 많은 우유가 약 91.1% 정도로 가장 많이 이용되고 있다.

(가) 우유의 단백질

우유 중에서 casein 단백질의 원소구성은 C, H, O, N, S, P이며, 이중에 C가 52.9%로 가장 큰 비중을 차지하고 S와 P는 1.76%, 0.85% 정도로서 가장 낮다. 우유 중에 단백질의 조성과 그 비율을 보면 다음 〈표 31〉과 같다.

【표 2-33】 우유 중의 단백질의 조성과 그 비율

구 분	우유 중 %	단백질 %	비 율
Casein	2.5~2.8	75~85	20
Lactoalbumin	0.3~0.6	10~20	4
Lactoglobulin	0.05~0.1	3~6	1

(나) 우유의 지질

우유 중의 지질은 우유성분 중에 중요한 성분의 하나로서 주로 지방산의 glycerine ester인 triglyceride, 즉 중성지방이 총 지질의 약 97% 정도이다. 그리고 이밖에 glycerine, phos-pholipid, sterol, 기타 미량의 지용성 비타민과 유리 지방산(free fatty acid) 등이 함유되어 있다.

우유와 모유에 있어서 지방산 함량의 차이를 보면 포화지방산은 우유가 60~70% 정도고 모유는 약 48% 정도이며, 불포화지방산은 우유가 25~35%이고 모유는 54% 정도로 높다. 즉, 우유는 낙산(butyric acid)과 같은 저급지방산(short chain fatty acid)의 함량이 많고, 반대로 linoleic acid와 같은 고급불포화지방산(long chain unsaturated fatty acid)의 함량은 적은 편이다. 특별히 우유의 지방산에는 다른 식품의 지방에 함유되지 않은 낙산이 들어 있다. 유지방의 구성지방산은 60종으로 밝혀져 동일 비율의 T · G(중성지방)의 종류는 21만 6천종이 된다.

【표 2-34】 우유지방과 다른 지방의 이화학적 성질

지방의 종류	융점(℃)	옥소가	다이카아트-마이들가(R.M)	폴렌스키가
우유 지방	30~40	26~36	17~35	1~3
모유 지방	–	36~47	1.4~3.4	1.5~2.2
돈지(lard)	36~45	50~80	1.0	1.0
우지(tallow)	42~48	35~43	1.0	1.0
야자유	20~28	6~10	6~8	15~20

(다) 우유의 탄수화물

① 유당(lactose)이 약 99.8% 정도 차지하며 glucose 0.07%, galactose 0.02%, oligo-saccharide 0.004% 정도 존재한다.

② 우유 전체성분 중 4.8%이며 범위는 4.5~5.5%로서 우유 전고형분의 38~39%를 차지한다.

③ 젖산발효에 의해서 젖산이 생성되며 lactase에 의해서 glucose와 galactose로 분해되기 때문에 이당류에 속한다.

④ 설탕의 감미도를 100으로 기준할 때에 젖당은 16 정도이다.

⑤ 생체내의 유당은 β -glucosidase의 작용을 받아서 분해되고, 유당의 일부분은 대장에 들어가서 장내에서 Lactobacillus균의 발육유지에 이용되어 장내의 조건을 산성으로 보존한다. 또한 기타 유해균의 증식을 억제하는 정장작용(整腸作用)과 칼슘의 흡수를 촉진시키는 데 관여한다.

⑥ 유당불내증(lactose intolerance)은 우유를 섭취했을 때에 배가 아프거나 설사가 나는 증상으로, 소장에 있는 유당분해 효소에 의하여 분해되

지 아니하고 대장내 세균에 의해 즉각 발효가 발생하여 gas와 산이 생겨 나타나다. 이 증상은 덴마크 등 북구인의 성인은 5%, 동양권의 일본 · 대만 · 태국 그리고 인디언인에서는 50~90%인데, 우리나라 사람에서는 85%의 높은 빈도를 나타낸다.

(라) 우유의 무기질

① 우유 중에는 약 0.7%의 수준으로 존재하며, 주로 이온상태와 염류상태로 존재한다.

② S 성분은 거의가 단백질에서 유지된다.

③ 무기질 중에 P는 casein과 인지질에서 유래된다.

④ 지방구 피막물질에 흡착되어 존재하며 유기산기는 염류의 구성성분으로 존재한다. 그러나 회화시키면 거의가 소실된다.

【표 2-35】 우유와 모유의 무기질 조성 비교

종류	Ca	P	K	Na	Cl	Mg
우유(g/ℓ)	1.20	0.94	1.50	0.45	1.06	0.12
모유(g/ℓ)	0.30	0.14	0.50	0.15	0.41	0.04

(마) 우유의 비타민

【표 2-36】 비타민의 성인 필요량, 만족율 및 기능

비타민의 종류	1일당 필요량(mg)	만족율 (%)/ℓ	기 능
A	1.5	37	성장촉진인자, 건조안염예방인자
B_1(thiamin)	1.3	33	항신경염 인자
B_2(riboflavin)	1.4	106	성장촉진인자, 보효소
B_6(pyridoxin)	3.0	16	amino acid 대사 관여인자
B_{12}(cobalamin)	0.0035	129	항빈형성 인자
C(ascorbic acid)	70	26	황괴혈성 인자
D(calciferol)	0.01	8	항구루병 인자
E(tocopherol)	20	7	항불임증 인자
H(biotin)	0.2	20	탄수화물, 지방산, 핵산대사 관여
K	4	1	항혈액응고 인자

(바) 우유의 효소

① 가수분해효소

ⓐ lipase : 천연적으로 활성을 갖는 피막 lipase와 casein이 결합되어 있는 유청 lipase가 있으며, 지방의 산패에 관여하는 것은 유청 lipase이다.

ⓑ portease : peptone, proteose, polypeptide, amino acid를 생산하다.

ⓒ phosphotase : 산성 phosphotase와 알칼리 phosphotase가 있으며, 시유의 살균시 LTLT(저온장시간살균)의 처리 검정에 이용된다.

ⓓ amylase : 우유 중 α-amylase로 존재하고, 일명 diastase라 한다. 우유를 50℃에서 30분간 가열하면 액화력이 상실되고, 70℃ 가열로 당화력은 파괴된다.

ⓔ lactase:lactose를 분해시켜 glucose+glactose로 된다.

② 산 · 환원효소

ⓐ catalase : 초유, 유방염유에 활성이 강함 $2H_2O_2 \rightarrow 2H_2O_2+O_2$

ⓑ peroxidase : $H_2O_2+AH_2 \rightarrow 2H_2O+A$

(AH2는 수소공급체로서 amine, phenol류, 방향족산류)

ⓒ xanthinase : 우유에 있어서 고온가열의 판정에 이용, 모유에는 존재하지 않으므로 모유와 우유의 판별에 이용되는 효소

ⓓ reductase

③ 전위효소(ribonuclease)

④ 응유효소(rennin):우유의 응유효소로서 송아지 4번째 위에서 추출된 단백질 분해효소의 일종, 액상, 분말상, 정제상이 있다. 최적 응유조건은 온도(40~41℃), pH(6.8 전후), 칼슘보충($CaCl_2$로서 0.01~0.02%), 우유의 성분(물을 넣지 아니 한 순수한 우유가 양호하게 응고된다) 이에 따라 영향을 준다.
기타 pepsin, trypsin, papain, ficin, 미생물 응유효소가 있다.

(3) 초유(coplostrum)

① 송아지 분만 후 1주일 이내에 분비된 우유를 말한다. 농도가 짙고 황색을 띄고 있으며, 혈액이 혼입되어 있는 경우도 있다.

② 초유에는 면역단백질이 풍부하며 송아지에게 급여시킬 수 있으나, 납유로는 부적당하다. 즉, 질병감염의 방지효과가 있는 immunoglobulin이 풍부하다

③ 화학적 성분은 고형분량이 정상유 12%보다 2배 많고 유당이 적으며 단백질과 회분량이 많다.

④ 열에 대하여 응고되기 쉽고 강한 산성반응을 나타낸다.

(4) 비유기간(lactation period)

① 송아지 분만 직후에서 젖의 생산이 끝나는 기간인데, 보통 305일을 기

준으로 한다. 나머지 60일은 건유기(dry up periods)라 하며, 이 기간은 어미소의 영양비축과 유선조직의 회복을 위한 단계이다.

② 우유의 생산량이 많은 시기는 분만 후 1~2개월 사이이다. 이 때 단백질, 지방의 함량은 낮아지나 차츰 산유량이 적어지는 대신, 단백질과 지방 함량은 높아진다. 또한 비유기간이 연장됨에 따라 지방구의 크기는 보편적으로 작아진다.

(5) 유방염유(mastitis milk)

① 젖소에서 우유를 합성, 분비하는 유방조직에 염증이 발생할 때에 생산된 우유를 말한다. 이 때 산유량은 정상적인 것에 비해 10% 내외로 감소한다. 그리고 지방률 5~10%, 무지고형분 5~15% 정도 감소한다. 그런가 하면 유방염유 중 염소가 증가하나 칼륨(K)은 반대로 감소한다.

② 관여하는 균으로는 Pseudomonas aeruginca, Clostridium perfrigens, Staphylococcus, Brucella, Mycoplasma, Escherchia coli, Mycobacterium bovis, Streptococcus 등이다.

(6) 이상유(abnormal milk)

짠맛 우유, 쓴 우유, 푸른색 우유, 노란색 우유, 혈발을 띈 우유, 끈끈한 우유, 유방염 우유 항생물질함유 우유, 물을 탄 우유 등을 말한다.

나. 시 유(city milk, market milk)

목장에서 생산된 생유(raw milk)를 일정한 처리공정을 거쳐서 소비자가 마실 수 있도록 액상태(fluid state)로 상품화된 음용유를 말한다.

(1) 제조공정(주요처리공정)

수유→냉각→청정화→표준화→살균(멸균)→충전→냉장수송→소비자

(가) 수유검사(platform test)

목장으로부터 도착된 원유를 가공처리하기 위하여 질이 좋은 원유를 선별 저유하는 것을 말한다. 목적은 규격미달 원유, 항생물질에 감염된 원유, 부정우유, 이상유, 유방염유를 검출하는데 있다.

① 수유검사항목:관능검사, alcohol test, 적정산도검사, 비중검사, 지방검사, 세균검사, 항생물질 검사, 유방염유검사, 포스포타제 시험 등

【표 2-37】 유대 단가(乳代單價) 조견표(早見表) (2004. 9. 1 시행)

1. 유질 등급 구분 및 등급별 금액(금액:원/㎏) 〈체세포수〉

구분 지방율(%)	세균수 등급					등급	체세포수/㎖	가감액 (원)
등급	1급 A	1급 B	2급	3급	4급	1등급	20~만 미만	+51.5
3.4%	688.0	671.6	638.6	620.0	544.9	2등급	20~50만 이하	3.09
3.3%	677.7	661.3	628.3	609.8	534.6	3등급	75만 초과	-41.2

2. 유대 단가 계산 실례

등급	세균수/㎖	지방률 3.7% 기분	차등액 (원)	지방%	단가 (원/ℓ)	세균수	체세포 수	금액 (원/㎏)
1급 A	3만↓	771원		3%↓	-103		1등급	770
1급 B	3만~10만	739원	〉32	3.0	-41.2		2등급	743
2등급	10~25만	672원	〉117	3.4	0	1급A	3등급	722
3등급	20~50만	636원	〉36	3.5	+10.3		4등급	693
4등급	50만↑	485원	〉151	4.3%↑	+77.3		5등급	678

② 평량 · 저유 : 평량기로 중량 측정기록, 5℃이하의 냉각저유조에 저장

③ 여과 · 청정화 : 원유 중의 먼지, 흙, 깃털 등을 여과포와 쇠망 등으로 여과한 후에 백혈구, 체세포, 미생물 등은 청정기(clarifier)로서 원심분리시켜 여과

(나) 표준화(standardization)

① 목적 : 시유의 성분(표시)규격에 맞게 끔 원유에 유지방, 무지고형분, 비타민, 무기질 등을 강화하여 함량을 조절

② 순 서

ⓐ 원유의 지방율 검사

ⓑ 목표지방율의 설정

ⓒ 탈지유와 크림의 지방율 검사

ⓓ Pearson' s square method에 의한 첨가량 계산

ⓔ 표준화의 확인 및 보정

③ 표준화 예

ⓐ 원유의 지방함량이 목표지방율보다 높을 경우(탈지유 첨가량)

(단, p:원유의 지방율(%), q:탈지유의 지방율(%), r:목표 지방율(%)

x:원유의 중량(kg), y:탈지유 첨가량(kg))

p ╲ ╱ (r−q)
r
q ╱ ╲ (p−r)

$$y = \frac{x(p-r)}{(r-q)}$$

[예제] 지방률이 3.5%인 원유 5,000kg을 0.1%의 지방율인 탈지유를 혼합시켜 지방율 3.0%의 표준화 우유로 만들 때 탈지유의 첨가량을 계산하시오.

p(3.5) ╲ ╱ r−q(3.0−0.1)=2.9
r(3.5)
q(0.1) ╱ ╲ p−r(3.5−3.0)=0.5

탈지유 첨가량(kg)=(5,000×0.5)÷2.9≒862kg
준화 후에 총 중량 5,862kg

ⓑ 원유의 지방율이 목표지방율보다 낮을 경우(크림 첨가량)
(단, p:원유의 지방율(%), q:크림의 지방율(%), r:목표지방율(%), x:원유의 중량(kg), y:크림의 첨가량(kg))

p ╲ ╱ (q−r)
r
q ╱ ╲ (r−p)

$$y = \frac{x(r-p)}{(q-r)}$$

[예제] 지방율이 3.3%인 원유 3,000kg을 지방율 32.0% 크림을 혼합시켜 지방율 3.5%의 표준화 우유로 만들 때에 크림의 첨가량을 계산하시오

p(3.3) ╲ ╱ q−r(32.0−3.5)=28.5
r(3.5)
q(32.0) ╱ ╲ r−q(3.5−3.3)=0.2

크림의 첨가량(kg)=(3,000×0.2)÷28.5≒21kg

(다) 균질화(homogenization)

① 목적 : cream line(layer)의 생성방지, 점도의 향상, 우유조직의 연성화, curd tension을 감소시며 소화기능 향상에 있다.

② 균질화 이론 : 우유를 미세한 nozzle hole(1/100mm)로 통과시킬 때 우유가 받는 높은 압력(2,000~3,000 Ib/inch^2, 140.62~210.93kg/㎠)으로 분출시킬 때에 우유 자체가 받는 충격(impact)이나 폭발(explosion),

전단(shearing), 공동(cavitation) 작용에 의해 우유지방구의 크기는 작아진다. 균질기 내의 우유의 온도는 50~60℃가 적당하다.

(라) 살균과 멸균(pasteurization and sterilization)

원유중의 유해병원균인 우결핵균(Mycobacterium bovis), 블루셀라균(Brucella abortus), Q열병균(Coxinella burnetti)의 사멸되는 최소온도 조건이 61.1℃에서 30분간을 기준으로 하여 가열·사멸된다.

살균유무 판정에는 phosphotase 활성검사로 하여 음성이면 살균제품으로 판단

① 저온장시간살균법(Low Temperature Long Time pasteurization, LTLT) : 61~63℃, 30분 유지하며, 우유, 크림, 주스 살균에 이용된다. 장시간 살균되기 때문에 holding method라 하고, 살균이 비연속식이기 때문에 batch type라고도 한다. 소규모 처리에 적당하고, 원유의 풍미와 세균류(젖산균)의 잔존율을 높일 경우에 효과적이다.

② 고온단시간살균법(High Temperature Short Time pasteurization, HTST) : 72~82℃, 15~17초 유지하며, 가열방식은 평판열교환기(plate heat exchanger), 튜브열교환기(tubular heat exchanger), 가열, 열교환, 냉각이 동시에 이루어지기 때문에 단시간 살균으로 효과적이다.

③ 초고온순간멸균법(Ultra High Temperature Sterilization, UHT) : 132~150℃ 27초 유지하며,
직접가열방식은 1차 예열(70℃)→2차 예열(85℃)→가열(132~150℃)
간접가열방식은 1차 예열(85℃)→균질→2차 예열(100℃)→멸균(135℃)

④ 고온멸균우유 : 우유를 통조림에 충전하는데 우유온도를 70~85℃로 한 것을 담아 밀봉시킨 후, 다시 110~120℃에서 10~20분 장시간 가열하여 멸균시키는 방법이다.

⑤ UHT멸균우유 : 우유를 135~150℃에서, 1초 이상 가열·멸균시킨 것을 무균포장system으로 포장·밀봉한 것으로, UHT 멸균무균충전우유(UHT sterilized and aseptically filled milk)라 한다.

(2) 정치세척(Cleaning In Place[pipe], CIP)

우유처리 장치(pump, pipe line, PHE 살균기, 균질기, tank)를 분해하지 않고 조립상태에서 pump내의 세제와 유속도, 압력에 의하여 자동세척하는 방법이다.

정치세척법은 물 세척→물 순환→알칼리용액 순환→물 헹구기→산 용액 순환→물 헹구기→물 순환→염소 소독→세척→냉각→건조의 과정을 거치다.

세척제에는 알칼리제로 NaOH, Na_2CO_3, Na_3PO_4 등이 있고, 산성제로는 H_3PO_4, HNO_3, H_2SO_4 등이 있다.

(3) 우유 포장 용기

① 유리병(glass bottle) : 무색투명하며 내용물 확인 가능, 약품 및 열에 안정, 회수 가능하여 재사용, 연속고속작업이 가능, 소비자들에게 친밀감이 있다.

② 종이 carton : 1회용으로 위생적, 광선차단에 의한 비타민보호와 일광취가 없으며 냉장저장이 용이(열용량이 적기 때문에), 운반 용이, 자동판매기용으로 이용할 수 있다.

③ 플라스틱 병(plastic container) : 1회용으로 위생적, 파손 염려가 적고, 방수 및 방습성이 좋으며, 가격이 저렴, 취급이 간편하다.

다. 아이스크림(ice cream)

원유, 유가공품인 cream을 주원료로 하여, 이에 설탕과 향료 및 안정제 등을 혼합시켜 냉동·경화시킨 유제품으로, 수분과 공기를 최대한 활용시킨 제품을 말한다.

(1) 아이스크림의 종류

① plain ice cream : 유지방 10% 이상, 한 가지 향료만 첨가(바닐라, 박하, 커피, 초코향)한 것이다.

② nut ice cream : 유지방 8% 정도, plain ice cream에 견과류인 밤, 호도, 개암, 아몬드를 첨가한다.

③ fruit ice cream : 유지방 8% 정도, 과일류의 과즙을 직접 첨가(사과, 딸기, 바나나, 파인애플)한 것이다.

④ custard ice cream : 유지방 10% 이상, 전란, 또는 난황을 첨가, french ice cream(난황고형분 1.5~3.0% 첨가), neopolitan ice cream

⑤ mouse ice cream : 유지방 30% 정도, whipped cream으로 제조, 다공성의 조직을 가지고 있어서 부드러움이 크다.

⑥ ice milk : 유지방 3~6% 정도 지방율이 낮다.

⑦ sherbet : 유고형분 3~5% 정도, 설탕을 많이 사용(30%), 산미·감미가 강하다.

⑧ water ice : 우유성분이 없는 당액 동결품, 설탕, 과즙, 향료를 혼합·동

결시킨 것으로서 ice candy, ice cake

⑨ mellorine : 우유 지방 대신에 식물성 지방으로 만든 모조 아이스크림, 식물성 유지 6% 정도이다.

⑩ diabetic ice cream:설탕 대신에 sorbitol을 사용한다.

(2) 제조공정

배합표 작성 · 혼합 → 여과 → 균질 → 살균 → 냉각 → 숙성 → 1차 냉각(soft ice cream) → 담기 · 포장 → 동결(-15℃ 이하, hard ice cream)

(가) 배합표 작성(cream mix 표준화)

Ice cream이 될 수 있도록 각종 원료를 혼합하고 살균, 균질화 등의 필요한 처리를 마친 것을 말한다. 표준화는 원료의 지방, 무지고형분, 전고형분 등의 조성율이 표시된 조성표에 의한 배합량을 계산한 것이다.

◆ 배합계산의 예(크림, 설탕, gelatin 양)

① 원료의 조건 : cream(지방 30%, 무지고형분 5.9%), 탈지유(무지고형분 8.6%), 찰지분유(지방 1.0%, 무지고형분 95%)일 경우이다.

② 표준화 조건 : 설탕 및 젤라틴을 원료로 하여 지방율 8.0%, 설탕 15.0%, 젤라틴 0.5%의 조성분을 갖는 mix 100kg을 만들 경우에 표준화를 실시한다.

③ 계산 : cream의 양　100:30=x:8,　x=26.7kg(cream의 양)

설탕 15% → 15kg

젤라틴 0.5% → 0.5kg

【표 2-38】 배합재료의 종류와 기능

배합 원료	기 능
단 백 질 (무지고형분)	freezer에서 기포의 형성을 용이하게 하고, mix 중에서 지방을 유화시켜 생성된 기포를 안정하게 하며, mix 수분과 결합하여 ice cream의 빙결정 구조를 작게 하여 주고 조직을 부드럽게 함
감 미 료	ice cream의 단맛을 주고 성분, 제품의 풍미를 결정하는 요소
안 정 제	고분자 화합물로서 조직과 몸매를 좋게 하여 준다. 저장 중 얼음입자의 성장을 막고, 미세하고 균일하게 하여 보형성(保形性)을 좋게 함
유 화 제	mix 중에 지방과 수분을 유탁시키고, 계면장력은 감소시켜 지방을 미세하게 분산되도록 만든다. 기포생성의 향상도모, heat shock의 저항성을 보호, 동결 중에 지방의 안정을 파괴하여 지방의 응집석출을 조절, 조직과 몸체에 dry성을 부여함

【표 2-39】 Mix 배합표의 예

원 료	배합량(kg)	지방(%)	무지고형분(%)	설탕(%)	전고형분
설 탕	15.0	–	–	15.0	15.0
gelatin	0.5	–	–	–	0.5
cream(30%)	26.7	8.0	1.6	–	9.6
탈 지 유	52.6	0.1	4.5	–	4.6
탈지분유	5.2	0.1	4.8	–	4.9
계	100.0	802	10.9	15.0	34.0

(나) 혼합(탱크 내에서)

산업화 단위는 500~1,000kg 단위로 혼합 용해시키며, 이 때에 탱크내 온도는 50~60℃로 유지한다. 혼합과정은 다음과 같다.

① 낮은 점도를 갖는 액체원료(우유, 물 등)

② 높은 점도를 갖는 액체원료(연유, 크림, 액당)

③ 쉽게 용해되는 고체원료(설탕 등)

④ 분산성을 갖는 고체원료(전지분유, 탈지분유)의 순서로 하는데, 이 때에 혼합 탱크안의 교반기의 속도를 480rpm으로 작동시켜 용해시킨다.

(다) 여 과

용해된 mix 중에 이물질이나 용해되지 아니한 것들을 여과포나 금속체로써 여과시킨다.

(라) 균 질

균질기를 사용하며 균질효과는 mix의 기포성을 좋게 하여 증용량을 증가시키고 ice cream의 조직을 부드럽게 한다. 숙성시간의 단축, 동결공정 중 지방의 응고현상을 방지, 안정제, 유화제의 사용량을 절감한다.

(마) 살 균

주로 저온장시간살균(LTLT, 68.3℃에서 30분), 고온단시간살균(HTST, 79.4℃에서 25초)을 이용한다. 살균효과로는 혼합원료들의 완전한 용해, 유해균의 사멸, 지방분해요소의 가열에 의한 불활성화로 산패취 발생억제, 풍미의 개량, ice cream 조직의 연성화(softness) 등이 있다.

(바) 숙성과 향료첨가

숙성목적은 지방성분들을 고형화하고, 안정제에 의하여 gel화를 촉진시키고, 점성을 증가시켜 제품의 조직이나 기포성의 개량, mix 중의 단백질의 수화(水和)를 증가하여 부피와 조직이 향상되며 아울러 잘 녹지 않는 거품이 일게 하는 성질을 부여한다. 숙성기내 mix의 온도는 0~4℃, 시간은 4~25시간 정도, 교반기 속도는 240rpm으로, 숙성할 때에 색소, 향료, 과즙을 일정량씩 넣으면서 혼합 · 숙성시킨다.

(사) 동 결

목적은 mix에 공기의 균일한 혼입과 mix를 동결시키는 데에 있고(-3~-7℃), 동결장치의 형태는 batch type과 연속식이 있다.

(아) 포장 · 경화

숙성, 동결된 ice cream을 일정한 용기(carton box, plastic box)에 담아서 중심온도가 -17℃ 이하가 되도록 동결 · 경화시키는데, 주로 냉각공기의 순환방식인 tunnel식 동결기를 통과하면 효과적이다(hard ice cream).

(3) 증용율(over run, 增容率 %)

Mix를 동결기에서 교반하면 mix 중에 기포(공기주머니, air pocket)가 형성되어 그 용적이 증가하는 것을 말하며, 증용율 계산식은 다음과 같다.

$$\text{Over - run}(\%) = \frac{\text{아이스크림의 용적 - 본래 mix의 용적}}{\text{본래 mix의 용적}} \times 100$$

$$= \frac{\text{mix의 중량 - mix와 같은 용적 아이스크림의 중량}}{\text{mix와 같은 용적의 아이스크림의 중량}} \times 100$$

【표 2-40】 soft ice cream과 hard ice cream의 비교

구 분	중심온도(℃)	동결률(%)	증용율(%)
soft ice cream	-3~-7	50	50~80
hard ice cream	-17~-23	85	80~100

가장 이상적인 ice cream의 증용율은 90~100% 사이가 좋다.

(4) 품질결함과 원인

【표 2-41】 품질의 결함에 따른 원인

구 분	결함내용	결함원인
조 직 (texture)	사상조직현상(sandy texture) 가볍고 푸석푸석한 조직(light, fluffy) 거칠고, 구상조직(cocus, icy) 버터조직(buttery)	무지고형분의 과다첨가, 유당결정이 클 때 증용율의 과잉, 완만동결, 저고형분, 부적당한 유화제 사용, 불완전한 균질작업

융해상태 (fusion)	기포 유청의 분리, 응고상, 점질상	원료배합의 불완전, 단백질과 무기질의 불균형, 높은 산도, 균질화의 불완전
풍 미 (flavor)	지방의 분해취, 사료취, 불결취, 금속취, 산미, 감미와 향료의 과부족	불완전한 우유 사용, 불완전한 가열처리(살균), 부적당한 감미제 사용, 부적당한 향료 사용
몸 매 (body)	취약한 몸매(crumbly body) 수분이 많은 몸매(soggy, wet) 약한 몸매(weak) 고무상의 몸매(gummy)	안정제 및 유화제의 사용부족, 기포의 조대, 높거나 낮은 증용율, 설탕의 과다첨가, 안정제, 유화제의 부족 또는 과다

라. 버 터(butter, 牛酪)

원유에서 유지방분(cream)을 분리한 것이나 발효시킨 것을 그대로 또는 이에 식품이나 첨가물 등을 가하여 각각 교반, 연압한 것을 말한다.

(1) 버터의 종류

① 무염버터(unsalted butter) : 식염을 첨가하지 아니한 것. 제과용, 조리용, 심장질환자 급식용

② 가염버터(salted butter) : 식염을 1.5~2.0% 정도 첨가하여 만든 버터

③ 발효버터(sour cream butter) : 유산균 접종에 의한 독특한 향을 가진 버터

④ 무발효버터(sweet cream butter) : 감성버터라고도 하며, 유당(lactose) 함량이 발효버터보다 많다.

⑤ 강화버터, 분말버터, 포립버터, 재생버터, 저지방버터, 유청버터

(2) 버터 원료의 크림

(가) 크림분리법

원심분리법, 정치법, 가수법

(나) 원심분리에 의한 크림 분리

원유를 35℃ 전후로 가온시켜 원판형 크림분리기(cream separator)에 넣고 7,000~10,000rpm으로 회전시켜 고지방(rem)을 분리하여 원료로 사용한다.

(다) 크림분리에 영향을 주는 요인

우유의 온도(버터제조용 32~35℃), 원유의 지방율, 우유의 유입량, 크림분리기의 회전수에 의해 영향을 받는다.

(라) 크림의 종류(지방함량에 따른 USA type)

① half and half cream : 우유와 cream을 일정량씩 혼합한 것, 지방함유 10~12% 사이

② light cream(table cream) : 지방 18~30% 정도 함유, coffee cream

③ whipping cream(whipped cream, aerated cream) : 지방 30~36% 함유

④ heavy cream : 지방 36% 이상 함유

⑤ clotted cream : 지방 60% 이상 함유

⑥ plastic cream : 지방 80% 이상 함유, 무염버터와 유사

(3) 성분규격

【표 2-42】 아이스크림 제품의 성분규격

구 분	버 터	가공버터
수 분(%)	18.0 이하	18.0 이하
조지방(%)	80.0 이상	50.0 이상
산 가	2.8 이하	2.8 이하
지방의 낙산가	20±2	–
타르색소	불검출	불검출
대장균군	음성	음성
산화방지제(g/kg)	0.2 이하	
보존료(g/kg) 데히드로 초산, 데히드로 초산나트륨	0.5 이하(데히드로 초산으로서)	〃
권장유통기간 냉장(0~10℃) 냉동(-20℃ 이하)	3개월 12개월	〃

(4) 버터의 제조이론

(가) 상전환설(phase inversion theory)

$$\frac{O}{W} \xrightarrow{\text{churning}} \frac{W}{O} \quad (W : water,\ O : oil)$$

(나) 포말설(foam theory)

교통작용에 의하여 기포가 생성되며, 지방구 입자들의 융합이 용이하고, 기포로 변성된 지방구의 피막단백질은 외부의 충격이 있을 때 쉽게 파괴된

다는 이론이다.

(5) 제조공정

크림의 분리 → 크림의 중화 → 살균 → 냉각 → 숙성 → 색소첨가 → 교동 → 버터밀크→ 배제 → 가염 및 연압 → 포장 → 저장

(가) 크림의 분리

신선한 원유를 크림분리기로 분리하거나 크림제품을 사용

(나) 크림의 중화

크림의 산도가 높으면 살균할 때 casein이 응고하여 버터 속에 응고물질로 남게 되어 버터 생산량이 감소하기 때문에 필요하다. 중화범위는 원료크림의 산도 0.20~0.30% 사이이며, 중화제로는 Na_2CO_3, $NaHCO_3$, NaOH, CaO, $Ca(OH)_2$ 등이 있다.

$$\text{중화시켜야 할 젖산량(g)} = \text{크림의 중량(kg)} \times \frac{(\text{원료크림산도 - 목표산도})}{100}$$

$$\text{참가하여야 할 중화제의 양(g)} = \text{중화할 젖산량} \times \frac{\text{사용 중화제 분자량(반응)}}{\text{젖산의 분자량(반응)}}$$

(다) 살균 : 65~70℃, 30분

(라) 냉각 : 여름철 3~5℃, 겨울철 6~8℃

(마) 숙성

목적은 크림의 고형화(crystalization), 유지방의 유실방지, 수분함량을 감소시켜 조직을 단단하게 하기 위함이다. 방법으로는 여름철 21-14-6법, 겨울철 6-21-10법을 이용한다.

(바) 색소첨가

버터색소(annatto)는 주황색 천연염료로 주성분은 bixin($C_{25}H_{30}O_4$)으로서 0.001~0.002% 정도 첨가한다.

(사) 교동(churning)

Cream에 기계적 교반에 의한 충격을 주어 버터입자를 생성시키는 조작으로 물성적 특성이 향상된다. 크림의 온도는 여름 7~11℃, 겨울 10~13℃이며, 교동기에 넣는 크림항은1/2~1/3 정도이다. 교동완료를 결정하는 방법은 churn machine내의 소리로 결정하거나, ampere의 흔들림으로 결정하거나, 유리창으로 직접 보아서 결정한다. 교동시간과 회전속도는

20~45rpm에서 50~60분을 기준으로 하여, 버터입자가 형성되면 교동을 마친다.

(아) 버터밀크의 배제

금속망에 교동된 cream을 넣고 버터밀크를 제거한다.

(자) 수세

목적은 저장성을 향상, 수분조절, 연압하기에 알맞은 온도로 조절, 이 때에 사용되는 물의 양은 빠져나간 버터밀크의 양과 같은 수준으로 한다. 물은 미생물, 철분, 구리가 없는 연수를 사용하다.

(차) 가염

풍미의 향상과 보존성을 유지한다. 습염법, 첨가량 2.0~2.2% 정도이다.

(카) 연압(working)

목적은 수분함량조절과 분산 유화, 소금의 용해와 색소의 분산, 버터 조직을 부드럽고 치밀하게 하여 기포의 생성을 억제하는 데 있다.

(타) 충전 · 포장

무염버터(제과용)는 대형 나무상자, tin can, 가염버터(시판가정용)는 225g, 450g, 내포장은 성형된 butter를 parchment paper로 포장, 중포장은 aluminum foil로 포장, 외포장은 vinyl이나 plastic box로 한다.

(6) 증량율(over run, 增量率 %)

(가) 정 의

원료 크림 또는 버터 지방량에 대해서 버터의 중량과 크림의 지방량과의 차이를백분율로 표시.

(나) 계산식

$$\text{증량율}(\%) = \frac{\text{버터의 중량(kg)} - (\text{크림의 중량} \times \text{크림의 지방율})}{\text{크림의 중량} \times \text{크림의 지방율}} \times 100$$

이론적으로는 증량율이 21~25% 정도로 나타나지만, 실제 가공에서는 교동작업에서의 손실, 연압작업을 할 때의 손실, 포장할 때의 손실 등으로 약 14~16% 정도가 정상.

(7) 버터 품질결함

(가) 풍미결함

풍미부족(flat), 쓴맛(bitter), 산취(sour), 고취(stale), 불결취(unclean), 기름냄새(oily), 금속취(metalic), 지방산화취(rancid)

(나) 조직결함

공격현상(leaky, 물방울이 맺힘), 연약(weaky), 기름반점(greasy), 끈적거림(sticky), 부스러기(crumbly), 밥티(mealy), 사상(sandy)

(다) 색깔결함

얼룩짐(mottled), 파상점(wavy), 줄무늬(streaky), 둔색(dull), 표면의 퇴색, 곰팡이에 의한 변색(molded butter)

마. 치 즈(cheese)

① 자연치즈 : 원유 또는 유가공품에 유산균, 단백질 응유효소, 유기산 등을 가하여 응고시킨 후에 유청을 제거한 것이다.

② 가공치즈 : 자연치즈를 주원료로 하여 이에 식품 또는 첨가물 등을 가한 후에 유화시켜 제조한 것이다.

(1) 분 류(수분함량과 미생물 숙성에 따른)

① 초경질 치즈 : 수분함량 25%, 세균 숙성치즈 Romano, Parmesan, Sapsago

② 경질치즈 : 수분함량 25~36%, 세균 숙성 Cheddar, Gouda 등

③ 반경질 치즈 : 수분함량 36~40%, 세균 숙성 Brick, Műnster, Limburger, 푸른곰팡이 숙성 Roqueforti, Gorgonzola 등

④ 연질치즈 : 수분함량 40 이상, 세균 숙성 Belpaese, Camembert, Brie 등 비숙성 Cottage, Bakers, Mysost 등

(2) 성격규격

【표 2-43】 치즈의 성분규격

구 분	자 연 치 즈	가 공 치 즈
대장균(g당)	음성(생치즈 2/g 이하)	음성
효모 및 곰팡이(g당)	-	-
클로스트리디움	음성(경성, 반경성에 한함)	-
보존료		
데히드로초산	0.5 이하(데히드로초산으로서)	0.5 이하(데히드로초산으로서)
데히드로초산나트륨		
소르빈산	3.0 이하(소르빈산으로서)	3.0 이하(소르빈산으로서)
소르빈산 칼륨		
프로피온산칼슘	3.0 이하(피로피온산으로서)	3.0 이하(피로피온산으로서)
프로피온산나트륨		

(3) 제조공정

(가) 자연치즈

> 원료유(지방율 2.8~3.0%) → 청징 → 살균(73~78℃, 15초) → 냉각(29~30℃) → 스타터첨가(0.5~1.5%) → 염화칼슘첨가(0.01~0.02%) → 렌넷첨가(0.002~0.004%) → 커드절단(작은콩~큰콩 크기 정도) → 교반(5~10분 정도) → 유청제거(1/2~1/3량의 유청) → 가온(37~40℃) → 교반 유청 빼기(유청산도 0.11~0.13%) → 퇴적 → 틀에 넣기 → 예비압착 → 반전 → 본압착 → 가염(습염법) → 숙성(7~14℃, 2~14개월)

① 원료유 : 선도검사에 합격한 우유, 미생물시험, 항생물질시험, bacteriophage 시험에 합격한 우유

② 치즈 유산균스타터의 역할 : 유당에서 유산을 생성하여 curd 형성촉진, 유청배제, 유해미생물의 생육억제, 치즈성질의 결정, 유해물질의 생성억제, 독특한 풍미생성 등의 유산균스타터에는 구균, 간균, 단일균주, 혼합균주가 있다.

③ 염화칼슘 첨가 : 이유는 rennet를 첨가하기 전에 높은 온도 이상으로 가열되어 우유 중의 가용성 칼슘이 감소되었기 때문이다. 첨가에 의하여 커드의 응고성이 회복된다.

④ 렌넷 첨가 : 송아지 제 4위에서 분비한 렌넷을 추출하여 우유를 응고시켜 만드는 것이다. 원유 1,000kg 당 20~30g을 넣는데, 넣기 전에 증류수로 10배 희석한 후, 정제된 소금을 3%정도 첨가하여 완전히 용해시켜 첨가한다.

⑤ 커드 절단 : 커드가 형성되는 완성점을 보는 방법은 작업자의 둘째와 셋째 손가락을 커드층에 넣어서 살며시 위로 올렸을 때에 curd가 깨끗이 절단되어 투명한 유청이 나오면 절단한다. 커드 칼을 사용하여 0.3~0.5cm 간격으로 절단한다.

⑥ 가온 및 유청 제거 : 경질치즈 30℃, 연질치즈 31℃, vat 바닥으로 whey제거

⑦ 틀에 넣기 · 압착 : 치즈 종류에 따라 성형틀에 넣고 모양을 만들며, 지방의 유출을 방지하기 위하여 천천히 가압시킨다.

⑧ 가염 : 건염법(Cheddar, Blue, Camembert)은 curd 층에 직접 살포하는 것이고, 습염법(Camemberti, Brie, Limburger)은 성형된 치즈를 소금용액 tank에 담가 소금물이 스며들게 하는 방법으로 염수온도 12~15℃, 염수 pH 5.2~5.5, 침지시간 48~72시간, 염수농도 18~24° Be가 필요하다.

⑨ 숙성 : Camembert(12~13℃, 14개월 이상), Limburger(15~20℃, 2개월), Gouda(12~15℃, 4~5개월), Cheddar(13~15℃, 6개월)

(나) 가공치즈

> 자연치즈 선택 → 세척 → 분쇄(chopper roller) → 용융제 첨가(인산염, 구연산염) → 균질화 → 충진 · 포장 → 냉각 → 포장(알미늄박, 왁스, 셀로판)

① 가공치즈의 제조원리

Ca-paracaseinate(natural cheese)+melting salts(sodium citric acid, polyphosphate)+butter → Na-paracaseinate(processed cheese)

② 가공치즈는 기포성, 저장성, 경제성, 소화성이 좋은 특성이 있다.

바. 연유(condensed milk)

원유 또는 저지방 우유를 그대로 농축한 것이거나 설탕을 가하여 농축한 것을 농축유하고도 한다.

(1) 종 류

(가) 무당연유

① 전지무당연유 : 원유를 그대로 농축한 것

② 탈지무당연유 : 원유의 유지방을 0.5% 이하로 조정하여 농축한 것

(나) 가당연유

① 전지가당연유 : 원유에 설탕을 가하여 농축한 것

② 탈지가당연유 : 원유의 유지방을 0.5% 이하로 조정한 후에 설탕을 가하여 농축한 것

(2) 성분규격

【표 2-44】 연유의 성분규격

구 분	농축우유, 탈지농축우유	가당연유	가당탈지연유
수 분(%)		27.0 이하	29.0 이하
유고형분(%)	22.0 이상	29.0 이상	25.0 이상
유 지 방(%)	6.0 이상(농축우유에 해당)	8.0 이상	
산 도(%)	0.4 이하(농축우유에 한함)		
당분(유당포함, %)		58.0 이하	58.0 이하
세 균 수(g)	2만 이하	2만 이하	2만 이하
대장균수(g)	2 이하(멸균제품의 경우에는 음성)	음성	음성
권장유통기간	살균제품(0~10℃) 5일간	1년	1년
	멸균제품 6개월		

(3) 가당연유 제조공정

> 원유(수유검사) → 저유 → 표준화(탈지유, 크림첨가) → 예비가열(plate식 열교환기 사용) → 가당(설탕첨가) → 살균(batch type, PHE, THE 살균장지) → 농축(batch evaporator, continuous evaporator 사용) → 냉각 → 담기 → 권체 → 포장 → 제품

① 수유검사 : 신선도 검사(관능검사, 산도, methylene blue 시험), 유방염유검사, 알코올시험, pH 측정 등

② 표준화 : 피어슨 식에 의하여 표준화작업

③ 예비가열 : 농축하기 전에 가열살균하는 공정으로 preheating 또는 fore warming이라 하며, 110~120℃에서 순간가열을 실시, 예비가열의 효과는 미생물, 효소를 살균 실활시켜 제품의 보존성을 연장, 첨가된 설탕의 용해 농축시 가열면에 우유가 붙는 것을 방지하여 증발속도를 빠르게 하고, 제품의 농후화(age thickening)를 억제한다.

④ 설탕 첨가 : 가당연유는 원유에 대하여 16~17%의 설탕을 첨가하여 단맛을 부여하고 농후액에 의해 세균번식을 억제하며 제품의 보존성을 부여한다. 이 때에 농축도는 1/2.5~1/3 사이로 하며, 제품의 당 함량이 50~60%이다. 설탕농축도(sugar water concentration)는 연유 중에 수분(100-TS)에 대한 설탕 %로 표시한 것으로 계산식을 보면 다음과 같다.

$$\text{설탕농축도} = \frac{\text{설탕\%}}{100 - TS} \times 100$$

$$\text{농축비} = \frac{\text{제품 중의 SNF}}{\text{원유 중의 SNF}}$$

$$\text{설탕함량(\%)} = \frac{(100 - TS) \times \text{설탕농축도}}{100}$$

$$\text{설탕첨가량(\%)} = \frac{\text{제품중 설탕\%}}{\text{농축비}}$$

$$\text{탈지유 SNF} = \frac{\text{원유 SNF\%}}{100 - \text{유지방\%}} \times 100$$

[예제] 연유의 MTS 25%, 지방 8%, SNF 20%라면 표준화 한 원료유의 지방

3.16%, SNF 7.88%일 때 연유의 설탕함량을 45%로 할 경우 원료유 100kg에 대하여 얼마의 설탕을 첨가하는가?

$$농축비 = \frac{제품\ 중의\ SNF}{원유\ 중의\ SNF} = \frac{20}{7.88} = 2.53 : 1$$

$$설탕함량(\%) = \frac{(100 - TS) \times 설탕농축도}{100} = \frac{45}{2.53} = 1.78kg$$

⑤ 농축 : 살균된 우유의 수분을 제거하여 고형분율(TS)을 높이는 작업, 농축기내의 우유온도 51~56℃, 농축시간 10~20분 농축기 내의 진공도 635~660mmHg, 농축도의 완성을 판단하는 지표는 비중으로 일반비중계값 1.250~1.350, 연유 보오메 비중계값 30~40′ Be 정도, 비중측정시기를 아는 방법으로는 끓는 정도가 약해지고, 점도가 높고, 표면에 광택이 생기며, 거품의 모양 변화로 알 수 있다.

⑥ 냉각 : 냉각은 유당결정크기는 10μ 이하 되어야 하는데, 이것을 유지하기위해 유당접종(seeding)작업을 하여 20℃로 냉각시키면서 교반시킨다. 유당접종은 온축유량 0.04~0.05%로 한다.

⑦ 충전 · 포장 : 냉각 후에 12시간 정도를 방치하고 살균 냉각된 공관에 밀봉시켜 제품화한다.

(4) 가당연유의 품질결함

가스발효(팽창관), 과립생성(세균학적 원인, 방지법으로는 예비가열의 철저, 응축시 물의 혼입방지, 충전시 탈기 불충분), 시상현상(sandy 현상, 유당의 결정크기가 15μ 이상일 때 느끼는 현상), 당침현상(통조림관 하부에 유당이 가라앉는 현상으로 유당결정 크기가 20μ 이상일 때 발생)

(5) 무당연유 제조공정

원유(수유검사) → 표준화 → 예비가열 → 농축 → 균질화(2단 균질기 사용) → 재표준화 → 파일럿 시험(파일럿용 멸균기 사용) → 충전 → 담기 → 멸균처리 → 냉각 → 제품

(가) 무당연유와 가당연유와의 차이점

① 무당연유는 설탕을 첨가하지 않은 것이다.

② 균질화 작업을 실시한다.

③ 통조림관을 멸균처리한다.

④ 파이롯트 시험을 실시한다.

(나) 균 질

2단 균질기 사용이 효과적, 균질압력을 150~170kg/㎠(1단) 50kg/㎠(2단)으로 구분하고, 균질온도는 50~60㎠가 적당하다.

(다) 파일럿 시험

농축연유를 캔에 담아서 고온 살균을 할 때에 제품의 멸균효과와 잘못된 멸균조작을 방지하기 위하여 일정량의 시료로 만들어 실제 멸균조건을 안전하게 설정하기 위함과 안정제의 첨가유무를 결정한다.

(라) 멸 균

가당연유와 달리 무당연유는 설탕을 첨가하지 않으므로 멸균과정이 필요하다. 멸균 온도와 시간은 115.5℃/15분, 121.0℃/7분, 126.5℃/1분으로 한다. 멸균효과를 높이기 위해 reel이 회전수를 6~10rpm 정도로 유지한다.

(6) 무당연유의 품질결함

① 가스발효(팽창관) : 멸균 불완전, 권체불량, 수소가스의 생성

② 이취(미) : 산성취, 고미, 이취로 내열성 세균번식, 안정제의 과도한 점가

③ 응고현상 : 응유효소의 잔존, 젖산균의 잔존

④ 지방분리현상 : 점도가 낮을 때 발생, 균질의 불완전

⑤ 침전현상 : 제품의 저장온도가 높을 경우

⑥ 갈변화 : 고도한 멸균처리, 고형분이 너무 높을 때

⑦ 희박화 : 점도가 너무 낮을 경우

⑧ 익모상현상 : 단백질 함량이 너무 높은 경우, 철 성분이 함유된 경우(통조림관)

사. 분 유(powder milk)

원유 또는 탈지우유를 그대로 또는 이에 식품 또는 첨가물 등을 가하여 각각 분말로 한 것.

(1) 종 류

① 전지분유 : 원유를 분말화한 것

② 탈지분유 : 원유의 유지방을 부분적으로 제거하여 분말화한 것

③ 가당분유 : 원유에 설탕을 가하여 분말화한 것

④ 혼합분유 : 원유 또는 전지분유에서 식품 또는 첨가물 등을 가하여 분말상으로 한 것. 조제분유, 복합조제분유, 영양강화분유, 인스턴트분유, 크림파우더, 맥아분유, 훼이파우더, 버터밀크파우더

⑤ 조제분유 : 원유 또는 유가공품 원료로 하여 모유의 성분과 유사하게 제조한 분말상의 것으로 수분 5.0% 이하, 유성분 60.6% 이상, 유지방분 23.0% 이상, 세균수 4만 이하(g당), 대장균은 음성이어야 한다.

(2) 성분규격

【표 2-45a】 각종분유의 성분규격

구 분	전지분유	탈지분유	가당분유	혼합분유
수분(%)	5.0 이하	5.0 이하	5.30 이하	5.0 이하
유고형분(%)	95.0 이상	95.0 이상	70.0 이상	50.0 이상
유지방분(%)	25.0 이상	1.3 이하	180.0 이상	12.5 이상
당분(%)	-	-	25.0 이하 (유당 제외)	-
세균수(g당)	2만 이하	2만 이하	2만 이하	2만 이하
대장균군(g당)	음성	음성	음성	음성
권장유통기한				
암소	12개월	12개월	12개월	12개월
실온	6개월	6개월	6개월	6개월

(3) 제조공정(전지분유)

원료유 → 표준화 → 중화 → 청정 · 살균 → 여과 → 농축 → 예비가열 → 건조 → 냉각 → 사별 → 계량충전(질소가스치환) → 포장 → 저장

(가) 원료유의 검사

신선도검사(관능검사, 외관검사, 알코올검사, 산도검사, 비중검사), 지방 검사, 세균검사 등

(나) 표준화

① 탈지유의 첨가량

$$S = \frac{F - R \times SNF}{R \times SNF_1 - F_1} \times M$$

S : 첨가하는 탈지유량(kg)　　　M : 월료유량
F : 원료유 중의 지방률(%)　　　F_1 : 탈지유 중의 지방률(%)
SNF_1 : 탈지유 중의 무지고형분(%)
R : 지방계수(지방과 무지고형분과의 소요비율)

② 크림의 첨가량

$$C = \frac{R_2 \times SNF - F}{F_2 - R_2 \times SNF_2} \times M$$

C : 첨가할 크림량(kg)　　　M : 원료유량(kg)
F : 원료유 중의 지방률(%)　　　F_2 : 크림 중의 지방률(%)
R_2 : 지방계수(지방분과 무지고형분의 소요비율)
SNF : 원료유 중의 무지고형분(%)　SNF_2 : 크림 중의 무지고형분(%)

③ 중화 : 중화제 $NaHCO_3$, $NaCO_3$, CaO, $Ca(OH)_2$

④ 청정 : 여과기(filter), 청정기(4,500~7,200rpm), 찌꺼기, 흙먼지 등 제거

⑤ 살균 : 고온단시간살균법(HTST : 70~95℃, 15~30초), 초고온멸균법(UHT : 110~150℃, 0.5~2초)

⑥ 농축 : 진공농축기(온도 50~60℃, 진공도 635~660mmHg, 농축은 전고형분이 40~50%까지 농축

⑦ 건조 : 유병식(dough drying), 피막식, 원통식, 분무식, 동결건조법이 있다. 원통식과 분무식이 가장 많이 사용되며, 제품 중의 수분은 5.0% 이하여야 한다. 공기건조기의 공기온도 160~200℃, 공기압력 50~150kg/㎠, 분무압력(nozzle hole size) 0.6~2.0mm 정도이다.

⑧ 포장 : 햇빛, 산소차단용기, 방습제, 탈기실시, 방습용 자루, 폴리에틸렌대, 통조림관

(4) 수 율

전지분유 11.5~14.5%, 탈지분유 8.5~9.5%, 분말크림 30~55%, 분말훼이 5.5~6.3%

아. 발효유(fermented milk)

원유, 시유 또는 동등 이상의 무지고형분(SNF)을 함유한 우유를 젖산균이나 효모로 발효시켜 호상(糊狀) 또는 액상(液狀)으로 한 것을 말한다.

발효유, 농후발효유, 크림발효유, 농후크림발효유는 원유 또는 유가공품을

발효시킨 것이고, 발효버터유는 버터유 또는 탈지유를 발효시킨 것이다.

(1) 성분규격

【표 2-45b】 각종발효유의 성분규격

구 분	발효유	농후발효유	크림발효유	농후크림발효유	발효버터유
무지고형분(%)	3.0 이상	8.0 이상	3.0 이상	8.0 이상	8.0 이상
유지방분(%)	-	-	8.0이상	8.0 이상	1.5 이하
유산균 및 효모수 (m당)	1,000만 이상	1억 이상 (냉동 1000만)	1000만 이상	1억 이상 (냉동 1000만)	1,000만 이상
대장균군	음성	음성	음성	음성	음성
유통기한 (0~10℃)	7일	10일	7일	10일	7일

(2) 발효유 음용효능

발효유는 살아있는 유산균을 그대로 음용하기 때문에 장내 유해균의 번식을 억제하여 정장효과를 주는 건강식품으로 그 효능을 보면 다음과 같다.

① 우유성분의 영양, ② 유산균체 성분의 영양, ③ 발효에 의한 유효성분의 생성, ④ 유산의 생성, ⑤ 칼슘흡수의 촉진, ⑥ 변비의 개선, ⑦ 순화기의 건강유지, ⑧ 제암 효능 등이 있다.

(3) 유산균의 성장촉진과 저해물질

① 성장촉진물질 : 아미노산, 펩톤, 핵산물질, 효모엑기스, 클로렐라 엑기스, 간장엑기스, 토마토주스 등

② 성장저해물질 : 항생물질, bacteriophage

(4) 제조공정

(가) 호상 요구르트

원료 → mix배합 → 균질화 → 살균 → 냉각 → 스타터첨가(향료첨가) → 소형용기 → 충전 → 배양 → 냉 각 → 제품

(나) 액상 요구르트

원료 → mix배합 → 균질화 → 살균 → 냉각 → 스타터첨가 → 탱크배양 → 커드분쇄 → 냉각 → 과즙, 향료 첨가 → 살균(순간) → 소형용기 충전 → 액상제품

① 원료유 : 신선도검사에 합격한 원료를 사용, 항생물질 검사실시

② mix의 배합 : 탈지분유, 설탕, 안정제를 일정량씩 평량하여 혼합 · 용해

③ 균질화 : mix 온도 55~80℃, 균질압력 80~250kg/㎠

④ 살균 : 95℃/15분 (70~90℃/5~45분) 실시

⑤ 냉각 및 스타터 첨가 : 40~45℃로 냉각 후 준비된 중간 배양체를 mix의 용량에 대해 2~3% 첨가 혼합, 호상의 경우 향료를 이때 넣고 혼합

⑥ 소형용기충전 : 소비자용 소형용기에 넣고 37~45℃에서 목표산도까지 발효시킨다. 액상요구르트의 경우에는 커드를 균질기로 균질화시킨다. 균질 후에 냉각시킨 다음은 향료, 과즙 등을 넣고 분해시킨 다음 80℃에서 5분간 살균하고 냉각시켜 포장한다.

(5) 젖산균 스타터의 제조방법

종균 → 모 배양체 스타터 → 중간 배양체 스타터 → 본 배양체 스타터

3장 수산가공학

◆ 우리나라 수산환경(해양-자연입지조건)
총해안선 8,693Km(섬 포함시 25962 Km), 대륙붕 면적 30만 Km^2,
간척지 6,575Km^2

① 황해 : 면적 38만 Km^2, 수심 38~103m

② 동해 : 면적 100만 Km^2, 수심 1,500m

③ 남해 : 면적 350만 Km^2, 수신 1,212m

◆ 한국해안의 수산어족 자원이 풍부한 이유

① 한류(寒流) 와 난류(暖流)의 교차지점

② 섬 · 암초(暗礁)가 많아 번식(繁殖)장소와 정착지가 풍부

③ 삼면(三面)이 바다이고 내수면(內水面)이 넓은점

◆ 어패류(魚貝類)의 맛이 좋은 조건

① 다 수분(多 水分) ② 산란기 전(産卵期 前) ③ 중성(中性) PH

◆ 맛 좋은 부위 : 복강육(腹腔肉) - 배살, 배바디

★ 수산물취득방법 : 양식(養殖) - 양어(바다의 목장화)

◆ 어획(漁獲)방법 : ① 낚기법 ② 함정어법(안강망) ③ 걸그물법

④ 두릿그물(건착망) ⑤ 후릿그물법(선인망) ⑥ 끌그물법(Trawl선망)

1. 수산가공학의 이해

(1) 수산가공의 의의 와 목적

(가) 의 의

① 저장 : 어획물을 신선한 상태로 보존하는 기술

② 수산가공 : 어업생산물(수중생물의 체포나 양식)의 이화학적, 생물학적 조작을 가하여 부가가치<저장성,식미성,영양성,경제성>를 향상시켜 신제품<식품,의약품, 사료>을 제조하는 것

③ 수산가공학 : 수산가공에 대한 이론과 방법을 연구하는 학문

ⓐ 대상 : 어(魚)류(어육,어란, 내장,어유 등),조개류(貝) , 바다풀(海藻)

ⓑ 분야 : 식료품, 의약품, 사료, 비료, 화장품,가공용 원료, 공업용원료

(나) 가공목적

① 저장 · 안정성의 부여
② 기호성 · 영양성 부여
③ 신제품으로 부가가치 창출
④ 간편화, 축소화
⑤ 수요 · 공급의 조절
⑥ 식생활의 윤택화
⑦ 비식용 원료의 제품개발로 자원활용

(다) 수산가공 발전과정
천일건조 → 염장 → 훈연 → 통/병조림 → 냉장 → 어묵 → FPC

(2) 미래지향적 수산가공품의 개발 동향

① 편리 · 즉석형 제품(조미 건제품, 냉동조리)

② 모조 · 조립형 제품(어묵, 어육소시지, 게향맛살)

③ 건강지향제품(스쿠알렌, 만유, 콜라겐, 키토산)

④ 농축특미제품(조미졸임/절임, 꽃포, 어포, 조미건품)

⑤ 생리활성 기능성 제품(간유, EPA, DHA, 인슈린)

(3) 어업생산 변이

30만톤(46년) → 35만톤(60년) → 280만톤(81년) → 310만톤(85년) → 320만톤(90년) → 330만톤(95년) → 251만톤(00년) → 271만톤(05년)

(4) 세계속의 한국수산업의 위치

① 어획량 : 8위(78년) → 9위(82년) → 7위(92년) → 11위(95년) → 18위(00년) → 29위(05년)

② 수출(80개국) : 5위 4억$(75년) → 3위 10억$(77년) → 6위(80년) → 15위 17억$(95년) → 412천톤 119.3천$(05년);
cf 輸入 1,256,142톤 2,383,574$(05년)

③ 원양어업 : 3위(86년)

④ 수산기술 : 2위(일, 한, 러, 노)

(5) 어업별 구성〈1995〉

연근해 43%,양식 30%(해면 10만헥터, 내수면 21만헥터) 내수면 1%, 원양 28%(507척, 57년 첫조업)

(6) 수출형태

선어, 동결어, 어묵, 통조림, 염장품, 조미품, 훨레품, 해조품

(7) 수입(1996)

52만7천톤 10억 8천만$, 수입국 : 일, 중, 라, 미, 태국 등 80개국

(8) 세계의 수산업 현황

(가) 일반사항 - 포경금지1972
세계총 단백질공급량 : 6%, 동물성단백질의 18% 공급

① 1906 해양 자유론

② 1945 대륙붕 선언〈해양분활시대 개막〉

③ 1973 경제수역 200해리 선포

④ 1980 전관수역, 어획량 쿼터제 로 입어료 지급

⑤ 2000 미 이용 어족자원개발(심해어, 남극 크릴새우)

(나) 어획량 : 3대어장〈북태평양, 대서양 북서부, 북해〉
2천만톤(38년) → 1천만톤(45년) → 2천만톤(59년) → 4천만톤(60년) → 7천만톤 → 8천만톤(82년) → 1억만톤(93년) → 1억1300만톤(95년) → 1억1천 만톤(2000년)

(다) 10대 다(多)어획국

중국(2400만톤), 페루(890만), 칠레(760만), 일본(680만), 미국(600만), 인도(500만), 러시아(437만), 인니(412만), 태국(350만), 노루웨이(280만), 한국(270만), 기타(372만)

(9)미래전망

(가) 세계수산업

① 인구증가, 건강지향 웰빙 다이어트식품으로 수요급증, 무한정 소요

② 증산방안

ⓐ 바다의 목장화　　ⓑ 국제어업 협력유지

ⓒ 원양어업 조업유지　　ⓓ 신어장 탐사나 개척

ⓔ 미 이용어류의 이용방법 개발

③ 세계 중요 어종 : 멸치, 대구,명태, 청어, 정어리

(나) 한국수산업

① 당면과제 : 연근해 어장 축소, 원양 어장 제약, 수출가 불안정, 어민 후계자 부족, 석유 파동(2008년)

② 정부대책 : 연근해 어족 자원 촉진(인공어초, 종묘배양 방류, 어류아파트 증설, 양식확대, 원양어업 확대, 신어장(남극, 남태평양)개발, 가격 안정, 후계자 양성대책(병역특례, 소득보장, 외국인채용)

③ 역할전망 : 건강지향식품으로 식량화, 외화획득

④ 국내 중요어종

ⓐ 연근해 어종 : 멸치, 칼치, 꽁치, 오징어, 병어, 조기, 가자미, 고등어, 정어리

ⓑ 조개류 : 굴, 홍합, 바지락

ⓒ 해조류 : 미역, 김, 다시마, 파래

ⓓ 원양어류 : 가다랑이, 다랑어, 참치

(10) 수산자원

유용한 수서(水棲) 생물로 산업적 생산대상이나장차 이용확실한 생물군(生物群) - 수산생물, 수산자원생물

(가) 수산식물(AquaticPlants)

① 분류 : 해조류(큰藻類, 김, 미역)와 규조류 Plankton(현미경 적부유 식물)

② 용도 : 식품, 사료, 약품, 공업원료

③ 해조류(Sea Weed)

ⓐ 녹조류(綠藻類; GreenAlgae) : 7000여종, 엽록소, 광합성작용(전분), 수중서식, 크기(수cm -1m이상), 파래(홑, 갈), 청각

ⓑ 갈조류(褐藻類; GrayAlgae) : 엽록소, Xanthophyll, 라미나린, Mannitol미역(양식), 다시마, 톳, 모자반(KelpMeal사료), 감태(알긴산원료), Ca · I 풍부

ⓒ 홍조류(紅藻類; Red Algae) : 엽록소, Phycoerythrin함유, 우뭇가사리, 꼬시래기, 비단풀(한천원료), 풀가사리, 진두발(가라기난원료)

(나) 수산동물(水産動物; Marine Animal)

수서(水棲)동물 : 원생(原生), 모악, 극피(棘皮), 해면(海綿), 강장(腔腸)

◆ Marine Animal

① 연체(軟體)동물

ⓐ 소라류 : 전복, 소라

ⓑ 조개류 : 굴, 바지락, 대합, 가라비, 진주조개

ⓒ 두족(頭足)류 : 오징어류(살, 갑, 무늬, 쇠-, 꼴두기, 낙지, 쭈꾸미), 문어

② 절지(節肢)동물 : 5강(綱)[갑각(甲殼)류; 2만5천종, 연각(軟脚)류, 다지(多肢)류, 곤충(昆蟲)류, 거미류]

ⓐ 게류 : 꽃게, 대게, 왕게, 털게, 집게, 장다리게

ⓑ 새우류 : 수명1년, 대하(大蝦), 중하(中蝦), 토하(土蝦), 보리새우

③ 극피(棘皮)동물 : 해삼류(Sea Cucumber), 성게류, 참해삼, 불가사리

④ 미색(尾索)류 : 우렁쉥이(멍게)

⑤ 원구(圓口)류 : no jaw, 먹장어,칠성장어, 점액장어

⑥연골(軟骨)어류(elasmobranch fish) : 상어류 (별, 골, 괭이, 귀, 청상아리),가오리류 (매-, 노랑-, 쥐-, 홍어)

⑦ 결골(結骨)어류(Teleost=Bony Fish)

청어류(청어, 멸치, 정어리, 전어), 연어류(연어, 송어), 은어류(은어), 송어류(송어), 잉어류(잉어, 붕어, 금붕어, 미꾸라지), 뱀장어류(뱀-, 붕-, 갯-), 대구류(명태), 메기류(메기, 동가데, 자가사리), 꽁치류(꽁치, 날치, 학꽁치), 전갱어류(방어), 고등어류(삼치,갈치), 가자미류(넙치,도다리), 농어류(농어, 민어, 돔, 참조기, 도미), 복어류(쥐치, 개복치, 자주복, 검복)

⑧ 고래(鯨)류

ⓐ 수염고래류(긴수염-, 참-, 돌-, 귀신-, 솔피)

ⓑ 이빨고래류(향고래)

2. 수산가공품의 분류

가. 용도별

① 식용품 :냉동품, 건제품, 염장품, 통조림, 연제품, 훈제품, 조미품, FPC

② 공용품: 어유, 알긴산, 어교, 피혁

③ 약용품 : 간유, 인슈린

④ 농용품 : 어박, 어분, 가공부산물활용

나. 세부 종류

(1) 식용품

(가) 냉동품(Frozen Fish Products)

① 원형동결품(Whole/Round) : 동태, 칼치, 고등어, 참치 새우, 게

② 처리 동결품(treated)

ⓐ dressed(두 · 내장제거 : 참치, 복어, 붕장어)

ⓑ Semidressed(내장 · 아가미제거 : 대구, 연어)

ⓒ Pandreesed(지느러미 · 꼬리제거)

ⓓ Fillet(3편뜨기, 명태, 보리멸, 아귀)

ⓔ Chunked

ⓕ Sliced, Stick, loin etc.

(나) 마른치 (乾製品; Dried Fish Products)

① 날 마른치(素乾品; plaine dried products) : 새우, 미역, 오징어, 상어 Fin

② 찐 마른치(煮乾品; boiled dried products) : 멸치, 해삼, 전복, 조개살

③ 간 마른치(鹽乾品; salted dried products) : 굴비, 민어, 대구, 가자미

④ 연기 마른치(燻煙品; smoked dried products) : 연어, 굴, 청어, 꽁치

⑤ 얼 마른치(冬乾品; frozen dried products) : 북어포, 한천

⑥ 군 마른치(焙乾品; grilled dried products) : 고등어, 정어리, 은어

(다) 훈제품 (燻製品; smoked dried products) : 훈제굴, 훈제연어

(라) 젓갈류(鹽辛品; salted fermented) : 새우젓, 멸치젓, 까나리젓, 굴젓, 명란젓, 창란젓, 아가미창자젓, 해삼창자젓, 칼치젓

(마) 간절임품(鹽藏品; saltedfish) : 간고등어(자반), 간칼치, 간꽁치, 간미역, 간전갱이, 간조기

(바) 맛붙이가공품(調味加工品; seasoned fish products)

① 맛붙이절임류(魚漬物; fermentedfish products) : salting, sugaring, vinegaring

② 맛붙이조림류(煮熟調味; roasted seasonedproducts) : 멸치, 조개, 새우, 장조림

③맛붙이마른치(調味乾品,seasoned,driedproducts) : 맛오징어, 맛김, 꽃포, 쥐포

(사) 통조림류

① 염수자숙품(boiled with brine) : 꽁치, 고등어, 연어, 굴

② 약염가미품(boiled with seasoning) : 오징어, 골뱅이, 조개

③ 기름담금(boiled with oil) : 다랑어, 멸치, 참치, 고등어 피렛

④ 훈제오일(smoked, boiled with oil) : 장어, 바지락, 굴

⑤ 토마토 담금(boiled with tomato puree) : 꽁치, 정어리

(아) 어묵붙이(魚肉煉製品, fish meat paste products)

① 어묵류 : (판(板)-KB, 부들 73-chikuwa, 포장-, 튀김-, 어단-, fish ball)

② 어육 소시지 : (냉동연육-스리메すりみ, 소어, 잡어, 부산물 활용)

③ 어육햄(fish ham, 참치, 연어,송어), fish burger (고등어)

(자) 한천(寒天; agar-agar) : 실-, 가루-, 설-, 각-, 인상-, 그레뉴러-, 등

(2) 공용품(共用品; dual purpose products)

① 어유(魚油; fish oil) : 고래, 정어리, 상어, 오징어간

② 피혁(皮革; fish leather) : 곰장어, 고래, 상어

③ 어교(魚膠; fish glue) : isinglass, 상어

④ 호료(糊料; fish paste) : 풀가사리, 도박

⑤ Carrageenan : 진두발, 돌가사리, 홍조류

⑥ Alginic acid :갈조류-미역, 감태

⑦ 공예품(工藝品; industrial art products) : 산호(珊瑚; coral), 인공진주(眞珠; artificial pearl), 패각(貝殼), 고래수염

(3) 농용품(農用品; agricultural use products)

① 어박(魚粕; fish meal) : 정어리, 멸치

② 어분(魚粉; fish flour) : 백색어분, 갈색어분

③ 어비(魚肥; fish fertilizer) : 새우, 잡어

④ 어류의 농축물(fish meal concentrates) : s.p feed

⑤ 해조분말(海藻粉末) : 褐藻류의 kelp meal

(4) 약용품(藥用品; drug use)

① 간유(肝油; liver oil) : 대구(cod), 명태, 상어

② 인슈린(insuline) : 어류취장

③ 뇌유(腦油; brain oil) : 향고래 유(油)(perfume whale oil)

④ 요오드(沃度; iodine) : 갈조류의 미역, 다시마

◆ 수산동물의 부위별 이용도

① 육질(肉質)부 : 냉동품, 건제품, 염장품, 통조림, 조미품

② 내장(內藏), 난소(卵巢) : 염신품(젓갈), 염장품

③ 간(肝) : 간유, 염장품

④ 피부(皮膚) : 어교, 수산피혁

⑤ 지느러미 : sharks fin

⑥ 뼈, 이빨(齒牙), 갑각(甲殼) : 수산공예품

⑦ 비늘(鱗) : 인조진주, 화장품

3. 수산 가공원료의 특성

가. 일반 특성

(가) 종류 다양성 : 어류900, 갑각류300, 연체류100, 해조류300, 총 1700종

(나) 어획량의 기복성(起伏性) : 어획량 변동으로 계획생산불가(양식제외)

(다) 국소(局所), 국시성(局時性) : 어종별 어획장소와 시기 한정, 대륙붕 8.3%

(라) 다양(多樣)한 영양성분 차이 : 어체의 크기, 부위, 계절, 식이(食餌)

(마) 품질특이성(特異性) : 각 어종별 고유하고 독특한 색상, 향기, 식미 보유

(바) 부패(腐敗) 용이성(容易性)

① 숙명적(宿命的)원인 : 연약한 체 조직, 강한 효소활성, 짧은 경직기간

② 취급(取扱)특성 : 아가미, 내장채 운반저장, 해수(海水)균 오염용이

◆ 어패(魚貝)육이 축(畜)육 보다 부패가 더 용이한 이유(schonberg 제안)

① 多 水分, 多 不飽和 脂肪酸 함량 (어육 80% 〉 축육 70%)

② 軟弱單純한 근육조직(筋肉組織)

③ 신속(迅速)한 자가소화(自家消化)-강력한 내장효소 다량함유

④ 부패균(腐敗菌)오염 및 좋은 발육(發育)조건 (중성 pH)

⑤. 지방(脂肪), 천연 면역 소(天然 免疫 素) 적은 점

나. 어육의 조직특성

① 어체(魚體) = 두부(頭部) + 몸체(體) + 꼬리 (尾部)

② 체형(體型) : 방추형, 편평(扁平)형, 세장(細長)형

③ 근섬유(筋纖維)는 짧고(短) 굵게(大) 구성

④ 체 축(體 軸)과 직각(直角)으로된 섬유(纖維)가 발달되어 수영에 유리

⑤ 특이한 색소세포(表皮와 眞皮 사이), 비늘광택(眞皮중)

⑥ 강인(强忍)한 결체(結締)조직 함량이 적음.

다. 어육의 근육조직(Muscle tissue) - 근섬유 집합체

(가) 분류

① 형태적

ⓐ 평활근(平滑筋; smooth muscle)

ⓑ 횡문근(橫紋筋; striated muscle)

ⓒ 골격근(骨格筋; skeletal muscle)

ⓓ 심근(心筋; cardiac muscle)

② 기능적

ⓐ 수의근(隨意筋; voluntary muscle)

ⓑ 불(不)수의근(involuntary)

(나) 골격근 (骨格筋; skeletal muscle)

횡문 근섬유 집합체에 소량의 조직(지질, 신경, 혈관), 임파선(淋巴腺) 등이 함유된 결체조직으로 결속 된 것

(다) 근섬유(筋纖維; muscle fiber)

근육의구성 단위체로서 근초가 포위하고 내부에 핵(核)이 분산존재 근원섬유 사이에 근원질, 근장(筋漿)같은 교질용액이 차 있는 ø50-100M크기

(라) 결체조직(結締組織; connective tissue) : 근섬유와 내부 기관(器官)의 결속조직

① 교원섬유(膠原 纖維; collagenous fiber) : 강인한 횡문근섬유

② 탄성섬유(彈性 纖維; elastic fiber) : 질긴 조직

③ 세망섬유(細網 纖維; reticular fiber) : 다 분지(多 分枝), 기관(器官)지지

(마) 오징어 근육조직

① 오징어 몸통의 근육조직은 어육과 크게 차이

② 평활근섬유가 체축 에 직각방향 으로 구성(건/구은 오징어가 잘 찌저짐)

③ 체표피는 4층 구조〈 두께는 外→內 150 -200 -60 -40M〉 로 구성

④ 색소세포는 1층과 2층 사이에 분포

⑤ 몸체 조직내면에 10M 두께의 외피(外皮)로 존재

(바) 어피(魚皮)의 조직 : 껍질피부로 둘러싸임

① 어피 절단면 구조

ⓐ 표피(epidermis) : 다층(多層)표피섬유 집합체, 점액선(粘液腺) 분포

ⓑ 진피(dermis) : 다층의 결체 조직체, 비능(석회질 침착)

ⓒ 색소세포(pigment cell) : 표피와 진피 사이에 병열(竝列)

ⓓ 광채세포(光彩 細胞) : 색소과립세포, 진피와 근육층 내(內)

② 어류의 체색(體色) : 과립(顆粒)세포, 비늘색소, 껍질의 빛 굴절(屈折)

라. 어육의 성분 특성

① 성분함량차이 : 어종, 성별, 나이, 어장, 계절, 영양상태

② 각 어종의 고유한 특이 성분 함유

(1) 일반성분 조성의 변화

(가) 어육 수율(edible flesh yield) : 어류 50~60%, 조개류(貝類) 20~40%

① 20% level : 굴(24), 소라(20), 바지락(13~20)

② 30% level : 대구. 도미. 게르치(30), 숭어(27), 달강 어(25)

③ 40% level : 명태, 서대(40), 조기, 농어 (42), 임연수 어(45)

④ 50% level : 고등어, 칼치, 곰치(50), 청어. 넙치(48)가자미.붕장어(46)

⑤ 60% level : 연어 (60)

⑥ 70% level : 튜 나, 가다 랭이, 참치(70), 갯장어 (68)

(나) 성분함량 차이

① 어종별 : 多지방(정어리, 꽁치), 少 지방(대구, 가자미, 조개류)

② 부위별 : 多지방(腹부, 頭부, 표층 육, 血合 육)

③ 나이, 크기 : 多지질, 少수분(노령어, 大魚), 多TMAO(大語)

④ 계절별 : 어패류 좋은 맛은 산란시기와 일치, 지방은 산란 前〈최다〉, 后〈최소〉, 굴 맛은 늦겨울 과 초봄 최고(단백질과 글리 고겐 증가)

ⓐ 서양인의 굴 식용금지 시기 : 산란기, 하절기 인 영어로 r자 없는 달인 may, june, july, August〈5. 6. 7. 8〉 4개월 기피

ⓑ 연어는 산란기는 회유(回遊)로 금식하여 영양부조화(不調和)로 맛 최저

⑤ 어장차이 : 수온 차, 영양원차, 광선량차(푸랑 크톤, 고형 분 함량 차이)

- 뱀장어 : 자연산(영양 부조화 -저 지방,多수분),양식산(다 지방, 저 수분)

(2) 각성분의 특징

(가) 수분(水分; moisture, wet, water) : free /bound type (74.8)

- 함량 70~85%, 無 영양가치, 역할(가공성, 저장성, 식미성, 색상 등 좌우)
- 결합수 15~25% (미생물 이용不可, 不건조(no drying), 不 동결(-20℃이하)

  고등어 수분 73.4% = 결합수 23.2% + 자유수 50.2%

(나) 단백질(蛋白質; crude protein) 15~25% (mean 19%)

① 종류

ⓐ 근장(筋漿) 단백질 : 30% 이상함유, Myogen, Globulin, 수용성

ⓑ 구조(構造) 단백질 : 60% 이상함유, Actin, Myosin, 염용성,어묵형성능 강함

ⓒ 기질(基質) 단백질 : 10% 전후, Collagen 4 - Elastin 1, 불용성, 힘줄, 인대

② 어종별 Myosin(어묵형성단백질) 함량% 비교

ⓐ 30%↓ : 칼치(8.8), 황가오리(12.3), 꽁치(23), 정어리(27)

ⓑ 30~40% : 날치(33.7), 참가자미(34.3), 갑오징어(36.3), 다랑어(38.2), 갯장어(38),

ⓒ 50%↑ : 별상어(41.1), 백조기(51), 황조기(53), 게르치(61), 농성어(62), 옥돔(63)

▶ Collagen(어피 성분) : 불용성 경단백질, 수축온도이상 열수가열로 gelatin 생성

▶ 열수축온도 : 어육(35~50℃), 이축육(60~70℃)보다 hydroxyproline함량이 적어 낮다.

▶ 생선어패육의 단백질의 영양가는 구성아미노산의 종류와 함량 우수(쌀밥의필수 aa인 lysine 보충원(補充源)으로 크게 기여해 왔다.)

(다) 지질(脂質, Lipid, oil & fat, Triglyceride=TG, Natural/pure fat) 1~10%(5%)

① 지질 분포

ⓐ 피하(皮下)지방 : 정어리(13.8%), 꽁치(8.4), 고등어(10.4), 뱀장어(18)

ⓑ 간장(肝臟)지방 : 상어 肝(80%), 오징어 간(50), 대구 간(70), 명태 간(31)

▶ 지방산의 불포화도 는 수온(水溫)이나 기온(氣溫)이 낮을 쑤록 높아져 옥도가(沃度價)가 높아진다.〈한류성어류 즉 등푸른생선(꽁치,고등어) 오메가3(EPA,DHA)지방산함량이 높은 이유〉

② 지질의 구성

ⓐ Glycerides(mixed) : Glycerol, Fatty acid(palmitic, oleic, linoleic, linolenic, arachidonic, EPA, DHA, scolidonic, sibinic, clupadonic acid)

ⓑ 인지질(燐脂質; Phospholipides) : 뇌, 내장, 생식선, 혈합육, 어란(연어 · 청어 50%)

ⓒ 밀납(蠟, wax) : 뇌유(향유/돌고래), 구성- 고급알콜(cetyl, stearyl, oleyl 등)

ⓓ Sterol : 지질의 1~2 % 함유, 주로 cholesteroldlrh 미량의 7-dehydrosterol, cyclopentano perhydrophenanthrene 유도체 등.

ⓔ Others : 포화 탄화수소-Squalene ($C_{30}H_{50}$, Oxygen Box, 심해상어 간 70~90%), Prostane(돌묵상어 간 10%), glycerine ether, butanol selacyl alchol, chimyl alchol, Vitamin A.D.E , Carotinoid Color

▶ 어유의 효능 : 열량원 9cal/g fat), 특수성분(Vitamin P) 효과

(라) 고형물(Extractives, 에끼스) : 어육을 열수추출한 수용성 정미(呈味) 성분

① 기능 : 근육세포의 대사관여(생화학적), 맛 품질관여(식품학적)

② 함량 : 어류 1~5%, 연체류 4~8%, 갑각류 6~10% (무척추 〉 척추)

③ 구성 : 유기성분 3/4~2/3과 무기성분 1/4~1/3

④ 내용성분

ⓐ Free amino acid : 적육(赤肉), 혈합(血合)육에 풍부, taurine, glycine, glutamic, alanine, proline, 염류농도에 의해 증감(삼투압 조절)

ⓑ TMAO $(CH_3)_3NO$: 판새류인 홍어, 가오리에 풍부, 담수어는 不 존재 TMAO → TMA [생존시없거나 소량 함유 → 사후변질분해로 함량 증가]

ⓒ 요소(尿素,Urea) : 어류의 최종 질소화합물 배설형태

- 암모니아 형(NH_3형) : 해산(海産) 경골어(硬骨魚), 수서(水棲)무척추동물, 담수어

- 요소형(尿素型)$(NH_2)_2CO$: 해산(海産)연골어(軟骨魚)-판새류(홍어, 가오리, 상어)

ⓓ Betaine : 메치오닌의 합성시 CH_3 radical 원료

- 어류 0.1%, 무 척추(脊椎)동물(오징어, 문어, 새우) 5~11%

- 조개의 패각근(貝殼筋)에서 Atrinine(신 베타인 유사물질) 발견

ⓔ 핵산구성분 (Nucleotide) : 어육근육중 유리상태로 존재

- ATP, ADP, AMP, IMP, Adenosine, Inosine, ribose
- 연체류에 풍부, 분해산물(adenine, guanine, xanthine, hypoxanthine)

▶ 칼치 비늘 : guanine(난용성)과 요산이 침착되어 흰 광채 발산

⑥ 유기산(有機酸) : 젖산(乳酸) 1%(赤肉 〉 白肉), 호박산(琥珀酸, 조개맛), pyruvic, malic, citric, fumalic acid - 소량 존재

⑦ 당류(糖類, sugars) : glycogen(간당) - 어육 1%, 조개 5%이상, 포도당, galactose 소량존재, ribose(선도 저하시 함량 증가), inositol (5~10mg%)

(마) 색소(色素)물질(pigments,color substances)

① 표피(表皮)세포[체(體)표피세포질 중의 색소립(色素粒)] 종류

ⓐ 흑색소포(黑色小胞; melanophore) : 흑색, 갈색

ⓑ 황색소포(黃色小胞; xanthophore) : 황색

ⓒ 적색소포(赤色小胞; erythrophore) : 적색

ⓓ 백색소포(白色小胞; leucophore) : 백색

ⓔ 구와닌색 소포(小胞; guanophore) : 광택

- melanin, carotinoid, pterin, Mb, Hb
- melanin, carotinoid, pterin, Mb, Hb

② 근육색소(筋肉色素; Myoglobin Mb) : 적색의 수용성색소 80%이상, 혈합육에 풍부, Cytochrome(연어, 송어 육색 제외)

③ 혈액색소(血液色素; HemoglobinHb) : MW 67,000, 먹장어 34,000, 피조개73,000

- 색소성분 : Hb(Fe), Hcyanin(Cu, 연체, 갑각), H Vanadin(v), Pinnaglobin(Mn), Erythrocruorin(연체,환형동물)

④ 내장색소(內臟色素; Viscera Color) : Bile, astacene, xanthophyll(어류), carotene, bilibrubin(肝 황색), biliverdin(록색), pheophorbide (淡青, 전복)

▶ 묵즙(墨汁; Sepia) : 문어 · 오징어 먹물 (melanin, $CaCO_3$, $MgCO_3$, 카로틴)

(바) 맛(呈味) 성분 : 유리아미노산, 핵산물질, 유기산, glycogen, 지방

① free amino acid : MSG, glycine, alanine, proline (조개, 새우, 오징어), Methionine(다량 시 불쾌 미; 미량시-후미(後味)강화)

② 핵산물질 : 핵산조미료(GMP, IMP 외 20여종 존재)

▶ 맛의 상호증진작용(enhancement action of taste) : 맛의 상승(相乘)효과, MSG(아미노산 계)에 소량의 IMP, GMP(핵산계)첨가시 15배 맛이 강화

③ Betaine(오징어의 상쾌한 감미(甘味)), TMAO(감미), 호박산(조개살 맛)

④ Glycogen : 굴, 조개, 單용은 無味, 혼합시 後味생김, 지방, 그리세라이드(조직감)

(사) 냄새 (香臭) 성분

① 어취(魚臭; fish odor) : 해수어(海水魚)희박(TMA 臭, Iodine 臭) 〈 담수어 臭 强, piperidine, acetaldehyde(민물고기), δ-aminovareral, δ-aminovaleric acid,(비린내 强), H_2S, TMAO, skatole, indole, methyl-mercaptan(부패 臭), NH_3(상어, 홍어, 가오리에 풍부)formic, acrylic, propionic, butylic, crotonic, valerianic acid(어유산화분해성분)

② 무척추(無脊椎)어류 냄새 : Δ2.6 nonadienol(해삼 풋오이냄새), cynthianol(멍게 특이취), i-valerianic, acetic, propionic, butylic, capric acid(오징어 부패취), taurine + betaine(날 오징어 취), taurine + casein (구은오징어 취), taurine + methionine(간장발라 구은 오징어 취)

③ 해조 취(海藻 臭; seaweed odor)

ⓐ 향기성분(flavor) : benzaldehyde, n-valeraldehyde, 5-methylfurfural, furfural(carbonyl구) 1.8 cieol, linalool, d-limonene, α-pinene, octenol-3(중성구), dimethylsulfide block, dimethylsulfite(김 냄새)

ⓑ 냄새성분(臭氣; smell odor) : H2S, methanthiol, low grade fatty acid(formic, acetic, butylic acid), unsaturated fatty acid(acrylic, linoleic acid), amine block (TMA), Phenol block (ρ-cresol)

(아) 유독성분(有毒; toxic substance)

① 어(魚)의 독성분 존재 이유
생존상 체내생성, 환경오염으로 외부섭취축적, 세균 오염

ⓐ 어독(魚毒) : tetrodotoxin($C_{11}H_{17}O_8N_3$, 복어 독, 맹독-15명/ 尾 수용성, 내열성 강, 알, 혈액, 육질 함유), cyguatera(창 꼬치독, 신경마

비), ichthyotoxin(뱀장어피 독소)

ⓑ 연체(軟體)어류 독 : tyramine, histamine(문어 마비독), mitylo-toxin(담치 독), venerupin(굴, 바지락, 모시조개 독), holothurin(해삼용혈성 독),saponin (불가사리독)

② 육색에 따른 어육 분류

ⓐ 보통/백색육(ordinary/white muscle meat) : 저서성(底棲性) 심해 정착성백육어 多 수분, 少지방, 결착성, 탄력성 强, 어묵 형성능 優秀, 조기, 대구, 명태, 넙치, 광어

ⓑ 적육/혈합육(red/bloody/dark muscle meat) : 표층회유(表層回遊) 적육魚 多지방, 少수분, 결착성, 탄력성 貧弱, 통조림, 연제품용, 꽁치, 고등어, 참치

4. 수산물의 생리활성기능성분

가. 수산물별 생리활성성분

① 어패류(魚貝類; fish and shell fish) : 고단백, 고지방 풍부하고 무기질, 비타민 공급원

② 해조류(sea weed) : 바다야채, 각종무기물, 요도 공급원, 알긴산의 중금속체내 억제예방

③ 해양생물 : 미량, 소량의 성분으로 생명현상 영향물질

ⓐ 활성이 불안정하여 분리정제 至難

ⓑ 어간유의 비타민 A.D, 어류내장의 인슈린, 해조류의 구충제, 갯지렁이의 살충제 성분

ⓒ 건강식품, 식품가공첨가물, 의약품, 농약품, 공용품등 활용, 1960년대 많은 연구 진행

(1) EPA(EicosaPentaenionicAcid), DHA(DocosaHexaenoicAcid)

▶ $\omega 3$ 지방산

▶ 등푸른 생선(꽁치, 고등어) 풍부, 고도의 불포화 지방산으로 유아두뇌 발달, 치매예방

▶ 성인병(심근경색, 혈전증)예방효과 탁월, 에스키모인, 일본인의 혈전숲無-생선400g/일 섭취

(가) EPA : 탄소 20개, 이중결합 5개(5, 8, 11, 14, 17 탄소위치) 명태 10, 고등어 6, 정어리 16, 멸치 16

(나) DHA : 탄소 22개, 이중결합 6개(4, 7, 10, 13, 16, 19 탄소위치) 명태 16%, 고등어 17%, 정어리 10%, 멸치 16%

① 포화FA : butyric-4, 버터, caproic-6, caprylic-8, capric-10, lauric-12, myristic-14, palmitic-16, stearic-18, arachidic-20, behenic-22, lignoceric-24, cerotic-26, montanic-28, melissic 30

② 불포화FA

ⓐ oleic acid=1개 계열 : caproleic-10, lauroleic-12, myristoleic-14, palmitoleic-16, oleic-18, vaccenic-18, ricinoleic-18, gadoleic-20, erucic-22, nervonic-24

ⓑ linoleic acid 계열=2개 : stillingic-10, linoleic-16

ⓒ linolenic acid 계열=3개 : hiragonic-16, linolenic-18

ⓓ polyethenoid계열=4개 : moroctic-18, arachidonic-20, claupan-odonic-22, nisinic-24

ⓔ EPA = 5개

ⓕ DHA = 6개

(2) Squalene($C_{30}H_{50}$, MW 410.7), Oxygen Box

심해(수심500~1000m, 100기압, 2~4℃ 냉암소, 먹이사슬없는 환경) 아이(용철갑)상어의 간유(肝油)에 함유된 이중결합 6개를 가진 불포화 탄화수소유 triterpenoids가 주성분이고 $C_{30}H_{50}$의 화학식을 갖는 무색·무취의 기름인데, 생체 내에서는 아세틸 보조효소 A로부터 메발론산을 거쳐 합성된다.

심해상어의 간은 체중의 25%, 전체내장의 90%를 차지하고 간의 90%는 간유이고 간유의 90%가 squalene이다. 스쿠알렌은 식물유인 올리브유에 6.8%, 인간의 피부(표피지방층)간,쓸개,심장, 폐 에도 12% 함유하여 부드러운 피부를 유지하게 된다.

squalene은 1906년 쓰지모도 미쓰마루(일)가 발견하였고 1935년 스위스인 칼라에 의하여 화학식이 구명 되었다. BP 330℃, 간에서 생성되며 담즙,스트레이드 홀몬 원료가 된다.

▶ squalene의 효능은 ① 산소공급($H_2O \rightarrow H^+ + OH-$, $4(OH-) \rightarrow 2H_20 + O_2 + 4e$) 60조개의 체세포에 산소공급, ② 피부건강기능, ③ 신진대사기능, ④ 살균작용 (발생기산소), ⑤ 체액의 산성화 방지, ⑥ 세포부활작용, ⑦ 혈중 TG 와 콜레스테롤 저하 기능 등 스쿠알렌은 1g당 1,733칼로리의 열량을 내는 고칼로리 식품이며 시들어져 가는 세포에 활력을 주어 근본적으로 생기를 부활하는 비밀의 무기이다.

▶ 공업적이용 : 윤활유(한랭지의 일본군 전차, 비행기), 화장품, 좌약, 의약품기질, GC고정상액체

(3) Taurine(β-aminoethane sulfonate, 含 S 아미노산, 분유, 박카스 첨가원료)

① 동물계의 중추신경조직, 심근, 망막조직 구성분

② 삼투압조절(해산동물), 근내 수축에너지물질(환형동물), 담즙산구성분(고등동물)

③ 생리활성은 막의 흥분성관여, K와Ca 의 막 이동관여, 내분비조직, 신경전달물질방출 조절

④ 생체막의 안정화로 노화 방지 물질 타우린 대사가 앞으로 연구 과제

(4) Insulin

① 동물 췌장 중 랑게르한스 섬에 함유된 아미노산 A사슬(21개 aa 잔기)과 B사슬(30개 aa 잔기)로 구성된 peptide hormone으로 부족하면 당뇨병을 초래.

② 인슈린 채취는 소, 돼지, 개 나 가다랑이, 참치, 대구, 명태, 가자미 가섬과 췌장분리가 용이하여 많이 이용, 어류 인슈린은 최상의 원료선도를 유지하여 picric acid에 침지한 랑게르한스 섬 조직을 마쇄하여 아세톤으로 수회추출, 35℃이하 감압증류, 잔사 + 혼합액(알콜75%과 3N HCl 25%)용해후 원심분리, 상징액 + 아세톤 용해, 냉장고 방치한 후 인슈린 염산염 침전물은 아세톤과 에테르로 세척 건조 분말의 인슈린 제조

(5) Chitosan/Chitin(키틴의 탈 아세틸화합물)

① 키틴 함유원료 : 하등동물, 게, 새우껍질(皮) 20~50%, 하등식물 세포벽 45%

② 키토산 및 유도체 효능 : 무독성, 무공해성, 생분해성, 除酸작용, 궤양억제작용, TG나 콜레스테롤 감소약리작용, 장내 유용균의 발육촉진, 면역력 부활작용, 외과용 봉합사, 화상 시 인공 피부, 항 균제, 항 종양제, 투석막, 응집제, 흡착제, 이온교환수지, 화장품, 시굴세포의 활성화제 등 다양

③ 키토산의 식품에 이용도

ⓐ 무독성 천연물

ⓑ 높은 소화율(닭 89~98%, 토끼 40~44%)

ⓒ 보존제(pH 5.6)

ⓓ 고분자 응집제(폐수3차 처리오니의 75% 응집)

④ 제조상 문제점

섬유소 다음으로 풍부한 자원, 다양한 용도, 건조 게 껍질 1톤에서 200 ~ 500kg 키토산 생산과 100톤 폐수(BOD 350kg + 염 350kg함유)발생, 화학약품(산, 알카리) 분해법에서 → 효소분해법으로 공해 해결

⑤ 용도

의료용, 농업용, 섬유, 종이, 항균제, 건강기능식품 .

(6) 해조류 기능성분

▶ 해조류 : 기호품, 임산부영양원, 무기질, 식이섬유 공급원, 생체유지기능

▶ 주요기능성 물질 : 지방산 관련물질, 페놀류, terpenoid, 다당류, 아미노산류

▶ 기능효과 : 항 균성, 항 바이러스성, 항 종양활성, 항혈액 응고물질, 혈압조절작용

(가) 화학성분

① 광학성 색소

ⓐ 지용성 엽록소 - 건갈조(乾原藻 : 갈, 홍, 록 조류) 에 0.1~2 % 함유

ⓑ 카로티노이드 : β-carotin, lutein, violaxanthin, zeaxanthin, neo-xanthin, antheraxanthin, β-cryptoxanthin, lutein- epoxide, - 常存 成分

ⓒ phycobilin : 홍조류, 수용성, bilin은 담즙색소 와 유사

② 단백질

ⓐ 마른해조(녹, 갈, 홍조류) 10~20%(건물중)함유, 육상채소와 유사

ⓑ 김(海苔) 35~45% 함유-大豆 와 필적

ⓒ 제한 아미노산 - 라리신, 트립토판, 但 소화성불량, 채소 곡류보다는 소화우수

③ 지 질

ⓐ 乾 해조 1~4%, 다시마 1.5~2%, 미역 3.7%, 김 2%

ⓑ 포화FA(팔미틴 산 10~40%, 미리스틴산 0.5~10%), 불포화FA(올레인, 리놀산 , 레놀레산 10~30%, hexateraen산 7~17%, 탄소 20이상 산은 적음)

ⓒ 고도 불포화산 : 홍조류가 아라키돈6~20%, EPA26~56%

ⓓ 아세톤 可溶의 당지질, 황지질, 인지질, DGDG, MGDG 함유

④ 당 질 : 삼투압 조절, 영양염류 흡수가능케 전체 해조류가 치밀 구성

ⓐ 골격 다당류 : cellulose (최외층 존재, 해수와 접하며 조체의 골격 구성)

ⓑ 점질 다당류 : 세포벽, 세포질, 세포간격을 충진상태, sulfated glucuronoxylorhhamnan, sulfated glucuronoxylorhamnogalactan 과당이 결합, 알긴산 10~30% 함유, 아가로스(홍조), carageenan

⑤ 엑기스 성분

아미노산, oligopeptide, amine, betaine, aminosulfonic acid, nucleotide 등 저분자 N 화합물

ⓐ amino acid : 녹조류는 적고갈조류에 글루타민산, 아스파라긴산, 알라닌, 프로린이 많고, 미역(알라닌, 글리신,트레오닌,글루타민산), 홍조류는 알라닌, 글루타민산, 타우린특히많음

ⓑ 기타성분 : nucleotide(cytidil산, adenyl산, uridil산, guanyl산, 85%가 2,3ribonucleotide), organicacid, 건물중 200~1,100mg%), 당질(mannitol, sorbitol, inositol 등 6가 알콜 존재)

⑥ Vitamin

김(vit.A 16,000IU), 감해태 (13,000IU)

cf. 시금치 18,000IU, 감해태, 미역에는 thiamine, riboflavine, niacin이 많고 해조건물중에 vit.C 20~1000mg% - 건조보존 유의 시 고가치유지

⑦ Minerals

ⓐ 인체의 체액(혈액, 임파액, 자궁 양수액) 조성은 해수조성 과 유사

ⓑ 인체골격, 치아(Ca. Mg. P), Na, K (근육, 신경 바란스조절), Fe(Hb 산소운반, 에너지대사)

ⓒ Ca, Mn, Cu, Co, Zn(효소구성분, 활성화), I(갑상선기능)

ⓓ Cu, Co (Hb 합성,골수 조혈 인자), Al, Fe, Mn의 농축률 high

⑧ 항균(抗菌) 및 Virus 성 물질 : FA화합물, 페놀, 탄닌, 할로겐화물, 황화물, terpene 류

ⓐ FA 관련 화합물 : Acrylic acid(항균력), DMPT(DemethylPropioThetin)-효소, 미생물분해생성

ⓑ Phenol 류 : p-cresol, p-hydroxybenzyl alchol, phloroglucine 및 그 중합체 함유-할로겐(Br, Cl, I)치환, 항생물질(cymopol, zonarol, bifucarenene, 5-hydroxy-cysatofuranoquinol)

ⓒ 황화합물 : 4-dioxy-1, 2, 4, 6-tetrathiepane 및 1, 2, 4, 6 tetra-thiepane, lethionene)-항균활성 인식

ⓓ Terpenoi : 다수할로겐Monoterpene(항곰팡물질), sesquiterpene(laurintenol, isolaurinterol), dilabellane, dictyolE, amijol, dictyodiol (G+균 항균성 확인)

ⓔ 다당류 : 해파린상 항산화(카라기난, 한천생성)다당류 : 항 바이러스 활성, 39종 다당류 추출

⑨ 항종양성 물질

ⓐ 점질다당류 : 다시마, 모자반 열수추출물의 쥐 항종양성효과 인식, 알긴산, fucoidan유효

ⓑ Terpenoid류 : 홍 · 갈조류에서 분리성분이 쥐의 악성 흑색종세포, 사람 결장 암세포 유효

⑩ Iodine 과 기능성

ⓐ 해조(海藻)의 요도 4~5ppm(해수의 5dd- 6만배 함유)

cf. 해수(海水) 0.008 ppm, 녹조 130ppm, 홍조 890ppm, 갈조 4.300ppm

ⓑ 기능성 : tyrosine의 갑상선 호르몬 구성분

ⓒ 호르몬의 생리작용 : 세포 및 조직에서 지질, 단백질 당대사 촉진, 부족시 수종의 생리장애, 발육기 부족시 왜소증, cretin병, 성인은 점액수종, 골 발육불량, 단구증, 지능 저하증

⑪ 혈압조절물질

압저하작용과 혈압 점조성에 관여하는 콜레스테롤, T.G조절물질, 혈전방지, 혈액응고방지

ⓐ 아미노산류 : 라미닌(혈압강하효과), 갈 · 홍조류, 다시마에 함유

ⓑ 알긴산 : 식염과 고혈압, 과잉섭취는 체내에 NaCl과 물을 축적, 세포외액의 증가, 혈관벽 비후시키는 angiotensin 분리(혈관수축, 근육수축강화)로 혈압상승

- 알긴산은 Na 과 결합 체외배출로 혈압상승억제 효과 초래

⑫ Cholesterol 저하물질

ⓐ 콜레스테롤 : 세포막 구성분, 답즙산, 부신피질의 전구물질

ⓑ 혈중 함량 초과시 : 심장동맥 및 말단 세동맥의 경화촉진 → 심근(心根)경색 초래

- Alginic acid : 녹 · 홍조류, 감해태, 곤부 분말의 베타인류 특히

homobetaine(β-alanine betaine), ulvalin이 혈중 콜레스테롤치 저하효과 우수

⑬ 항 혈액응고 활성 성분

황산 다당류인 Sargassan(갈조 성분)은 heparine의 항 혈액응고활성의 72배 강, 김(홍조류)의 트롬빈 활성 저지력이 헤파린의 2배효력

⑭ 기타 생리활성 물질

ⓐ 유해 중금속 제거배설 효과

해조 다당류는 -COOH 나 $-SO_2$ 기를 갖는 산성 다당류로 중금속과 결합력 강

cf. 알긴산은 Ca, Na외에 Cd, 방사능 오염 Strontium과 결합 체외 배출 용이

ⓑ 효소활성인자 : 알긴산(amylase, protease활성증가), 가라기난(항 펩신기능)

▷ 톳(diterpene의 phytol) : 카르복시 에스테라제 활성인자

▷ polyphenol : 갈조류의 dibenzo-1, 4-dioxine 골격의 eckol은 프라스민 저해활성, 아미라제, 트립신, 리파제 등 활성저해

▷ sterol : 혈전효소 활성화 인자(프라스미노겐)생성촉진, fuccosterol은 해조에 50~200mg% 함유 혈전생성방지, 용해효과

▷ Prostaglandin(자궁수축.혈압강하제) : 홍조류인 김에 함유, eicosapentanoid수종발견, 12-hydroxy-eicosa-5, 8, 10, 14, 17-pentaenoicAcid(항균성분), 혈소판응집저해작용, 大신장(腎臟)의 ATPase 저해활성 촉진

▷ lectin(응집소) 해조류 응집소는 사람적혈구, 소, 모르모트 등의 적혈구, 림파구, 쥐 종양 세포, 해양세균에 대한 응집성이 강

5. 수산가공의 요건

원료의 우수선도가 우수제품의 관건 (수율, 품질)

가. 어패(魚貝)류의 선도 판정

(1) 목 적

품질파악(원료, 제품), 가공적성, 보존법 결정, 위생검사

(2) 측정원리

관능검사, 과학분석검사(이화학적, 세균학적)

(3) 측정법

(가) 관능검사
5대감각기관의존, 경험과 숙련필수, 간편하여 현장채용 많음.

▶ 순서 : ⓐ 근육경도(손가락으로 눌러 경연차), → ⓑ 아가미색(담적-양호, 회록-부패) → ⓒ 안구 상태(투명-양호, 혼탁-불량) → ⓓ 어피색(고유색채) → ⓔ 복부(팽만감-양호) → ⓕ 어육(투명 광택 유무) → ⓖ 냄새(해수취-우수, 비린내-부패취)

(나) 물리적 검사 : 신속판정가능하나 개체차 커서실용불가

① 경도측정　　② 전기저항차 (부페로 감소)

③ 안구수정체 혼탁도　　④ 어즙액 점도

⑤ 안방상등액의 굴절율

(다) 화학적 검사

① 판정원리

ⓐ 신선육에 없거나 소량성분이 변질시 생성 증가(VBN, TMA)

ⓑ 단백변성을 지표

ⓒ 효소활성지표

ⓓ pH 변화치

② 측정법

ⓐ 휘발설염기질소(VBN) 측정법 : 증류법, 미량확산법(Conway법)

- VBN 판정기준 : 신선어(5~10mg%), 보통어(15~25), 초기부패어(30~40), 부패(腐敗)어(50mg%이상), 통조림원료어 20mg%↓

ⓑ TMA(Tri Methyl Amine) : 신선어(없음), 초기부패어(3~4mg%↑, 부패어(TMAO환원), 담수어 불사용

ⓒ 휘발성환원물질(VRS) : 초기부패어(20mg% 당량↑ - $KMnO_4$소비량)

ⓓ 단백승홍침전반응 : 어육을 승홍(제2수은의 침전정도로 측정)

ⓔ 어육 pH : 사후 저하후 재차 상승

- 부패점 pH : 적육어 6.2~6.4, 백육어 (6.7~6.8), 신선어 (7.0)
- 오징어육 선도판정기준 : VBN 30mg%, pH 6.5

(라) 세균검사 : 어육에오염세균수 측정, 번거롭고 장시간소요로 비실용적

▶ 부패구분 (Tarr 1944) 어육 1g당 세균수로 신선어 10^5↓, 초기부패어 10^5~10^6, 부패어 15×10^6

나. 어패육(魚貝肉)의 사후(死後)변화

(가) 사후변화 5단계

① 해당(解糖)작용(Glycolysis) : 간당 → 젖산, ATP → H_3PO_4 + ADP

② 사후경직(硬直; Rigor Mortis) : pH 6.3↓

③ 해경(解硬; Off Rigor, Resolution of Rigor) : ATP소실, 근섬유 파열

④ 자가소화(自家消化; Autolysuis) : 육질연화, 산가↑, 인산↓, NH_3.aa, 가용성N↑

⑤ 부패(腐敗; Putrefaction) : 자가소화 + 대장균에 의한 분해의 공동작업

(나) 어패육의 어획후 생체변화(사후변화)는 대단히 복잡하나 크게 나누어 ① 먼저효소계에 의한 해당작용 같은 생화학적 변화로 시작하여 근육내 젖산과 인산이 축적되어 ② 육단백질이 사후경직이 근육내 간당(glycogen)이 소진 될 때 까지 계속되고 ③ 해당작용이 끝나면 해경과 더불어 ④ 근육 내 자가분해효소에 의한 자가소화로 육질이 연화 팽윤된다. 이때 부패균의 오염증식이 왕성해져 근육성분은 저급화합물로 분해하여 ⑤ 부패를 일으키게 된다.

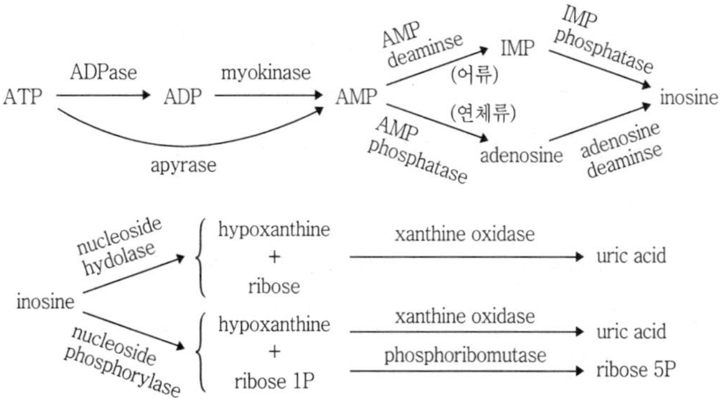

【그림 2-8】 ATP의 분해경로

(다) 어육 사후변화

▶ 저장목적 - 사후경직(前.中)과정을 냉동(-15℃, 2주간)으로 연장

▶ 조리 목적 - 자가소화 과정신속화(연화효소)진행

① 생선회(生鮮膾)

신선육을 냉수에 담그면 급격히 수축하는 현상 = 이상경직

- 원인 : 인산화합물의 소실, 간당의 감소, 근육의 경직등이 단시간 진행으로

② 부패작용

유기물질이 미생물의 작용에 의하여 인간생활에 부적당한 물질로 분해되는 것.

- 명칭 : 탄수화물 → 발효, 지방 → 산패, 단백질 → 부패
- 아미노산 분해종류 : ⓐ 탈탄산작용, ⓑ 탈아미노작용, ⓒ 탈탄산과 탈아미노병행, ⓓ aa발효
- 어육부패세균 : Flavobacterium, Pseudomonas, Achromobacter 속
- 분해산물 : NH_3, 아민류, 휘발산, 방향및 Oxy산, 페놀, 인돌, 스카돌, 피롤, 유황유도체, 각종aa, 각종 ptomine 류

다. 어획물의 취급과 관리

선도가 우수하고 위생 안전한 어패류공급은 어획에서 소비까지의 어획물의 취급, 관리 및 선도유지 기술확보가 절대적 요건임.

(1) 선상의 취급관리

(가) 선상 선도유지

오염원신속제거, 효소작용억제, 직사광선회피, 저온유지, 상처 및 유혈방지로 미생물오염 발육 및 변색방지

(나) 선상처리

① 선별 : 신속실시, 취급주의 타박 · 상처 방지

② 예비처리

ⓐ 어획물 즉살처리(대어-광어, 민어, 삼치) 필요

ⓑ 내장제거 : 장내세균, 효소작용억제, 선상처리유리

ⓒ 세척 : 오염원 제거 (청수로 혈액. 오물세척)

ⓓ 상자담기 : 혼합어 입상배제,적량,적정한 배열 필요

◆ 입상자(入箱子)법

① 배립(排立)형〈등이위로〉 ② 복립(腹立)형〈배가 위〉

③ 평편(平編)형〈옆으로〉 ④ 산립(散立)형〈무배열〉

⑤ 환상(環狀)형〈장어〉

◆ 배열법 결정요인 : 어종, 용도, 저장기간(배립 10일이내, 복립10일 이상저장)

(2) 유통중 취급 및 관리(빙장, 염장, 냉동)

① 철저한 청결상태 유지 : 초기오염원과 미생물 영양물질(내장, 아가미) 제거

② 어체온도 신속저하 : 부패세균과 효소활성 작용지연

③ 위생처리 준수 : 아가미 · 내장은 철저분리, 세척(오염원), 불결빙, 부패어, 부산물 제거

④ 취급주의 : 상처예방(밟거나 던지기, 갈고리로 찍는 작업 배제)오염어 격리

◆ 수산전통식품 : 옛부터 전래 우리 고유식품의 계승, 육성을 위해 품목을 지정하고 공장심사 및 품질시험 후 그 품질을 인증, 상품에 「물레방아」 마크를 부착 출하하는 제도로 1996부터시행-한국식품연구원. '96-11품목-7개공장 776톤 생산〈절임식품(젓갈류), 죽류, 어육제품(건조갯살), 해조류(조미김)〉

◆ 수산특산물 : 산지특산물을 대상으로 품질검사 후 그 품질을 인증, 상품에 「品」 자 마크를 표시하여 출하하는 제도로 1996부터 실시
-농산물품질검사원
〈해초류(김, 미역, 다시마), 건제품(건오징어, 건멸치, 꽃새우), 염장품(간미역), 조미가공품(조미쥐포, 조미개량조개), '96-18개품목-52개공장-1291톤 출하

라. 어패류 선도 유지기술

(1) 단기유지

① 내장, 아가미 제거로 해수세균, 내장효소 등 오염미생물의 영양원 제거

② 수세로 부착세균, 오물제거로 품질유지 - 수침, 분사세척 실시(어류, 어상자, 어창 등)

③ 신속 냉각으로 저온유지시켜 세균증식 억제〈냉각법(빙장, 냉장, 동결) 빙장-어류+쇄빙, 수빙침지〉

▶ 10일간 보존가능 : 빙사용량 - 春 · 秋(어와동량), 夏(氷2배), 冬(氷1/2량)

▶ 夏 저장일수별 : 1일(동량), 2일(1.5배), 3일(2배 얼음)

④ 상처 · 타박상 발생주의 : 산물적재시 적당높이, 취급주의(소형어의 어육이 더 연약함)

(2) 장기 유지

(가) 저온저장 : 동결점부근냉각, 해수어 4~15일(-1~0℃), 담수어 2~5일(0~1℃)

▶ 냉각법 : 냉공기, 얼음, 항생제빙, 염수빙, 냉염수, 부분동결

(나) 광선이용

① 자외선(저압수은등, 테불위 2m, 대장균살멸 (1분/15w)고기숙성

② X선(세균살멸 : 300만W 음극선, 효소파괴)

(다) 첨가물 이용

① 방부제(솔빈산, 안식향산, 포로피온산)

② 산화방지제(BHA, BHT)

③ 드립방지제(복합인산염, 당류, 식염)

④ 발색제(아질산Na, 질산Na)

⑤. 탄력보강제

(라) 약제빙(안식향산, 살리칠산, 붕산, 유효염소 0.02~0.06%)

(마) 부분동결(빙장, 수빙법의 결점보완 : 비내동성어류, 송어(2주/-2℃~-10℃) 기생충 사멸

(바) 동결 : 내동성 어류, 대량장기저장 가능, -18℃↓ 급속동결

◆ 어류의 수명(년)

거북(300), 까막조개(80), 장어(70), 메기(60), 잉어(45~150), 방어 · 도미 · 청어(10), 가오리(20), 미꾸라지(20), 대구(13), 연어 · 고등어 · 숭어(4~6), 은어 · 정어리 · 꽁치 · 망둥어(1~3)

〈코끼리(200), 고래(100), 사자 · 호랑이 · 소 · 개(20), 곰 · 낙타(50), 염소 · 고양이(10), 말 · 돼지 · 원숭이(30), 토끼(8), 쥐(6), 앵무(150), 독수리(130), 까마기(100), 학(90), 비들기(50), 닭(20), 매미(7일), 벼룩(3개월), 파리(7일)〉

6. 직접식용 어류 가공

가. 냉동수산품(Frozen Fish Products)

(가) 원리 : 저온(냉각, 냉장, 냉동)에 의한 미생물, 효소 등의 작용방지

(나) 효과 : 저장성-식품중 자유수 80%빙결시켜 수분고갈로 미생물생육정지

▶ 산화속도지연(1/30지연, 20℃에서 30℃보다) : 가공효과-동결건조효과로 조직개선(북어포)

(다) 정의 : 어류를 급속동결 포장한 규격품으로 간단한 조리로 식탁에 제공 할수 있는 것으로 소비자까지 -18℃의 동결상태를 유지하는 식품(동결품/냉동품)

(라) 요건

① 전처리 될 것 ② 급속 동결 될 것

③ -18℃ 유지 될 것 ④ 포장 될 것

(마) 제품특성(Advantage)

① 최고의 신선도(동결품) ② 경제적(폐기물 없음)

③ 시간과 일손절약(전처리품) ④ 균일한 품질(크기, 품질, 내용량)

⑤. 위생적(신선원료, 냉동) ⑥ 안정된 가격(대량생산)

(바) 분류

① 생선어패냉동품 : Round/whole, dressed(semi, pan), fillet, chunk, dice, stick

② 가공냉동품 : 냉장기능(염장어, 연제품, 조미품의 저장성 보완), 식미성 위주제품

③ 조리냉동식품 : 미가열품(새우), 반조리품, 조리자숙품(만두, 교자, 튀김, H.B)

(사) 냉동기본원리

① 냉동Cycle → ⓐ 단열압축(압축기) → ⓑ 냉각응축(응축기) → ⓒ 팽창(팽창관) → ⓓ 증발(증발기)

② 냉매 : 냉동사이클을 순환하면서 열을 저온부에서 고온부로 이동매체 1차냉매(암모니아, 후레온가스), 2차냉매(식염, $MgCl_2$, $CaCl_2$, 알콜, P.G 수용액)

(아) 냉동곡선(Freezing Curve)

식품동결시 식품내 임의의 한점(온도하강이 가장 늦은 중심점)에서 경과에 따른 온도의 변화상태

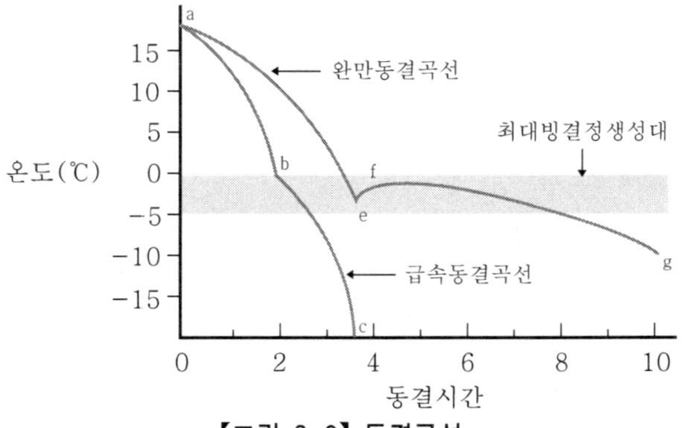

【그림 2-9】 동결곡선

(자) 최대빙결정생성대(Zone of maximum ice crystal formation)

동결곡선중 수분이 대부분(80%) 빙결되는 온도범위(0~-5℃)이 zone통과하는 속도(시간)에 따라 냉동식품의 품질좌우, 완만동결이냐 급속동결로 구분(결빙형태, 크기, 수 차이)

(차) 동결율(Freezing rate)

동결점하 최초수분함량에 대하여 얼음으로 변한 비율

$$\%m = (1 - \theta f / \theta) \times 100$$

단 : m 동결율, θ 식품온도(-1℃), θf 냉동온도(-5℃)

$m = (1 - -1/-5) \times 100 = 80\%$

(카) 동결 종류

① 완만동결(Slow Freezing) : 동결속도1/4 -1인치↓, 빙(氷)결정 크고 수 적음. 부피팽창(얼음)

② 급속동결(Quick Freezing): 동결속도 1인치↑, 빙결정수 많고 크기가 적음, 무팽창(눈, 서리)

(타) 냉동식품의 T.T.T(Time-Temperature-Tolerance)

① 정의: 품질 유지특성곡선으로 냉동식품의 최종품질은 제조시, 수송시의 온도와 경과시간이 냉동식품의 온도에 지배되는 3자간 관계를 수학적으로 산출한 것으로 TTT수치는 1.0↓가 되어야 우수품질임.

② 내용 : -20℃에서 1000일, -5℃, 200일, 관능상 품질저하가 처음인식시의 변화량=1. 이때 TTT = 1.00/1000 = 0.001

③ 연혁 : 미국 USDA(1948~58)에서 실험한 시간(저장 기간) - 온도 - 허용한도(물질내성)에 의한 냉동식품 품질저장기간 예측관계식으로 품질 노화판정을 색과 향미에 의하여실시.

④ 실예

ⓐ 영업창고보관 : -29℃ × 90일(3개월)

ⓑ 수송중 : -18℃ × 2 일

ⓒ 판매 stocker so 보관 : -12℃ × 12일 일때 TTT Value?

- TTT 치 : 0.0028 × 90 + 0.0067 × 2 + 0.0167 × 7 = 0.3823
- Stocker 저장가능일(품질보증) : (1 - 0.3823) / 0.06737 = 37일

◆ 수산냉동품의 제조공정

① 前처리공정 : 원료어 → 수세 → 선별 → 세척 → 칭량 → 팬담기(IQF〈개체급속동결), BQF(단체동결)

② 後처리공정 : 동결 → 탈팬 → 빙의(보호처리) → 포장 → 냉장(FAO권장 -18℃)

◆ 냉동품저장보관기술

▷ 냉장원칙: 장기간 저장시, 다지방어는 단기간, 저지방어 보다 낮은 온도 보관

【표 2-44】 동결어의 냉장온도(℃)

저장월수	3개월	6개월	9개월	12개월	1년 이상
저지방어℃	-5↓	-10	-15	-20	-20↓
다지방어℃	-10↓	-15	-20	-25	-25↓

참치회 -45℃, 가다랑어 -35~-40℃, 대구 · 게 · 돔 -35℃, 일반어류 -25~-30℃, 자숙가공원료어(통조림용) -25℃, 비식용어분 -10℃

◆ 국제냉동협회 권장규격(-18℃↓)
게, 닭새우 2개월, 굴 2~4개월, 바지락, 가라비 3~4개월, 새우 6개월

◆ 냉동어류의 품질관리

① 냉동어의 냉장중품질변화

ⓐ 어체내 수분증발(표면건조) ⓑ 어체변색(세균, 색소성분)

ⓒ 방향성분휘발(고유향) ⓓ N화합물의 변화(aa, 염기성N)

ⓔ 유지산화(유소)

ⓕ 빙결정의 성장(완만동결, 저장온도변화)

ⓖ 식품조직파손(빙결정, 드립-가스+부동수)

ⓗ Jellymeat　ⓘ p dri　ⓙ 단백의 냉동변성

ⓚ 어체지방변화(효소, 산소)　ⓛ 어육변색(광택 불량)

② 냉동어의 해동

동결의 역현상, 동결로 제거된 열을 흡수하여 빙결정을 녹여 품온을 원상태로 하는 것

▷ 해동이 동결보다 늦은 이유 : 동결어가 신선어보다 열 전도율이 높기 때문

▷ 해동법 : ⓐ자연, ⓑ침수, ⓒ 송풍, ⓓ 수증기, ⓔ 진공, ⓕ 접촉, ⓖ 전기해동

③ 해동곡선

해동중 식품의 품질변화를 나타내며 냉동곡선의 반대곡선, 유효해동온도대가 곡선의 평탄부를 나타내 품온상승이 지연되는 것이 특징.

④ 해동속도와 품질

ⓐ 급속해동(품질 양호)

ⓑ 완만해동(장시간 미생물 · 효소 · 산소작용으로 품질 불량)

나. 수산건제품(Dried Fish Products)

(1) 정의 : 어패류, 해조류 등을 태양열 또는 인공열로 건조시켜 저장성을 부여시킨 제품으로 간편하고 경제적인 저차가공의 초기 어류 저장품

(2) 건조원리 : 건조란 열과 수증기의 동시 이동 현상

① 표면증발, ② 내부확산, ③ 큰 포차(飽差)로 건조촉진

(3) 건조목적 : 수분제거로 ① 부패균발육억제로 저장성향상, ② 식미개선(맛, 조직) ③ 창고,수송력 제고(중량, 부피 감소)

(4) 건조요건 : 표면증발(Surface Evaporation) → 내부확산(Internal Diffusion) → 반복

(5) 건조촉진방안 : ① 수증기분압강하(공기중), ② 온도상승, ③ 승화(얼음 → 기체)

(6) 건조조건

(외적)-① 온도 ② 습도 ③ 기압(내적) ④ 식품표면적 ⑤ 두께 ⑥ 성분조성

└── 표면증발 ──┘ └─ 내부확산 ─┘

(7) 건조속도 지배조건

① 기온(氣溫) ② 풍향(風向)

③ 풍속(風速) ④ 형상(形狀)

⑤ 포차(飽差)

▷ 포차(E) : 증발표면의 수증기압력(F)과 공기중의 수증기압(f)차이
(E = F − f)

〈이 요인은 건조속도를 좌우하는 가장 큰 외부요인이며 포차가 클수록 건조속도도 신속하게 됨〉

▷ 건조속도는 표면적에 비례하며 표면적이 가장큰 것은 구형체임

(8) 물을 상태도(Triple Point)와 등온흡습곡선(Water Sorption isotherm)

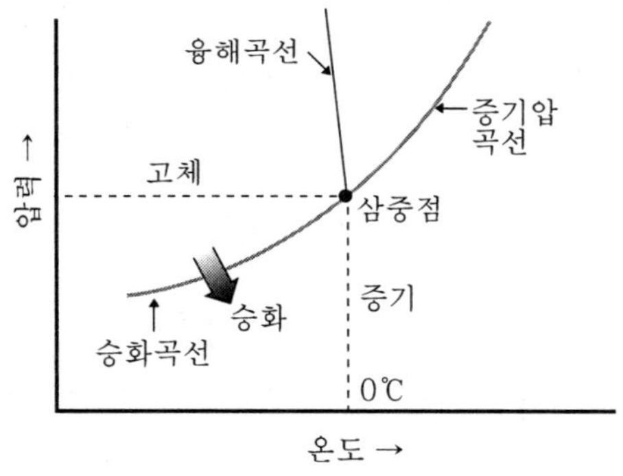

【그림 2-10】 물의 상태도

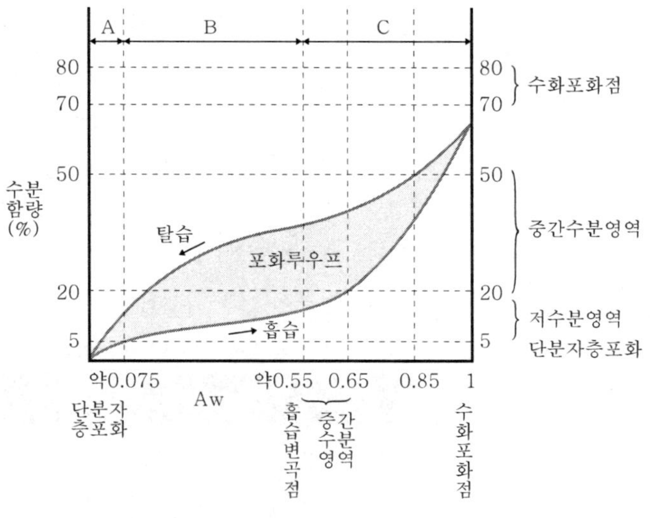

【그림 2-11】 등온흡습곡선

(9) 등온흡습곡선(Water Sorption isotherm)

일정온도에서 식품의 수분 %를 세로축에 관계습도(aw)를 가로축에 취하여 그린 ∫자 곡선으로 식품의 정적인 수분 %와 동적인 aw와의 관계표시

① 방습(건조)곡선과 흡습곡선은 이론상 일치하나 실제는 큰 차이가 나는데 이는 식품이 갖는 이력현상(식품의 조직변화 와 성분변성의 차이) 때문이다.

② 등온흡습곡선의 응용

ⓐ 안전저장의 최대 수분량 결정

ⓑ 진공/열풍 건조기의 최대 허용압력 결정

ⓒ. 식품포장재료의 필요한 투과성 재질 선정

③ 단분자층의 수분(Mono Molecular layer of water) : 다공질표면 건조 식품의 저수분에 기인한 산화,산패로 초래되는 변퇴색, 성분열화를 방지 할 수 있는 최소의 필요량으로 최대 허용 수분량. Bet 공식으로 계산(식품안전저장)

【표 2-45】 단분자층의 수분의 Bet식계산치와 분석치 그리고 규격수분 비교

	BET치	분석치	규격수분
잔새우	5.56	3.69	2.5
양파분	3.58	4.10	4.0
탈지분유	2.98	3.42	3.5

$$BET = R/a(100-R) = I + SR$$

R:관계습도, a:관계습도R일때 100g 건조물에 흡착하는물 g수, S, I:정수

④ 다분자층 : 친수성기위에 형성된 것으로 차차 액화하고 있는 상태의 층

(10) 수분활성 (Available Water Activity, Aw)

계(系)중의 물 자유도의 한 지표, 식품중의 수분%(정적)대신 동적 표시한 것

$Aw = P/P^0$ (단, P : 식품의 수증기압, P^0 : 공기의 수증기압)

◆ 수분활성과 미생물생육한계 : 세균 0.9, 효모 0.88, 곰팡이 0.80

【표 2-46】 식품별 미생물 생육한계

	식빵	찰떡	건오징어	건어패류	중간수분식품
수분활성 Aw	0.645	0.647	0.640	0.98~0.99	0.65~0.85
수분함량 %	13.7	17.8	28.3	15~35	20~50

① 어육(魚肉) 중의 수분

60~90%함유 중 결합수 35.2~63.2%(단, 단백질과 결합되어 동결이나 건조 또 미생물의 이용 불가)

② 어육의 보수성

압착, 가열, 세절 등 조작시 원함유수분이나 첨가수의 유지하는 힘.
등전점pH에서 최소, NA, ZN은 증가, 중성.
알카리시 소금(5~8%) 첨가로 증가

③ 인산염의 보수력 : pyro-, meta-, tripoly-, hexameta-, polyphosphate

▶ 인삼염의 효과

ⓐ 금속이온 봉쇄 ⓑ pH 완충
ⓒ 계면활성효과 ⓓ고강도이온에 의한 pH 증가
ⓔ 소금병용효과 (0~20℃)

(11) 겉마르기/표면경화(Case Hardening, Skin Effect)

① 정의 : 표면건조 〉 내부확산, 어체표면의 수분증발이 빠르고 내부확산이 늦게되면 표면에 피막이 형성되어 내부수분의 탈출을 방해받아 품질이 저하되는 현상. 이는 함수고체는 가열이나 공기 중 방치시 먼저표면증발이 일어나 내부의 표면사이에 밀도차가 생기게 되어 내부 수분이 외부표면으로 평형될 때 까지 확산이 계속되는데 표면증발이 내부확산보다 빠르게되면 표면만 과도 건조 경화되어 내부수분의 탈출을 봉쇄하여 이후의 건조가 방해 받음.

② 방지책

ⓐ 야간퇴적(암증(暗蒸) 내부확산 부여)

ⓑ 열풍건조기의 단속(斷續)(내부확산 부여)

(12) 건조곡선

① 구성

ⓐ 예열기간 → ⓑ 항율건조(큰건조속도) → ⓒ 감율건조1단, 2단(건조지연)

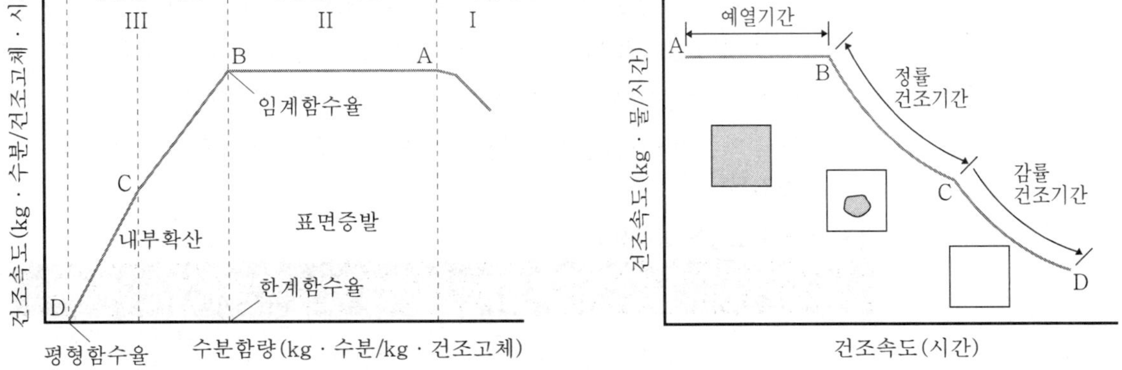

【그림 2-12】 식품의 건조곡선

② 한계함수율 : 항율과 감율건조의 경계점의 수분량(고온, 저습, 고풍속, 두께, 큰밀도 등은 함량이 큼)

(13) 어체의 건조

선어(80%함수) → 수분증발건조(50~60%) → 건어(40% 함수)

어육(교질) → 내부확산지연 → 경화현상(급속건조) → 부패(내부 수분 분포 불균일)

(14) 건조법의 선택조건 : 피건조식품의 ① 열감수성, ② 성상(고, 액, 입(粒), 분체), ③ 처리량

(15) 건조방법

① 자연건조

ⓐ.천일(태양복사열)- 양건(陽乾),음건(陰乾)

ⓑ동건(자연냉기)-동결과융해반복

②인공건조 : 기계장치이용(기온, 습도,풍속등 임의조절가능)

ⓐ 열풍(가열, 증발) ⓑ 진공(감압, 저온증발)

ⓒ 배(焙)건(훈연) ⓓ 동결(승화)

ⓔ 냉풍(장력차건조) ⓕ적외선(복사열)

ⓖ고주파(유전가열) ⓗ 분무(분유)

(16) 수산건제품의 종류

① 날 마른치(素乾品) : 무처리 건조품(건오징어, 건명태, 삭스핀, 건미역, 건조김)

② 찐 마른치(煮乾品) : 삶은 후 건조한 것(건멸치, 건 전복, 건조굴)

③ 군 마른치(焙乾品) : 구운 후 건조한 것 (군 쥐포, 군오징어)

④ 간 마른치(鹽乾品) : 굴비, 염대구, 염가자미, 자반고등어

⑤ 맛 마른치(調味乾品) : 멸치볶음, 조미오징어, 조미쥐포, 새우 꽃포

⑥ 얼 마른치(凍乾品) : 동결, 해동의 반복건조-복어, 한천

⑦ 연기 마른치(燻乾品) : 염지훈연건조 - 훈제굴, 훈제연어, 훈제청어, 훈제전복

【표 2-47】 오징어 영양성분

오징어	수분	단백질	지방질	당질	무기질
날 것	80.3	17.0	1.0	0.5	1.2
마른것	19.0	67.5	4.7	1.9	6.9

◆ 신 건조식품경향

① 중간수분제품(IMF, Intermediate Moisture Food) : 신선품과 건조품의 중간수분품

Aw 0.85(신선품) - 0.65~0.85(중간품) - 0.2 (건조), 곶감, 잼, 건조소시지

▶ 방법 : ⓐ Moisture Infusion(어 · 축육제품)
ⓑ Dry Infusion(비프스티우)
ⓒ 혼합법(pet)

② 건조압축식품(Dehydrate Compressed Food) : 중량, 부피 축소, 품질 복원성 촉구

▷ 미육군 전투식(1960대) : 수분 10~30%, 동결건조 채소를 12%증습(蒸濕)후 14~170 기압으로 압착, 통기건조후 포장한 식품
- 농산품(버섯), 게살, 미트볼, 사라드, 푸딩

◆ 수산건제품의 품질관리

① 건조과정
ⓐ 물리적 변화 : 부피감소, 겉마르기, 가수복원성, 식감저하
ⓑ 화학적변화 : 단백탈수변성, 동결변성, 지방산패, 기름변색(油燒), 산패, 중합, 변색 등 종합적 변화
▶ 백분성분
ⓐ 타우린, 베타인(건전복, 건오징어)
ⓑ 타이로신(복어)
ⓒ 만니트(건미역)

② 저장보관과정
ⓐ 저하요인 : 건조, 흡습, 유지변색, 충해
ⓑ 방지기술 : 방습포장, 건조제, 저습저장, 진공포장, 불활성가스, 항산화방지제, 냉장, 훈증, 고온살균, 알콜 분무, 살균제(솔빈산), 저 수분 유지

다. 수산훈제품(Smoked Fish)

(가) 정의

어(魚), 패(貝), 조(鳥), 수육(獸肉) 등을 적당한 훈연재(材)(활엽수의 목재, 톱밥, 대패밥, 왕겨)를 불완전연소 시켜 얻은 연기를 쐬어 저장성(건조, 살균), 기호성(색, 조직, 맛)을 향상 시킨 제품

(나) 훈제원리

① 저장성향상(건조, 가열, 살균, 피막, 항균성/항산화성/항생제 성분)

② 기호성 부여(착색, 훈연취, 맛)

▶ 안전성 미구명 : 발암성분인 3, 4 Benzpyrene 같은 polycyclo aromatic compound에 대한 성분조성, 동물시험, 1인 섭취량 등 미결정

(다) 훈연법

① 기본공정 : 원료-전처리(조리, 염지, 세척, 수절, 풍건)-훈연-손질-훈제품

ⓐ 냉훈법(cold smoking) : 15~30℃, 1~3 주간, 수분 40%, 장기저장가능(1개월↑)

ⓑ 온훈법(hot smoking) : 50~70℃, 2~12시간, 수분 45~60%, 조미목적, 저장성무(냉장)

ⓒ 열훈법(roasting smoking) : 100~120℃, 3시간, 즉석용 고온배소, 목초액희석 사용

ⓓ 속훈법(quick smoking) : 훈액, 목초액에 10~20 시간침지처리

ⓔ 전훈법(electric smoking) : Corona방전, 30Kv(직류), 1~2mA(교류)〈연기는 +극, 식품은 - 극〉

② 훈연향료(Smoking Flavor)-fish sausage and ham for smoking

ⓐ Acids : carbonic, formic, propionic, capric, butyric

ⓑ Alchols : methanol, ethanol, propyl alchol

ⓒ Aldehydes : form, acet, methyl,

ⓓ Ketones : acetone, methyl, ethyl, propyl, diethyl

ⓔ Esters : formic methyl-, acetic ethyl-, propionic methyl-

ⓕ Hydrocarbon : Xyloll, thymol

ⓖ Others : dimethyl amine, pyridine

◆ 조미훈제품 : 대구, 문어, 청어, 연어(round, headless, USSR식, USA식, kippered), 상어, 뱀장어, 고등어, 꽁치, 정어리, 방어, 훈제어묵(120℃, 25분), 임연수어

◆ 효과 : 성분증가(염용단백질, 지방, 무기질유리아미노산-N), 어유산화방지(크레오소트, 페놀, 구아콜)

◆ 저장법 : 저온, 건조, 냉동, 통조림,훈증,백착유도포, 기밀포장, 탈습, 탈산소제 이용

라. 수산염장품(Salted fish products)

(가) 염장원리

식품+식염 → 탈수 → 삼투압증가 → 미생물세포 원형질분리 → 생명정지(살균)

(나) 염장법

① 마른건법(乾鹽法) : 20~30% 소금살포, 고염법

② 물간법(염수침지) : 품질우수, 저장성 약

③ 개량건염법 : 물간후 마른소금 살포, 초기부패가 적고 균일한 소금삼투,외관수율좋고 유소방지

④ 특수염장 : ⓐ 변압(진공, 가압), ⓑ염수주사(근육, 맥관)대형어, ⓒ 압착(개량건염후)

⑤ 냉각염장 : 0~5℃, 대형 · 다지방어, 고온지대실시, 냉동염장법(동결어염지 → 해동과 동시 염분침투)

▶ 소금 : 제조별(증발염, 천일염, 암염), 용도별(식탁염, 정제염, 염장염, 각염)

▷ 불순물 : $MgCl_2$, $CaCl_2$, 황산염,탄산염, Mg, Ca성분-제품경화, 쓴맛부여

▶ 염지액조성 : NaCl, $NaNO_3$, $NaNO_2$, Sugar, 산화방지제(BHA, BHT), 향신료, 인산염, 쌀겨, 점토

(다) 염장어류

굴비(17~25%가염, 4~7일), 간(자반)고등어, 간대구, 간멸치, 간미역(수율45%), 간연어, 간송어

(라) 젓갈 · 어간장 - 천연조미료

◆ 정의 : 젓갈 - 어패류의 살, 내장, 생식소(巢)등을 염장하여 자가소화효소와 미생물효소에 의해 소화 숙성시킨것(새우젓, 명란젓, 굴젓, 성게젓, 조개젓, 창란젓, 해삼창자젓)

▷ 어(魚) 간장(액젓) : 젓갈을 착즙 여과한 액이 어간장임(가나리 액젓, 멸치 액젓)

AnchovySauce(유럽), nampla(태국), nuc-mum(월남), nagpi(미안마), trassikan(인니), patis, bagoong(생산된장)(필립핀)

◆ 성분 : 아미노산, 단백질, 당질, 지질, 유기산, 기타(펩톤, 펩타이드, 유

기염기, 젖산)

(마) 염장품의 변질과 보존

① 품질변화 : 중량감소, 근육수축, 단백, 지질분해, 지질산패, 단백변성, 성분용/석출, 자가소화, 적변

② 보존 : 냉장, 용기소독, 완전세척, 알콜처리냉장, 소금첨가(30%), 알콜처리(12.5%)

마. 수산연제품(Fish Meat Paste Products)

(가) 정의 : 어육에 소금을 첨가하고 갈아서 찌거나(蒸), 굽거나(燒), 튀겨서(油湯)가열한 제품의 총칭. 1496년 일본 창안제품

(나) 종류

① 어묵류(판붙이, 부들, 마, 포장, 튀김) ② 어육햄 ③ 어육소시지

(다) 제품특징

① 광범위한 어종사용(종류, 크기, 선도)

② 원료와 판이한제품(형상, 맛)

③ 즉석식품

(라) 원료이용특성

① 선어 이외의 용도로 불가한 것(小魚, 雜魚, 奇形魚, 低鮮魚, 加工副産物)

② 선상연육(船上鍊肉)이용

③ 부가가치 향상(조미료, 비타민, 무기질 혼합개선으로 여양가, 식미성, 외관)

(마) 가공원리 : 염용성단백질을 추출하여 가열응고(Gel 형성)

◆ 어육+가염 3%(0.3~1몰, 75%수분이면 0.7몰) → 고기갈이(Actomyosin추출) → 가열(가교(架橋)결합시켜 망상(網狀)구조형성-水 封入) → 어묵 〈Gel〉제조

◆ 고기풀(煉肉) 응고 : 가열로 액토미오신 분자의 상호엉김과 분자표면 반응기 간의 가교 결합에 의한 망상구조로 단백질의 열변성에 의한 열응고(sol→gel) 열비가역적 반응

▷ 자연건조(상온방치) → gel, 엉겨앉음(setting, suwari)

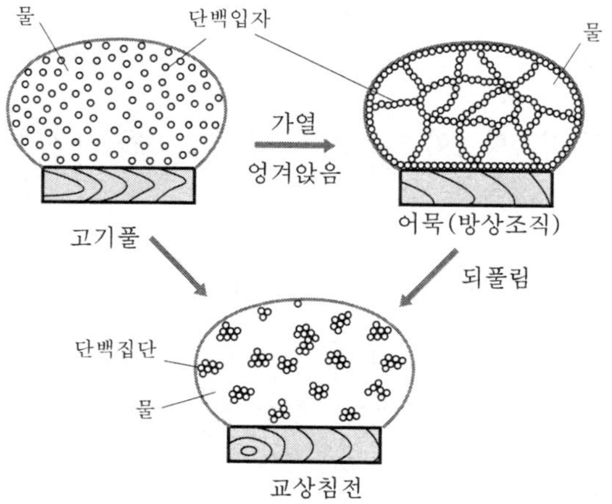

【그림 2-13】 고기풀의 엉겨앉음과 되풀림

◆ 고기풀 되풀림(Returning, Modori) : 연약한 gel의 교상(膠狀)침전현상.〈언두부같이 부스러지는 현상〉

▷ 생성원인 : 저온장시간 가열, 선도불량한 어육 사용시,가교결합 없이엉겨 가압시 붕괴

▷ Actomyosin 용출에 미치는 요인

① 가염(加鹽) : 2-3% , 수화(水和)증가

② pH 6.5~7.0(5.6 완전용해, 7↑불량 gel)

▷ 고기풀(煉肉)의 겔화 조건

온도처리 : 저온에서 서서히 고온 후 급속가열

50℃ 구조형성단계, 60℃붕괴(온도)후 경화

▷ 겔 붕괴 기구(機構) : 미구명 ?

① 근육단백효소의 적온(60℃)이 액토미요신 분해 고기풀의 엉겨앉음과 되풀림 온도와 일치

② 수용단백질과 염용단백질과 상호작용설(수세불충분시 수용단백질 잔존으로)

◆ 2단 가열법 : 어묵형성의 마(魔)의 온도인 60℃대를 피하기 위한 수단으로 자연응고 온도인 50℃까지 예열가열하여 자연응고(1단)시키고 신속급가열로 70℃까지 고온가열(2단)로 강한 겔 형성시키는 방법(연육 → 서서히50℃ → 급가열70℃)

(바) 어육 연제품의 종류

① 어묵류 : 찐것(판), 군것(부들), 삶은것(마), 튀김(어단), 세공품
제조(연육 → 조미 → 성형 → 가열 → 어묵)

② 어육 햄.소시지 : 소시지, 햄, 휘시버거

③ 냉동고기풀 : 무염연육〈당5%(설탕, 포도당, 솔비톨), 인산염 0.2%〉, 가당연육〈당10%, 소금2~3%〉, 선상, 육상

◆ 냉동연육〈Frozen fish meat paste〉 고기풀

① 공정

어체처리 → 세척 → 채육 → 정육(精肉) → 수세 → 고기갈이 → 팬담기 → 동결 → 냉동고기풀

② 장점 : ⓐ 연제품 원료난 해결, ⓑ 원료처리 분업화, ⓒ 냉동장기저장, ⓓ 연제품 제조오폐수 해결

◆ 저장냉동어로 만든 연육이 어묵형성이 않되는이유(냉동연육을 사용되는 이유)

① 어류를 냉동하면 어체중의 금속이온이 염용성단백질 이온과 결합되어 단백질변성이 일어나 불활성이 되기 때문에 gel형성능 상실

② 방지기술 : 활어상태에서 채육 · 수세하여 금속이온을 제거한 고기풀에 변성방지제(소금, 당류(설탕, 포도당솔비톨), 인산염)첨가 제조한 연육을 심온(-80℃)급속동결시켜 -45℃에서 냉동저장 - 해동 연제품제조(겔형성능/단백활성 유지)

◆ 어육소시지가 축육소시지 보다 저장성이 강한이유

① retort살균(고온, 고압) ② 저지방, 고전분

③ 인공케싱(PVDC) ④ 적색외 포장지

(사) 수산연제품의 품질관리

① 어묵류

(ㄱ) 검사

ⓐ 외관 : 크기, 굵기, 중량, 주름, 기포, 결속, 색, 액즙발생유무

ⓑ 내용물 : 절단면 기공유무, 육질, 탄력, 이물, 광택, 식미, 색상

(ㄴ) 변패현상 : 수분증발, 부패(표면 slime, 내부변질), 변색, 향미저하, 탄력저하

(ㄷ) 변패방지 : 저온유통, 건조방지, 포장, H_2O_2, 도포, 자외선, 방부제, 배합조정(덱스트란 생성방지)

② 어육.햄소시지

(ㄱ) 변패 : 세균성(결속부, 냉각수, clostridium 팽창), 비세균성(전분노화), 반점, 油-水분리

(ㄴ) 변패방지 : 고온살균(120℃, 4분), 솔빈산, 소독, 적색셀로판외포장(지방산화방지 우수)

바. 수산통조림(canned fish products)

(가) 연혁

▶ 병조림 : 1804. Nicolas Appert (프랑스)-광구병, cork 마개, 연유사용

▶ 통조림 : 1810. Peter Durand (영국)-Tin Canister 발명, 당시 can현존

▶ 보존원리구명 : 1840. Leuis Pasteur (프랑스)-식품부패원인 : 미생물(세균)기인

▶ 밀봉기(Seamer) : 1897. Ams형재, Brenzinger(미) Double seaming 발명

▶ Retort〈고온.고압살균기〉 : 1874. A.K.Shriver(미국) 고온살균법 발명

▶ 한국 Can제조 : 1892. 서방이따로(일본), 전복통조림 제조(완도)

(나) 4대 원리

① 탈기 - 관내공기제거, 방지(관부식, 내용물변질, 열팽창)

② 밀봉(미생물침입 방지)

③ 살균(관내 세균살멸변패 방지)

④ 냉각(호열세균 억제, 고온 피해방지)

(다) 제조공정

원료어 → 전처리(조리) → 담기 → 액주입 → 〈탈기 → 밀봉 → 살균 → 냉각〉 → 수산통조림

(라) 종 류

① 원료 : 어류, 갑각류, 연체류, 해양포유류, 해조류

② 처리 : 원어, 반가공

③ 주입액

ⓐ 물담근(2%염수, 후추, 피망, 월계수잎, fish stoc, jelly) : 생선, 게, 새우, 대구간

ⓑ 기름(식물유-훈연, 올리부유, 면실유, 대두유) : 고등어, 바지락, 굴, 정어리, 다랑어

ⓒ 도마토(소스, 퓨레) : 꽁치, 고등어, 정어리, 전갱이

ⓓ 야채혼합(튀김, marinade후 채소혼합) : 소어류, 철갑상어의 알, 대구간, 야채

ⓔ fish pastes and pates(세절,식 물유, 도마토, 향신료,양파) : 생선, 게, 새우

ⓕ 연체동물(molluses, 기름튀김, 훈제) : 굴, 해삼, 문어, 섭조개

ⓖ 조미통조림(훈제, 튀김, 고유향기) : 오징어조미

ⓗ 식이(버터, 채소, 에센스, 비타민) : 환자식, 유아식, 무자극성 양념 사용

(마) 검사

① 타검, ② 가온(37~55℃, 1~2주), ③ 진공도(38cmHg), ④ 세균검사,

⑤ 관능, ⑥ 팽창, ⑦. 밀봉, ⑧ 내용물검사, ⑨. 외관검사

▶ 통조림 제조중 가열에 의한 변화 : 중량, 수분감소, 열수축, 경도, 단백변성, 지방산패

(바) 통조림제품 저장중 품질변화

① 유화수소 발생과 흑변 : -SH(함 S단백질 분해로), 인산염처가 방지

② 어골의 연화 : (Collagen, Osseo-albuminoide, mucoid), gelatin

③ Struvite : $Mg(NH_4)PO_4.6H_2O$, 인산염처리로 예방, 게, 오징어, 새우의 통조림이나 동결품

④ Adhesion : 단백응고, 고등어연어, 방지법(수분도포, 표면소금첨가, 식용유나 규소수지도포)

⑤ Curd : 단백응고, 방지법(50℃↑신속가열, 밀착충진, 희염수로 어육침지)

⑥ Honey Comb : 다랑어육면이 벌집구멍현상, 수용단백응고, 가스소공흔적, 상처방지

⑦주석(Sn)이상용출:多섭취시(권태감.구토,방지법(관내산소제거,질산근無용수나원료사용)

사. 농후조미 가공품(Rich Seasoned Dried Fish Products)

(가) 정의

어류, 조개류, 해조류를 조미액(간장, 설탕, 조미료)으로 약염(藥廉)하여 조린것(조림품), 건조한것(조미건품), 염장어, 패를 미강, 누룩, 술지개미, 된장, 간장, 식초 등에 담가 절인것(조미절임품)

(나) 원리

탈수, Aw저하(소금, 설탕에 의한 삼투압차)로 저장성과 조미료효과(소금, 식초, 설탕 조미료)

(다) 종류

① 조미건품(調味乾品) : 소형어패류의 조미액침지건조(배소), 꽃포, 조미

취포, 조미오징어

② 조미조림품 : 조미 → 자숙 → 졸임 → 냉각, 바지락조림, 백합, 오징어, 다시마, 김

③ 발효(절임)조미품 : 염장발효(미강, 누룩-발효, 자가소화), 조미액 침투(간장, 식초, 설탕)

▶ 사용어류 : 까나리, 빙어, 뱅어, 참치, 망둥어, 바지락, 오징어, 다시마, 새우, 돔, 굴, 꽁치, 뱀장어, 은어, 정어리, 청어, 가자미, 눈퉁멸, 김, 다시마

▶ 사용조미료

ⓐ 천연조미료(양조간장, 설탕, 아미노산액, 물엿, 포도당, 식염, 미림, 식초)

ⓑ 생합성조미료(MSG, IMP, GMP, NA-Fumalate, Succinaye)

ⓒ 인공 감미료(사카린)

ⓓ 착색료(코치닐, 식용색소)

ⓔ 보존료(솔빈산)

ⓕ 중합인산염

▷ 가자미식혜 : 염지어류에밥, 누룩, 야채 등을 교대로 첨가 담금발효 젖산발효(식초첨가시 2주발효)

④ 조미가공품의 저장

저장성 無 : 조미액효과(식초, 간장, 미림), 건조효과, 가열농축효과, 저온저장, 방습포장

아. 어란 가공품(Fish Roe Products)

▶ 진미(珍味)품-곤이젓(Caviar), 고급 염장품-명란젓, 성게알젓

(가) 원료 : 어류(명태, 용철갑상어, 연어, 대구, 송어, 청어, 잉어, 창꼬치)의 알(卵巢)

(나) 어란특성

▷ 색갈-연갈색, 흑갈색, 검정색, 황적색, 갈황색, 녹갈색, 황색, 오랜지색

▷ 맛(식미) - 진흙풀맛

▷ 영양소 : 단백질(25~30%), 지방질 풍부

(다) 어란 저장 : 저온(0℃↓)냉장, 염장, 가열살균, 건조

(라) 염장법

① 건 염장 : 건염 3.5~12.5% 첨가

② 건염가열살균 : 가염(3.5~5.0%)후 가열살균

③ 액 염장(농염수침지-압착품)

④ 염장건조 : 염장후 왁스 코팅

⑤ 방부제 : NaCl, 붕사:붕산(3:1), 헥사메틸렌테트라민정제유, 글리세린, KNO_3(0.16%)

◆ 곤이젓(Caviar) 용철갑상어 알(Sturgeon Roe)
러시아 일품젓갈로 심해상어 알을 염장(10%가염)가공한 것으로 저온(5℃↓) 저장 필요

▷ 종류

ⓐ 과립형(3-5%염장)　　　ⓑ 통조림형

ⓒ 과립바렐통형(7-10%염장-나무통사용)

ⓓ 가열살균과립형〈살균소금(150~160℃, 2hr), 염지, 포장살균(60℃, 30분)〉

ⓔ 압착형(어란+가열(40℃, 5분)포화염수 염장, 절수압착)

ⓕ 비선별어란(미숙란)

◆ 어류100%= 가식부(edible) 50%-어육, 일부내장+비가식부(Inedible)50%, 頭, 꼬리, 내장

▶ 식품소재 ① 어박(Fish Meal), ② 어유(Fish Oil), ③ 식용어분(Fish Soluble)

7. 식품소재와 사료의 가공

가. 어분(Fish Meal)

(1) 건조 어분

(가) 정의
식용 불가능한 어류(소어, 잡어, 기형어, 어류가공 부산물(내장, 머리))를 자숙·압착(어유분리)건조, 분말화하여 가축사료로 이용하는 것 - 단백질, 비타민B군, Ca, P, 미지 성분효과 우수

(나) 사료가치 영향 요인 : 착유법, 건조법, 생산지, 어종, 저장법

(다) 용도정제어분 (식품가공용), 조어분 사료(가축, 양어), 비료(농작물)

(라) 종류

① 원료육질별(백색어분, 갈색어분)

② 지방유무(전지어분, 탈지어분)

③ 지방함량(다지어분, 소지 어분)

④ 원료어별(대구, 가자미 어분, 정어리, 청어분)

⑤ 제조국(영국산, 노루웨이)

⑥ 제조법(천일건조어분, 기계건조어분)

(마) 제조공정 : 증자 → 압착 → 건조 → 분쇄 → 포장

◆ 원(북)양어선 어분 : 명태, 가자미, 냉동연육의 부산물 - 양어장 사료

▷ 연안어분(고등어, 정어리-배합사료 원료)

▷ 수입어분(멸치, 밴댕이-칠레, 페루, 남아공)식용 어분

(바) 어분의 품질(규격)

① 단백질 55~70%(60~75)

② 지방 5~10%(8↓)

③ 회분 12~33%(10~20)

④ 수분 6~10%(10↓) 8%적당. 12%↑ 곰팡이 발생

⑤ 조섬유 1%

(사) 어분의 이용

① 사료 : 가축용 10%, 양어용 25%, 새우박단백46%↑

② 식용 : 선육을알콜, 유기용매로 추출한 고형물(무색, 무미, 무취의 단백분) - 제빵제조, 발효간장, 조미료

◆ Taint 현상 : 어분사료로 장기사육한 고기, 계란, 젓 등에서 특유한 어취가 나는 현상방지법(3~4 주간 어분사육중단, 백색어분사용), 불쾌취 원인(염기, 유지산화물)

◆ Casing 현상 : 어분저장 중 흡습으로 덩어리가 되어 회색으로 변하는것 (방습포장 필요)

(2) 어류단백농축물(Fish Protein Concentrate, FPC)

-1961. FAO 생산권장(빈국영양원)

세계빈국민의 단백질결핍증 해결책으로 FAO에서 제안한 방안으로 선육을 탈지(용매추출)한 Cake를 정제백색 분말화한 고단백 식품소재로 제빵, 제과, 제면, 가공식 등 다양하게 이용

(가) 공정 : 생선 → 세절 → 추출 → 여과 → 건조 → 수세 → 여과 → 건조 → 분쇄 → FPC

(나) 영양가 : 라이신, 메티오닌 고(高)함유, 우유와 유사한 효과

(다) 성분규격(FDA) : 대구FPC-단백75%↑, 지방0.5↓, 수분10↓, 이소푸로파놀250ppm↓세균수, 만/g↓,Ethylenedichroride 5ppm↓, 불소(F) 100ppm↓

(라) 사용상 문제점 : 거친촉감(혀에 까칠 까칠한 섬유단백기인), 가수복원성 無. 식미불량

- 용도(빵, 비스켓, 소시지, 스프, 청량음료수에 사용시도) 콩단백대체
- 단백효율 : 대구106%(칠레), 정어리117%(인도), 크릴103(호주), 청어 110(카)

(마) FPC의 저장

ⓐ 방습포장(아스팔트재질), ⓑ 고건조, ⓒ 탈지최대한 제거,

ⓓ 저온거조보관, ⓔ 산화방지

(3) 식용어분(Fish Soluble) : 어즙, 내장류, 전체어(폐기잡어)

(가) 정어 : 자숙액, 폐기물, stick water 등을 소화시킨 다음 액화물을 농축시킨 것

(나) 공정 : 원료 → 자가소화 → 원심분리 → 단백액층 → 진공농축 → 액상어분(수분40~50%, 단백30%) → 흡착건조 → 분쇄 → 분말어분(단백60%)

(다) Krill Protein Paste(KPC), 1970. 소련개발

남극새우 → 압착 · 원심분리 → 액즙(60%) → 가열(97℃) → 침전 · 응고 (수율55%, 수분67.6%, 지질4.6, 단백질 24.5, 회분3)

(라) 용도 : 조미료, 스프원료, 분홍색치즈모양, 새우풍미 아스타키산틴풍부(사료)

나. 어유 (Fish Oil)

(가) 정의 : 수산동물의 어육, 내장,뼈 등에서 채취한 유지의 총칭.

(나) 분류

① 어유(fish oils) : 정어리, 꽁치, 청어, 다랑어방어 등의 체지방에서 착유한 것

② 해수어(blubber oils) : 고래, 물개, 바다표범, 물치등의 체지방에서 분리한 것

③ 간유(liver oils) : 대구, 상어, 명태, 오징어, 복어, 개복치 등의 간에서 추출한 기름

(다) 성분

① 지방산(fatty acids)　　② 알콜류

③ 탄화수소(인, 당, 황) - Squalene $C_{30}H_{50}$ = 6개

▷ 고도의 불포화 지방산 : ω3 FA
EPA(EicosaPentaenoic Acid, C_{20},= 5개), DHA(DocosaHexaenoicAcid, C_{22},= 6개)

(라) 채유법

▶ 착유방법 선택요소 : 원료의 유함량, 원료량, 유지성질에 좌우

▶ 착유원리 : 동물조직→유지유리→유지분리 →정제(협잡물 제거)

(ㄱ) 압착법(press) : 온압법(수율우수, 참, 들기름) 냉압법(품질우수)-식물성기름 채유

▷ 원료 → 선별 → 세척 → 탈각 → 분쇄 → 열처리 → 채유 : 온압유우수이유-단백응고, 기름점도↓

(ㄴ) 용출법(Melting out process) : 전취법(건식, 직화, 간접증기), 자취법(습식, 물과직접증기)

▷ 자취(煮取)법 : 저온법과 고온법, 고래유, 어유, 솥에 물을 넣고 어육과 끓여 세포 파괴하여 부상(浮上)유 채취 → 물제거 → 압착 → 원심분리 → 채유

(ㄷ) 침출법(Infusion) : 용매추출, 수율우수

▷ 용매 : 석유벤젠,벤젠, 알콜, 사염화탄소,아세톤, 트리클로로에탄,Hexane

▷ 용매구비조건

ⓐ 無독 · 염가, ⓑ 인화폭팔성無, ⓒ 유지 無취, ⓓ 고비점, ⓔ 유지만 용해, ⓕ 용기부식 無

(마) 채취유지의 정제

① 정치법(standing) : 침전탱크, 1주야방치, 고형분(섬유)침전 위층유분리, 2% 수분제거(소금, 염화칼슘, 망초(무수황산나토륨) 처리), 60℃까지 가온 협잡불순물 침전 조장.

② 알카리(탈산)정제법 : 유리지방산을 비누로 제거, 처리농도 12~27°Be', 탈색 효과

③ 탈색정제법 : 색소(카로티노이드, 엽록소)을 흡착제(활성/산성-백토)산화환원, 활성탄 1~2%처리

④ 탈납(Winterization)공정 : Salad oil 제조시만, 기름을 4~6℃저온에서 석출시킨 고체지방인 용융점 높은 stearine결정형을 제거하는 dewaxing 공정

⑤ 탈취공정(Deoderation) : 감압하에서 가열수증기를 취입시켜 어유취(NH_3, FA산화물, 불검화물)증류 제거

⑥ 여과 · 원심분리법 : 불순물 제거

(바) 어유의 일반성상

① 물리적 : ⓐ 색(담황, 녹), ⓑ 냄새(어육취), ⓒ 맛, ⓓ 조도, ⓔ 건성, ⓕ 비중(0.92), ⓖ 굴절율(1.472)

② 화학적 : ⓐ 검화가(190), ⓑ IV(100↑), ⓒ다취(多臭)화합물(F), ⓓ 산화산(고형막), ⓔ 불검화물(콜레스테롤, Vitamin A.D 함유)

◆ 각종어유

▶ 간유채취 : 어간(30%油) → 쵸핑 → 10%대구, 명태간유+2배물 → 분해조+NaOH(30~40%)
2~4% → 가열(90℃, 2hr) → 2배희석(80~90℃) → 원심분리 → 조 간유

① 정어리(Sardine)유 : 원료 12~17%유, 수율 10%, Av 1.3~8.2, IV 180~7, 경화유, 인쇄잉크

② 청어유(Herring oil) : 자취법, 정어리유와 성분, 용도 유사

③ 명태간유(A.Pollack liver oil) : AV 2.1~8.8, SV 179.6~185.8, IV 143.3~155.2

④ 대구간유(Cod liver oil) : Vit.A (약용), 피혁제조용

⑤ 상어간유 : 전취법, Squalene($C_{30}H_{50}$)-OxygenBox〈$+6H_2O \rightarrow 6O_2+6H_2$〉, 경화유용, 피혁용

⑥ 오징어간유(Squid liver oil) : 간 11~35%, 수율 3.5~31.9%, Vit. A 0.6~40 C · L · O · U(간유단위)

⑦ 고래유(Whale oil) : 고래지육, 뼈, 내장등을 자(전)취법, 요도가(IV) 121~147, 비누화가(SV)1 88~94, 응고-2℃, 경화유, 비누제조, 피혁제조, 윤활유, 등유 등에 사용

◆ 가공 : 경화(인조버터), 중합(와세린, 페인트), Sulfone화(피혁공업), 건성화(페인트), 가황(윤활유, 냉각유)

(아) 어유의 이용

① 식용 : 통조림용(연어), 마가린, 쇼팅

② 의약용 : Vit. A, D 급원(대구, 넙치간유)

③ 공업용 : 유성도료용, 윤활유, 잉크, 니스, 화장품, 고무공업, 금속처리용, 피혁가공, 살충제

8. 해조(海藻) 가공품 (Seaweed Products)

◆ 한국산 해조류 400종 - 식용(주, 부, 기능식), 호료, 약용, 사료, 비료

▶ 이용 ① 일반 해조 가공품 : 마른김,건미역, 건다시마

② 해조 공업제품: Agar, Alginic acid, Carrageenan, 풀가사리

(1) 일반가공품

(가) 미역(dulse) : 15천톤/년

▶ 영양특성 : ① 무기질. Vit. 급원, ② 정장작용(섬유질), ③ 알카리식품, ④ 유해금속치환, ⑤ 항 콜레스테롤효과(fucogalactan 황산 ester)

▶ 염장미역 장점 : ① 건조장 불필요, ② 단시간복원, ③ 위생적, ④ 소비자 포장

▶ 이용 : ① 건미역95%, ② 양식산70%, ③ 염장미역 90% 수출품

(나) 김(海苔, Laver) : 3억장/년

① 품종 : ⓐ 방사무늬김, ⓑ 참김, ⓒ 둥근김, ⓓ 둥근돌김, ⓔ 모무늬김

② 규격 : 21×19cm/매, 240-290g/100매, 10매(1첩), 10첩(2톳)

③ 마른김(수분10%↓) : 엽록소(흑자색)+수분흡습 → phycobilin(적갈) 향

미악변

④ 채취기 1~2월, 초제건조후 60℃열풍건조기(2hr)/탄열로 4~6일 건조후 양철상자로 포장

(다) 다시마(sea tangle) : 북방계 해조, 160톤/년

특유맛 : glutamic acid4000mg%, mannitol 5~28%(마른백분성분), 아스파틱산, 호박산

(라) 풀가사리(glue plant)-직물호료용(곰팡이 방지), 135톤/년

주성분 : Funoran(점질다당류), 다량의 황산기 함유, 광택우수, 풀빼기 용이-견직물호료

(2) 추출제품

(가) 한천(寒天, Agar-Agar) : 638톤(한)/년, 6000톤(세계)

① 정의 : 홍조류(우뭇가사리, 꼬시래기)를 열수로 추출해 낸 점질성 복합다당류, 300년전(일)

② 구분 : 천연한천-동건품(동결-해동 반복탈수), 공업한천(인공 탈수건조)

③ 주성분 : Agarose(중성다당류) 70%, Agaropectin(불용성 산성다당류) 30%

④ 원조(原藻) : Agarophytes〈한천제조해조류총징〉, 홍조류(진정)
ⓐ 우뭇가사리, ⓑ 꼬시래기, ⓒ 비단풀, ⓓ 금초, ⓔ 새발, ⓕ 석묵

⑤ 성질 : Agarose는수불용, 열수가용 → Sol형성 → 냉각(제리상) → 재가열 → 융해
응고온도(35~36℃), 융해온도(80~90℃)

⑥ 가공 : 제조원리 ⓐ 추출, ⓑ응고, ⓒ 건조탈수

제조장소 : ⓐ 기상(-5~-10℃, 눈이 적은곳), ⓑ 지형(오전 햇볕좋고 오후 빠른 일몰〉, ③ 수질(연수), ④ 비가 적은곳(색, 광택, 수율자우)

⑦ 공정 : 원조 → 전처리 → 자숙추출 → 여과 → 응고우무 → 탈수 → 건조 → Agar(한천), 수율 35~40%

소요시간 : 천연한천(60~70일/12, 하순-2, 하순), 인공(각한천 18~19일, 실한천 15~16일)

⑧ 용도
식품(요리, 양갱, 양조, 통조림), 공업용(호료, 도료, 인쇄잉크), 의약(소

갈완화, 정장, 오브레트, 치과재료), 학술연구(미생물 고체배지, 입자측정, 카타라제 활성 억제제)

(나) 가라기난(Carrageenan) : Irish mass 추출물

① 정의 : 홍조류(돌가사리과)를 열수추출로 얻은 점성의 산성다당류

② 구성분 : D-Galactose(3.6 anhydrous D-Galactose)의 고분자 다당황산ester

③ 종류 : k형(kcl로 gel상 응고침전) 40%, 황산기 25%

▷ 형(Kcl로 불응고 용존) 65%, 황산기 35%

▷ 형(So3 32%), ▷ 형(k형 전구체)

④ 성질 : ⓐ 무미, 무취, 무(황)색 분말, ⓑ 온수(60℃)가용, ⓒ Gel화(30~40℃), ⓓ 단백질과 반응성(이장방지, 보수안정제), ⓔ 가열안정성(90℃, 40분↓)

⑤ 공 정 : 원조 → 가수(20배) → 가열(80℃, 2hr) → 열탕가수(3배) → 여과 → 원심분리 → 용매 2.5배 첨가 → 침전 → 탈수 → 제품.

▷ 사용용매(isoprppanol, methanol)

⑥ 용도

ⓐ 낙농품(Ice크림 0.05%) ⓑ 제과(양갱0.2%)
ⓒ 육가공품(0.2%) ⓓ 수산연제품(0.1%)
ⓔ 소스, 케첩(0.5%) ⓕ 기타(빙의용, 화장품, 치약)

(다) Alginic acid(Algin, polyuronide)

① 1883 발견, 산성다당류(Hetero polysaccharide)

② 원조 : 갈조류(감태, 모자반, 미역) 3월경 채취

③ 구성분 : D-Mannuronic acid, L-guluroic acid

④ 성질

ⓐ 수 · 유기용제불용, 알카리가용(점조액 형성)

ⓑ 유기고분자 전해질(-OH, -COOH)

ⓒ Na,K, Li, Hg, NH3염(수용성), 기타염(불용성)

ⓓ 방사선 Sr흡수억제

⑤ 공정 : 원조 → 염산(0.5%)처리 → 추출(양잿물1.5%, 60℃, 4hr) → 용해희석(100배) → 청징(침강부유) → 여과(원심분리, 규조토 여과) → 표

백($NaClO$, $CaCl_2$) → 탈수 · 중화 → 정제 → 건조 → 분쇄

⑥ 용도 : 직물용호료, 식품가공(아이스크림 안정제), 의약, 공업용, 물정수 처리

(라) PGA (Propylene Glycol Alginate) - 식품안정제

① Alginic acid의 -COOH 기에 PropyleneOxide를 반응시켜 PGA radical을 만든것

② 성질: ⓐ 강한 내산성(겔화,점도저하방지), ⓑ 단백질안정화(산성), ⓒ 유화안정성(친유기), ⓓ 포말안정화

③ 용도 : ⓐ 산성음료 안정제, ⓑ 식용향료유화제, ⓒ 면류개량제, ⓓ 포말 안정제

(마) 풀가사리

직물호료(곰팡이 방지, 광택우수), 벽칠풀, 도자기풀, 세발용호료

◆ 미래 신규 수산식품자원 개발 분야

▶ 다획성어류의 식량화 및 폐기물의 활용

① 정어리(11만톤), 꽁치(적육어), 쥐치(백육어, 20만톤)의 효율적 가공이용

② 결점 : ⓐ 뼈가 많음, ⓑ 강한 비린내, ⓒ 강한 굽는냄새, ⓓ 폐기물 처리난, ⓔ 장시간 조리

③ 개발방향 : ⓐ 냉동고기풀, ⓑ 냉동 fish block, ⓒ 식품배합소재(FPC, 식용어분)

▶ Krill 식용화 : 남빙양서식, 5천~7천만톤/년 어획(세계 년간어획량과 동량)생육, 동결연육,

▷ 체장 4~5cm, 어획자원 20~25억톤, 강한효소 함유, Paste제품 : 단백응고동결 , 농액즙(조미료)

▶ 심해어(수심300~2000m서식), 남태평양(호끼, 아까다라, 메루루자, 돔), 냉동연육, 어묵

4장 기타 가공식품

1. 건강기능식품

가. 서 론

(가) 식품의 정의

식품이란 인간의 생명유지, 성장발육, 생식 등에 필요한 것으로 먹을 수

있고 무독하여 해가 없고 한가지이상의 영양소를 갖고 소화흡수가 되는 천연물이나 그 가공품으로 정상시는 농・축 ・수산 ・임산물, 기타, 400여종이나 비상시에는 1000종 이상이 이용되고 있다.

(나) 식품의 기능

① 1차 영양적 기능 : 식품의 영양소가 인체의 생명유지에 미치는 기능

② 2차 감각/기호적 기능 : 식품이 인체감각(미각, 취각, 촉각)에 미치는 기능

③ 3차생체조절/생리활성기능 : 식품이 인체의 면역계, 내분비계, 신경계, 순환기계, 등조절

(다) 건강기능식품

① 탄생 : 의식동원(醫食同源, Medicine and food share a common origin) 고대(동양)사상

▷ 히포크라테스의 "식품을 그대의 약으로, 약을 그대의 식품으로" (서양)

▷ 건강 지향식품 소비여건 : 소득증가. 건강욕구증대, 노령인구증가

② 건강기능식품법 정의(3조)

"인체에 유용한 기능성을 가진 원료나 성분을 사용하여 정제, 캡슐, 분말, 과립, 액상, 환등의 형태로 제조, 가공한 식품"

(라) 역사

① 1973 - 영양강화식품(식품위생법)

② 1980 - 영양등 식품제조업(유아용, 병약자용, 임산부용, 기타 특수용도 사용목적)

③ 1988 - 일반 영양 강화 식품군과 특수 영양 식품으로 구분

④ 1989 - 건강보조식품제조업 신설〈알로에, 스쿠알렌, 효소, 효모 등 21개 품목 지정〉 - 자라('91), 키토산, 프로포리스, 베타카로틴('95)으로 25품목, 37개품목/2008

⑤ 2000 - 건강보조식품재분류〈Ca함유식품과 단백질식품 일부가 특수 영양보충 식품으로〉, 특수영양식(식이섬유, 이유식, 조제유, 영양보충식), 특수용도식(영아용조제식, 성장기용조제식, 영・유아용 곡류조제식, 기타 영・유아식, 영양보충식, 환자식, 식사대용식)

⑥ 2002.8 건강기능성 식품법(법6727호) 제정공포(시행령 2003.12. 대령 18164호)

(마) 건강기능식품의 영업종류

① 건강기능식품제조업, ② - 수입업, ③ - 판매업

(바) 행정부처

K-FDA(건강식품과), (사)한국건강기능식품협회(정책자료조사연구, 광고심의)

(사) 사회 문제점

무분별한 제품의 범람, 허위과대광고, 소비자 피해 건기법 제정관리

나. 건강기능식품의 제조

(가) 식품과 기능성

항 노화, 항암/종양, 당뇨조정, 면역증강, 항균성, 항콜레스테롤, 고혈압 예방, 치매, 예방, 강정활성, 신경계질환예방, 만성질환예방, 숙취해소 및 간 보호, 항동맥경화, 골 강화, 다이어트 등

▷ 원료 : 농산물, 버섯류, 약용식물, 차류, 동물자원(유, 육, 알, 수산물)미생물대사물 등의 추출물

① 항암성 : 호르몬제, 항대사계, 항종양알킬화제, 백금계 화합물, 분화유도제 등

② 항 노화성 : 노화조절은 식이제한, 적절한운동, 활성산소억제-항산화제

③ 항 당뇨 : 원인(유전성과 환경요인). 혈당조절을 위한 항당뇨효과(시험관, 동물실험, 임상실험)

④ 항동맥화성 : 원인(고혈압, 고콜레스테롤혈증, 흡연, 당뇨, 비만, 노화, 운동부족), 억제(LDL산화, 효소)

⑤ 골 다공증 : 원인(뼈생성이나 호르몬분비 이상, 무기질 영양결핍), 감소(골밀도, 총량), 칼슘제제

⑥ 다이어트 : 비만(열량섭취와 소비 불균형), 저열량, 식섬유, 소화흡수/지방대사억제, 증체, 지방량

⑦ 간 기능개선 : 원인(알콜, 약물), 부작용(지방간, 간염, 간경화, 간성혼수, 간암), 동물실험

(나) 건강기능식품의 유형

▶ 형태 : 정제(錠劑), 캡슐, 분말, 과립, 액상, 환(丸) - 일반식품과 다르고 의약품과 유사

다. 건강기능식품의 기능성 표시

영양보충용(27종), 인삼제품(4종), 홍삼제품(4종), 뱀장어유(만(鰻)유), EPA/DHA함유(3종), 로얄제리(3종), 효모(3종), 화분(4종), 스쿠알렌(2종), 효소함유(4종), 유산균함유(5종), 클로렐라(2종), 스피루리나(2종), 감마리놀렌산(2종), 배아유(4종), 배아제품(5종), 레시틴(2종), 옥타코사놀(2종), 알콕시글리세롤(2종), 포도씨유(2종), 식물추출물발효, 뮤코다당단백질(2종), 엽록소함유(12종), 버섯(2종), 알로에(9종), 매실추출물(2종), 자라식품(5종), 베타카로틴(3종), 키토산함유(2종), 키토올리고당함유(2종), 글루코사민함유(2종), 프로폴리스추출물(2종), 녹차추출물(2종), 대두단백함유(2종), 식물스테롤(3종), 프록토올리고당함유(2종), 홍국(2종)

라. 기능성내용별 건강기능식품의 원료구분

기능성 내용	원 료
1. 콜레스테롤조절에 도움주는 원료	① α -linolenic유지 ② Guagum ③ Glucomanan ④ 귀리식이섬유 ⑤ 대두단백 ⑥ 대두식이섬유 ⑦ lecithin ⑧ 식물sterol ⑨ 식물스타놀에스테르 ⑩ 옥수수겨식이섬유 ⑪ 옥타코사놀유지 ⑫ 이눌린/치커리추출물 ⑬ 차전차피 ⑭ 키토산/키토올리고당 ⑮ 홍국 ⑯ 스피루리나원말 ⑰ 아마인 ⑱ 알로에추출분말 ⑲ 유니벡스죽엽추출물 ⑳ 폴리코사놀
2. 관절 및 연골건강에 도움주는 원료	① 뮤코다당단백 ② 결정유기황 ③ 글루코사민 ④ 로즈힙분말 ⑤ 초록잎홍합추출오일복합물 ⑥ 유니베스틴케이황금등복합물 ⑦ Dimethylsulfone(MSM) ⑧ KD-28복합추출분말 ⑨ N-아세틸글루코사민
3. 배변활동조장에 도움주는원료	① 구아감/가수분해물 ② 글루코만난 ③ 난소화성말토덱스트린 ④ 대두식이섬유 ⑤ 밀식이섬유 ⑥ 보리식이섬유 ⑦ 알로에전잎 ⑧ 이눌린/치크리추출물 ⑨ 차전차피 ⑩ 폴리덱스트로스 ⑪ 프락토올리고당 ⑫ 프로바이오틱스 ⑬ 대두올리고당 ⑭ 라피노스 ⑮ 목이버섯 ⑯ 분말한천 ⑰ 이소말토올리고당
4. 항산화작용에 도움주는 원료	① 엽록소함유식물 ② 녹차추출물 ③ 스쿠알렌 ④ 프로폴리스추출물 ⑤ 끼꼬망포도종자추출물 ⑥ 복분자주정추출폴리페놀 ⑦ 유니벡스죽엽추출물 ⑧ 코엔자임Q10 ⑨ 피크노제놀 ⑩ 헤마토코쿠스조임계추출물
5. 혈당수준을 건강하게 유지하는 원료	① 구아감/가수분해물 ② 귀리식이섬유 ③ 난소화성말토덱스트린 ④ 대두식이섬유 ⑤ 밀식이섬유 ⑥ 옥수수겨식이섬유 ⑦ 이눌린/치크리추출물 ⑧ 호로파종자 ⑨ 구아바잎 ⑩ 바나나주정추출물 ⑪ 솔잎증류농축액 ⑫ 씨제이홍경천등복합추출물 ⑬ 피니톨 ⑭ 탈지달맞이꽃종자주정추출물 ⑮ 콩발효추출물 ⑯ PMO알부민 ⑰ 토치대두발효추출물

6. 장내유익균의 증식 및 유해균의 성장억제에 도움 주는 원료	① 프락토올리고당 ② 프로바이오틱스 ③ 대두올리고당 ④ 라피노스 ⑤ 이소말토올리고당
7. 면역력을건강하게유지하는원료	① 인삼 ② 홍삼 ③ 알로에겔 ④ 알콕시그리세롤함유상어간유 ⑤ 게란티바이오Ge-효모 ⑥ FK-23 ⑦ HemoHIM 당귀등혼합추출물
8. 혈액순환 개선유지에 도움되는 원료	① 오메가-3지방산함유유지 ② α-linolenic유지 ③ 피크노제놀 ④ PMO정어리정제어유 ⑤ 연지버섯자실체 추출물
9. 혈압을 건강하게 유지에 도움되는 원료	① 정어리펩타이드 ② 가쯔오부시올리고 펩타이드 ③ 카제인가수분해물 ④ 올 리브잎 주정추출물
10. 기억력개선에 도움을 주는 원료	① 씨제이테아닌등 복합 추출물 ② 피브로인 추출물 BF-7
11. 인지능력 개선에 도움되는 원료	① 대두 유래 포스파티딜세린 ② INM176 참당귀 주정 추출분말
12. 눈 건강에 도움주는 원료	① 빌베리 주정 추출물 ② 루테인 ③ 헤마토코쿠스 추출물
13. 피로회복에 도움이 되는 원료	① 인삼 ② 홍삼 ③ 매실추출물
14. 혈중 중성지방 수준유지 원료	① 오메가-3지방산함유유지 ② PMO정어리정제어유
15. 체지방 감소에 도움이 되는 원료	① CLA ② 씨제이히비스커스등 복합 추출물 ③ GreenMateExtract EFLA920
16. 운동시 지구력증진에 도움 원료	① 옥타코사놀 함유 유지
17. 전립선 건강에 도움되는 원료	① 쏘팔메토 열매 추출물
18. 운동수행능력증진에 도움 원료	① 크레아틴 ② 충치발생 위험감소 ③ 자일리톨 ④ 구강내 항균작용 ⑤ 프로폴리스 추출물
19. 장 건강에 도움을 줄 수 있는 것	① 알로에겔
20. 칼슘흡수에 도움 줄 수 있는 것	① 프락토 올리고당
21. 간 대사활성(Pha-seII)에 도움	① 브로콜리스프라우트분말
22. 알콜성 손상으로 간보호에 도움	① 헛개나무 과병추출분말
23. 신체저항능력에 도움 줄 수 있음	① L-글루타민 ② 표고버섯 균사체 AHCC

마. 건강기능식품 구매 Check List

① 제품앞면의 "건강기능식품" 표시확인 → ② 영양기능정보 확인 → ③ 원하는기능성내용확인 → ④ 섭취시주의표시확인 → ⑤ 제품원료와 함량이 광고문구일치확인 → ⑥ 보관법표시확인 → ⑦ 제조원과 판매원확인 → ⑧ 반품과 교환장소 명기확인 → ⑨ 유통기한 표시확인 → ⑩ 포장손상과 제품상태확인 → ⑪ 질병시 의사등 전문가와의 상담후 섭취확인

2. 발효식품

가. 서론

(1) 정의

탄수화물에 미생물이 작용하여 일어나는 변화에 의해 생산된 유용한 식품

▷ 유해물질〈단백질 변화 - 부패 : 유지 - 산패, 구분 난해(술 - 식초, 우유 - 발효유)〉

(2) 분 류

① 주류(맥주, 청주, 과실주, 증류주)

② 조미식품 - 간장, 된장, 고추장, 식초, 청국장, 글루타민산소다(MSG)

③. 기타 발효식품(김치, 침채류, 빵, 발효유, 젓산음료, 치즈)

나. 각 론

(1) 주 류

(가) 알코올(alcohol, 酒精) : 전분(곡류, 서류, 과즙) → 당화(고지, 맥아) → 당류 → 알코올(효모효소)

① 녹말의 당화 : ⓐ 고지〈황국(Asp, oryzae), 흑국(Asp, niger)〉, ⓑ 아밀로법(Rhizopus, javanicus), ⓒ 산당화(녹말+농황산3~5%, 압력 50~60lb, 60분)석회유로 중화-pH5.2

② 발효물(모로미)증류 : 알콜분리, 휘발물(알데히드, 퓨젤유, FA과 ester, 메탄놀)제거

(나) 술(酒, Wine, liquer)

① 술의 종류

ⓐ **양조주** : 단발효주(과실주-포도주, 사과주) : 복발효주-단행복발효

주(맥주), 병행복발효(청주)

ⓑ **증류주** : 소주, 위스키, 브랜디, 보드카

ⓒ **재제주** : 합성청주, 합성과실주, 칵테일류

(ㄱ) 약주 : (두견주 배합비율)

ⓐ 주모(멥쌀2말, 누룩3되, 물2말)

ⓑ 위덮이 : 멥쌀 3말, 찹쌀 3말, 두견(杜鵑)화 1말, 물 6말

(ㄴ) 막걸리(濁酒) : 주모/술덧/약주박 + 전분원료(쌀, 곡류)

▷ 담금비율 : ① 쌀 0.3, 누룩 0.17, 물 0.77(0.32 +0.45)

② 찹쌀 0.1, 누룩 0.036, 물0.8

(ㄷ) 청주(淸酒) : 일본술, 백미 쌀코지 + 물

▷ 증양법(덧+주정+조미물질 = 3배 증량)

코지(양조미 + Asp.oryzae), 주모(酒母, 코지 + 찐쌀 + 물), 덧(찐쌀 + 코지 + 물 + 주모)

(ㄹ) 맥주(麥酒, Beer) : 상면발효(Sac. cerevisiae)와 하면발효(Sac. carlsbergensis)

▷ 제조과정 : ⓐ 맥아제조, ⓑ 당화공정, ⓒ 발효공정(주발효 12일 / 6~8℃, 후발효 3개월 / 0~2℃)

▷ 원료 : 맥아(2조대맥), 전분질(쌀, 옥수수), 물, 맥주효모

(ㅁ) 과실주 : 포도주 (백, 적-)

▷ 공정 : 포도 → 선별, 제경 → 파쇄 → 압착, 과즙 → 보당 → 주발효 → 보당, 후발효 → 청징 → 포도주

(ㅂ) 증류(蒸溜)주 : 양조주(주정분+휘발성분)를 원료로 증류(알코올 증류와는 다름)

▷ 구분

ⓐ 단발효주 증류 : Brandy(포도주), Arrack(야자술, Toddy), Rum(고구마, 당밀발효물)

ⓑ 단행복발효주(맥아당화)증류 : Whisky(맥주, 스코트랜드, 아일랜드, 카나다), Vodka(알코올50%, 라이맥, 러시아), Gin(라이맥, 옥수수, 영국, 캐나다, 미국, 화란)

ⓒ 병행복발효주(고지당화)증류 : 소주(곡류, 서류, Asp.Usamii), 아와모리(싸레기, Asp.awamori), 고량주(고량, 옥수수, 누룩, 중국)

(2) 유기산

(가) 식초와 식초산

▶ 식초 : 식초산(acetic acid)3~5% 함유, 양조식초(초산균+알코올5%)와 합성식초(아세틸렌+물로 합성, 중금속(납, 크롬)위험)

▷ 합성초 배합 예
(빙초산 20ℓ, 알코올 0.7ℓ, 물 450ℓ, 설탕 10kg, 물엿 3kg, 캐라멜 소량, 주석산450g, 젖산500ml, 글루콘산 소량)

▷ 식초산균 : Acetobacter aceti, Acetobacter schutzenbachi, Acetobacter vini aceti

▷ 식초제조공정 : 녹말 → 당화 → 주정발효 → 술 → 식초산발효 → 식초

▷ 식초의 분류

① 동양식초 : 술찌끼초(주박), 술초(술), 쌀초(쌀), 주정초(알코올), 초산초(식초산)

② 서양식초 : WineVinegar(포도주), CiderVinegar(사과주), MaltsVinegar(맥아), SpritVinegar(알콜)

(나) 구연산(Citric acid)

풍미우수한 유기산으로 식품(청량음료, 과자)제조에 쓰이고 감귤류나 발효로 생산

① 감귤에서 제조
감귤(하귤, 유자)즙+석회 → 구연산석회+황산 → 황산석회로 제거→용액 증발 → 구연산 결정

② 발효법
당류(10~15%), NH_4NO_3 0.1~0.3%+Asp.niger(흑국균), 7~14일/30~35℃ → 양조식초

(3) 침채류

(가) 정의 : 채소 저장법의 하나로 채소 세포액성분과양념성분이 혼합 독특한 향미를 얻으며 미생물은 소금, 산에 의해 내 삼투압성을 갖는 균종만이 작용(2주후)

① 침채류의 분류 : 채소종류, 양념종류, 제조방법에 따라 분류

② 침채류의 숙성

(ㄱ) 목적 : 채소풋냄새, 짠맛중화, 독특한향미

(ㄴ) 종류 : ⓐ 미생물 발효작용, ⓑ 효소작용, ⓒ삼투압 작용

(ㄷ) 미생물 : Leuconostoc, Pediococcus,잡균(Flavobac.Achr. Pseudo.)

③ 침채류의 성분변화

침채류는 삼투작용으로 외부에서 소금, 수용성분이 들어오고 내부에서 일반성분 침출과 동시에 효소와 세균작용으로 단백질, 지방 ,녹말이 분해로 향미성분이 증가 강화

▷ Vitamin류 : B_1, B_2, niacin, B_{12} 2~3배/3주후; 카로틴, C감소(연부시 30~50%만 잔존)

(나) 사용 소금량과 변화

▶ 김치 가염 량 : 겨울 2~3$, 봄 4~5%, 여름 7~10%

① 소금과 효모관계 : 소금1%, 젖산 2.5% 최대 번식

② 젖산량과 김치맛 : 좋은맛 0.3~1.5% 젖산, 소금 2~7% 젖산발효 양호, 9%↑시 억제

③ 채소의 색소 보존

ⓐ 오이 : 엽록소 고정 - 유산동($CuSO_4$)처리 〈오이 100kg + 유산동 30~40g〉 현재 금지

ⓑ 가지 : 안토시안 고정, - Fe 과 Al 이온처리 〈가지 100kg + 명반 400g + 철가루 40g〉

(다) 침채류의 종류

① 단무지 : 건조무+겨, 소금, 착색료, 감미료 - 생무+소금 → 절임무+착색료+감미표

② 피클 : 재료(오이, 양파, 미숙도마토, 올리브열매, 무화과) + 소금, 식초, 향신료 - 유롭, 병조림

▷ 오이 pickle : 오이+10%염수 → 젖산발효(20일) → 오이염분 5~6% +식초 → sour형(제품산도 2.5%, 염도 2%); sweet형(오이 100kg+설탕 60kg), 향신료〈정향 allspices(3향자; 계피, 정향, 육두구), 겨자, 후추.고추, 로럴〉

③ 샤워크라우트(Sourkraut) - 서양김치(특유향미와 풍미)

세절양배추 + 2.5%소금 → 젖산(1.5%)발효숙성/1개월 → 밀봉저온 저장, 가열살균(통/병조림)

④ 마늘절임 : 풋미늘 200개+소금 2.7ℓ + 설탕 100g + 식초 4.5ℓ

⑤ 염교절임(락교쓰께) : 염교 15kg, 소금 1.8ℓ, 설탕 3.75kg, 식초 2.7ℓ

⑥ 김치오이절임(나라쓰께) : 김치오이 18kg, 주박(청주) 28kg, 소금 4.8kg, 설탕 1.1 kg

⑦ 깍두기 : 무 6개, 새우젓 4큰술, 파 1뿌리, 마늘 2쪽, 생강 조금, 고추분 3큰술, 미나리 1컵

⑧ 동치미 : 무 1kg, 오이 5개, 배 2개, 통고추 10개, 소금 2큰술, 설탕약간, 파 2뿌리, 마늘 2쪽, 생강 3쪽, 물 6컵

⑨ 오이지 : 오이 50개, 소금5컵, 물 20컵

⑩ 김장배추김치
배추 100통, 무(채) 1/2동이, 실고추 660g, 파(채) 4컵, 미나리 6컵, 갓 6컵, 청각 1컵, 배 10개, 마늘 10통, 생강 1컵, 밤 10컵, 소금 1.5컵, 젓국 10컵

(4) 화학 조미료

① 아미노산계 조미료(MSG-MonoSodiumGlutamate)

ⓐ 산분해법 : 소맥분 → 글루텐분리 → 염산분해 → 글루타민산 → 중화 → MSG, 1950↑

ⓑ 발효법 : 포도당(당밀, 10~13%), 암모니아, $KH_2PO\$$, $MgSO_4$, + MSG 생산균 → 발효 30~40℃, pH8, 30~40hr. 생합성 → Glutamic acid(수율 30~50%) → 농축, 중화 → 건조 → MSG, 1971↑

② 핵산계 조미료(IMP-InosinicMonoPhosphate, GMP-GuanylicMono-Phosphate)
IMP(소고기국물맛, 가다랑이), GMP(표고버섯맛)는 정미성 뉴클레오티드로 1962년 조미료로 실용화되어 ⓐ 효모핵산분해법, ⓑ 발효법과 합성법의 조합에의한 제조하고 있음

3. 기타 가. 식품의 변질과 부패

(1) 식품의 특질

생명유지시는 무균(자기살균력-항생. 항균성분, 면역단백질, 항산화제)

▶ 생명을 잃으면(사망) : 식품성분분해(효소나 미생물작용) → 유익물(발효), 유해물(변질/변패)

(2) 식품의 변패 (가수분해) 원인

(가) 미생물(효소) 발육으로 일어나는 변패

◆ 부패와 발효 : 모두 유기물에 미생물이 작용하여 일으키는 분해 또는 전환 작용

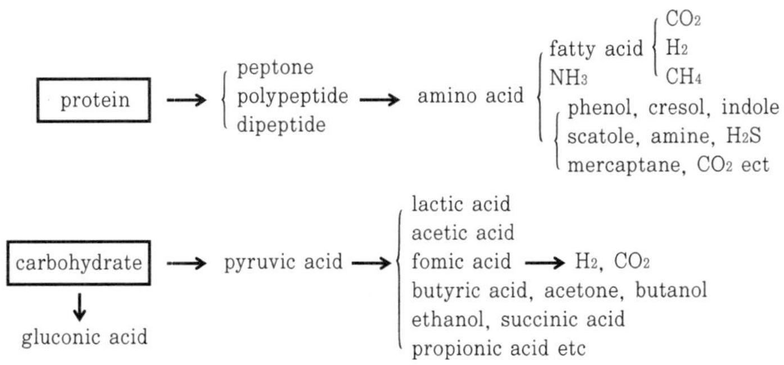

▷ 부패 : 동물단백질+세균효소(분해, 탈아미노) → aa → NH_3 인돌, 스카돌. H_2S(불쾌악취), 5~45℃. 중성pH

▷ 발효 : 탄수화물+곰팡이, 효모(가수분해, 해당) → 유기산, 알코올, CO_2, 10~35℃, 산성pH

▷ 기타 해충(파리. 구더기, 바구미,쌀벌레-건조식품, 곡류, 고기, 생산)

◆ 부패발효미생물은?

① 세균(점막균, 감자균, 젖산균, 낙산균, 대장균, 간상균)

② 곰팡이(푸른-, 털-, 거미줄-)

③ 효모(내당-, 내염-, 산막-)

(나) 화학적 작용으로 일어나는 변질

① 가열(효소불활성) : Oxidase, Peroxidase, Catalase 등은 향기, 색갈을 변화시켜 풍미 저하

② 산소(산화) : 식품의 품질(향기, 색깔), 비타민A, C 파괴, 유지의 산패(변색. 불쾌취)

③ 갈변(효소적, 비효소적) - 외관불량, 향기와 맛 저하, 비타민 · 아미노산 저하, 착색(간장, 된장, 홍차, 커피)

④ 과즙 · 건조과실 변색〈비효소적-, 성분반응(유기산과 당, 유기산과함N화물,유기산과유기산)〉

(다) 물리적 작용이 의한 변질

① 물리적 작용 영향요인 : 온도, 습도, 광선

② 온도 : 미생물의 성장발육의 촉진이나 억제, 화학반응의 촉진과 지연

③ 습도 : 저장(수분증발로 부피 감소, 외관불량), 건조식품의 흡습(변색, 곰팡이발생, 향기, 모양악화)

나. 저장원리

변패 주원인인 미생물의 번식 방지와 산소 · 광선 차단

(가) 미생물관리

① 사멸(가열, 방사선)

② 생육조건 악화로 번식방지(건조, 냉동, 삼투압, pH조절 방부제, 훈연, 효소불활성화(냉동채소냉장중 색깔, 향기유지), 산화억제(N가스, 빙의, 제습), 광성차단(소시지 적색외 포장지, 갈색병)

(나) 산화억제(Nitrogen가스충진, 빙의, 제습)

(다) 광선차단(적색외포장지-소시지, 갈색병)

(라) 저장의 요점 : 식품의 향기, 맛, 색깔, 조직, 영양가 등의 변화없도록 하는 요건 충족

5장 식품의 저장

1. 식품 저장

가. 곡류의 저장

곡물은 저장 중 변질, 충해, 기타원인으로 많은양이 손실(미곡10%)되어 이의방지도 간접생산이다.

곡물의 저장에 적당한 수분함량(현미 14%, 보리 13~14% 이하)과 적당한 저장온도(15℃ 이하)가 중요하다. 저장 중의 식품변질은 미생물, 효소, 소 동물에 의하는데 이중 미생물에 의한 피해가 가장 크다. 이의 예방으로는 이른바 3C라고 하는 ① 청결(clean), ② 저온(cold), ③ 포장(cover) 등의 수단이 이용된다.

(가) 저장 중 변화

① 화학적(지방 산패, 환원당 증가)

② 생리적(호흡열, 충해, 미생물독)

③ 물리적(흡수력 감소, 용적율 증가)

(나) 곡류 저장법

① 상온저장(정조저장, 현미저장)

② 저온저장(15℃, 습도 70~80%, 냉동순환식, 직접냉각식)

③ 사이로(곡류의 bulk 저장)

④ 밀폐 Controlled Atmosphere(CA)

⑤ 방사선조사

⑥ 약품처리

⑦ 수중저장 등이 있다.

나. 육류의 저장

축산(Livestock)이란 생명을 저장한다는 뜻으로 이 어원은 원시시대에 산 체로 기르는 것이 유일한 저장방법이었기 때문이다. 모든 식품재료는 살아 있는 동안 무균상태를 유지하지만 수확, 도살, 어획시 생명이 끊어짐과 동시에 세균 오염 상태로 된다.

특히 육류의 경우는 도살과 동시에 호기적 상태에서 혐기적 상태로 되기 때문에 해당작용으로 젖산과 무기인산이 생성되고 단백응고로 사후경직현상이 일어난다. 이 시기를 지나 해경과정을 거쳐 자체 효소에 의한 자가소화로 연화숙성이 되고 이때 미생물의 오염번식으로 부패 변질육이 된다. 식육의 직접 조리시는 숙성과정의 신속한 처리가 요구되므로 저온처리 외에 효소, 연화제,약품처리로 숙성시켜야 하고, 육제품 원료나 보관용은 사후경직기간을 최대한 연장시켜야 하기 때문에 급속동결하여 냉장(-18℃이하)한다.

(가) 육류저장(경직기간 연장)의 종류

① 냉장법(5℃ 급냉지육, -0~1℃, 습도 85~90%, 시간당 6~12회 냉기순환)

② 냉동법(-25~-30℃ 급속동결, -18℃ 이하로 저장)

③ 염장법:마른간법, 물간법, 개량물간법, 개량마른간법, 변압염장법, 염수주사법, 압착염장법

④ 훈연법(온훈법:30~50℃에서 5~10시간, 냉훈법:10~20℃에서 1~3주간, 열훈법:50~80℃에서 수시간)

⑤ 건조법(열풍, 감압, 동결)

⑥ 밀봉저장

⑦ 환경기체조절(CA)저장

⑧ 살균제(염소 50~100ppm)

⑨ 방사선조사(Co^{60}의 γ선 조사)등이 있다.

다. 과실 · 채소의 저장

과실과 채소는 일명 청과물이라고 하는데 어패류와는 달리 수확 후에도 생활 작용을 하는 생체식품으로 수분함량이 높고, 특유한 맛 향 색을 갖고 있어 신선한 식품이다. 따라서 청과물의 저장 원리는 그 생활 작용을 완만하게 영위시켜 수명을 연장함으로써 신선도를 최대한 유지하는 것이 무엇보다도 중요하다.

(가) 청과물의 품질저하 원인

① 내적요인 : 생활작용(호흡작용-호흡율, CO_2발생, 생장작용, 추숙작용, 증산작용 등에 의한 화학성분 변화)

② 외적요인 : 미생물 증식(상처부위에 침입), 곤충, 새 등의 식해(食害)

(나) 청과물의 온도계수(Q10)

저장온도가 10℃ 변동시 각종 작용이 변하는 숫자이며, 보통 Q10=2~3이면 온도가 10℃ 상승하고 변질이 2~3배 증가하며, 10℃ 낮아지면 변질이 1/2~1/3로 낮아진다는 것이며, 호흡열은 647cal가 방출된다.

(다) 청과물의 예냉

수확청과물을 동결점 부근에서 냉각시키는 것으로 각종 생활작용의 속도를 지연시켜 청과물의 질적, 양적 변화를 방지하기 위함이다.

(라) 청과물의 냉장

청과물은 종류에 따라 생장 또는 발아작용을 하는데 이것은 품질을 저하시켜 상품가치를 떨어뜨리므로 5℃ 부근에서 냉온저장시켜 이 현상을 방지해야 한다.

바나나 같은 열매과실은 수확하여 상당기간 상온에서 추숙시켜야 식미가 생성된다. 청과물은 저장중 수분증산으로 표면광택이 없어지고, 주름이 생기며, 육질도 불량해지고, 신선미가 없어지는데 질적 변화와 중량도 15% 감소된다.

(마) 환경기체조성(CA storage)

환경기체의 산소가 감소하고 CO_2가 증가하면 전환기 상승(climacteric rise)의 발현이 지연되고 에틸렌 처리는 호흡량 증가, 엽록소 분해로 과피의 녹색이 소실된다. 그러나 황색의 카로티노이드는 고농도 에틸렌으로 색이 분해되지 않아 바나나, 토마토, 서양배, 감 등의 과실의 인공숙성에 이용한다.

(바) 청과물의 저장

① 상온저장(지상식, 반지하시, 지하식 10℃ 유지)

② 저온저장(0℃에서 냉장, 80~85%의 습도, 빙의 저장[ICF] -0.8~-1℃)

③ 냉동저장(-40℃ 동결, -20℃ 이하로 저장)

④ 환경기체조절(CA)저장(산소나 CO_2의 농도, 온 · 습도 등 조절할 수 있는 시설에서 기체 조절로 호흡에 의한 산소부족을 방치하는 저장이며 냉장을 병용하면 유리)

⑤ MA(Modified Atmosphere) 저장(필림기체투과성과 필림백내의 과실의 발생기체로 봉지내와 대기 기체의 종류와 양의 차이를 활용 저장)

⑥ 기타 : Plastic film 저장, 피막제 처리, 방사선 조사, 건조저장, 절임

라. 계란의 저장

계란은 수분이 많은 생체식품이기 때문에 저장 중 온도가 적당하면 생활작용이 일어나지만 단순하여 별문제가 없고 저장법도 간단하다.

(가) 계란의 저장 중 변화

계란은 저장 중에 중량감소, 비중감소, 감촉변화, 난백의 pH 상승, 난황의 점도저하, 부패현상 등의 변화가 생긴다.

(나) 계란의 저장법

냉장법, 냉동(액란), 가스저장, 도포저장, 침지법 등이 있고 냉동 이외에는 통계란 저장이다.

마. 우유의 저장

우유는 대분분이 수분(88% 정도)이고, 나머지는 고형분(12% 정도)이나 그 영양소 함량은 균형이 잘 이루어져 있어 거의 완전에 가까운 식품이라 한다. 원래 젖소의 유선 내에 있는 젖은 무균상태이나 착유와 동시에 각종 세균이 오염 · 번식되어 착유부터 보관이나 수송에 엄격한 위생관리가 요구된다. 착

유한 원유는 자가 면역 작용이 어느 정도 있어 오염세균의 번식을 지연시킬 수 있으나 단기간 동안이다.

착유한 원유는 청결한 저유탱크에서 냉각(5℃) 저온 보존한다. 시유처리장이나 가공 장에 운반된 원유는 수유검사로 합격유만 받아 냉각 저유탱크에 보관하여 표준화, 균질화한 후 병원성 유해균(소결핵균) 사멸조건인 63~65℃에서 30분(저온살균 LTLT), 72~75℃에서 15초(고온단시간 HTST), 130~150℃에서 1~5초(초고온살균 UHT) 등으로 살균처리 한다.

원유를 살균한 시유, 유지방을 분리한 버터, 유 고형분을 이용한 치즈, 수분을 탈수 건조한 연유, 분유, 그리고 유산균을 발효시킨 발효유 등 여러 가지 제품으로 만든다. 우유의 저장은 냉각 저온법, 보존제 첨가, 방사선조사, 초음파살균, 오존과 과산화수소처리법 등이 있다.

우유와 유제품은 저장 중 산패, 가스 생성, 단백질분해, 점성이 있는 젖, 알칼리 젖, 풍미변화, 색변화 등이 일어난다.

우유의 보존원리는 다음과 같다.

① 오염방지

② 오염세균제거

③ 오염균의 성장억제

④ 오염균의 파괴 등

2. 통(병)조림에 의한 저장

(1) 역 사

① 병조림 발명 : N. Appert(프랑스, 1804), 광구병 cork 마개

② 통조림 발명 : P. Durand(영국, 1810), 양철관, 납땜(Tin canister라 명명)

③ 밀봉기(이중권체) : Arms 형제(1896), Retort Shriver(1874)

(2) 주석판 종류(도금법에 따른)

전기도금(ET)판, 용융도금(HD)판

(3) 단 위

Base box-14″ ×20″ 석판112 매 중량, 면적 3,31660in^2(계산단위)

(4) 양철판의 단면 구성

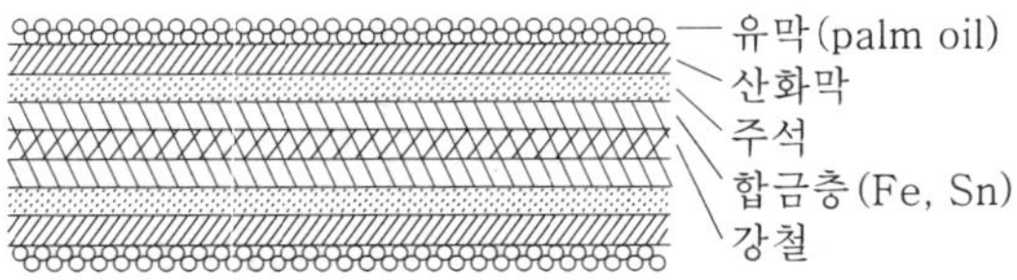

(5) 통조림관 재료

양철관, 알루미늄관, 무도석 강관(TFS)

(6) 관용도료

유성수지도료(내산성), C-enamel(내유황성), 페놀수지, 비닐수지, 외폭피수지, 복합도료

(7) 통조림 뚜껑 mark 표시

⊙ 상단 : 원료의 품종, 조리법(OYSO)
OY : Oyster
SO : Smoked and oil added

⊙ 중단 : 살재임형태, 원료의 크기, 공장허가 번호(MB12)
M : 형태, 크기
B12 : 공장허가 번호

⊙ 하단: 제조년월일(3 D28) : 93년 12월 28일

(8) 밀봉기의 3요소

Chuck, Roll(1st, 2nd), Lifter

(9) Chuck flange 깊이와 경사도

원관일 때 7/64~7/8 인치와 4 °

(10) 통조림 제조의 3대 공정

통조림은 탈기, 밀봉, 살균의 3대 공정을 거쳐서 만든다.

주입액은 과실, 당시럽 18~19%, pH 3~4, 채소 · 어육, 염수(1~2%액)이다.

① 탈기 : 통안의 산소제거로 통 내면과 내용물의 산화와 부식을 방지하고 열처리중 관 파손을 방지하며 타검용이, 호기성균의 발아억제효과를 얻는다. 방법에는 탈기함법(90~89℃, 8~15분), 진공시머법, 수증기분사법, 가스치환법 등이 있다.

② 밀봉 : 진공권체기나 탈기후 밀봉기로 실시한다. 밀봉은 시머의 척과 롤의 작용으로 뚜껑의 curl과 관동의 flange를 서로 말아 넣고 압착시켜 완성한다.

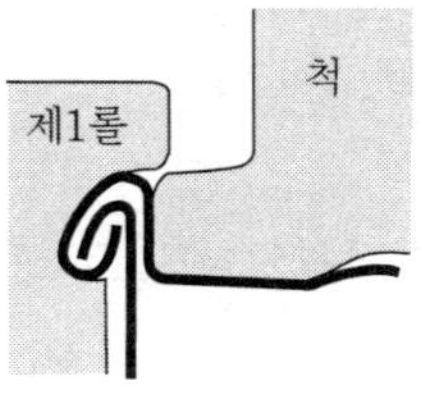

제1롤에 의한 권체공정을 마친상태

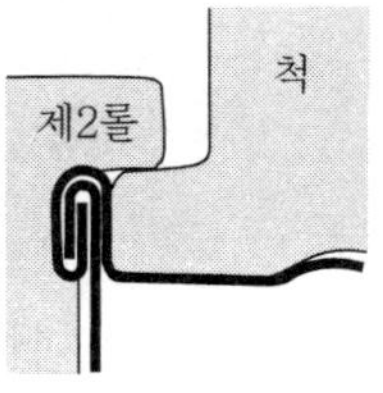

제2롤에 의한 권체공정을 마친상태

③ 살균 : 100℃이하에서 살균처리하는 저온살균과 100℃ 이상 살균하는 고온살균이 있다. 저온살균은 산성식품(pH 4.5) 생육세포 파괴가 가능하고, 포자형성균이 존재하는 저산성 식품인 채소, 어육류는 100℃ 이상(121℃, 4분)의 고온살균이 필요하다. 그러나 고온살균은 식품의 영양소 파괴를 초래하므로 유해균만 사멸하고 영양소 파괴를 피할 수 있는, 즉 약간 온도를 낮추어 장시간 살균하는 상업살균이 일반적으로 산성 과실통조림에 채용되며 온도범위는 보통 70~100℃이다.

(11) 살균의 종류

가열, 가압증기, 전기, 방사선, 건열, 동요

(12) 간헐살균

식품의 품질을 고려하여 고온단시간살균 대신 100℃에서 2~3회 일정간격으로 실시하여 세균포자의 발아된 생육세포를 파괴하는 법

(13) 살균에 영향을 미치는 요인

부착세균의 종류와 수, 내용물의 pH, 내용물의 열침투성

(14) 냉점, 온도상승시간(Come up time)

통조림의 열전달이 가장 늦은 부위를 냉점이라 하고, 냉점(Cold point)이 목표살균온도까지 도달되는 시간을 온도상승시간이라 한다.

(15) Retort내 air 배제

Retort내 air 배제가 불충분하면 air pocket이 생겨 열분포가 불균일하게 되며 살균부족 통조림이 생성된다.

(16) Thermocouple

식품의 살균온도(냉점 도달시) 및 살균시간을 동시에 측정하는 기구

(17) Retort 살균시 boiler의 증기압력이 6.3kg/㎠ 이상 필요

(18) 진공도

관의 내 · 외 기압차를 cmHg로 표시하며 통조림관의 외기압에서 내기압을 뺀 것이다.

① 기온상승, 내용물의 선도불량시 표고가 높으면 진공도는 저하한다. 또 탈기의 온도와 시간, 상부공간, 기온기압 등에 진공도는 영향을 받는다.

② 상부공간이 크고 표고가 낮으면 고진공이 되는데 보통 진공도는 15inch이다.

(19) 냉 각

호열성균 발아억제, 관내면 변색방지, 수산통조림의 struvite 생성을 방지하기 위하여 실시하는데 냉각수법, 가압냉각법, 압축공기와 냉각수법, 증기와 냉각수법이 있다.

(20) Struvite

생선통조림(게, 새우) 제품에 유리조각 모양이 생기는 현상으로 $Mg(NH_4)PO_4 \cdot 6H_2O$ 통조림(게, 다랑어)의 생성(30~50℃)되는데 struvite는 0.2%의 sodium hexametaphosphate, 0.05%의 피틴산 첨가, 급냉 등의 방법으로 방지한다.

(21) 통조림 식품의 변패

① 평면산패(Flat sour) : 겉모양이 정상인 산패관으로 산(acid)이 생성된 통조림으로 타검판정이 불가능하다.

② Flipper : 관의 상하 양면이 두둑한 상태로 누르면 소리가 난다(탈기부족)

③ Springer : 플리퍼보다 심한 팽창으로 한쪽을 누르면 반대쪽으로 튀어나온다(수소 생성)

④ Swell

ⓐ soft swell : 양면이 팽창된 것으로 누르면 원상복귀

ⓑ hard swell : 양면이 심한 팽창으로 눌러지지 않는 상태(살균부족, 수소생성, 담기과잉)

⑤ Panelled can : 위축변형관 retort 내압력 〉 can(살균 시작시)

⑥ Buckled can : 돌출변형관 retort 내압력 〈 can(살균종료 후)

⑦ Curd : 수용성 단백인 myosin, myogen 등이 두부같이 응고된 것

⑧ Adhesion : 육의 일부가 통내부에 부착된 것

⑨ Honey comb : 어육 중의 공기가 통과된 구멍에 체액이 고여 벌집모양이 된 것

⑩ black meat : 게 통조림의 H2S(methionine, cystin, cystein 등에서 유래)

(22) 기 타

① 가온검사

ⓐ 산성 과실통조림 : 25~30℃, 2~3주

ⓑ 조미통조림 : 36~37℃, 2~3주

ⓒ 보일드통조림(액즙 많은 것) : 37℃, 1~2주

② Clostridium botulinum : 혐기성 매독성 식중독균, 통조림 살균지표 세균(121℃, 4분)

③ 검사 : 타검, 외관, 진공도, 가온검사, 개관검사

④ 갈변방지 : 원료저장개선, 자숙조건개선, 형광발생원료 제거

⑤ 통조림 용기의 내면부식 촉진요인 : 산소, 유기산, 유황, 유화물

⑥ 석관의 유막층 : 석관면의 산화촉진 억제

⑦ 황산지 : 흑변 방지, 유화철생성 방지, 상품가치 향상

⑧ 통조림 저장 : 어둡고 건조한 저온창고가 유리하다(2~3년 유효)

3. 방사선에 의한 식품의 저장

(가) 방사선에 의해 균체의 성분이나 식품중의 효소와 결합하여 효소작용을 억제함으로써 식품의 살균이나 기타 살균에 이용한다(냉온살균, cold sterilization)

(나) 식품조사선

β 선, γ 선 (CO^{60}, CS^{137})

(다) 방사선 energy의 측정단위

① curie 단위:방사선을 가진 물질의 양을 표시

② Electron volt(ev)단위:전자에 관련된 에너지를 전자볼트 단위로 표시

(라) 방사선

살균력이 강하고 투과력이 큰 이온화 방사선 이용

(마) 현재 20개국 승인

발아억제(감자, 양파), 살충(곡류), 살균(고선량 조사), 냉장식품

(바) 건정성이 미확립(방사능 유기, 영양분 손실, 독성, 암유발 물질 생성 부작용)되어 있어 실용화가 미진하다.

4. 식품의 포장

가. 포장재료의 종류 및 성질

식품의 포장기술의 발달은 원시 자연재인 나뭇잎, 껍질, 풀 등을 사용하다(구시대), 통(병)조림시대(1신시대), 플라스틱 필름시대(2신시대)로 발전하였다.

식품의 포장저장은 식품을 기밀상태로 포장하여 미생물, 수분, 공기 등과 완전히 차단시켜 변패를 막고, 또 가열살균처리나 불활성가스 대체 밀봉함으로써 식품을 보존하게 하는 것이다. 식품포장의 목적은 보존성, 수송성, 작업성, 위생성, 경제성, 간편성의 향상에 있다.

(가) 식품포장재료

식품포장 재료로는 종이, 유리, 금속(통, 호일), 셀로판, 플라스틱제품(폴리에틸렌, 염화비닐리렌, 폴리에스테르, 폴리프로필렌, 염산고무, 염화비닐, 폴리스틸렌, 폴리카보네이트, 접합가공품) 등이 사용된다.

(나) 식품포장재료의 특성

식품포장재료들의 특성으로는 광선, 기체, 수분 등의 투과성, 물리적 강도, 밀봉작업의 간편성 및 가격 등이 고려되어야 한다. 종이류의 착색료 및 형광성 염료는 인체에 유해하고 플라스틱 제품에 잔류하는 촉매나 가소제, 유연제 및 미반응의 단량체 등은 독성이 우려되고 있다. 또한 플라스틱은 내부투과성이 우수하지만 유지산화, 영양성분 및 색소파괴로 불리하다.

과실, 채소 및 신선한 육류의 포장에는 수분의 투과도가 낮고 산소의 투과도가 높은 재료가 사용된다. 건조식품의 포장에는 수분과 산소의 투과도가 낮은 재료가 좋다. 동결식품 포장에는 저온에서도 유연성을 보존할 수 있고 열수축이 일어나며 수분과 산소의 투과도가 낮은 플라스틱 재료

가 사용된다.

(다) 포장재의 구비조건

① 내용식품의 부패를 방지할 수 있어야 한다.

② 맛의 변화를 억제할 수 있어야 한다.

③ 내용물을 볼 수 있게 하여 소비자에게 안심감을 줄 수 있어야 한다.

④ 휴대하기 편리하고 폐기하기가 용이해야 한다.

⑤ 가격이 싸야 한다.

(라) 포장 목적에 따른 재질의 종류

① 광선의 차단 : Al-foil, 종이류

② 향기, 취기의 차단 : Al-foil, vinylidene chloride, polyester, polypropylene

③ 내유성 : Al-foil, cellophane, polyamide, polyester, vinylidene chloride

④ O_2 및 ges 차단 : Al-foil, polyester, polyamide, 방습 cellophane, vinylidene chloride

⑤ 수분 및 습기차단 : Al-foil, polypropylene, polyethylene, polyester, 방습 cellophane

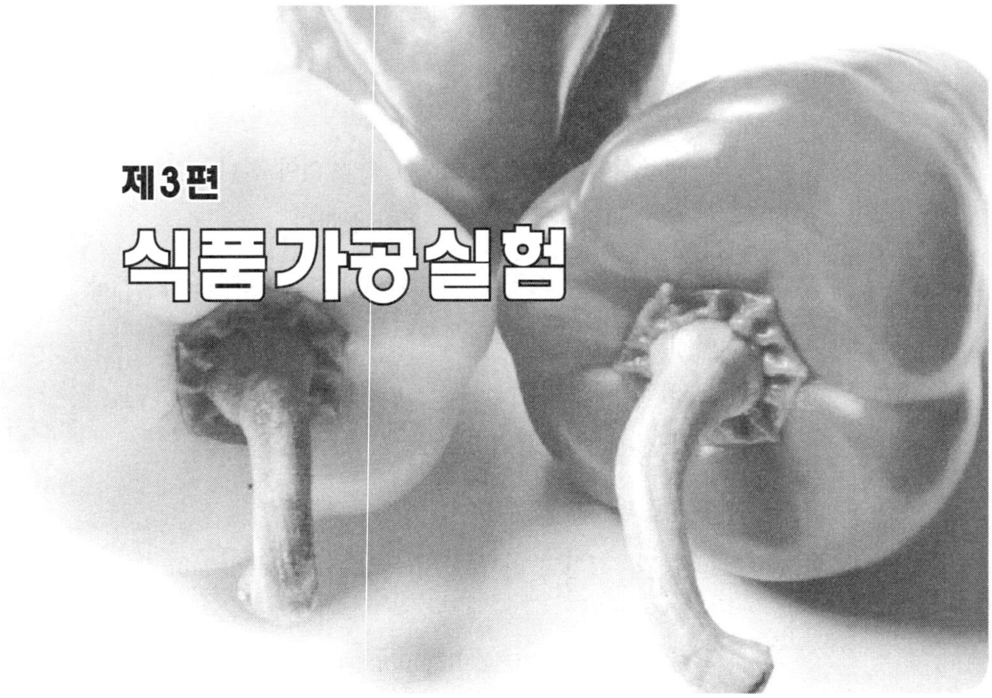

제3편 식품가공실험

1. 전분

재료 및 기구

전분질 원료 100g(감자, 고구마, 밀가루, 쌀가루 등), 물, 믹서, 자루, 1% 소금물

① 원료 : 고구마 및 감자는 믹서로 간다. 쌀가루는 물에 푼다. 밀가루는 1% 소금물을 가해 개어서 물 속에서 주물러 전분만 빠지고 글루텐은 남게 한다.

② 짜기 : 헝겊 자루로 걸러서 물로 희석하여 놓으면 녹말이 가라앉는다.

③ 가라앉히기 : 전분이 가라앉으면 윗물을 버리고 침전물에 물을 부어 희석하여 다시 가라앉힌다. 이 과정을 서너 번 반복한다. 그러나 완전히 가라앉을 때까지 기다리면 안 되고, 약간 가라앉지 않은 것이 남을 때 윗물을 버린다. 감자와 고구마는 윗물의 색이 없어질 때가지 가라앉힌다.

④ 말리기 : 마지막으로 물을 따라버리고 가라앉은 전분을 깨끗하고 넓은 데에 펴서 말린다.

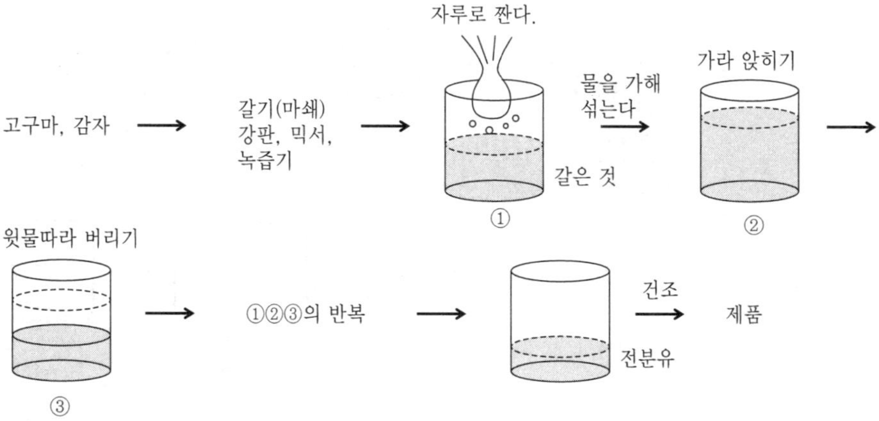

【그림 3-1】 전분

2. 밀가루

가. 제빵

재료 및 기구

강력분 밀가루 100g, 이스트 2g, 물 66㎖, 소금 2g, 설탕 2g, 기타 4g, 쇼트닝, 이스트 푸드, 종이 널빤지, 믹서, 체, 발효기, 오븐

① 이스트 가하기 : 이스트를 소량의 물에 녹여서 30℃에서 30분 정도 예비 발효시킨 다음, 나머지를 넣어 녹이고, 밀가루에 이스트 푸드를 가한다.

② 반죽 : 점성이 높아질 때까지 반죽한다.

③ 발효 : 제1발효는 28~29℃에서 2시간, 제2발효는 26℃에서 30분 하고, 발효가 끝날 때마다 반죽하여 배기한다.

④ 성형과 보온 : 반죽을 400g씩 잘라서 빵 성형을 만들고 34℃, 습도 80%의 항온기에서 1시간 보온한다.

⑤ 굽기 : 210℃에서 20~25분간 굽는다. 구우면 반죽 400g은 약 336g이 된다.

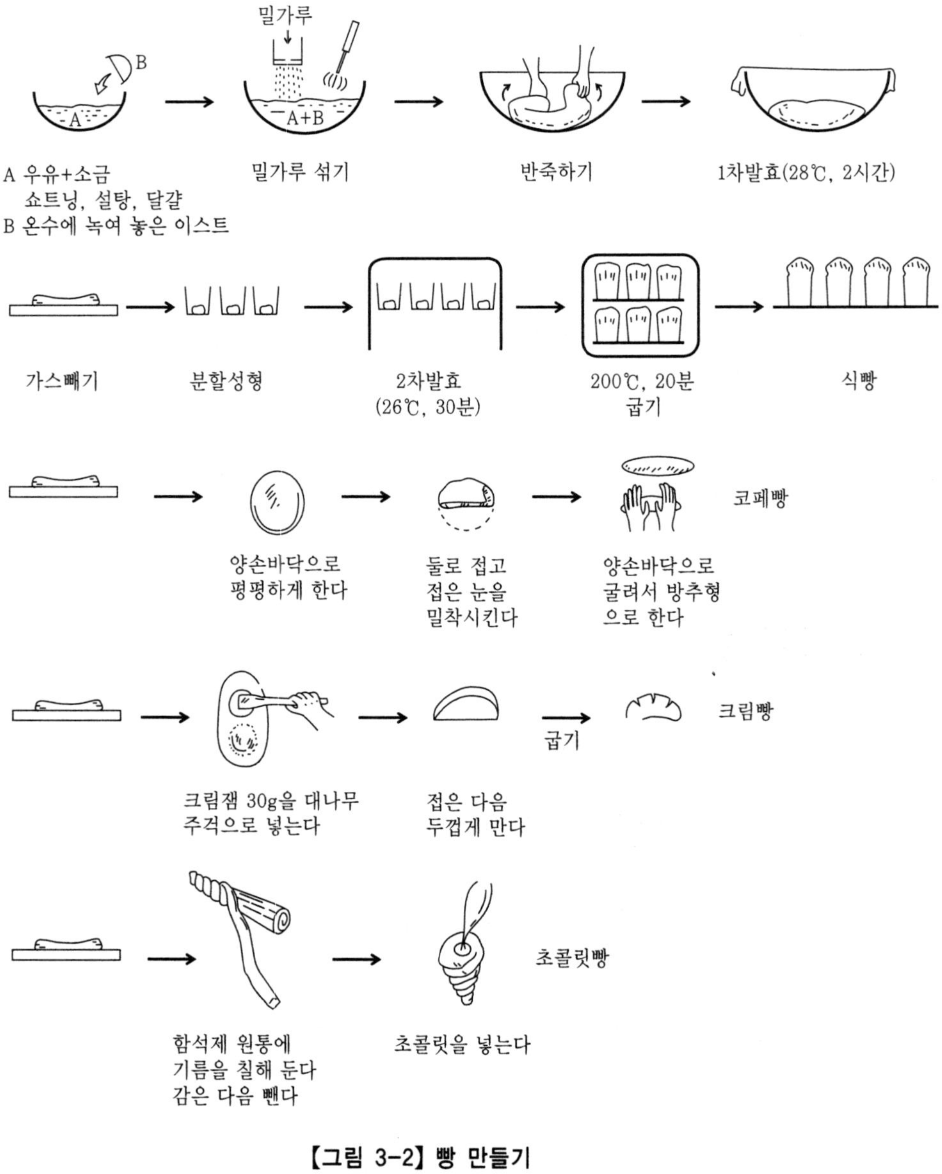

【그림 3-2】 빵 만들기

나. 제면

재료 및 기구

중력분 1kg, 소금 35g, 물 310~330㎖, 제면기, 널빤지, 저울, 메스실린더, 건조대

① 원료 혼합 : 소금물을 만들어 놓고, 밀가루를 부어 반죽한다.

② 면대 만들기 : 제면기 롤 간격을 약 8mm로 하여 반죽을 밀어 넣어 면대를 만든다.

③ 절단 : 절단 롤은 10번 3.0mm, 12번 2.5mm, 14번 2.2mm 사이즈가 있다. 절단 롤을 통과시켜서 사이즈 대로 국수가닥을 만든다.

④ 생면 : 가닥을 25cm 길이로 끊어 생면으로 한다.

⑤ 건면 : 국수가닥을 2m 정도로 끊어서 대에 걸어서 그늘에서 잠시 말린 다음 햇볕에 말린다. 마른 후 25cm 크기로 잘라서 포장한다.

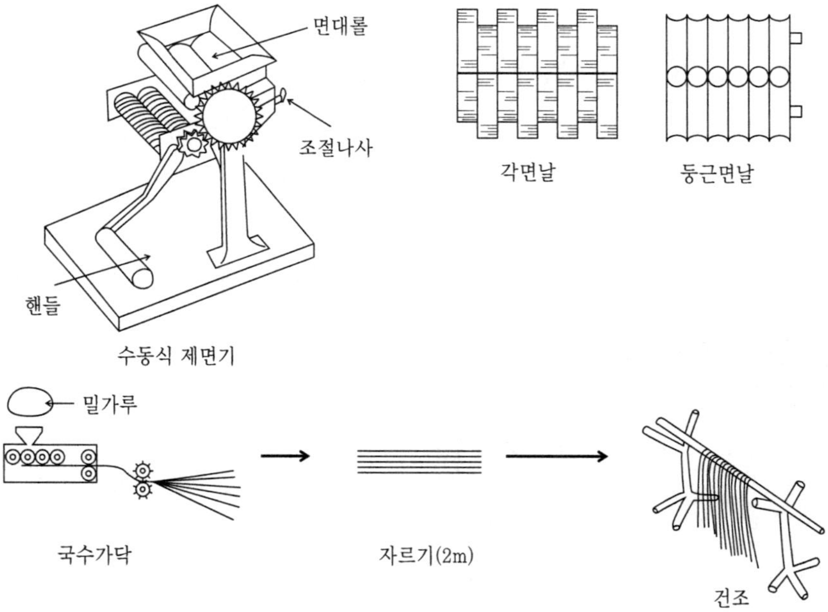

【그림 3-3】 국수

다. 비스킷(계피 쿠키)

재료 및 기구

밀가루 박력분 200g, 버터 120g, 설탕 120g, 달걀 60g, 아몬드 120g, 말린 귤껍질 가루 약간, 계피 약간, 믹서, 볼, 거품기, 오븐, 홍두깨, 계량컵, 온도계, 체, 저울

① 버터와 설탕 섞기 : 버터를 실온에서 크림상으로 이기고, 설탕을 가해

흰색이 될 때가지 교반하여 이긴다. 믹서는 저속으로 사용해야 하며, 벽에 붙은 것은 주걱으로 가끔 밑으로 긁어내려주어야 한다.

② 달걀 가하기 : 달걀을 여러 번 나누어 가하면서 젓는다. 레몬껍질과 아몬드도 가한다.

③ 밀가루 가하기 : 밀가루를 체로 치면서 가하여 이긴다.

④ 재우기 : 비닐 봉지에 넣어서 냉장고에서 30~60분 냉각한다.

⑤ 밀기 : 홍두깨로 두께 4~5mm 정도로 밀어서 사각을 끊는다. 손으로 다듬어서 형을 만든다.

⑥ 굽기 : 160~170℃로 8~10분 굽는다.

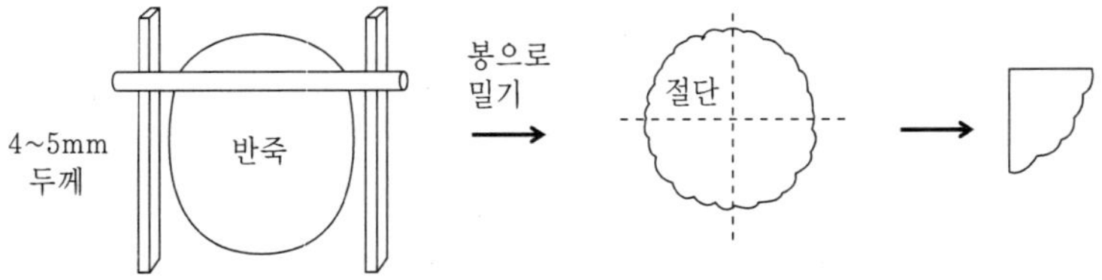

【그림 3-4】 비스킷 모양 만들기

3. 엿기름

가. 엿기름

재료 및 기구

보리 1kg, 침지통, 열풍건조기, 분쇄기, 체, 광구병, 온도계

① 정선 및 세정 : 보리를 체로 쳐서 협잡물을 제고하고 물로 씻는다.

② 침지 : 정선된 보리를 침지통에 넣고 3~5배의 물을 가하여 15℃ 정도로 하여 매일 2~3회 물을 갈아주고 2~3일 지나 수분이 45%가 되면 건져낸다.

③ 발아 : 발아 상자에 보리를 3cm 두께로 펴고 자주 물을 준다. 온도는 12~18℃로 유지한다. 2~3일 지나면 흰 뿌리가 내리고 다음에 싹이 나온다. 싹이 보리알의 1.5~2배로 크면 그냥 사용하든지 건조한다.

④ 건조 : 열풍건조기에 넣어 처음에는 40℃로 시작하여 점차 온도를 올려 마지막에는 65℃로 한다.

⑤ 분쇄 : 뿌리를 제거하고 건조 엿기름을 분쇄하여 실리카겔을 넣어 포장한다.

나. 엿

재료 및 기구

쌀(또는 전분가루), 엿기름(장맥아), 통, 온도계, 압착기, 이중솥

① 쌀 담그기 : 쌀 1.5kg을 물에 하룻밤 담근다.

② 찌기 : 시루에 넣어 1시간 반 정도 찐다.

③ 당화 : 고두밥을 통에 넣고 고두밥의 3배의 더운 물을 가하여 70℃가 되게 하여 분쇄 맥아 150g을 넣어 잘 섞고 60℃에서 약 5시간 당화시킨다.

④ 짜기 : 자루에 넣어 짠다. 처음 나오는 여과액은 다시 자루에 넣어 여과한다.

⑤ 농축 : 여과액을 이중솥에서 가열 농축한다.

⑥ 완성 : 주걱으로 떠보아 찐득거리는 정도로 판단한다.

⑦ 치기 : 식히면 딱딱한 갈색의 강엿이 된다. 그러나 너무 딱딱하여 먹기 힘들기 때문에 기포를 형성시킨다. 즉, 손으로 잡아늘이는 치기 조작을 반족하여 하얗게 만든다. 공장에서는 기계적으로 친다.

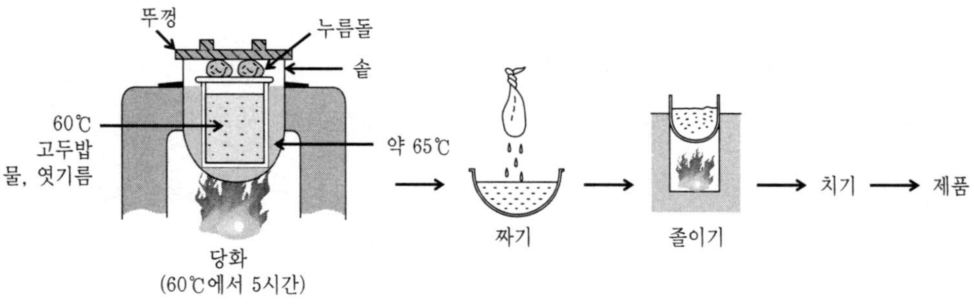

【그림 3-5】 엿

다. 식혜

식혜도 엿제조법과 원리가 같다. 그러나 농축하지 않고 마신다.

재료 및 기구

2ℓ짜리 비커, 온도계(100℃), 쌀 200g, 엿기름(분쇄한 것) 60g

① 엿기름 : 엿기름 60g에 물 500㎖를 가하여 60℃에서 5분 간격으로 저어

주면서 1시간 효소를 추출한 다음 거른다.

② 고두밥 : 쌀 200g을 물에 1시간 담갔다가 30분간 고두밥을 찐다.

③ 섞기 : 고두밥을 2ℓ짜리 비커에 넣고 엿기름 추출액을 가하여 1ℓ로 만든다. 용액의 선이 1ℓ에 못 미치면 물을 가하여 맞춘다.

④ 당화 : 60℃ 수조에 넣어서 30분에 한번씩 저어주면서 5시간 당화시킨다.

⑤ 끓이기 : 당화가 끝나면 4/5를 체로 쳐서 꼭 짜내고 거른 액은 나머지 1/5과 섞어서 끓인다. 끓은 상태로 병에 넣고서 마개를 막고 식으면 냉장고에 넣어 두고 마신다.

⑥ 엿 : 식혜를 여과포로 짜서 졸이면 물엿이 되고, 조금 더 졸이면 조청, 더 졸이면 강엿이 된다. 강엿을 치면 흰엿이 된다.

4. 과자류

가. 감자칩

감자칩(fried potato chips)은 감자를 얇게 썰어서 기름에 튀긴 것이다.

재료 및 기구

감자, 소금, 칼, 세절기, 솥, 통, 식용유

① 원료 : 감자 껍질을 벗겨서 얇게 썰고 물로 씻어서 표면에 붙어 있는 전분을 제거하고 물을 뺀다.

② 튀기기 : 190℃ 정도 기름에 감자를 튀긴다. 튀김 온도를 높이면 흡수되는 기름의 양은 적어진다.

③ 소금 넣기 : 소금을 가해 간을 맞춘다.

④ 건조 : 냉품으로 건조하여 상온이 되면 포장한다.

나. 밀크캐러멜

설탕 200g, 물엿 500g, 연유 130㎖, 우유 80㎖, 밀가루 40g, 버터 40g, 향료, 스테인레스스틸 냄비, 온도계, 냉각판, 저울

① 설탕 녹이기 : 설탕을 물로 녹이고, 물엿을 가해 섞어서 불에서 내려놓는다.

② 밀가루 섞기 : 우유와 밀가루, 연유를 잘 섞는다.

③ 설탕 섞기 : 설탕용액에 밀가루용액을 가해서 60℃까지 올려서 천천히 저어서 섞는다.

④ 가열 : 120℃까지 온도를 올린다.

⑤ 버터 가하기 : 불에서 내려놓고 버터와 향료 등을 가한다.

⑥ 재단 : 버터를 바른 냉각판에 부어서 2cm 두께로 하여 50분 정도 식힌 다음 칼로 썬다.

5. 두류

가. 콩나물

재료 및 원료

콩나물콩(일반콩과 다르다) 또는 녹두, 컵라면 먹고 난 플라스틱 그릇, 못, 펜치

① 시루용기 만들기 : 못끝을 불에 달구고 펜치로 못머리 쪽을 잡고 컵라면 밑에 대고 구멍을 여러 개 뚫는다. 너무 굵은 못을 사용하면 콩이 빠져나가므로 적당한 굵기를 사용한다. 이것을 시루로 한다.

② 불리기 : 콩나물콩은 씻어 하루 정도 물에 담가 수분을 충분히 흡수시킨다.

③ 콩나물콩 넣기 : 컵라면 용기 시루 바닥에 헝겊을 깔고 콩나물콩이나 녹두를 씻어서 넣은 다음 헝겊으로 덮는다.

④ 물주기 : 하루 서너 차례 물을 준다. 이 때 물은 4~5시간 용기에 받아두어 chlorine을 발산시킨 것이 좋다.

⑤ 뽑기 : 적당히 크면 뽑아서 먹는다.

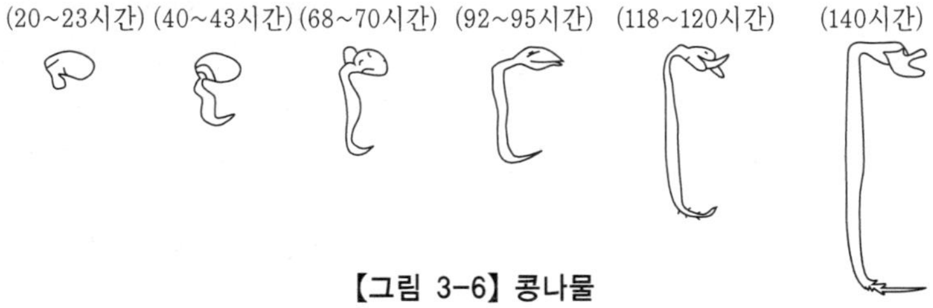

【그림 3-6】 콩나물

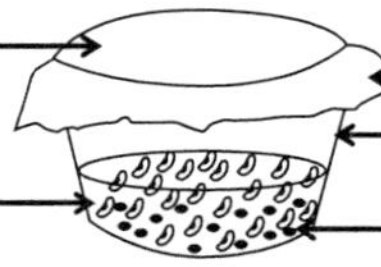

【그림 3-7】 콩나물 키우기

나. 두부

콩을 물에 불려서 갈고, 가열하여 짠 용액을 두유(豆乳)라 하며, 여기에 $MgCl_2$, $CaSO_4$, $CaCl_2$ 등을 가해 응고시켜서 물을 짜낸 것을 두부(豆腐)라 한다.

마이너스 전하를 갖는 콩단백질 글리시닌(glycinin)은 플러스 전하를 갖는 무기이온과 만나면 중화되어 응고된다. 응고작용은 $Al_3^+ > Mg^+ > K^+$ 순으로 강하다. Mg^{2+}, Ca^{2+}은 인산과 결합하여 침전하고, 단백질하고는 직접 결합하지 않고 응고만 시킨다.

재료 및 기구

콩, 간수($MgCl_2$액 또는 $CaCl_2$액), 마쇄기(주서, 맷돌), 온도계, 압착 여과용 헝겊과 틀, 응고판(두부상자)

① 불리기 : 황색이나 백색을 콩을 물로 씻고, 겨울에는 24시간, 봄가을에는 12~15시간, 여름에는 6~8시간 물에 담근다.

② 마쇄 : 콩을 건져내어 물을 약간씩 가하면서 믹서(주서, 맷돌)로 간다. 물은 생콩 1.8ℓ에 대하여 2.7~3.6ℓ 가한다.

③ 가열 : 콩을 갈은 죽에 2~3배의 물을 가하여 30~40분 끓인다. 거품이 나면 석회와 식물성 기름ㅇ르 같은 양 혼합한 액을 몇 방울씩 가하고 천천히 저어준다.

④ 착즙 : 식기 전에 콩마쇄액을 마대에 넣어 압착하여 두유와 비지를 분리한다.

⑤ 응고 : 착즙액을 미지근하에 가열하여 80℃로 유지하면서 착즙액의 2% 양의 간수($MgCl_2$액)를 2~3회 나누어 가하면서 천천히 저어서 놓아둔다. 콩 1.8ℓ에 대해 액체간수는 2배로 희석한 것을 90㎖ 사용하거나 35% 영화칼슘을 90~108㎖ 정도 가한다. 단백질이 응고하여 맑은 물이 중간중간 생긴다. 이 상태에서 조미하여 먹으면 순두부가 된다.

⑥ 압착과 성형 : 단백질이 응고된 용액을 보자기를 깐 두부상자에 쏟아 물

이 빠지면 보자기를 덮고 판을 얼려놓고 뚜껑을 닫아 무거운 돌을 올려 압착한다.

⑦ 간수 빼기 : 굳으면 일정한 꼴로 잘라서 물 속에 2~3시간 담가 간수를 뺀다.

⑧ 제품 : 두부는 질이 치밀하고, 연해야 한다. 콩 1ℓ에서 약 262g(길이 12cm. 너비 5cm, 두께 4cm 짜리 16~17개)이 얻어진다. 1kg의 콩에서는 4.6kg의 두부가 얻어진다.

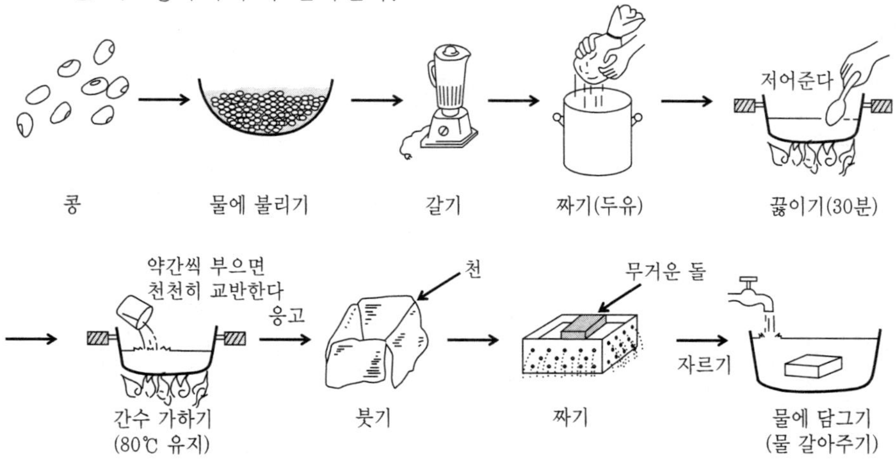

【그림 3-8】 두부

다. 땅콩버터

땅콩 버터(peanut butter)는 땅콩을 볶아 마쇄한 것으로 비타민 B1, 니아신, 단백질 함량이 많고 시스틴, 트립토판 등은 적으나 전반적으로 아미노산 조성이 좋다. 버터 대용, 과자용, 조리용으로 쓰인다.

재료 및 기구

땅콩, 소금, 비타민, 방부제(sodium sorbate), 냄비, 주걱, 마늘 절구 또는 사일런스 커터, 병

① 정선 : 겉껍질을 제거하고 썩은 것을 가려낸다.

② 속껍질 제거 : 200~250℃에서 10~60분 볶아서 속껍질을 벗겨낸다. 볶으면 향미와 색이 좋아지고, 소화되기 쉽다. 고온에서 빨리 볶는 것보다 저온에서 오래 볶는 것이 좋다.

③ 마쇄 : 마쇄는 제품의 맛, 저장성, 기름의 분리와 관계가 깊다. 지나치게

마쇄하면 기름이 분리되며 부패하기 쉽다.

④ 조미료 첨가 : 2~3%의 소금을 첨가한다. 소금은 맛을 좋게 하고 저장성을 높인다. 여기에 비타민 B_1, B_2, C와 탄산칼슘($CaCO_3$), 무기염을 첨가하기도 하고 방부제(sodium sorbate)를 0.2g/kg 첨가하기도 한다.

⑤ 제품 : 향미가 있고 담황갈색으로 기름이 분리되지 않고 입에서 부드러운 감이 있어야 한다.

◆ 땅콩크림 : 땅콩버터 1kg에 대하여 설탕 500g, 물엿 600g, 소금 10g, 물 700㎖를 가하여 70~80℃로 가열하고 농축하면 땅콩크림(peanut cream)이 된다.

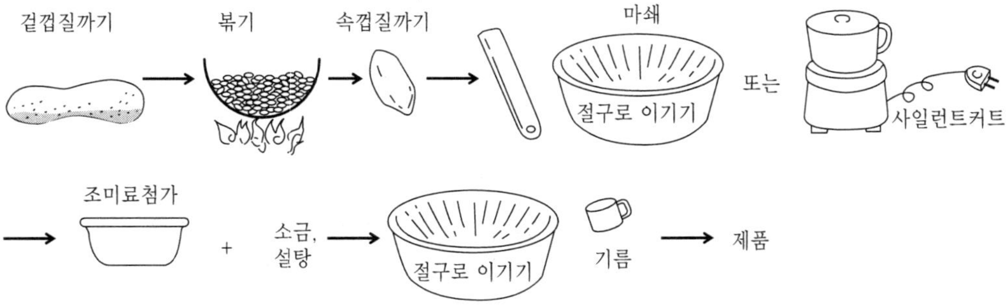

【그림 3-9】 땅콩 버터

라. 양갱

팥은 단백질과 지방 함량이 적고 탄수화물 함량이 많다. 양갱은 팥의 전분질을 이용하는 방법이다.

재료 및 기구

팥 1kg, 설탕 1.4kg, 한천 60g, 중탄산나트륨($NaHCO_3$), 솥, 체, 압착기, 포장재

① 담그기 : 팥을 물로 씻어서 하룻밤 물에 담근다.

② 찌기 : 팥에 2배의 물을 넣고 중탄산나트륨 0.02%를 가하여 삶는다. 도중에 냉수를 가하고 30분에서 1시간 정도 삶아서 손가락으로 비벼서 으깨질 정도가 되면 거친 체네 건져 놓는다.

③ 마쇄 : 물을 가하면서 소쿠리에서 손으로 주물러 알맹이를 완전히 마쇄시킨다.

④ 침전 : 소쿠리 밑에 빠지는 액을 받아 윗물은 버리고 가라앉은 것만 압

착시켜 팥소를 만든다. 팥소는 바로 양갱 제조에 사용한다.

⑤ 양갱 제조 : 냄비에 한천과 물을 넣고 가열하여 녹으면 설탕을 가해 녹이고, 다음 팥소를 넣어 잘 섞고 상자에 부어 굳힌다.

⑥ 포장 : 굳으면 잘라서 플라스틱 필름이나 은박지에 포장하여 제품을 한다.

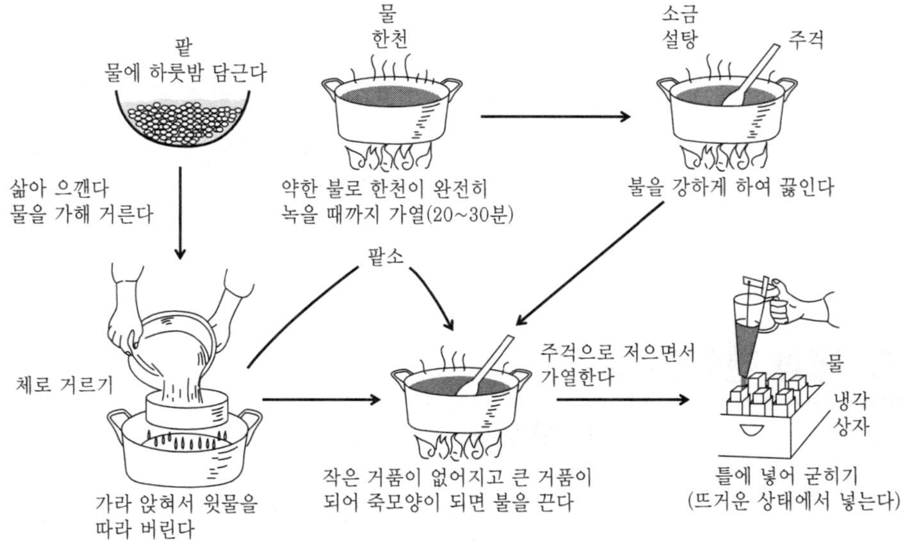

【그림 3-10】 양갱

6. 당과

과실이나 채소를 당액으로 절인 것을 당과(糖菓)라 한다. 당과는 그대로 건조한 것, 가루설탕을 뿌린 것, 진한 당액으로 피복하여 건조한 것이 있다. 원료로는 사과, 밤, 복숭아, 살구, 귤, 연뿌리, 생강, 콩 등을 사용한다.

가. 밤당과

재료 및 기구

원료밤(서양종), 당액(설탕과 포도당을 2:1로 한 30, 35, 40, 50, 60, 70% 짜리), 냄비, 당도계, 바닐라 에센스 또는 브랜디, 대나무 톱밥, 스테인레스 스틸 칼

① 겉껍질 까기 : 칼로 껍질을 까고 8~10시간 삶는다. 그 동안 3~4회 물을 갈아주고, 끓인 뒤에는 다른 물로 바꾸어 하룻밤 놓아둔다.

② 속껍질 제거 : 칼로 속껍질을 제거한다.

③ 쌓기 : 베스(bath) 밑에 대나무 톱밥을 깔고 밤을 2단으로 쌓고, 베스 밑에 옆으로 작은 구멍을 뚫어서 당액 출구로 한다.

④ 당액 가하기 : 30%의 뜨거운 당액을 붓고, 하룻밤 방치한다. 다음날 당액을 베스 배출구에서 취하여 35% 짜리로 만들어 다시 붓고, 같은 방식으로 70% 당액까지 침투시키다.

⑤ 향미료 가하기 : 당액 가할 때 1kg에 대해 바닐라 에센스 2정(tables)이나 상등품의 브랜디를 가하여 침투시킨다.

⑥ 코팅 : 당으로 절인 밤을 80℃로 가열해 놓고 1개씩 115℃로 끓는 당액에 1~2분간 절여서 철망에 꺼내어 겉에 묻은 당액을 떨어뜨린 당므 50℃로 건조시켜 알류미늄 호일로 포장한다.

7. 잼과 젤리류

가. 완성점

① 온도법 : 한창 끓는 용액의 온도계가 104~105℃이면 완성이다.

② 굴절계법 : 굴절당도계로 읽어서 65~68%이면 완성이다.

③ 젤리 응고에 의한 방법

ⓐ 끓는 액을 주걱에 묻혀 흘러내릴 때 줄로 이어지면 안 되고 덩어리로 떨어져야 한다.

ⓑ 끓는 액을 비커 안의 맑은 물에 떨어뜨렸을 때 풀어지면 안 되고 응고해야 한다.

ⓒ 넓은 접시에 끓는 액을 넣고 식혀서 기울였을 때 엷은 막이 끼고 주름이 생겨야 한다.

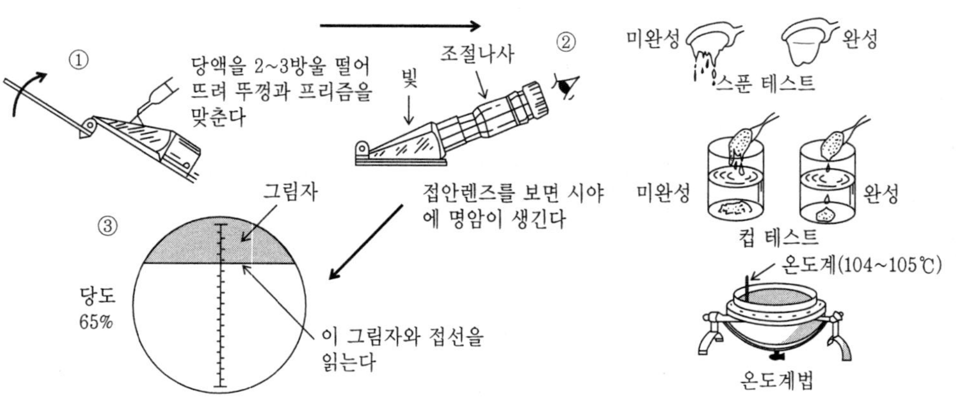

【그림 3-11】 잼의 완성점

나. 딸기잼

재료 및 기구

딸기 2~3kg, 설탕 2~2.5kg, 냄비, 온도계(200℃), 굴절당도계

① 딸기 : 형태가 일정하고 단단하고, 향기 · 산 · 감미 · 펙틴 함량이 높은 것이 좋다.

② 씻기 : 물로 씻어서 소쿠리에 담아 물을 뺀다.

③ 가당 및 농축 : 딸기량의 70~80%에 해당되는 설탕의 1/2과 딸기를 냄비에 가하여 약한 불로 가열하여 설탕이 다 녹으면 나머지 설탕도 넣은 다음 약간 센 불로 15~20분 끓인다. 눋지 않게 저어주어야 하며, 단시간에 끝나지 않으면 향기와 색이 나빠진다.

④ 끝내기 : 스푼법, 굴절당도계, 온도계, 컵법 등으로 완성점을 조사한다. 온도법은 104℃, 당도법은 65%를 완성점으로 한다.

⑤ 살균 : 오래 보존하려면 100℃에서 5~6분 살균하여 냉각시킨다.

⑥ 제품 : 원료 딸기에서 120~130%의 제품을 얻는다.

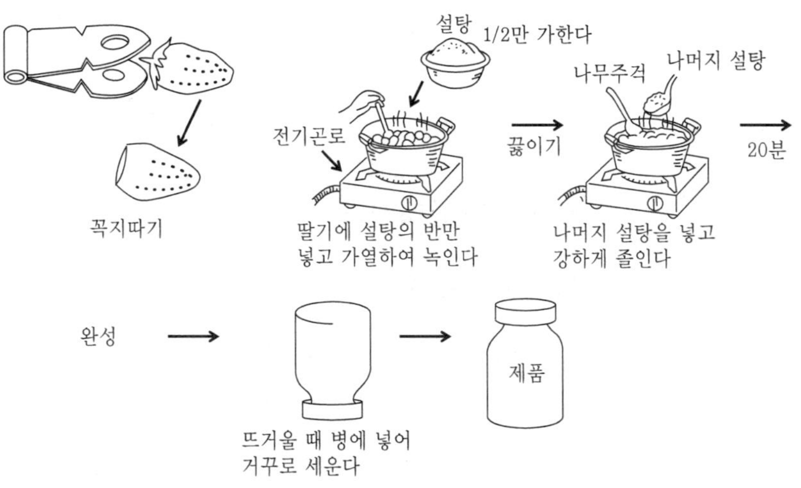

【그림 3-12】 딸기잼

다. 사과 젤리

재료 및 기구

사과 2kg, 설탕 1.1kg, 구연산 2g, 냄비, 온도계, 포대, 압착기

① 원료 : 펙틴, 산, 당분이 적당한 품종으로 성숙 직전 수확한 것이 좋다 깨끗이 씻는다.

② 절단 : 스테인레스 스틸 칼로 4등분하여 5mm 두께로 잘라 소금물에 넣는다.

③ 익히기 : 사과의 1~1.5배로 물을 가하고 70℃ 정도에서 20~30분간 끓인다.

④ 여과 : 끓인 것을 포대나 압착기, 필터프레스로 여과한다.

⑤ 청징 : 정치하여 상징액을 얻거나, 원심분리하여 상징액을 얻는다.

⑥ 가당 및 농축 : 과즙의 펙틴과 산, 당분을 정량해 놓고 설탕을 1/2 넣은 다음, 2~3회로 나누어 넣으면서 강한 불로 빨리 끓인다. 눌지 않게 저어주면서 거품은 걷어낸다.

⑦ 완성점 : 수푼법, 굴절당도계, 온도계, 컴법 등으로 완성점을 조사한다.

⑧ 담기 : 병조림하여 80℃에서 15~30분간 살균한다.

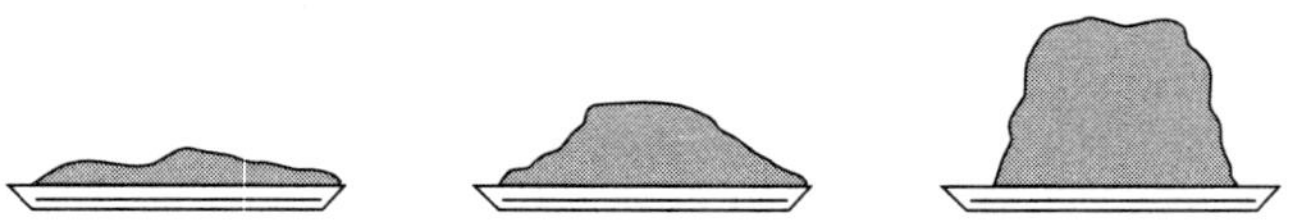

【그림 3-13】 젤리의 강도

라. 귤 마멀레이드

재료 및 기구

여름귤, 구연산, 설탕, 나사마개 병, 마멀레이드 스라이스, 널빤지, 찜통, 주걱, pH 시험지, 냄비(농축용, 지름 39cm)

① 세정 및 절단 : 귤을 씻고, 위아래를 잘라내고, 과육 쪽은 세로로 6~8등분하여 껍질과 과육을 나눈다.

② 과피 처리 : 껍질을 1~1.5mm 두께로 잘라서 같은 무게의 물을 가하고 30분 정도 끓여서 물로 씻고 물기를 뺀다.

③ 과육 처리 : 으깨어 포로 짠다. 찌꺼기에는 같은 양의 물과 구연산 6g을 넣고 연해질 때까지 포로 즙을 짜고, 다시 같은 양의 물을 넣고 끓여 즙을 짜서 펙틴즙으로 한다.

④ 배합 : 처리 껍질 1kg, 과즙 0.7g, 펙틴즙 1.2kg을 혼합하고, 설탕을 혼합 재료의 130% 정도 가한다.

⑤ 농축 : 냄비에 1/2 정도 넣고 끓인다. 주걱으로 잘 저어 눌어붙지 않게 하면서 센 불로 신속하게 농축한다. 완성점 시험을 하여 완성되면 꺼낸다.

⑥ 담기 및 밀봉 : 병에 넣어 밀봉한다. 거품이 있는 상태로 밀봉하면 안 된다.

⑦ 살균 및 냉각 : 90℃의 뜨거운 물 속에 병을 거꾸로 넣고 10분간(작은 병은 5분간) 살균한다. 냉각은 병을 찬물에 직접 넣으면 병이 깨지므로 냉수를 가해 어느 정도 냉각된 다음 찬물에 넣는다.

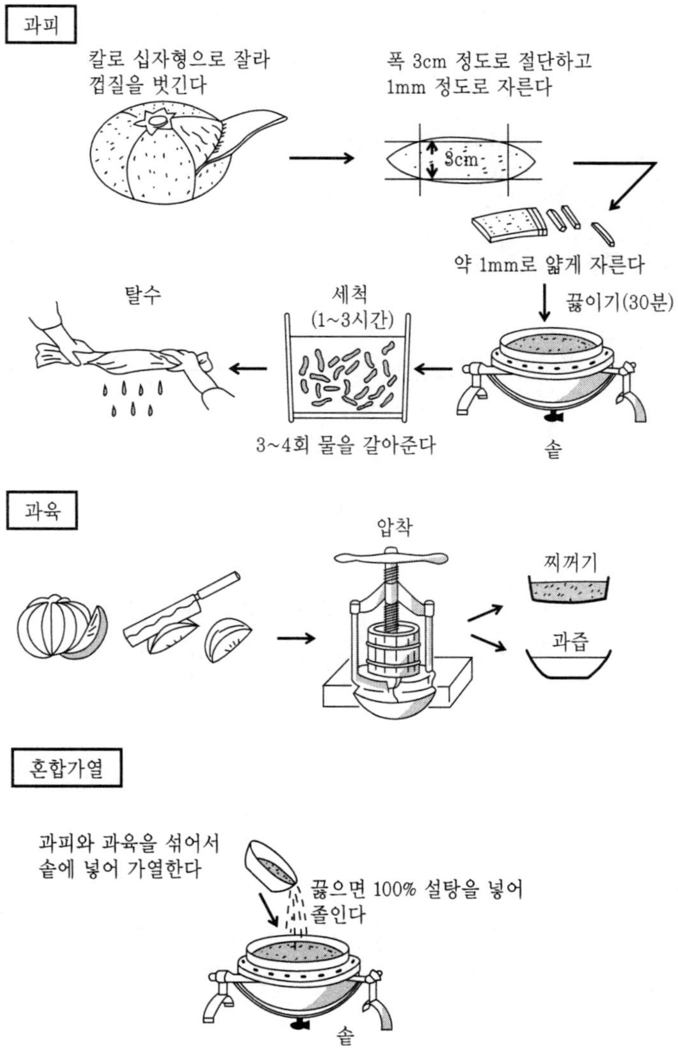

【그림 3-14】 귤 마멀레이드

8. 토마토

토마토 가공품으로는 토마토주스, 토마토퓨레, 토마토케첩, 토마토피클을 들 수 있다. 토마토를 펄핑하여 껍질과 씨를 제거한 과육과 즙액인 토마토 펄프를 조린 것을 토마토퓨레(puree)라고 한다. 조리는 정도에 따라 덜 익은 토마토에 조미료 등을 넣어서 만든 것을 토마토피클(pickel)이라고 한다.

가. 토마토퓨레

토마토소스라고도 하며, 토마토를 파쇄하여 껍질, 심, 씨 등을 제거한 과육과 즙액을 졸인 것이다. 저도 토마토퓨레는 고형물 6.3% 이상, 중도 토마토퓨레는 고형물 8.37% 이상, 고도 토마토퓨레는 고형물 12% 이상, 토마토페이스트는 고형물 22% 이상, 고도 토마토퓨레는 33% 이상이다.

재료 및 기구

토마토, 냄비(또는 증발솥), 믹서(녹즙기), 체, 온도계, 비중계, 병(또는 통), 권체기

① 씻기 : 꼭지를 씻고서 녹색 부분을 도려낸다.

② 파쇄 : 가열하여 부수는 가열법, 열처리하지 않고 부수는 냉법이 있다. 가열법은 찜통에 넣고 강한 증기로 3~4분간 찐다. 믹서나 녹즙기로 간다. 없으면 마늘절구로 으깬다.

③ 농축 : 이중솥이나 냄비로 1/2 부피로 농축하여 비중 1.03~1.04로 만든다.

④ 여과 : 자루로 여과한다.

⑤ 채우기 : 병이나 깡통에 넣어 권체한다.

⑥ 살균 : 100℃에서 40~50분간 살균하고 냉각시킨다.

⑦ 제품 : 과육과 과즙이 분리되지 않아야i 하고, 여과액의 비중은 1.03~1.04가 좋다.

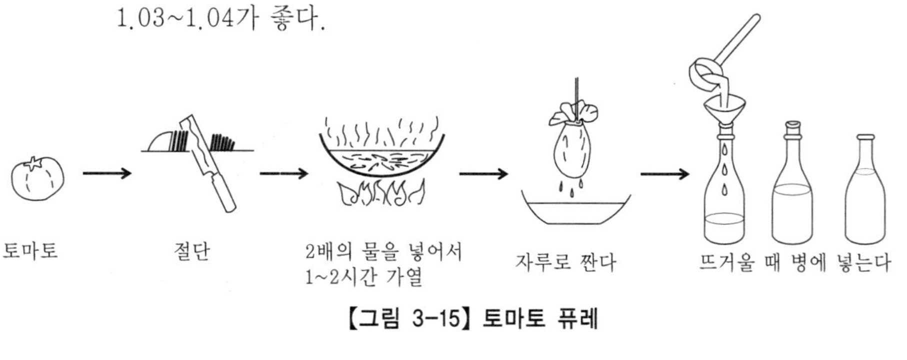

【그림 3-15】 토마토 퓨레

나. 토마토케첩

토마코퓨레에 향료, 소금, 설탕, 식초 등을 가하고 조미한 것이다.

- ◆ 토마토 : 리코펜(lycopene) 색소가 많은 토마토가 좋다. 철제 그릇은 리코펜을 파괴하므로 사용하지 않는다. 고형분이 많고 적색계통의 토마토가 좋다. 토마토퓨레를 사용하기도 한다.

재료 및 기구

설탕, 소금, 식초(5%), 양파, 스파이스, 병, 냄비, 체, 당도계(0~30%), 왕관타전기

【표 3-1】 토마토 케첩 배합 비율

재료명	배 합 비 율(%)		
	(1)	(2)	(3)
토마토페이스트	40.0	35.0	-
토마토 퓨레	-	-	90.0
토마토플레이버	0.03	-	-
물엿	20.0	9.1	-
설탕	1.0	11.4	5.0
옥수수 전분	1.0	-	-
식초	8.0	8.0	-
30% 초산	-	-	1.0
양파분말	0.4	-	0.5
마늘분말	0.27	0.27	0.05
정제소금	2.0	2.0	1.0
구연산	0.1	0.1	-
글루탐산나트륨	0.27	0.27	-
카르복시메틸 셀롤로오스	-	0.1	-
고춧가루	0.027	0.027	0.01
계피	0.005	0.005	-
Clove	0.04	0.04	0.04
Sage	0.01	0.01	-
육두구	-	-	0.03
메이스	-	-	0.01
물	26.848	33.678	2.16
합계	100	100	100

① 1차재료 가하기 : 토마토퓨레를 냄비에 끓이면서 설탕의 반 정도를 가하여 녹이고 분말 양파와 마늘을 넣고 농축한다.

② 2차재료 가하기 : 완성점에 가까워지면 온도를 낮추고 설탕, 소금, 식초 및 향신료를 가한다. 설탕의 일부는 처음 끓였을 때 집어넣어 빛깔을 고정시킨다. 소금은 가열용기의 금속에 작용하며, 제품의 색을 퇴색시키므로 끝에 가서 넣는다.

③ 향신료 가하기 : 향신료 및 식초(향초)는 완성 직전에 첨가한다.

④ 완성 : 비중 1.12~1.13 정도, 고형물 25~30%로 농축되면 제품으로 한다. 자루로 여과하여 입자를 균일하게 하면 더 좋다. 약 40~50분 이내에 완성시켜야 한다.

⑤ 담기 및 살균 : 식기 전에 병에 담아 밀봉 살균한다.

⑥ 제품 : 생퓨레(비중 1.20), 10ℓ로부터 케첩 3.3~4.5ℓ가 얻어진다. 저온에서 저장한다.

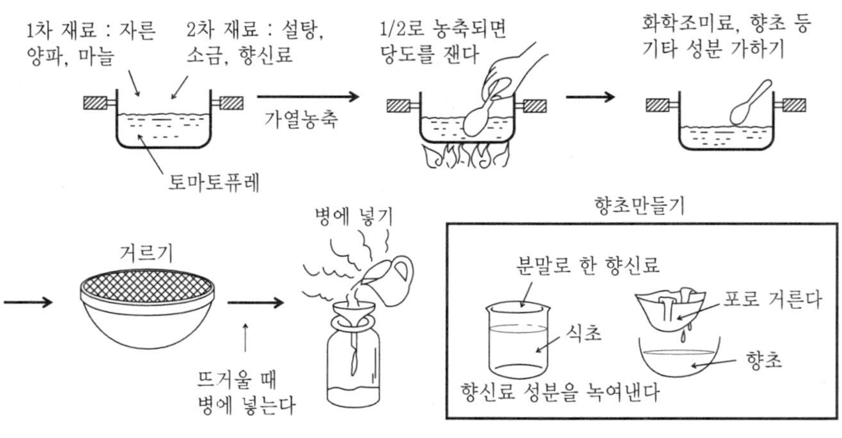

【그림 3-16】 토마토 케첩

9. 과실주스

천연과실주스란 과실을 짠 것으로 원과즙의 조성과 향기를 가지고 있다. 미국에서는 천연과실주스 만을 말하며, 인공성분을 넣지 못한다. 그러나 우리나라는 과즙함유 음료까지 말하고 있다.

가. 귤주스

재료 및 기구

귤, 설탕, 포도당, 냄비나 솥, 펄퍼, 초퍼

① 원료 : 성숙된 온주귤 등이 좋다.

② 씻기 : 잘 씻는다.

③ 껍질 벗기기 : 80℃ 물에 2분간 담근 후 껍질을 벗겨낸다.

④ 착즙 : 2~3조각으로 잘라서 믹서, 주서, 녹즙기 등으로 파쇄하여 착즙한다. 없으면 마늘절구로 으깬다. 다음 자루나 체로 거른다.

⑤ 가당 : 당도를 13~14%로 조절한다. 귤 4kg에서 2kg 정도의 과즙이 얻어진다. 여기에 물 200g과 설탕 150g과 유화제를 가한다.

⑥ 채우기 : 과즙을 80℃로 가열하여 병에 넣고 밀봉한다.

⑦ 살균 : 80~82℃에서 20분간, 82~88℃에서 6~10초간 가열하여 급냉한다.

⑧ 제품 : 원료 10kg에서 3~4ℓ가 얻어진다.

나. 토마토주스

재료 및 기구

토마토, 소금, 설탕, 냄비, 착즙기, 파쇄기, 주걱, 헝겊주머니, 체, 광주리, 칼, 온도계

① 원료 : 빨간색이 진하고 고형물이 많고, 씨가 적은 것이 좋다.

② 다듬기 : 물에 담갔다가 씻고, 푸른 부분과 썩은 부분은 도려낸다.

③ 데치기 : 광주리에 담아서 끓는 물에서 2~3분간 데쳐서 껍질이 잘 까지게 한다.

④ 부수기 및 거르기 : 큼직하게 잘라서 믹서, 주서, 녹즙기 등으로 파쇄하여 착즙한다. 없으면 마늘절구로 으깬다. 체눈 1mm 짜리 얼개미에 넣어 비벼서 과육을 파쇄하면서 껍질을 제거한다. 다시 0.5mm의 체로 걸러서 섬유질ㅇ르 제거한다. 양이 많을 때는 토마토 펄퍼와 토마토 피니셔를 쓴다.

⑤ 조미 : 신맛을 완화시키기 위해 소금과 설탕을 0.5~1.0% 넣는다.

⑥ 끓이기 및 살균 : 스테인레스 스틸 솥에서 끓인다.

⑦ 담기 : 뜨거운 상태로 통에 담가, 탈기 밀봉한다.

⑧ 살균 : 100℃에서 10~12분간 살균한 후 급랭한다.

다. 사과주스

재료 및 기구

사과, 마쇄기, 강판, 무명헝겊, 계란 흰자위(또는 펠틴분해효소제)

① 원료 : 홍옥, 국광, 왜금 등이 좋다. 덜 익은 것은 좋지 않다.

② 씻기 및 도려내기 : 물로 씻거나, 1% 염산에 5분쯤 담가두어 비산염을 제거한 후 물로 씻는다. 부패부분, 병충해 부분은 도려낸다.

③ 부수기 및 짜기 : 사과를 잘게 썰어 마쇄기나 강판으로 간 다음 무명헝겊을 사용하여 압착기로 짠다. 사과양의 55% 과즙을 얻을 수 있다.

④ 청징 및 여과 : 과즙에 달걀흰자를 풀어서 75℃로 가열하였다가 식히면 침전이 생긴다. 맑아지면 거른다. 그러나 이 방법은 여러 날 걸린다. 과즙을 75℃로 데웠다가 45℃로 식혀서 펙틴분해효소를 0.1% 가하여 몇 시간 두면 맑아진다. 위액을 따라낸 다음 75℃로 가열하여 흐려지면 다시 거른다.

⑤ 살균 : 소금이나 비타민 C를 약간 넣으면 맛이 좋아진다. 병에 넣고 밀봉하여 80℃에서 30분간 살균한 후 식힌다.

⑥ 제품 : 원료 10g에서 6~7ℓ의 주스가 얻어진다.

라. 오렌지스쿼시

재료 및 기구

귤, 레몬, 귤유(orange oil), 설탕, 구연산, pH 시험지, 소쿠리, 믹서, 찜통, 굴절당도계(0~30%, 60~90%), 천칭(100g), 온도계, 피펫(orange oil용), 메스실린더

① 원료 처리 : 귤의 껍질과 속껍질을 벗긴다. 믹서, 주서, 녹즙기로 갈거나 마늘절구로 으깨어 90℃에서 30초간 가열하여 펄프를 만든다. 펄프에 구연산을 1.3%, 물을 50%, 62% 시럽(가열한 것)을 85% 가한다.

② 담기 : 약간 가열하여 귤유(orange oil)을 첨가하고 즉시 병에 주입하고 병마개를 막는다.

③ 살균 : 90℃에서 10분간 살균한다.

④ 냉각 : 급히 냉각하지 말고 물을 조금씩 열탕 속에 흘려 냉각하여 병이 깨지지 않도록 한다.

10. 건조과일

가. 건포도

재료 및 기구

씨없는 포도(24~28 브릭스), 0.6% 수산화나트륨액, 27% 중탄산나트륨($NaHCO_3$) 용액, 식용유, 온도계, 건조기)

① 씻기 : 물로 잘 씻어 물기를 뺀다.

② 알칼리 처리 : 0.6% 수산화나트륨 용액(93℃)으로 5초간 처리하여 포도 표면의 왁스분을 녹인 다음 물로 알칼리분을 씻어낸다.

③ 건조 : 건조기로 저온부터 차례로 온도를 높여서 75℃까지 올렸다가 최종 온도 64℃로 하여 15~20시간 건조시킨다.

④ 제품 : 수분 15% 정도가 되어야 한다.

나. 건조채소

재료 및 기구

채소(배추, 무, 호박, 가지, 박, 우어, 산나물, 고구마, 감자 등), 건조 상자, 칼, 0.5% 탄산나트륨이나 수산화나트륨용액)

① 씻기 : 물에 잘 씻어 놓는다.

② 박피 및 세절 : 껍질을 벗기거나 가늘게 썬다. 대규모일 때는 기계로 벗기거나 알칼리 박피한다. 근채류는 3~5mm 두께로 썬다. 감자, 우엉 등은 세절하여 바로 물에 담가서 갈변을 방지한다.

③ 열처리 : 근채류는 2~3분, 엽채류는 15~30초 데쳐서 바로 식힌다.

④ 건조 : 근채류는 수분 15%, 엽채류는 10~11%가 될 때까지 햇빛에 말린다.

⑤ 선별 및 포장 : 고르고 형이 부서지지 않은 것을 봉지에 밀봉 포장하여 저장한다. 포장장에는 탈산소제와 흡습제를 가하는 것이 좋다.

◆ 고구마 건조 : 절간(切干) 고구마(얇게 썰어 볕에 말린 고구마)는 주정, 물엿, 전분, 포도당으로 사용된다, 건조 기간이 오래 걸리면 착색되므로 2%의 구연산 용액에 3~4분 담갔다가 건조하다. 아황산가스를 사용하면 갈변은 막을 수 있으나 비타민 A가 파괴된다.

11. 감 우리기

감에는 떫은감과 단감이 있다. 단감은 추운지방에서는 재배가 안된다. 떫은맛은 수용성 탄닌이 나타나므로 알코올, 아세틸가스, 소금물 등으로 불용성으로 만들어서 떫은맛을 없앤다.

재료 및 기구

감, 에틸알코올, 밀봉용기, 짚, 탈지면

(1) 열탕법

① 통에 70℃의 물을 가해 50℃가 되면 감을 넣고 뚜껑을 덮어 밀봉한다.

② 담요로 통을 싸서 40℃로 일주일 놓아두면 떫은맛이 사라진다.

③ 1주일 동안 40℃로 유지하기 어려우면 12시간 경과할 때마다 뜨거운 물로 바꾼다.

④ 물의 온도가 너무 높으면 떫은맛이 없어지지 않고, 물러져서 상품가치가 떨어진다.

(2) 알코올법

① 70~80ℓ통에 2~3cm 짚을 깔고 감을 넣는다.

② 청주 80㎖나 35도 소주 400~500㎖를 뿌리고 짚과 감을 번갈아 쌓는 조작을 반복하여 통에 가득 채운다.

③ 마지막으로 2cm 두께로 짚을 덮고 밀봉하여 7~8일쯤 놓아둔다.

④ 감 꼭지부분에 탈지면으로 알코올을 묻히는 방법도 있다.

(3) 탄산가스법

세포 호흡을 중지시키는 방법으로 탄산가스의 압력을 높이면 시간을 단축할 수 있다. 밀봉 용기에 감을 넣고 속의 공기를 탄산가스로 바꾸어 채운 후 1주일가량 두면 우려진다.

① 상압법 : 통에 감을 담고, 탄산가스를 채우고 밀폐하여 5~6일에 우려낸다. 탄산가스 대신 드라이아이스를 18ℓ통에 30g 정도 사용한다.

② 가압법 : 밀폐 가능한 탱크나 콘크리트방에 감을 넣고 펌프로 공기를 50~70mmHg까지 빼낸 다음 통에 든 탄산가스를 1~1.4kg/cm^{2}까지 가한다. 압력이 낮아지면 다시 가스를 보충한다. 20℃ 정도에서 24~36시간 지나면 우려진다.

③ 가스빼기 : 우려지면 가스를 천천히 빼낸다.

④ 제품 : 탄산가스로 우려낸 감은 알코올법보다 풍미가 떨어지지만 상처가 적고 제품이 단단하고 저장성이 높다.

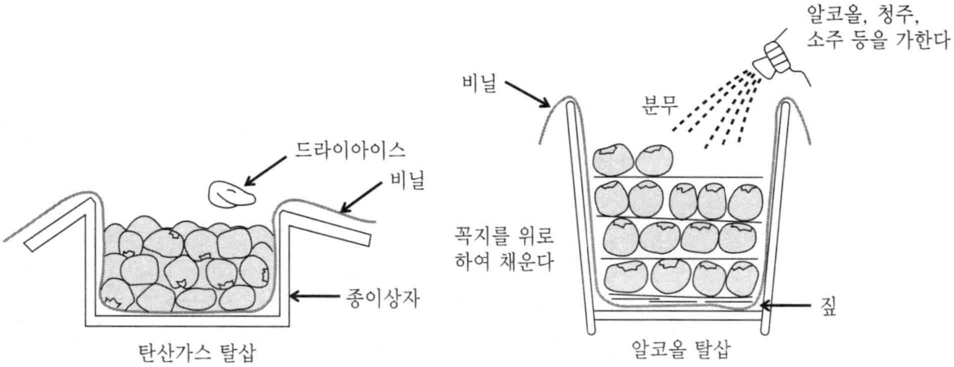

【그림 3-17】 감의 탈삽

12. 과일 · 채소 통조림

가. 귤 통조림

재료 및 기구

귤 2kg, 설탕 200g, 1~0.5% 황산이나 염산용액 2ℓ, 1~0.5% 수산화나트륨용액 2ℓ, 냄비, 양동이(3~4ℓ), 301-7호관, 당도계, 오토클레이브 또는 레토르트, 권체기

① 원료 : 신선하고 향기가 좋고 크기가 일정하고 씨가 적은 것이 좋다.

② 껍질 벗기기 : 끓는 물에 30분간 넣었다가 꼭지쪽부터 껍질을 벗기고 과육조각을 쪼개어 물에 넣는다.

③ 속껍질 제고(산, 알칼리법) : 과육조각을 꺼내어 물을 빼고 20~30℃의 0.7% 염산이나 황산용액에 1시간 정도 담가 속껍질을 녹여 없애고 물로 씻고, 물을 빼고 30~35℃의 0.5% 수산화나트륨용액에 15~20분 넣어 중화한다. 꺼내어 찬물에 넣고 남아있는 속껍질을 씻어낸다.

④ 씻기 : 2~3시간 물에 넣어 남아있는 산과 알칼리를 제거한다.

⑤ 선별 및 담기 : 파손되지 않은 과육만 301-7호관에 280g을 담고, 제품의 당농도가 17% 이상 되게 당용액을 가한다. 총량은 255g 이상 담는다.

⑥ 탈기 : 가권체하여 90℃에서 8분 탈기하고 완전 권체한다.

⑦ 살균 : 95℃에서 10분 살균한다.

⑧ 냉각 : 냉수에 넣어 냉각한다.

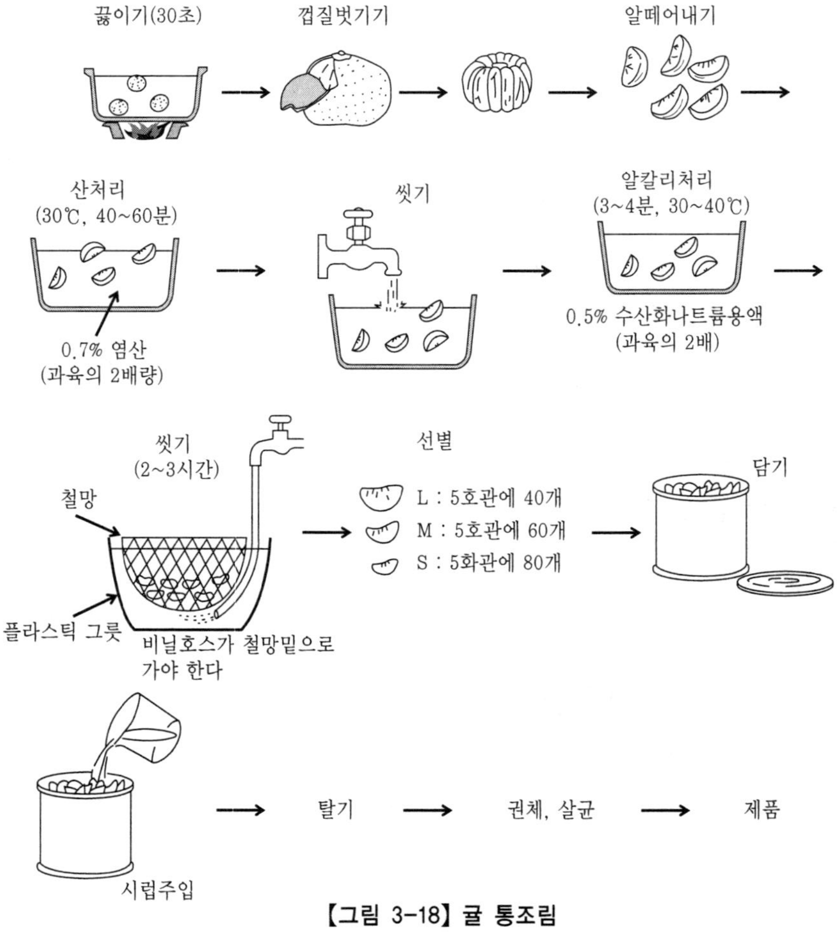

【그림 3-18】 귤 통조림

나. 복숭아 통조림

재료 및 기구

복숭아 2~3kg, 설탕 1kg, 0.5% 구연산액, 2% 수산화나트륨용액 3ℓ, 냄비, 철망, 씨빼는 칼, 스테인레스 스틸 칼, 301-7호과, 당도계, 작두, 오토클레이브 또는 레토르트, 권체기

① 복숭아 : 약간 미숙한 것(1~2일 전 채취)을 따서 공장에서 후숙시킨다.

② 씻기 및 쪼개기 : 깨끗이 씻은 다음 선을 따라 두 쪽으로 가른다.

③ 씨빼기 : 씨를 빼고 찬물이나 2% 소금물에 담가 산화를 방지한다.

④ 껍질 벗기기 : 끓는 물에 1분 담갔다가 꺼내어 찬물을 뿌리면서 껍질을 벗긴다. 잘 벗겨지지 않는 것은 끓는 2% 수산화나트륨용액에 1분 담갔다가 꺼내어 물속에서 헝겊으로 문질러 벗긴다.

⑤ 정형 : 형을 만들고 불량한 부분을 도려낸다.

⑥ 담기 : 복숭아를 다듬고, 크기에 따라 깡통에 넣는다. 규정 고형량 250g보다 10% 많게 담는다.

⑦ 당액 가하기 : 당액의 당도를 계산(35~40%)하여 가한다.

⑧ 탈기 및 권체 : 90℃에서 5분간 탈기한 다음 권체한다.

⑨ 살균 : 오토클레이브로 100℃에서 20~30분간 살균한 다음 냉수로 냉각시킨다.

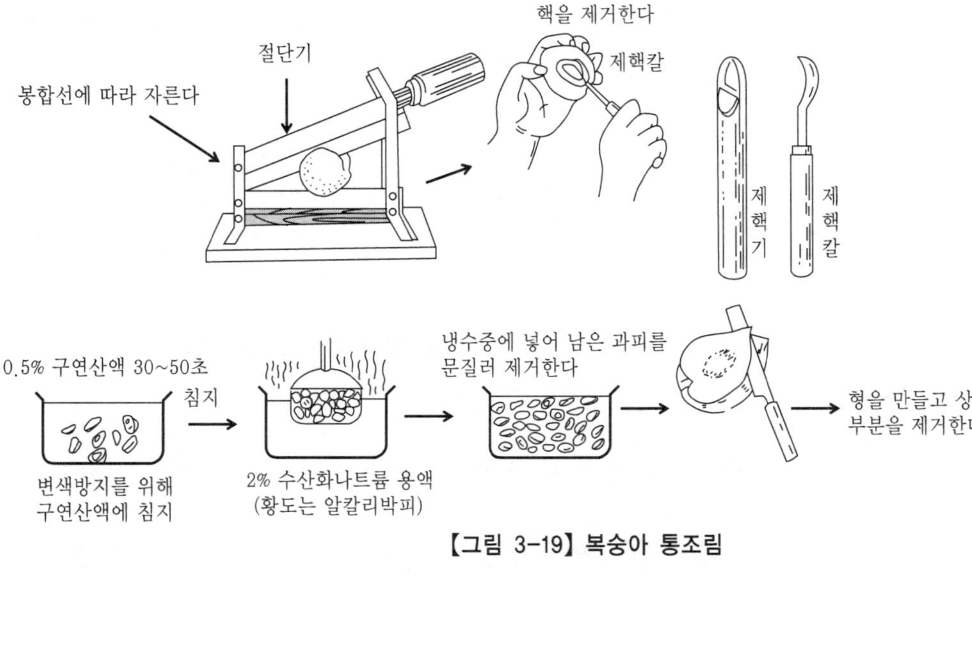

【그림 3-19】 복숭아 통조림

다. 밤 통조림

밤에는 탄닌이 들어있기 때문에 철분과 결합하여 흑자색의 탄닌산철을 만들어 품질을 떨어뜨린다. 그런, 삶을 때 pH를 4 이하로 하면 막을 수 있다. 그래서 염산, 구연산, 명반 등을 쓰게 되지만 반면에 잘 삶아지지 않고 단단하게 된다.

재료 및 기구

밤, 설탕, 냄비, 스테인레스 스틸 칼, 통조림통(301-7호관), 오토클레이브 또는 레토르트, 권체기

① 껍질 벗기기 : 겉껍질을 칼로 벗기고, 10% 염삼용액에 1시간 담가두었다가 씻고, 끓는 3% 명반액에 넣어서 5분간 끓인다. 꺼내어 별도의 끓는 물에 넣고 하나씩 꺼내어 헝겊으로 속껍질을 벗긴다.

② 물에 담그기 : 하룻밤 물에 담그거나 0.1% 염산용액에 30분 담근 후 1시간 정도 물을 갈아주면서 씻어낸다.

③ 삶기 : 냄비에 넣고 삶는다.

④ 당액 묻히기 : 90℃의 30% 설탕액에 담가서 20~30분간 조린 다음 하룻밤 놓아둔다. 다음날 꺼내어 90℃에서 40% 당액에 하룻밤 담그고, 다시 다음날 50% 당액에 담근다.

⑤ 담기 및 살균 : 밤을 통조림에 300g 넣고, 끓는 50~60%의 설탕액을 가한다.

⑥ 탈기 및 살균 : 301-7호관은 100℃에서 7분간 탈기하여 권체한 다음 100℃에서 1시간 살균하여 찬물에 넣어 냉각시킨다.

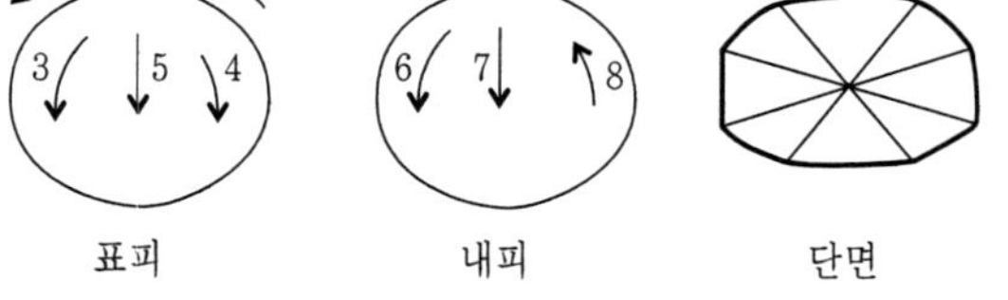

【그림 3-20】 밤 껍질 벗기기

라. 그린피스 통조림

완두 통조림에는 green peas와 suger peas가 있다. 파란색을 유지하기 위

하여 황산구리를 사용하기도 하였으나 중독증을 일으키는 중금속이므로 사용하면 안된다.

재료 및 기구

완두, 정제소금, 솥, 통조림통(301-7호관), 오토클레이브 및 레토르트, 권체기

① 원료 : 알이 작고 둥글고, 깍지가 녹색이고 윤이 나며 알이 충실하고 수분이 많아 날로 먹으면 단맛이 나는 것이 좋다. 즉, 성숙도 70~80% 짜리가 좋다.

② 깍지 까기 : 손이나 기계로 깍지를 깐다.

③ 열처리 : 착색시키지 말고 삶아서 물로 씻는다.

④ 담기 : 301-7호관에 285g을 담고 끓는 2~3% 소금물을 가한다.

⑤ 탈기 및 살균 : 301-7호은 90~95℃에서 7분간 탈기하여 권체한 다음 110℃에서 35~40분간 살균하고 찬물에 냉각시킨다.

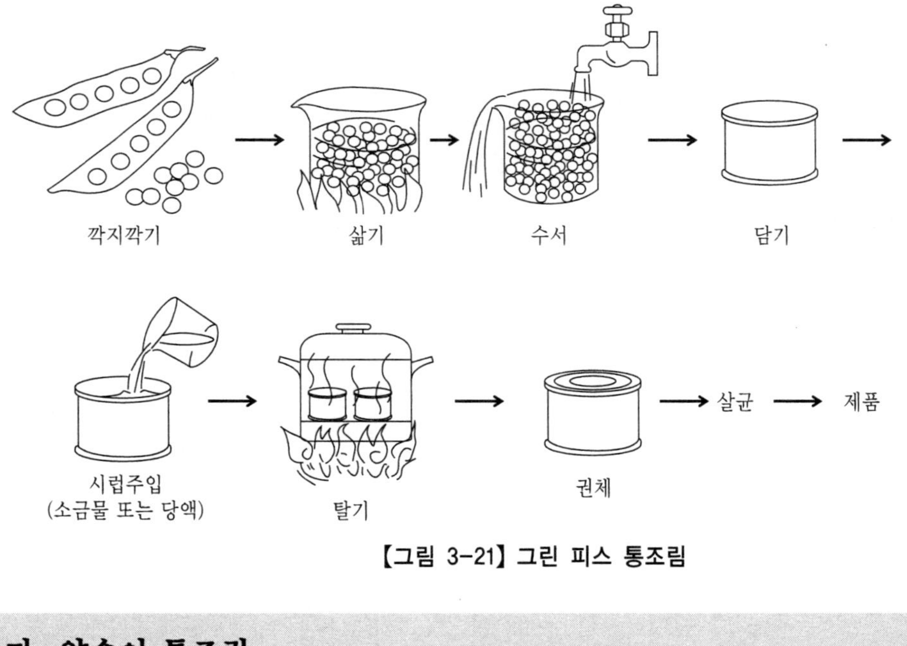

【그림 3-21】 그린 피스 통조림

마. 양송이 통조림

재료 및 기구

양송이(지름 200m~400m), 2~3% 소금물, 150~200mg% 아스코르브산, 글루탐산나트륨, 아황산, 선별기, 오토클레이브 또는 레토르트, 권체기

① 원료 : 양송이는 산화 변색되기 쉬우므로 따서 3~5시간 내에 공장으로 운반해야 한다. 24시간이 지난 것은 아황산염 0.1% 용액을 사용한다.

② 자루 절단 : 양송이의 각포와 자루를 잘라내고 버튼형이나 홀형으로 절단하여 품질을 선별한다.

③ 씻기 : 물을 갈아주면서 15분간 물에 담갔다가 흙과 모래를 씻어낸다.

④ 데치기 : 뚜껑을 덮고 끓는 물에 5~10분 데치기하고 찬물로 식힌다.

⑤ 고르기 : 선별기로 우산 직경 35mm 이상은 E, 27.5~35.0mm는 L, 21.0~27.5mm는 M, 16.5~21.0mm는 S, 12.0~16.6mm는 T, 12.0mm 이하는 m으로 선별한다.

⑥ 자르기 : 직경 35mm 이상은 2~4쪽으로 나눈다. 버튼 및 홀로 적합하지 않은 것은 3mm의 두께로 잘라 피이스 시템(piece stem) 스타일로 한다.

⑦ 담기 : 크기에 따라 관에 넣는다. 살균하면 약간 축소되므로 10~5% 더 많이 담는다. 2~3% 소금물, 열처리 침출액, 아스코르브산 150~200mg%용액(표백효과), 글루탐산나트륨(풍미 증가)의 조미액으로 공간 6~7mm를 남기고 넣는다.

⑧ 탈기 및 살균 : 90~100℃에서 5~0분간 탈기하고 301-7호과에 권체한 다음 113℃에서 100분 살균하여 내부 40℃까지 냉각시킨다.

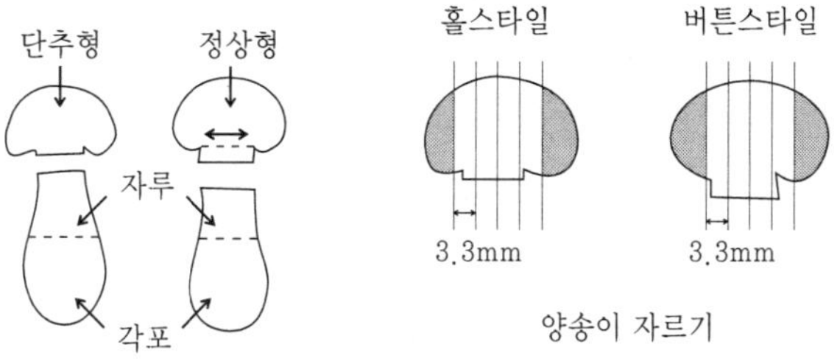

【그림 3-22】 양송이 통조림

13. 코지

코지(麴, koji)는 곡류나 두류에 곰팡이(Aspergillus속)를 번식시켜서 전분 가수분해효소(amylase), 단백질 가수분해효소(protease) 등이 많이 생성된 것이다. 코지균은 호기성균이므로 산소를 필요로 한다.

재료 및 기구

쌀, 보리, 밀, 콩, 종균(Aspergillus oryzae), 코지실 또는 항온기, 상자, 통, 온도계

① 수세 : 쌀의 분순물을 제거하고 물로 씻는다.

② 침지 : 여름에는 10시간, 겨울에는 20시간, 봄 · 가을에는 15시간 담갔다가 소쿠리에 건져 물기를 뺀다.

③ 찌기 : 시루로 40~50분간 세게 찐다.

④ 재우기 : 가마니나 보자기 위에 펴서 덩어리를 부수며 32~35℃로 냉각시킨 다음 코지실로 옮겨 언덕같이 쌓고 보자기로 4~5시간 덮어둔다.

⑤ 섞기 : 쌀 180ℓ에 종국 120~150g을 섞는다. 섞기가 끝난 것은 30~32℃가 되어야 한다. 섞고 나서 언덕형으로 쌓고 보자기를 덮어둔다.

⑥ 뒤집기 : 13~4시간째에 품온은 33~35℃가 되어야 한다. 덩어리를 부수고 뒤집어 준다. 뒤집기 후의 품온은 31~33℃가 되어야 한다.

⑦ 담기 : 뒤집기 3~5시간 후 흰 균사가 뻗기 시작하여 흰 반점이 나타나고 품온이 33~35℃로 올라간다. 손으로 헤쳐서 덩어리를 부순 다음 코지 상자 중앙에 1.5~1.8ℓ씩 담는다. 상자는 6~7개 서로 엇갈려 쌓고 그 위에 같은 수의 빈 상자를 쌓아 둔다. 품온은 31~32℃가 좋다.

⑧ 첫 번째 헤치기 : 담아서 5~6시간 지나면 쌀알에 균사가 4~5분(分) 정도 발육하고 품온이 36~38℃로 올라가므로 헤쳐서 상자를 위아래로 바꿔 쌓는다.

⑨ 두 번째 헤치기 : 첫 번 헤치기 후 5~8시간 지나면 7~8푼 정도 번식하여 쌀알이 약간 덩어리지고 단맛을 내고, 품온은 37~39℃로 올라간다. 먼저와 같이 헤치고 다시 상자를 바꿔 쌓는다. 품온은 34~36℃이다.

⑩ 바꿔쌓기 : 두 번째 헤치기 후 3~4시간 지나면 균사가 많이 퍼져서 엉켜 있다. 품온은 40℃ 정도이므로 위아래 상자를 바꿔쌓아 품온을 일정하게 하고 필요하면 코지실의 천정을 열어 실온을 조절한다.

⑪ 출국 : 균사가 완전히 발육하면 품온이 내려가기 시작하며 포자가 형성되어 일부 누런빛을 띄우기 시작하면 건조한다.

⑫ 품질 : 쌀알 안까지 균사가 뻗어있고 효소활성이 높은 것이 좋다. 콩 코지는 장류 제조에 사용한다.

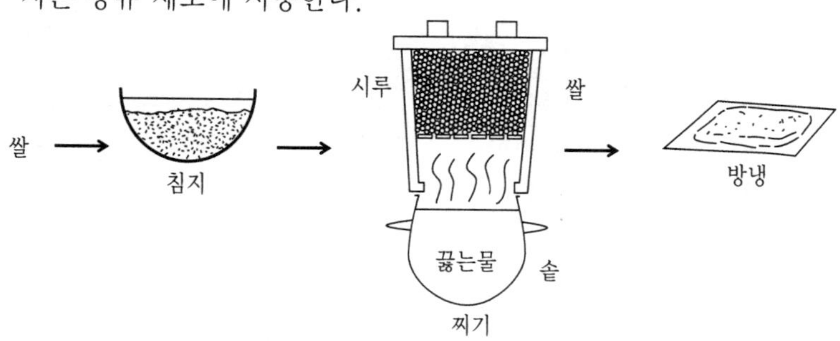

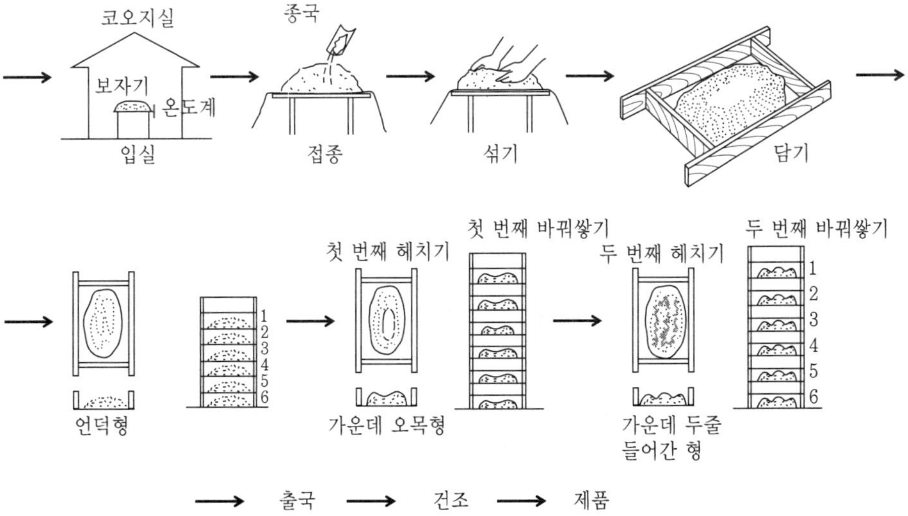

【그림 3-23】 코오지

14. 주류

막걸리, 청주, 동동주 등은 주로 전분질 원료를 곰팡이의 아밀라아제로 포도당으로 가수분해하여 에탄올을 발효시키고, 맥주는 엿기름으로 전분을 말토오스로 가수분해하여 효모로 에탄올 발효시키고, 포도주는 포도당을 효모로 에탄올 발효시킨다. 누룩 등의 곰팡이는 전분을 가수분해할 수 있지만 효모는 가수분해하지 못하므로 발효시킬 수 없다. 단당이나 이삼당 밖에 발효시킬 수 없다.

이론상으로는 당 180g에서 92g의 알코올, 즉 51.1%의 알코올이 얻어진다. 그러나 발효 수율은 80~90%의 정도이다.

가. 막걸리 및 약주

재료 및 기구

멥쌀, 찹쌀, 누룩, 물, 쇄미기나 절구, 찜통, 큰통, 혼합용구

① 누룩 만들기 : 밀가루나 밀기울에 물 40%를 가해 반죽하여 누룩틀로 성형한 다음 표면에 종국(Aspergillus oryzae)을 섞은 밀가루를 발라 접종하여 40℃ 이하의 온도에서 약 10여일간 발육시킨다. 그간 마르지 않게 하고 공기 유통과 온도를 잘 조절한다. 출국하여 33~35℃의 건조실에서 10~20일간 말려서 사용한다.

② 밑술 만들기 : 멥쌀 3kg을 하룻밤 물에 담갔다가 절구로 부순 다음 찐다. 별도로 누룩을 부수어 물 1.7ℓ에 풀어서, 식힌 찐 쌀가루와 섞어 담근다. 온도는 10~15℃가 좋다. 담뇨나 가마니를 덮어두면 1주일 지나면 품온이 27~28℃ 되었다가 떨어지면, 다시 1주일 지나면 완전히 숙성되어 밑술이 된다.

③ 덧술 : 찹쌀 1kg을 물에 담갔다가 쪄서 식힌 다음, 밑술과 물 6.7ℓ를 섞어서 독에 담가 숙성시킨다. 누룩을 약간 섞어도 좋다. 담금 온도는 15~25℃가 좋다. 4~5일 지나면 30℃ 정도가 되었다가 온도가 내려가며, 8~14일이 지나면 숙성된다.

④ 술뜨기 : 용수를 박아 투명한 약주를 떠낸다.

⑤ 찌꺼기의 처리 : 물을 부어 섞고, 베로 짜낸 것은 탁주로 한다.

⑥ 제품 : 신맛이 약간 강하고 특수한 향기가 나며 투명한 담황색이 좋다. 보통 20℃ 이하에서 저정하면 후숙되어 풍미가 좋아진다.

나. 포도주

포도주는 포도의 껍질에 붙어있는 야생효모가 과즙 중의 당분을 발효시켜 알코올을 만든 것이다. 원료포도의 종류에 따라 적포도주와 백포도주로 나누는데 적포도주는 적포도를, 백포도주는 청포도를 원료로 하며 제조법에도 차이가 있다. 공업적으로는 포도주 효모 Saccharomyces ellipsoideus를 순수배양하여 사용한다.

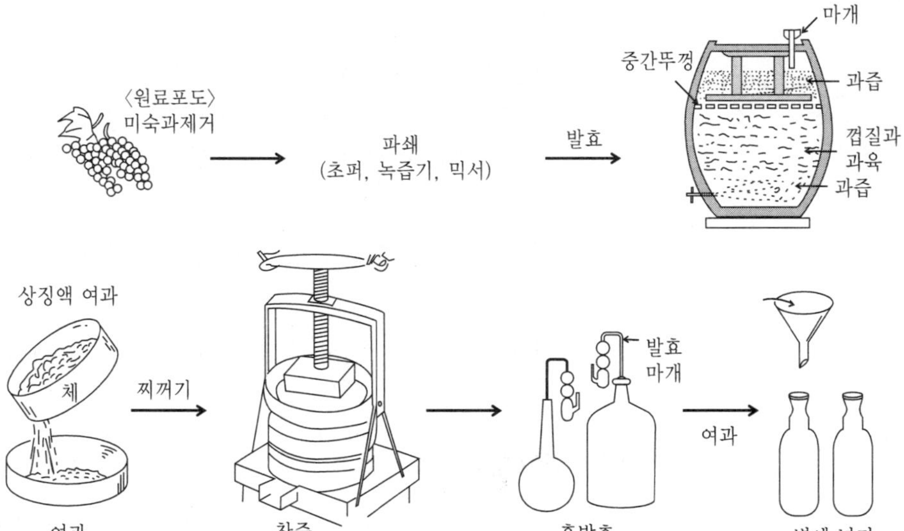

【그림 3-24】 포도주

(1) 백포도주

주로 청포도를 원료로 하여 포도를 압착하여 과즙만 발효시킨다.

재료 및 기구

포도, 설탕, 배양효모, 굴절당도계, 발효마개, 발효통, 마쇄기, 압착기

① 원료 : 당이 많고 산미가 적은 것이 좋다.

② 과즙 : 꼭지를 따고 포도파쇄기로 파쇄하고, 압착하여 포도즙을 만든다. 수율은 포도의 75~85% 정도이다.

③ 과즙의 조정 : 제품의 알코올 함량이 10% 이상 될 수 있도록 당분을 조정한다. 과즙은 20% 이상의 당분과 0.4~0.9%의 산을 갖는다.

당도 a%의 포도즙 Wag을 b% 당도로 만들기 위하여 포도과즙에 가해야 할 성분의 중량을 Wsg, 만들어진 과즙의 량을 Wg이라 하면 식은 다음과 같다.

$$W = Wa + Ws$$

$$Wa \times a + Ws \times 100 = Wb = (Wa+Ws)b$$

$$Ws \times 100 - Ws \times b = Wa \times b - Wa \times a$$

$$\therefore Ws = \frac{Wa(b-a)}{100-b}$$

④ 주발효 : 아황산으로 발효통을 살균한다. 아황산은 환원력으로 잡균의 번식을 방지하고 효모의 번식을 촉진한다. 과즙을 발효통에 옮겨서 자연발효시키거나, 효모를 증식시킨 밑술(starter)을 과즙의 2~3% 넣고, 공기를 통하게 하여 34℃ 이하에서 발효시킨다. 발효통은 뚜껑을 덮는다.

⑤ 후발효 및 찌꺼기 빼기 : 15℃의 발효실에서 1~2개월 후 발효시킨 후 다른 통으로 옮겨서 바닥의 앙금을 제거한다. 그리고 2~3개월 지난 후에 앙금빼기를 다시 한다. 순수배양한 효모를 사용하면 두 번째 옮겨담기만으로 맑은 포도주를 얻을 수 있다.

⑥ 저장 : 저장용기에 채워서 저장한다. 1년 저장하며, 오래 저장할수록 품질이 좋아진다.

⑦ 제품 : 알코올 성분이 많고 산이 적고, 담황색의 순한 맛이 나는 것이 좋다.

(2) 적포도주

파쇄한 포도를 짜지 않고 그대로 발효시켜 껍질의 색소가 녹아나도록 하여

만든다. 원료를 처리하여 담글 때까지의 조작은 대체로 백포도주와 같다.

① 주발효 : 15~17℃ 되는 것에서 10일 정도 발효시킨다. 이산화탄소가 발생하여 껍질과 과육이 액의 표면에 뜨고 초산균과 산막효모가 발생하기 시작하여 이산화탄소의 발생량이 많아지고 온도가 올라간다. 밀폐발효법과 개방발효법이 있다.

② 압착 : 가라앉은 껍질과 효모는 분해되어 향기가 나빠지므로 발효액을 다른 용기에 옮기고 찌꺼기를 압착기로 짜서 분리한다.

③ 후발효 : 뚜껑을 닫고서 10~15℃의 발효실에서 2~3개월간 후발효시킨다. 앙금 빼기는 1~2개월에 한번씩 한다. 횟수는 백포도주보다 적어도 좋다.

④ 숙성 : 숙성은 백포도주보다 빠르므로 저장기간은 약간 짧아도 된다.

⑤ 제품 : 알코올 성분이 많고 산이 적고 포도 향기를 내고, 진한 홍색으로 떫은맛이 있는 것이 좋다. 원료 3.7kg으로 1.8~2ℓ의 포도주를 만들 수 있다. 찌꺼기는 물과 설탕을 넣어 발효시킨 뒤 증류하여 부랜디를 만든다.

15. 김치류

가. 배추김치

재료 및 기구

배추 12통, 무 14개, 당근 3개, 미나리 2단, 청가 5줄기, 파 7뿌리, 생강 2뿌리, 젓갈류(새우젓 혹은 멸치젓) 1ℓ, 배 2개, 갓 2단, 고춧가루 400g, 실고추 약간, 소금 1ℓ, 마늘 5통, 귤 300g, 밤 6개, 조미료 약간, 항아리 1개, 절임통 2개, 큰그릇 1개, 소쿠리 1개

① 원료 : 배추의 떡잎을 제거하고 다듬어서 두 쪽으로 쪼갠다. 무우와 다른 원료도 깨끗이 씻어서 손질해 놓는다.

② 절이기 : 배추를 소금물(5~7%)에 담근 다음 11~20시간 정도 절인다. 오래 절이면 아삭아삭한 맛이 없어지고 질겨진다.

③ 씻기 : 물로 씻고 물을 뺀다.

④ 속 만들기 : 무, 배, 밤, 당근은 채로 썰고, 미나리, 갓, 파는 3cm 정도 길이로 썬다. 생강, 마늘은 곱게 다진다. 먼저 채친 무우와 고춧가

루를 섞은 다음 나머지 재료를 함께 섞고, 소금, 젓갈, 조미료 등을 넣고 섞는다.

⑤ 속 넣기 : 배추잎을 하나하나 벌려서 속을 넣고 겉잎으로 한자락 돌려서 배추 속이 삐지지 않게 한다. 무는 3cm 정도로 썰어서 소금, 고춧가루 등 여러 양념을 버무려 둔다.

⑥ 담기 : 독에 담을 때는 무거운 돌을 얹고 비닐같은 것으로 항아리를 꼭 싸서 공기 접촉을 막아준다.

⑦ 숙성 및 저장 : 5℃ 정도에서 10일간 지나면 추워져도 숙성에는 지장이 없다. 공기접촉이 많아지면 맛이 나빠지고 부패가 빨라진다.

나. 단무지

단무지는 일본을 대표하는 식품으로 한국의 김치와 같은 존재이다. 단무지는 무에 양념조미를 하여 발효시키지만 한국에서는 가을철 쌀 때 진한 소금에 절여서 일년 내내 저장하면서 필요할 때 꺼내어 소금기 빼고 빙초산(화확제품)과 사카린산나트륨(감미료, 발암물질로 알려져 있음), 방부제(벤조산나트륨) 용액에 절인 위험한 싸구려 밖에 없다.

여기서는 발효식을 살펴본다. 학생들은 위험한 시판물을 사먹지 말과 이 방법대로 집에서 담가 먹는 것이 좋다.

11월 말에서 12월 초순까지 생산되는 무를 담그는 일반제법과 연중 담그는 속성제법이 있다. 9~10월경에 생산되는 무는 기온이 높아 바람들기 쉬우므로 건조시키지 않고 소금물에 절였다가 고운 쌀겨와 같이 발효시켜야 한다.

속성법은 건조시키지 않은 무에 소금을 넣고 눌러 절이고 나서 담기를 하는 것으로서 소금의 사용량을 적게 하고 감미료로 단맛을 낸다.

재료 및 기구

무 20kg(약 20개), 소금 600g, 설탕 200g, 다시마 20~25g, 귤껍질 말린 것(진피) 100~150g, 고춧가루 5~10g, 감초가구 20g(소금은 단무지 조직을 단단하게 할 수 있는 $MgCl_2$, $CaSO_4$ 등이 많은 천일염이 좋다)

① 원료 : 가늘고 긴 연마종이나 궁중종이 좋다.

② 씻기 : 씻는다.

③ 건조 : 잎이 달린 채 5~6개씩 다발로 하여 건조시키거나, 잎을 자르고 엮어서 건조한다. 1~2개월경에 먹는 것은 5~7일, 3~5월경에 먹는 것은 10일, 6~7월경에 먹는 것은 10~13일, 7월 이후에 먹는 것은 15일 정도 건조한다. 잎은 잘라서 시레기로 한다.

④ 담기 : 바닥에 소금을 뿌리고 부원료(쌀겨, 소금, 감초 등)를 깔고 무 사이가 뜨지 않도록 차곡차곡 깔고 부원료를 한층 깐다. 이 조작을 반복하여 용기보다 10~15cm 높아지면 소금을 뿌리고 뚜껑을 덮어 돌로 눌러둔다.

⑤ 숙성 : 7~10일이 지나 액즙이 나오고 무가 밑으로 가라앉으면 돌을 내려 조미액이 무 속에 스며들게 하고 다시 돌을 얹어둔다. 저장 장소는 온도의 변화가 적은 곳이 좋다. 담근 후 1.5~2개월이면 단무지의 특유한 맛이 난다.

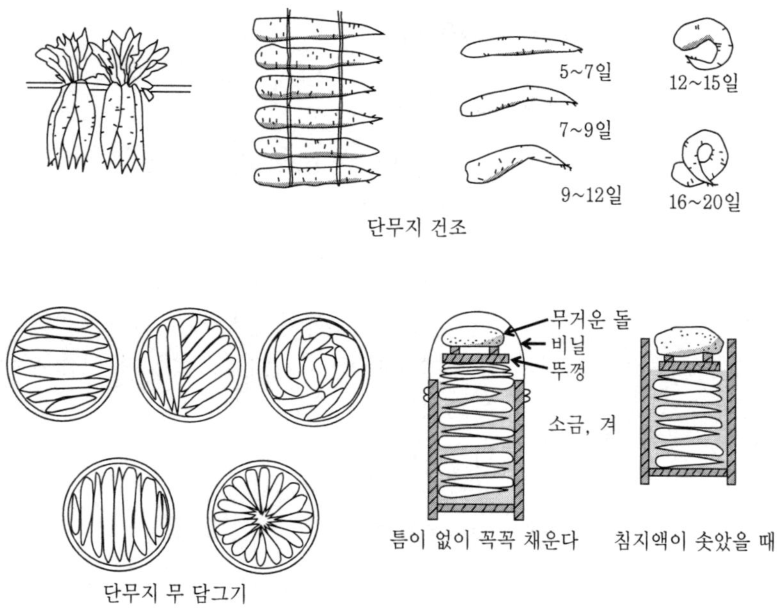

【그림 3-25】 단무지

다. 동치미

재료 및 기구

무 10개, 소금 180mℓ, 쪽파 1/10단

① 원료 : 무의 꼬리, 머리, 잔털을 다듬고, 직사각형으로 자른다. 알타리

무는 그대로 사용한다.

② 담기 : 그릇에 무를 넣고 소금을 뿌린다. 2~3일 후 물 3.6ℓ와 풋고추 180㎖, 쪽파 1/10단을 넣는다.

③ 숙성 및 저장 : 찬 데서는 담근 후 15~20일이 지나면 숙성되므로 냉장고에 저장한다.

라. 장아찌

장아찌는 종류가 많으나, 내표적인 것으로 무장아찌, 마늘장아찌, 오이짱아찌 등이 있다.

(1) 무장아찌

재료 및 기구

무 50개, 고춧가루 0.9ℓ, 간장 3.6ℓ, 생강 4개, 마늘 20개, 통파 5뿌리, 오이 10개, 실고추 약간

① 간장 장아찌 : 알맞게 썬 무를 햇볕에 말려 소금에 절인 다음 버무린다. 버무린 것을 독에 넣고 우거지로 덮고 돌로 눌러 두었다가 3일 후면 돌을 들어내고 간장을 부은 다음 봉해두면 3~4개울 지나서 완전히 익게 된다.

② 된장 장아찌 : 된장에 박았다가 숙성되면 먹는다.

(2) 마늘장아찌

하지 전에 캔 마늘이 좋다. 담가서 1개월이 지나야 맛이 드는데 흰색으로 담그려면 식초와 소금과 설탕으로 담가야 하고, 소금 대신 간장을 쓰면 빛깔이 검게 된다.

마늘을 까서 10% 식초에 담가서 15일 가량 두었다가 식초를 따라내고 설탕을 10%가량 버무려 놓는다. 3일 지난 후에 마늘이 잠길 정도로 진간장을 붓는다.

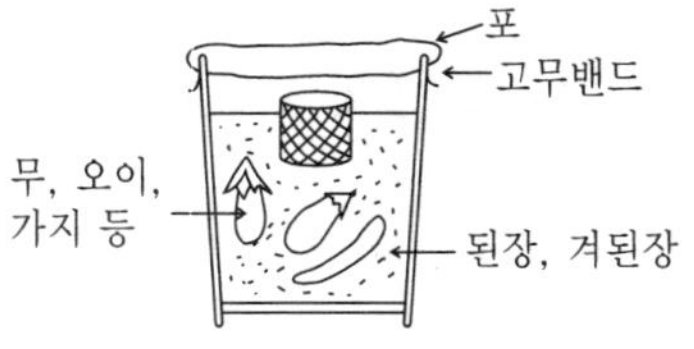

【그림 3-26】 장아찌 담그기

마. 오이 피클

재료 및 기구

오이, 보메 10도의 소금물, 보메 비중계, 칭량컵, 식초, 설탕, 향신료, 병

① 얼절이기 : 오이를 씻어서 그릇에 담고 보메 10~11도의 소금믈을 붓고 뚜껑으로 눌러 뜨지 않게 한다.

② 소금절이기 : 1주일 동안 매일 소금물의 비중을 측정하여 소금을 가하여 보메 10~11도로 조절한다. 그 후는 1주일에 한번씩 소금물의 농도를 조절하며 6~8주간 놓아둔다. 산막효모가 생기면 떠낸다.

③ 식초에 절이기 : 물에 담가 소금기를 빼고 3% 식초용액에 3~5일간 담갔다가 5% 식초용액에 3~5일간 담근다. 이 조작을 한번 더 하면 더 좋다.

④ 병에 담기 : 절이기가 끝나면 살균한 병에 넣고, 5% 식초용액을 끓여서 식혀 넣고 밀봉한다.

⑤ 살균 : 60~70℃에서 10~15분간 살균하여 병조림하거나 향신료와 설탕을 식초용액에 녹여서 7일간 담가 맛을 들인 후 5% 식초로 병조림한다.

16. 식초

초산발효는 다음과 같은 알코올 산화반응으로 초산균이 발효시킨다.

$$C_2H_5OH + O \rightarrow CH_3COOH + H_2O$$

이론상으로는 46g의 알코올에서 60g의 초산이 생기지만 실제로는 1 : 1 정도 생긴다.

알코올과 종초를 가하여 1개월간 발효시키면 탱크 속의 균이 작용하여 신맛이 생긴다. 초산균은 온도에 예민하여 너무 따뜻하면 약해지고 조금 냉각하면 활동을 정지한다. 활동이 활발할 때는 탱크 표면에 얇은 인조견과 같은 막을 친다.

공장의 발효실에서는 수십개의 탱크가 하루에 수만킬로의 열을 방출하므로 발효실의 온도, 습도 조절에 주의를 기울여야 한다.

가. 술식초(양조식초)

재료 및 기구

양조주(포도주, 막걸리, 약주, 청주, 동동주), 순수배양 초산균, 솜마개 플라스크(1ℓ, 발효원액을 넣는다), 알루미늄막, 매스실린더(100㎖), 깔때기, 살균용기

① 초산균 배양액 : 포도당 45g, 고기엑기스 15g, 펩톤 15g을 물 1,500㎖에 녹여서 플라스크에 50㎖씩 넣고 가입(1.2kg 30분간) 살균한다. 마이크로 스푼으로 침강 $CaCO_3$를 2수저 넣고 알코올 1.6㎖를 넣는다. 별도로 건열살균한 솜마개 시험관에도 10㎖씩 주입하고 침강 $CaCO_3$을 1스푼 넣는다.

초산균(Acetobacter acetibeijeruick)을 시험관에 1눈금 접종한다. 30℃의 항온기에서 3~4일간 배양하여 사용한다. 공기가 많이 필요하므로 평평한 용기로 배양한다.

② 발효원액 : 양조를 알코올 6%로 조절하여 300㎖를 만든다. 알코올 농도 12%인 술 x㎖로 6%의 용액 300㎖를 만들려면

$x \times 12/100 = 300 \times 6/100$

$\therefore$ x = 150㎖로서 150㎖ 포도주에 150㎖ 물을 가하여 희석하면 된다.

③ 살균 : 160℃에서 40분간 건열살균한 1ℓ의 솜마개한 삼각 플라스크에 원액을 가하고 솜마개를 알루미늄막으로 싸서 60℃에서 20분간 살균한다.

④ 발효 및 여과 : 식힌 후 초산균 배양액 30㎖를 가하여 30℃에서 1개월간 발효시킨다.

⑤ 여과 : 규조토를 1수저 정도 가하여 여과한다.

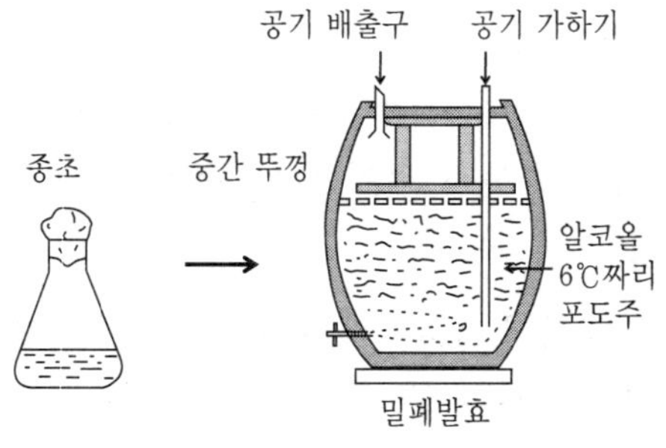

【그림 3-27】 식초 담기

17. 장류

가. 간장

메주로 만드는 재래식 코지를 만들어 담그는 개량식, 염산능로 가수분해하여 만드는 방법이 있다. 여기서는 코지를 사용하는 개량식 간장을 살펴본다.

재료 및 기구

콩, 밀, 코지실, 코지상자. 솥, 시루, 초퍼 또는 녹즙기, 황(또는 포르말린), 독(또는 기타 용기), 황국균(Aspergillus oryzae)

① 코지실 : 황을 태우거나 포르말린으로 살균하고 환기한 후 26~27℃로 조절한다.

② 씻기 : 밀을 씻어서 물을 빼고 짙을 갈색으로 볶은 다음, 맷돌로 거칠게 부순다. 원료ㅕ콩은 씻어서 봄가을에는 12~15시간, 겨울에는 20시간, 여름에는 6시간 담갔다가 콩의 1.5배의 물을 넣고 4~5시간 삶던가 찐다.

③ 섞기 : 삶은 콩을 얇게 널어 40℃로 식힌 다음 원료콩 180ℓ에 110~150g의 종국을 섞는다. 밀은 원료콩의 40~70%를 가한다.

④ 마쇄 및 가락 만들기 : 섞은 것을 초퍼나 녹즙기로 가락으로 뽑는다.

⑤ 담기 및 바꿔쌓기 : 코지 상자에 펴서 곰팡이를 배양한다. 22~23시간 지나 품온이 36~38℃로 올라가면 상자를 위아래로 바꿔쌓고, 그 후 7~8시간이 지나 품온이 상승하면 다시 바꿔쌓는다. 품온이 38℃이상으로 올라가면 납두균이 번식하므로 조심한다.

⑥ 출국 : 두 번째 바꿔쌓기 후 12~14시간이 지나 포자가 전체로 덮이면 출국한다(이상 코지 제조참조).

⑦ 간장 담그기 : 보통 간장은 코지 18ℓ, 물 127ℓ, 소금 33ℓ의 비율로 담근다.

⑧ 숙성 및 압착 : 가끔 저어주고, 숙성이 끝나면 체러 걸러서 간장액을 낸다.

⑨ 달이기 : 거른 생간장을 하루 방치하여 위에 뜬 기름을 제거하고 솥에 넣어 70℃서 20분간 살균한다. 위에 뜨는 것은 걷어내고, 3~4일간 방치하여 가라앉은 찌꺼기를 제거한다.

⑩ 제품 : 좋은 간장은 가공할 필요 없지만 감미료로 물엿 · 감초 · 추출물 · 사탕류, 향미료로 빙초산 · 소주 · 주정을, 지미료로 아미노산액을, 착색료로 캐러멜을 사용하기도 한다.

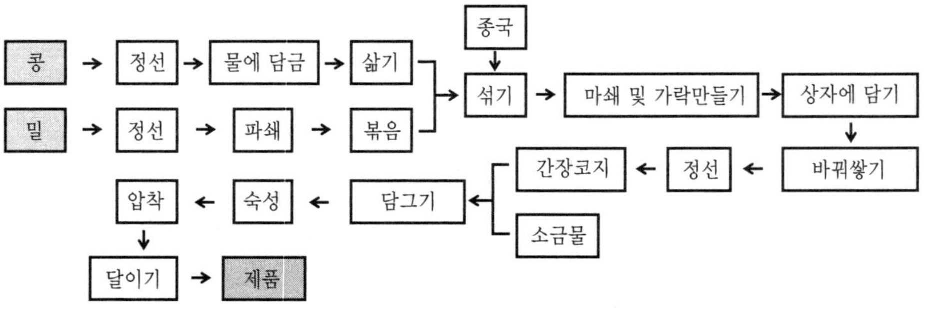

【그림 3-28】 간장

나. 된장

재래식 된장은 간장을 뜨고 난 것을 이용하였으나, 요즘은 간장과 된장을 별도로 만든다. 된장은 원료에 따라 쌀된장, 보리된장, 콩된장 등의 종류로 구분한다. 여기서는 쌀된장을 살펴본다.

재료 및 기구

쌀, 콩, 소금(상등품), 코지실, 코지상자, 솥, 시루, 초퍼, 황 또는 포르말린, 독이나 기타 용기

① 쌀 처리 : 코지 제조법에 따라 제조한다.

② 콩 씻기와 삶기 : 콩을 물에 불린다(가을에는 12~15시간, 겨울에는 20시간, 여름은 6시간). 콩을 건져내고 코의 1.5배의 물을 가해 4~5시간 삶는다.

③ 담기 및 숙성 : 삶은 콩 18ℓ에 같은 양의 쌀 코지와 소금 7.2ℓ를 가해 초퍼나 녹즙기, 절구로 갈아서 독에 담아 1~3개월 숙성시킨다. 코지 함량을 늘이면 숙성기간이 단축된다. 숙성도는 유리 아미노산 함량으로 측정한다.

④ 제품 : 된장은 종류에 따라 특유한 맛, 빛깔 및 향기를 가지며 신맛이 나지 않는 것이 좋다.

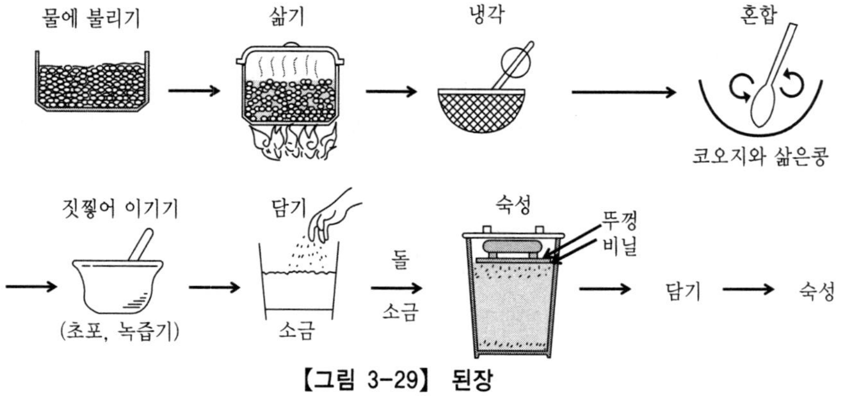

【그림 3-29】 된장

다. 고추장

시판 고추장은 메주 대신 글루탐산나트륨을 잔뜩 가해 구수한 맛을 내려하므로 전통 고추장이 아니다. 글루탐산나트륨은 화학조미료이므로 좋지 않다.

재료 및 기구

전분질 원료(멥쌀, 찹쌀, 보리, 밀, 고구마, 옥수수, 감자 전분), 엿기름가루(가루로 분쇄하여 껍질 부분은 제거한 것), 메주 코지 가루, 고춧가루, 이중솥

① 원료 : 전분질 원료 2kg을 물에 5시간 정도 담갔다가 물을 빼고 분쇄기나 맷돌로 분쇄한다.

② 호화 : 이 가루에 2~3배 가량의 물을 부어 교반하면서 가열하여 호화시킨다.

③ 엿기름 섞기 : 70℃로 식으며 엿기름가루 500g을 가하여 섞은 다음 60℃에서 5시간 당화시킨다.

④ 숙성 : 고춧가루 500g과 소금 500g, 메주 코지가루 200g을 넣어 섞고, 약 1개월간 30℃ 이하에서 숙성시킨다. 숙성 도중 뒤섞기 한다.

⑤ 포장 : 포장하여 제품으로 만든다.

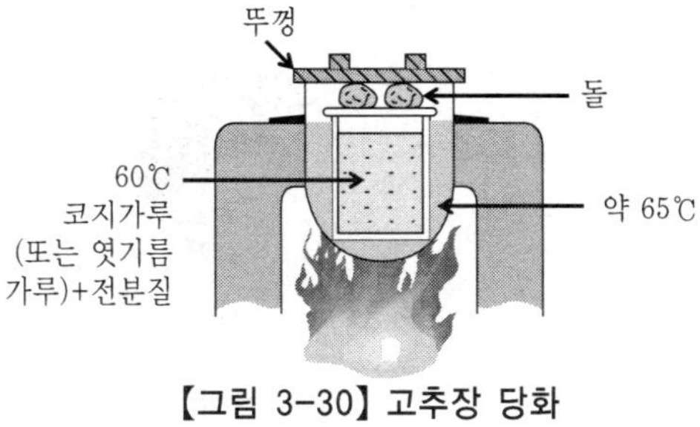

【그림 3-30】 고추장 당화

18. 어패류 통조림

보일드 통조림은 생선을 삶아서 통에 담고 소금이나 소금물을 넣은 것이고, 기름담금 통조림은 식물성 기름을 가한 것이며, 토마토 절임 통조림은 토마토퓨레를 넣은 것이고, 조미 통조림은 설탕 · 간장 등이 조미액을 넣은 것이다.

가. 다랑어 기름담금 통조림

재료 및 기구

다랑어, 소금, 기름(면실유 또는 올리브유), 칼, 톱, 통, 찜통, 권체기, 307-1호관, 레토르트 또는 오토클레이브

① 원료 : 머리를 잘라내고 내장을 제거한 후 씻어낸다. 그리고 모양을 다듬는다.

② 찌기 : 고기 몸통 중심이 75℃가 되게 하여 찐다. 보통 102~105℃에서 4시간 찐다.

③ 조리 : 찐 다음 12시간 정도 식혀서 껍질을 제거한 다음 등뼈를 중심으로 등부분과 배부분으로 나눈다. 스테인레스 스틸 칼이나 대칼로 껍질·막·작은 뼈·피·혈관 등을 제거한다.

④ 절단 : 401-1호용관은 41~45mm, 307-1호관용은 31~35mm 두께로 자른다.

⑤ 채우기 : 규정량(307-1호관은 160g)을 깡통에 담고, 소금을 약간 넣는다(307-1호관은 1.5~2.0g).

⑥ 기름 넣기 : 면실유나 올리브 기름을 통조림에 가득 채운다.

⑦ 살균 및 냉각 : 권체한 후 111.3~112.6℃에서 70~80분간 살균하고 냉각한다.

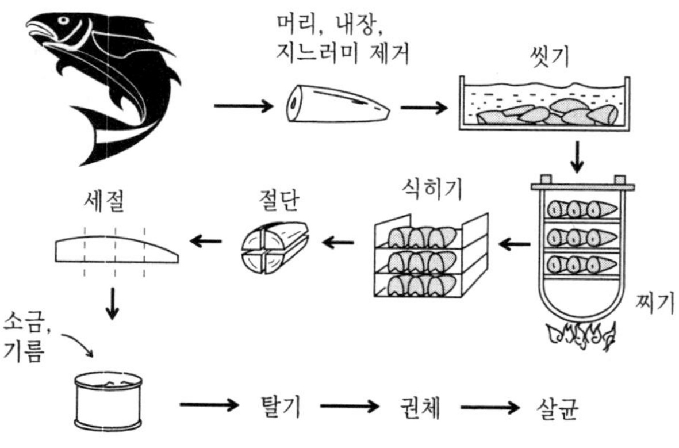

【그림 3-31】 다랑어 기름담금 통조림

나. 꽁치 보일드 통조림

재료 및 기구

꽁치, 소금물(보메 15~20도), 조미액(보메 4~5도의 소금물에 미량의 글루

탄산나트륨과 설탕을 넣어 끓인 것), 세척통, 어육 절단기 또는 칼, 저울, 깡통, 권체기, 레토르트 또는 오토클레이브

① 원료 : 꽁치를 씻어서 머리, 지느러미, 내장을 제거한다. 깡통 길이의 80~90% 길이로 자른다.

② 염지 : 잘라서 묽은 소금물에 담갔다가 보메 15~20도의 소금물로 옮겨 20~30.분간 담근다. 소금물 온도는 10℃ 이하로 한다.

③ 담기 : 깡통에 국화꽃 모양으로 담는다(6호관의 경우 약 201g).

④ 찌기 : 찜통에 넣어 100℃ 증기로 40분간 찐다.

⑤ 조미액 가하기 : 깡통의 물기를 제거하고 조미액 45~50g을 가한다.

⑥ 권체 : 95℃에서 20분간 탈기하여 권체한다.

⑦ 살균 : 깡통을 0.7kg/cm2으로 60~90분간 가압살균하던가, 상압에서 112.7℃로 90~110분간 살균한다.

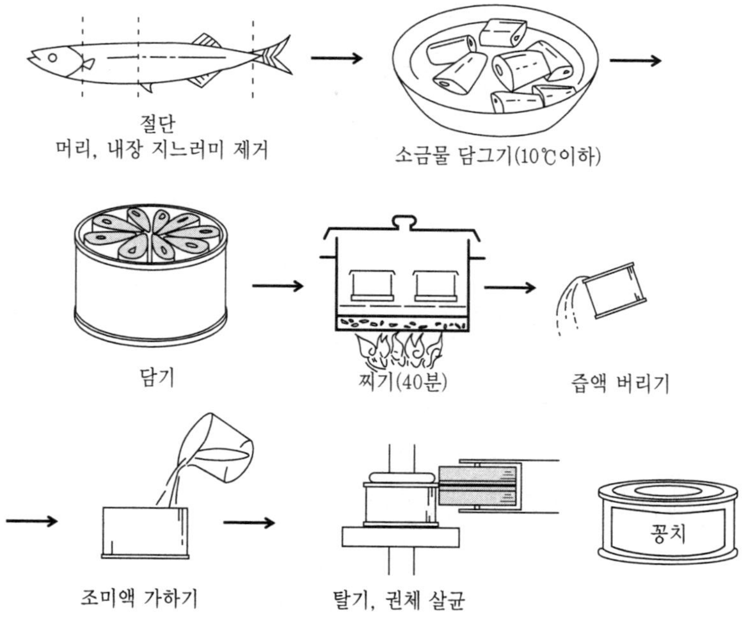

【그림 3-32】 꽁치 통조림

19. 생선 연제품

가. 생선 소시지

다랑어, 고래 같은 붉은살 생선을 사용하며 일반소시지와 같이 제조한다. 고래고기가 없으면 다른 고기를 사용한다.

재료 및 기구

다랑어 고기 50%, 고래고기 33%, 라드 10%, 조미료 및 향신료 기타 7%, 마늘절구(초퍼 또는 녹즙기), 케이싱(돼지 내장)

① 처리 : 냉동 다랑어는 녹여서 껍질과 피를 제거하고 6cm 토막으로 자른다. 고래고기는 냉동된 체로 절단한 뒤 슬라이서로 1cm 두께로 자른다.

② 피 빼기 : 물에 담가 피를 뺀다.

③ 염지 : 소금, $NaNO_3$, 아스코르브산나트륨으로 살색을 고정시킨다.

④ 전분 및 인산염 첨가 : 결착성, 색깔, 보수성을 높이기 위하여 전분과 인산염을 가한다.

⑤ 이기기 : 부재료를 함께 넣어 으깨 이긴다.

⑥ 채우기 : 충전기 또는 녹즙기의 떡가래 기능이나 깔때기로 돼지 내장, 염화비닐, 염화비닐리덴, 나일론 케이싱에 채운다.

⑦ 살균 : 양끝을 알루미늄 고리로 묶은 다음 90℃에서 50분간 살균하여 냉각시킨다.

나. 어묵

재료 및 기구

생선 3.75kg, 소금 113~188g, 글루탐산나트륨 7.5~15g, 설탕 170~552g, 전분 188g, 달걀흰자 8개, 증기솥, 마늘절구(초퍼 또는 녹즙기), 헝겊 주머니

① 원료 : 비닐, 내장, 머리, 지느러미를 제거하고 씻는다. 물을 뺀 다음 3등분하여 뼈를 제거한다.

② 채육 : 공업적으로 채육기를 쓴다. 집에서를 칼로 살을 바른다.

③ 갈기 : 채육한 것은 마늘절구로 으깬다. 초퍼나 녹즙기를 사용할 때는 열이 발생하지 않게 서서히 간다.

④ 담그기 : 갈은 고기를 맑은 물에서 주물러 씻고, 2~3회 물갈이하고 하룻밤 물에 담가 냄새와 색소를 제거한다.

⑤ 압착 : 물에서 꺼내어 헝겊으로 싸서 압착하여 물기를 뺀다.

⑥ 혼합 : 나머지 재료를 모두 혼합하여 초퍼나 녹즙기로 간다.

⑦ 성형 : 여러 가지 모양으로 성형한다.

⑧ 찌기 : 표면은 90~95℃, 중심부는 75℃ 정도 되게 찐다. 작은 것은 20~30분, 큰 것은 40~90분 걸린다.

⑨ 물에 담그기 : 색상을 위해 물에 10분간 넣었다가 꺼낸다.

⑩ 포장 : 비닐 등으로 포장한다.

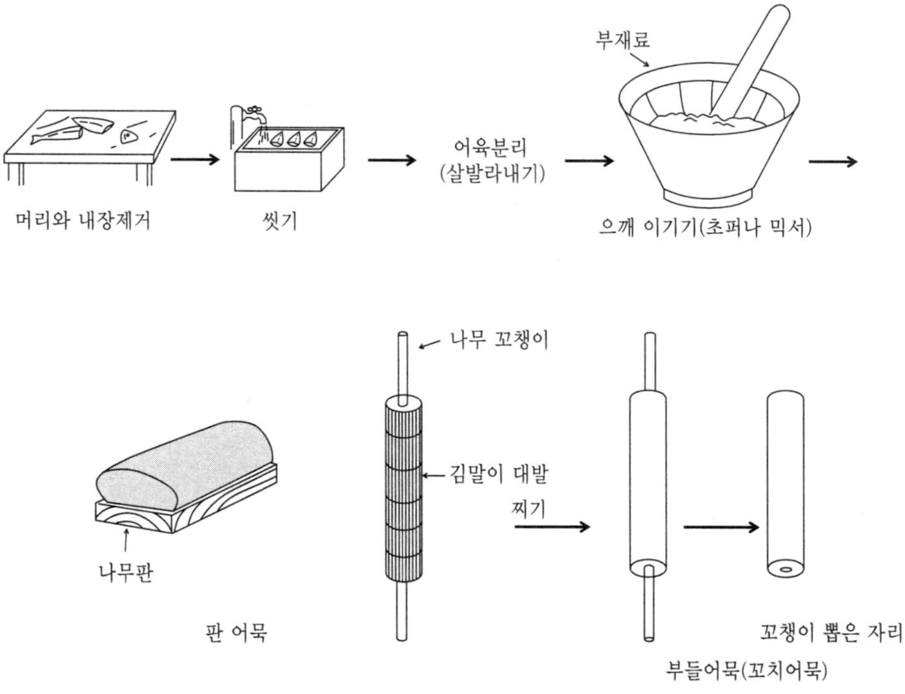

【그림 3-33】 어묵

20. 생선 훈제품

가. 훈제 오징어

재료 및 기구

물오징어 10kg, 소금 720g, 설탕 120g

① 가열 : 55℃에서 10분간 가열한다.

② 박피 : 껍질을 벗긴다.

③ 담그기 : 설탕 120g, 소금 720g, 물 4ℓ 용액을 만들어 끓여서 냉각시키고 여기에 2~3일간 담근다.

④ 건조 : 꼬챙이에 꿰어서 건조한다.

⑤ 훈연 : 50~60℃에서 3시간 훈연한다.

⑥ 제품 : 절단해서 비닐 포장한다.

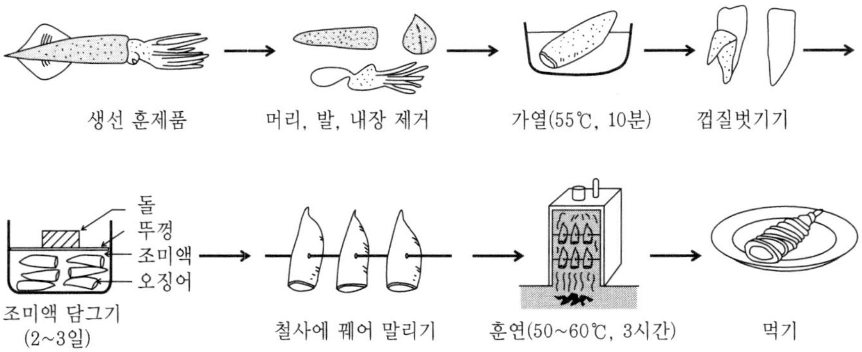

【그림 3-34】 훈제 오징어

21. 젓갈류

가. 오징어젓

오징어 간장을 가하면 자기소화가 빠르지만 기름이 많아서 산패되므로 간장만 염장하여 유지를 제거하고 상징액만 가하는 것이 좋다. 처음에는 하루 2~3회 교반하고 식용할 때는 절단하여 마늘이나 고춧가루 등으로 조미하여 먹는다.

저염젓갈은 소금대신 당으로 수분활성도를 저하시킨다. 즉, 당침을 사용하고 있다.

◆ 저염젓

오징어 → 내장 및 껍질 제거 → 세절 → 물 빼기 → 당침(물엿에 담그기 12시간) → 물 빼기 → 소금에 절이기(24시간) → 탈수 → 조미 → 숙성(냉장실 10일) → 제품

① 전처리 : 오징어를 갈라서 내장과 머리, 다리, 껍질을 제거하고 조각으로 자른다.

② 당침 : 물엿에 12시간 정도 담근다.

③ 소금에 절이기 : 탈수하고 소금을 뿌려서 24시간 놓아둔다.

④ 조미 : 남은 소금을 털고, 탈수하고 조미하여 상온에서 하루 놓아둔다. 조미액은 고춧가루 12, 글루탐산나트륨 10, 조미 고춧가루 19, 마늘 15, 비빔당 19, 글리신 3, 물엿 13, 식용유 3, 액젓 1의 비율로 한다.

⑤ 숙성 : 냉장실에서 10일 정도 숙성시킨다.

나. 멸치젓

봄에 담그는 것은 춘젓, 가을에 담그는 것은 추젓이라 하며 춘젓의 맛이 좋다. 소금량은 20~25%가 좋다.

다. 새우젓

5월에 담는 것을 오젓, 6월에 담는 것을 육젓이라 한다. 품질은 삼복 직전에 담는 것이 좋다. 품질이 좋은 것은 육직이 단단하고 액즙이 백색으로 맑다. 1cm 정도의 연한 새우로 담은 것을 곤쟁이젓이라 한다.

라. 조개젓

깐 조개 1kg에 소금 100~150g을 혼합하여 담근다.

22. 유제품

가. 크림

생우유 또는 시유에서 유지방 이외의 고형분을 제외한 유지방 18.0% 이상을 크림이라고 한다. 공장에서는 원심분리기를 사용한여 분리한다.

재료 및 기구

우유, 크림분리기, 물통

① 크림 분리 : 크림분리기 탱크에 30~40℃의 원료를 넣고 600rpm으로 회전시켜 출구에서 크림과 탈지유를 분리한다.

② 살균 및 냉각 : 63℃에서 30분간 살균하고 2~3℃로 5시간 방치한다.

③ 제품 : 버터용 크림의 지방 함량은 33~36%가 좋다. 원료 우유 10ℓ에서 크림 1.5~3ℓ, 탈지유 7~8.5ℓ가 얻어진다.

나. 버터

크림의 지방을 모아 굳힌 것으로 유지방 80% 이상이고 수분 16.6% 이하이다. 소금을 가하는 것과 가하지 않는 것이 있다.

재료 및 기구

우유(지방함량 3~3.5%), 스타터(Streptococcus lactis 등), 소금, 물, 착색료(seed of annato, yellow A, B 등), 크림분리기, 살균기, 교반기(chumer), 연압기(worker)

① 크림 분리 : 지방 함량 3~3.5%의 우유를 원심분리하여 30~35%의 크림을 얻는다.

② 살균 : 63℃에서 30분, 또는 80~85℃에서 15초 동안 살균한다.

③ 발효 : 16~20℃로 냉각한 후 스타터를 5~0% 첨가하여 16~21℃에서 하룻밤 발효시켜서 젖산 함량이 0.3~0.4% 되면 2~5℃로 냉각하여 12~16시간 방치한다.

④ 교반(chumming) : 교반기에 발효크림을 1/3~1/2 넣고, 색소를 첨가하여 8~13℃에서 30rpm으로 30~50분 교반한다.

⑤ 수세 : 버터 밀크롤 제거하과 10~15℃의 냉수로 여러 번 교반하여 씻어낸다.

⑥ 연압(working) : 콩알 크기로 뭉친 지방 덩어리를 연압기에 넣고 눌러서 큰 덩어리로 만든다. 소금을 35 가해 방부력을 높이고, 단백질의 점성을 줄여서 물이 잘 빠지게 한다.

⑦ 제품 : 1/2~1파운드씩 절단하여 포장한다. 제품 수량은 크림의 지방량에 대한 버터의 증가량 즉, 중량률(over run)로 표시한다.

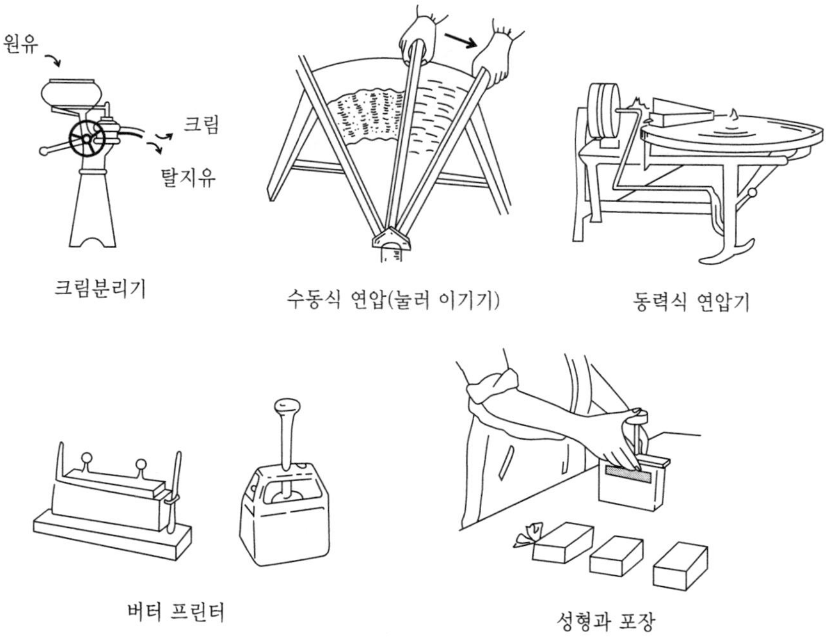

【그림 3-35】 버터

다. 발효 치즈

우유단백질을 효소로 응고시키고 유청(cheese whey)을 제거하여 발효시킨 것이다. 500여종이나 된다.

재료 및 기구

우유나 탈지유, rennet, 스타터 30㎖, 소금 10g, 색소, 치즈 배트, 커드 나이프

① 원료 : 크림이나 탈지유를 가하여 우유나 탈지유의 지방 함량을 3.25%, 산도를 0.15%로 조절한다.

② 살균 : 저온살균(62℃로 30분간)이나 고온살균(71~75℃, 15초간)하고 30℃로 냉각한다.

③ 발효 : 스타터를 원료유의 2% 가하여 1.5~2.0시간 발효시켜 산도 0.18~0.2%로 만든다.

④ 응고 : 30℃ 응고유에 냉수에 녹인 레니트를 가해 교반하고 30~40분간 방치하여 카제인을 응고시키면 커드(curd)가 생긴다.

⑤ 절단 및 유청 빼기 : 응고유가 굳으면 절단칼로 자른다. 투명한 유청 (whey)이 나온다.

⑥ 교반 및 가온 : 30℃에서 20분간 가볍게 교반한 다음 5분간에 온도를 1℃씩 올라가게 하여 30분간으로 36℃까지 올린다.

⑦ 쌓기 : 커드를 헝겊으로 싸서 넓게 펴서 굳히고 잘라서 대발 위에 쌓아 2시간 발효시킨다.

⑧ 분쇄 및 가염 : 마늘절구(치즈 분쇄기, 녹즙기, 초퍼)로 잘게 갈아서 다시 20분간 교반하다. 표면이 약간 마르면 소금을 2~2.5% 가햐여 잘 혼합한다.

⑨ 압착 : 천으로 싸서 압착기에 넣고 고압으로 눌러서 1~2시간 후 꺼내고 틀에 넣어 24시간 누른다.

⑩ 코팅 : 틀에서 꺼내어 습기 없는 냉실에서 표면을 건조하고, 100~105℃의 파라핀 용액에 5~10초간 넣어 파라핀 코팅한다.

⑪ 발효 : 온도 5~10℃, 습도 80~90%의 발효실에서 3~6개월간 숙성시킨다. 상자에서 곰팡이가 발생하면 10% 포르말린을 분무한다.

⑫ 제품 : 파라핀 층을 걷어내고 제품으로 한다. 산도는 0.8~1.0%가 좋다. 100gdmldndb에서 10~11g의 치즈가 얻어진다.

라. 아이스크림

재료 및 기구

크림 2.65kg, 탈지유 5.3kg, 설탕 1.5kg, 젤라틴 또는 일긴산나트륨 50g, 향료 4~5㎖, 얼음, 소금, 금속냄비 10ℓ짜리, 아이스트림 제조기, 프로판가스, 교반기, 냉장고

① 아이스크림 믹스 조제 : 탈지유를 냄비 속에 넣고, 교반하면서 탈지분유를 넣어 녹이고 크림을 가하여 녹인다. 다음 60℃의 탈지유에 녹인 젤라틴을 가하여 잘 혼합한다.

② 살균 : 냄비를 불에 올려놓고 교반하면서 68~73℃에 30분 또는 79.4℃에서 25초간 살균한다.

③ 균질화 : 지방률이 8~12%일 때는 강하게 균질화한다.

④ 숙성 : 믹스를ㄹ 냉각시켜 0~4℃의 냉장고에서 하룻밤 방치한다.

⑤ 동결 : 점성이 증가한 믹스를 아이스크림 제조기(-6~-8℃)로 옮겨 향료를 가하고(믹스량은 용적의 1/2 이하로 한다) 교반하여 얼린다. 바깥쪽은 얼음 4에 소금 1로 섞어 채워서 냉각한다. 아이스크림 제조기가 15~20분 회전하면 믹스는 반고형 상태가 된다. 바깥쪽의 얼음물을 제거하며 계속 교반하면 믹스의 용량이 80~100% 증가한다. 아이스크림 제조기의 안쪽 통을 떼내어 얼음과 소금으로 냉각통 속에 4시간 방치한다.

⑥ 경화 : 냉장고의 냉동실에서 -18~-20℃에서 6~12시간 딱딱하게 얼린다.

⑦ 제품 : 지방 8%, 무지고형물 11.0%, 설탕 15%, 안정제 0.5%가 들어간다.

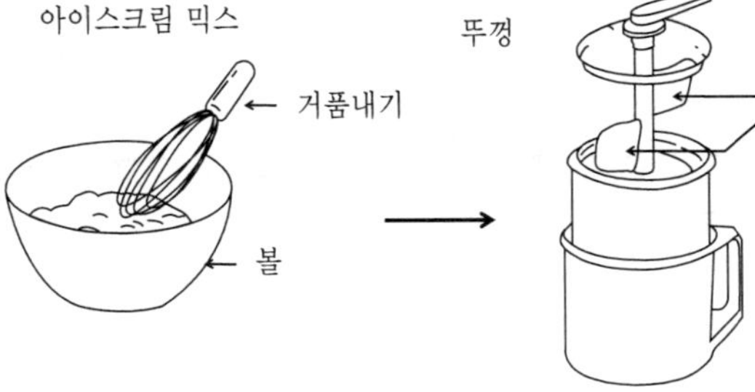

【그림 3-36】 함성섬유

마. 요구르트

발효유를 희석해서 액체상태의 음료로 한 것이다. 우유고형분이 3% 이하이고, 1mℓ당 100만 마리 이상의 생균을 함유한다.

재료 및 기구

냉1장고, 향온기, 냄비, 교반기, 균질기, 타전기, 탈지유 1~1.8ℓ, 탈지분유 50g, 설탕 100g, 젖산균 스타터 25mℓ, 향료 2~3mℓ

① 원료 : 탈지유에 분유를 가하여 50~60℃에서 녹이고 거른 다음 설탕을 가해 녹이고 80~90℃에서 30분간 살균한다.

② 스타터 첨가 : 별로도 만든 유산균 스타터를 탈지유액(1/20)에 가하고 향료를 첨가한다.

③ 발효 : 30~40℃ 항온기에서 24~48시간 동안 발효시킨다. 산이 2.2~2.5% 생겼을 때 항온기에서 꺼낸다.

④ 설탕 첨가 및 균질화 : 발효로 약간 굳은 것을 균질화시킨 후 발효원액과 같은 양의 설탕을 가하여 교반한다.

⑤ 향료 첨가 : 90℃로 하여 향료를 제품의 1/1,000 정도 넣고 병조림한다.

⑥ 살균 및 냉각 : 끓는 물에서 살균하여 식힌다.

⑦ 저장 : 냉장고(0~5℃)에 보관하여 2~3일 내에 먹는다. 제품은 5배로 희석하여 마신다.

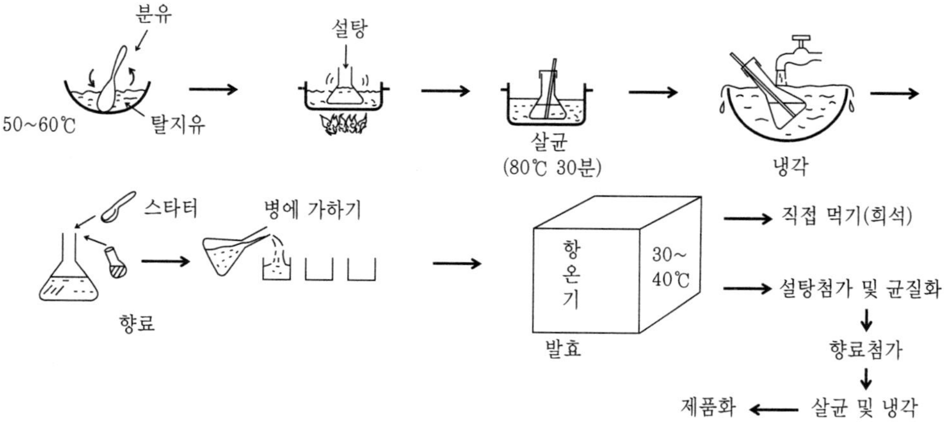

【그림 3-37】 요구르트

바. 합성산유

재료 및 기구

냄비, 법랑그릇, 탈지유 1ℓ, 설탕 1.35kg, 75%짜리 젖산 17㎖, 구연산 2g, 주석산 2g, 오렌지 향료 10㎖

① 설탕 가하기 : 탈지유에 가하여 교반한다.

② 살균 : 80℃에서 30분간 가열용해, 살균한다.

③ 여과 : 천으로 여과하여 10℃ 이하로 냉각한다.

④ 산향료 가하기 : 산과 향료 혼합물을 소량씩 가한다. 한번에 많이 가하면 응고된다.

⑤ 제품 : 그대로 마셔도 되고, 병에 넣어 70℃에서 40분간 살균하여 오래

보조하여도 된다.

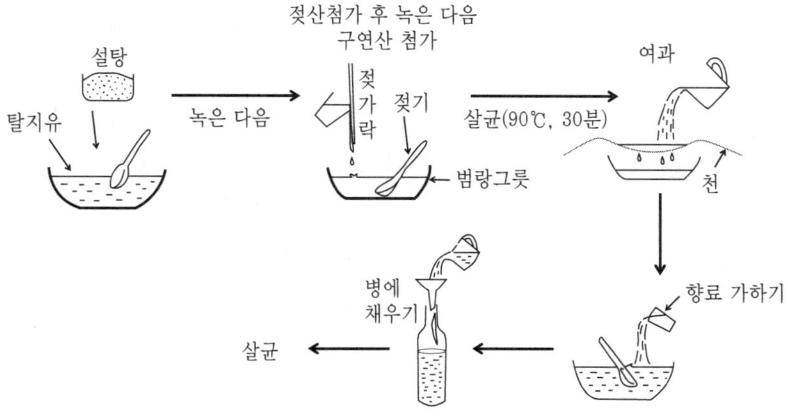

【그림 3-38】 합성산유

23. 햄 · 소시지 · 베이컨

가. 레귤러 햄

뼈가 들어 있는 것으로 long cut ham 또는 short cut ham 등이 있다.

재료 및 기구

돼지고기, 소금, 질산칼륨, 아질산나트륨, 설탕, 향로, 케이싱, 실, 훈연제, 염지통

① 정형 : 고기를 절단하여 부위별로 나누어 정형한다.

② 피 빼기 : 고기를 비탈진 나무판에 얹고 소금 200~400g과 질산칼륨 30~40g의 혼합물을 고기 표면에 바른 다음 가볍게 눌러서 0~4℃로 1~2일간 방치한다. 이것을 커링(curing)이라고 하며 피를 빼고 고기를 연하게 하고 풍미와 빛깔을 좋게 한다.

③ 염지 : 물 100g에 대해 소금 15~22, 질산칼륨 1~1.5(아질산나트륨을 가한 것도 있다), 설탕 2~3, 향료 0.3~0.5의 염지액에 고기를 절이는 침지법, 고기 10kg에 대해 소금 400~600g, 설탕 300~400g, 질산칼륨 30~60g(아질산나트륨으로 약 3g), 향신료 10~15g의 혼합물을 직접 고기에 바르는 건염법이 있다. 염지액을 고기에 주사하여 날짜를 단축하

는 주사법도 있다.

④ 물에 담그기 : 과잉 염분을 제거하고 성분을 균일하게 하기 위해 10~15℃의 물에 2~3시간 담근다.

⑤ 정형 : 물을 빼고 껍질이나 여분의 지방층을 제거하고 정형한다. 고기 덩어리를 원통으로 만다. 전에는 헝겊에 싸서 실로 감아 쌌지만, 최근에는 통기성 케이싱에 채운다.

⑥ 건조 : 훈연 효과를 높이기 위해 60℃에서 1시간 표면을 건조한다.

⑦ 훈연 : 벚나무, 떡갈나무, 참나무 등의 활엽수로 50~80℃에서 5~6시간 훈연한다(열훈법).

⑧ 찌기 : 70~75℃에서 2~3시간 찐다.

⑨ 포장 : 통풍으로 표면을 말리고 냉각하여 포장한다.

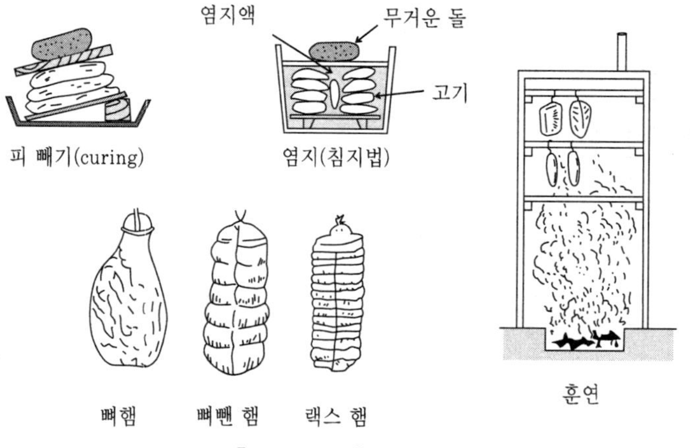

【그림 3-39】 햄

나. 프레스 햄

외관, 조직은 햄에 가깝지만 제법은 소시지와 비슷하다. 원료는 돼지고기 외에 쇠고기, 말고기, 양고기, 토끼고기 등을 쓴다. 우리나라에서 고급 햄보다는 값싼 프레스 햄을 많이 생산한다.

프레스 햄은 햄, 베이커 부위를 떼고 남은 돼지고기나 다른 동물의 적색육을 잘게 썰어 결착력이 좋은 원료육과 함께 조미료, 향신료 등을 섞고 압력을 가하여 제조한 것으로 소시지와 햄의 중간 형태이다.

① 정형 및 염지 : 고기를 사각형(약 3cm)으로 절단하여 염지한다.

② 혼합 : 혼합물(식물단백질, 전분, 조미료, 향신료, 결착육, 중량제)을 넣고 녹즙기나 초퍼로 갈거나 마늘절구로 찧는다.

③ 채우기 : 대형 케이싱에 넣어 햄 모양을 만든다.

④ 건조 : 45~60℃에서 30~60분간 건조한다.

⑤ 훈연 : 50~60℃에서 4~5시간 훈연한다.

⑥ 열처리 : 중심온도가 63℃에서 30분간 유지되도록 열처리한다. 그러므로 70~75℃에서 2~3시간 열처리한다.

⑦ 포장 : 급속히 냉각시켜 포장한다.

다. 소시지

재료 및 기구

재료(4인분) : 붉은색 돼지고기 340g, 돼지비계 60g, 빙수 60g, 소금 8.8g, 백후추 0.4g, 흑후추 0.8g, 고춧가루 0.08g, 카르다몬 0.4g, 육두구 0.8g, 마늘 분말 0.4g, 생양파 16g, 설탕 0.4g, 전분 6.8g, 케이싱(돼지 내장), 훈연제

기구 : 저울, 강판, 온도계, 실, 포, 깔때기, 녹즙기

① 고기 : 비계가 15% 정도인 고기를 사용한다.

② 갈기 : 온도가 올라가지 않도록 재료에 빙수를 가하면서 다지며 마늘절구로 찧는다. 녹즙기를 사용하면 좋지만 온도가 올라가므로, 녹즙기를 미리 큰 냉장고에서 4℃ 정도로 식혔다가 꺼내어 온도가 올라가기 전에 간다.

③ 채우기 : 녹즙기 출구에 떡가래 뽑는 것을 부착하여 케이싱(돼지 내장) 주둥이를 출구에 갖다 대고 채운다. 중간중간 실로 묶는다. 깔때기에 주머니를 연결하고 주머니에 속을 넣고 끈으로 묶은 다음 눌러서 밀어 채워도 된다.

④ 가열 : 훈연제를 가해 70℃에서 20분간 가열한다.

⑤ 냉각 : 흐르는 물에 식히고 표면의 수분을 제거한다. 바로 먹지 않으려면 냉장고에 보존한다.

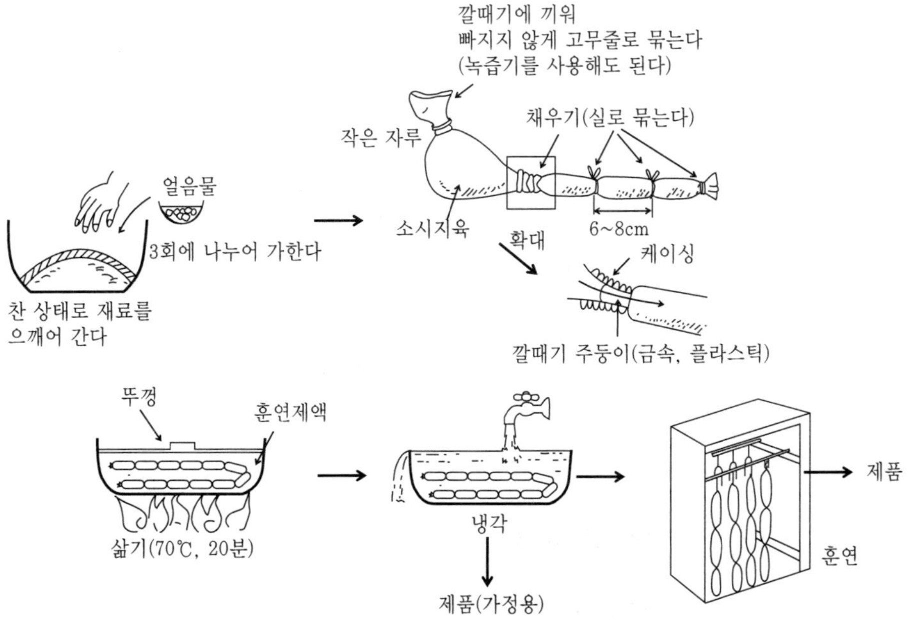

【그림 3-40】 소시지

라. 베이컨

베이컨은 돼지갈비고기로 만든 것으로 지방이 많은 복부육(삼겹살 또는 bacon 부위라 한다)을 염지, 건조 훈연한 것이다. 그러나 다른 부위도 이용한다. 제조 공정과 원리는 햄과 같다.

재료 및 기구

돼지갈비살, 소금, 질산칼륨, 아질산나트륨, 염지통, 훈연제(훈연실)

① 정형 : 돼지의 갈비살에서 늑골을 빼고 모양을 다듬어 햄과 같이 피를 뺀다.

② 염지(curing) : 고기 10kg, 소금 350g, 질산칼륨 20g, 아질산나트륨 1g을 가한다.

③ 건조 : 베이커 핀에 꽂아 30℃에서 2~5시간 건조시킨다.

④ 훈연 : 30~40℃에서 12~24시간 동안 훈연한다.

⑤ 포장 : 습도가 낮은 저온실에서 10℃ 이하로 냉각시킨 다음 5℃로 보관하면서 얇게 썰어 셀로판으로 진공포장한다.

24. 육류 통조림

가. 쇠고기 가미통조림

쇠고기 통조림은 시간이 경과하면 고형량은 증가되고, 액즙량은 저하된다. 당도도 역시 시간이 지나면 감소한다. 색깔은 2~3개울 지나면 연해진다.

재료 및 기구

쇠고기, 간장, 설탕, 고추, 수프, 깡통, 솥, 칼, 오토클레이브, 권체기

① 원료 : 4살짜리 소가 좋다. 고기는 근섬유 방향으로 8cm, 길이 30cm의 덩어리로 절단한다.

② 삶기 : 삶는다. 삶은 국물은 냉각 여과한 다음 농축하여 조미액 제조에 쓴다.

③ 절단 : 근섬유 방향 직각으로 4~5mm로 자른다.

④ 조미 : 수프 10ℓ, 간장 17ℓ, 설탕 10kg, 고추 50g의 조미액에 고기를 넣고 5분간 끓여서 건져낸다.

⑤ 담기 : 통에 담고, 끓여서 70℃로 식힌 조미액(수프 10ℓ, 간장 125ℓ, 설탕 7.5kg, 고추 50g)을 가한다. 301-4호관은 고형량 103g에 조미액 100g을 가하고, 301-3호관을 고형량 85g에 조미액 85g을 가한다.

⑥ 탈기 및 살균 : 75℃에서 25분간 가열하여 중심온도가 70℃가 되면 500mmHg의 진공으로 밀봉한다.

⑦ 냉각 : 20℃ 물 속에서 5~10분간 냉각한다.

나. 콘비프 통조림

재료 및 기구

쇠고기, 소금, 후추가루, 질산칼륨, 아질산칼륨, 인산염, 글루탐산나트륨, 양파 분말, 마늘 분말, 오토클레이브, 권체기

① 절단 : 2℃에서 36시간 냉장한 후 두께 5cm, 길이 10cm로 자른다.

② 염지 : 소금 4%, 질산칼륨 0.1%, 아질산칼륨 0.01%, 인산염 0.4%의 염지액으로 5~8℃에서 3일간 염지한다.

③ 삶기 및 배합 : 2% 소금물을 끓여서 60분간 삶은 후 액즙 5%, 후추 0.3%, 양파 분말 0.01%, 글루탐산나트륨 0.3%, 마늘 분말 0.025를 배합하여 5~8분간 교반한다.

④ 탈기 및 밀봉 : 중심온도 70℃로 하여 탈기하고 진공권체한다.

⑤ 살균: Corned beef 2호관은 112℃에서 80분간, 3호관은 112℃에서 70분간 살균한다.

⑥ 냉각 : 15~20℃의 물로 즉시 냉각한다.

다. 원너 소시지 통조림

재료 및 기구

돼지고기, 소금, 계피, 설탕, 조미료, 양파, 젤라틴, 오토클레이브, 권체기

① 원료액 : 돼지고기로 만들어도 되고, 쇠고기 · 양고기 등으로 만들어도 된다. 어느 것이나 0.05%의 계피가루와 설탕 1%, 화학조미료 0.2%, 양파 3%를 가하여 상기 소시지 제조시와 마찬가지로 만들어 양 내장이나 돼지 내장에 채운다.

② 조미액 : 2% 소금물에 젤라틴 가루 0.2%, 글루탐산나트륨 0.15%를 가하여 끓여서 녹인 후 거른다.

③ 탈기 및 밀봉 : 조미액을 주입하여 93~96℃에서 30분간 가열한 다음 탈기하고 진공권체한다.

④ 살균 및 냉각 : 100℃에서 1시간 살균하여 중심온도 35~40℃까지 냉각한다.

라. 닭고기 통조림

닭고기는 흑변하기 쉬우므로 스테인레스 스틸 기구를 사용한다. 통조림의 상부(top) 간격은 7mm 이하로 하고, 관은 반드시 도장관을 사용한다.

재료 및 기구

닭 혹은 닭고기, 소금, 후추가루, 젤라틴, 칼, 관, 도료관(enamel관), 오토클레이브, 권체기

① 처리 : 5~8개월 된 닭을 거꾸로 매달아 경동맥을 잘라 피를 빼고 70~75℃ 물에 담가 털을 뽑고, 불에 그을린다. 내장을 제거하고 물로 씻고, 날개 · 몸통 · 다리 별로 해체한다.

② 삶기 : 닭고기의 2배의 4% 소금물로 10분간 삶는다.

③ 조미액 : 닭 삶은 국물을 여과하여 10ℓ에 흰후추 10g, 젤라틴 0.5kg, 소금 약간을 가하여 조미액을 만든다.

④ 담기 : 40~50℃로 식힌 고기와 70℃의 조미액을 채운다. 401-4호관에는 고기 600g에 조미액 255g, 301-7호관에는 고기 300g에 조미액 130g을 넣는다.

⑤ 살균 : 401-4호관은 118℃에서 70분, 301-7호관은 118℃에서 90분간 살균하여 20℃로 냉각한다.

25. 소스

가. 돈가스 소스

재료 및 기구

재료 : 편의상 3무리로 나눈다.

기구 : 얼개미, 나무국자, 굴절당도계, 병

【표 3-2】 돈가스 소스재료 배합비

A 재료		B 재료		C 재료	
양파	140g	설탕	900g	고춧가루	5.0g
사과	150g	소금	260g	계피	13.4g
토마토	3kg	간장	100mℓ	육두구	3.4g
토마토퓨레	2kg	식초	700mℓ	후추	6.8g
물	1ℓ	다시마	100g	Thyme	3.4g
		개러멜	20g	Sage	3.4g
		전분	소량	Clove	6.8g
		글루탐산나트륨	0.26g	마늘가루	1.6g

① 야채 및 과일 처리 : 재료 A중 토마토퓨레만 빼고 물로 씻은 후 가늘게 썬다.

② 삶기 : 냄비에 물 1ℓ와 가늘게 썬 A재료를 넣어서 연해질 때까지 1~1.4시간 삶는다.

③ 여과 : 얼개미로 거른다.

④ 가열 : 얼개미로 거른 펄프에 토마토퓨레, B재료의 설탕 · 간장 · 다시마, C재료의 향신료를 가해 20분 정도 가열한다. 가열 도중에 굴절당도계로 37~40도가 되면 가열을 그만 두고 나머지 식초, 고춧가루, 글루탐산나트륨을 넣고 소량의 전분으로 점도를 조정하고 다시 거른다.

⑤ 병에 넣기 : 병에 넣고 수증기로 20분간 살균한다. 제품은 염분 10~11%, 산도 1.7~2%이다.

나. 우스타 소스

사용수는 6ℓ, 제품은 4ℓ이다.

재료 및 기구

재료 : 편의상 다음과 같이 4무리로 나눈다.

기구 : 냄비, 여과포, 가열기구

【표 3-3】 우스타 소스 재료 배합비

A 재료	
토마토 또는 사과	400~800g
양파	350~500g
마늘	45~50g
당근	100~150g
다시마	120g
생강	40~45g
진파(건조귤껍질)	40~45g

B 재료	
소금	280~300g
설탕	260~280g
화학조미료	15g
간장	330~520g
캐러멜	적당량

C 재료	
고추가루	20g
후추	20g
육두구	10g
계피	10g
Clove	10g
Laurel(월계수)	8g
All spices	6g
Thyme	6g
sage	6g

B 재료	
식초	400mℓ
구연산	3g
암모니아 놀가루	10mℓ

◆ 야채와 과일의 처리(A재료) : 토마토, 사과, 양파, 마늘, 생강, 당근을 씻어서 가늘게 자른다. 다시마는 가늘게 썬다.

① 가열 : 냄비에 물을 넣고 꾸들꾸들할 때까지 1.5~2시간 삶는다.

② 여과 : 포로 걸러서 짜내고 짠 액에 물을 부어 처음 시작하였던 양으로 맞춘다.

③ 혼합 : 야채액(A)에 B와 C재료를 가해 약한 불로 30~40분 가열한 다음 여과한다. C재료가 미분말이면 여과하지 않는다.

④ 산미료 첨가 : 액의 온도가 30~40℃ 이하로 식으면 D재료를 가해 섞어 병에 채워 막고 1개월 정도 숙성시킨다.

⑤ 완성 : 숙성시킨 것은 포로 걸러서 병에 채워 제품으로 한다.

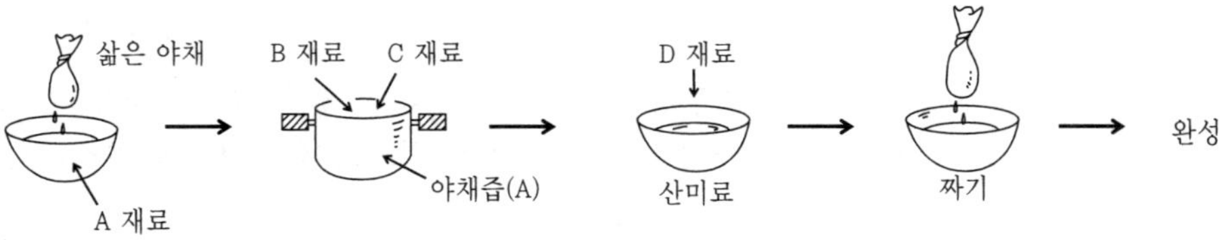

【그림 3-41】 우스타 소스

다. 불고기 양념 조미장

고기를 구워먹을 때 찍어먹는 양념장은 음식점마다 다르며, 각기 비법이 있다. 그러나 한국에서는 제대로 만드는 곳이 드물다. 주로 상추에 싸먹거나 기름소금에 찍어 먹는 정도이다 그러나 일본은 매우 발전되어 있다.

재료 및 기구

믹서, 주걱, 병

【표 3-4】 재료 배합비

재료명	간장맛	고추장맛	생강맛
진간장	400㎖	540㎖	1,200㎖
식초	450㎖	-	-
설탕	400g	270g	400g
소금	70g	-	-
토마토퓨레	70g	90g	-
또는 완숙토마토	210g	270g	-

양파	120g	220g	60g
마늘	10g	45g	35g
생강	40g	-	80g
물	400mℓ	270mℓ	-
고추장	-	430g	-
꿀	-	110g	-
사과	-	110g	-
글루탐산나트륨	40g	40g	40g
참기름	14mℓ	70mℓ	40mℓ
고춧가루	2g	-	2~4g
캐러멜	약간	약간	약간

① 달기 : 재료를 정해진 양 단다.

② 섞기 : 재료가 믹서에 들어갈 정도로 잘라서 믹서로 간다.

③ 가열 : 저으면서 가열하여 끓은 다음 약한 불로 30분 삶는다. 마지막에 고춧가루, 참기름을 첨가하여 캐러멜에 착색한다.

④ 담기 : 병에 채운다.

라. 마요네즈

달걀노른자의 유화작용으로 식용유와 식초를 유화시킨 조미료이다. 생선이나 야채요리에 사용한다.

재료 및 기구

달걀 소금, 식초, 샐러드유, 거품기

【표 3-5】 마요네즈의 배합 예

원료 \ 예	1	2	3	4	5
샐러드유	65.0	73.2	77.0	74.0	74.0
달걀노른자	17.0	12.2	10.0	9.5	11.0
달걀흰자	-	-	-	2.5	-
식초	10.0	10.3	6.4	9.5	10.0
물	3.0	-	4.8	-	-
겨자가루	0.7	1.0	0.3	0.7	1.0
소금	2.0	0.9	0.5	1.8	1.5
설탕	2.3	2.4	1.0	1.9	2.5
기타	-	-	-	0.1	-

① 달걀 : 달걀을 깨서 노른자위만 받아서 흐트러뜨려 놓는다.

② 향신료 섞기 : 노른자에 조미료와 향신료를 넣는다.

③ 식용유 및 식초 가하기 : 노른자의 5배량의 식용유를 넣고 교반하면서 식초도 함께 넣는다.

④ 기타 재료 : 나머지 재료를 모두 가하여 충분히 유화시킨다.

⑤ 제품 : 병에 넣어 저장한다.

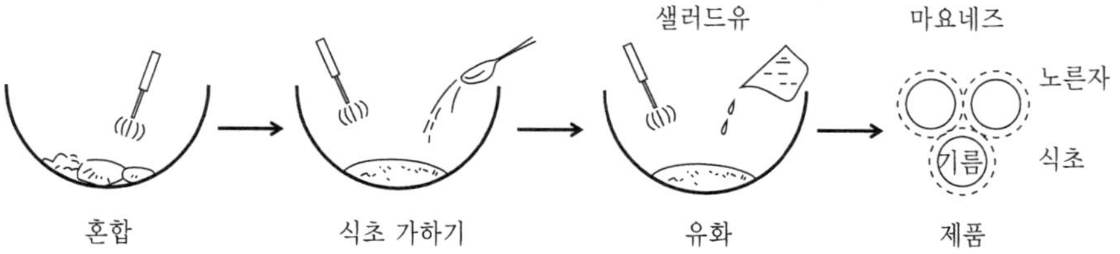

【그림 3-42】 마요네즈

26. 통조림 및 병조림

통조림은 식품을 조미 가공하여 깡통에 넣은 후 밀봉 살균한 것으로 오래 저장할 수 있고, 저장과 운반이 편리하며, 바로 먹을 수 있고, 위생적이고 값이 싸다.

가. 통조림과 병조림의 제법

(1) 원료 처리와 담기

원료가 고르지 않으면 외관이 나쁘고, 살균이 어렵기 때문에 선별한다. 선별 후 수세 · 탈피 · 조리 · 훈연을 거치고, 뜨거운 물과 희석한 염산으로 씻은 깡통에 담는다. 원료를 담은 후 필요에 따라 물 · 소금물 · 시럽 등의 조미액을 가한다.

(2) 탈기, 밀봉

땜깡통은 내용물을 넣은 후 깡통을 탈기 · 밀봉한다. 위생깡통은 가권체한 후 탈기시켜 본권체한다. 가권체기로는 hand clincher, Johnson Clincher, Astoria clincher 등이 있다.

탈기는 가열로 인하 권체부의 파손, 식품과 비타민의 산화, 깡통의 부식, 호기성균 번식 등을 방지하고 타검하기 좋게 한다. 탈기함에서 탈기와 동시에 진공권체기로 권체한다. 권체기는 수동식과 반수동식인 home seamer, hand seamer, 반자동식인 semitro seamer, sanitary seamer, 자동식인 Johnson seamer, Astorie seamer, 진공권체기가 등이 있다. 권체는 2겹으로 하므로, 이중권체라고도 한다.

권체기는 깡통을 올려주는 리프어, 뚜껑을 위에서 눌러 고정시키는 척(chuck), 회전하면서 뚜껑과 관통을 밀착시키는 롤로 구성된다. 제1롤은 관통의 상부와 뚜껑의 주변을 1겹 밀리게 하고, 제2롤은 이것을 일정한 꼴로 권체한다.

병은 타전기로 뚜껑을 막는다. 병 종류에 따라 타전기도 다르다.

공장에서는 자동화되어서 1분간 수십개 내지 수백기의 통조림이나 병조림을 처리할 수 있다.

(3) 살균

가열살균하며, 완전살균과 저온살균이 있다. 조림, 잼, 주스, 맥주, 소스, 가당우유는 저온살균을 이용하며, 60~85℃에서 15~30분간 가열하여 권체한다.

과일과 시럽은 저온살균 만으로 보존할 수 있으나 육류 · 생선 등 단백질 식품은 가압살균하여 100℃ 이상으로 해야 한다. 가압솥(retort autoclave) 살균은 압력이 높을수록 살균 시간이 짧아진다. 가열 온도는 식품에 따라 다르다.

(4) 냉각

가열살균한 통조림은 찬물 통에 넣어 냉각하여 품질과 빛깔의 변화를 방지한다.

나. 통조림 검사

① 외관검사 : 권체가 불완전한 것, 외상이 있는 것, 녹슨 것을 골라낸다.

② 타관검사 : 통조림을 타검봉으로 두드려 맑은 소리가 나는 것이 좋다.

③ 가온검사 : 가온하여 세균 증식과 화학변화를 빠르게 한다. 항온기에 넣어서 30~70℃에서 1~3주간 보온하여 변질을 검사한다.

④ 진공검사 : 진공계를 깡통 뚜껑에 꽂고 진공도를 측정한다. 진공도는 15인치 이상 되어야 한다(절대 진공도는 30인치).

⑤ 개관검사 : 통조림을 따서 냄새, 맛, 외관을 검사한다. 그리고 pH 측정, 부패생성물, 용해물지, 방부제 등을 검출하고, 미생물 배양시험으로 미생물의 종류와 수를 검사한다.

【표 3-6】 통조림 식품의 가열살균 표준

식품	pH	살균온도(℃)	살균시간(분)
귤	3.5	80	10~15
배	4.2	100	17~20
토마토	5.1	100	20~40
감자	6.2	110~115	50~70
옥수수	6.9	115~120	50~75
연어	6.9	110~115	60~80

제4편
식품/건강기능식품 공전

▷ 식품: 제정 보사부 령 제206호 1967.12.23.,, 최근개정. 식약청고시 2007-48호 2007.7.10
▷ 건강기능식품:제정식약청고시 제2004-14호 2004.1.31 ,최근개정.식약청고시08-12호.08.2.27

> [주] : 식품별 기준 및 규격은 각 식품마다 1) 정의 2) 원료의 구비조건 3) 제조 · 가공기준 4) 주원료 성분배합기준 5) 성분규격 6) 보존 및 유통기준 7) 시험방법에 대하여 정하고 있으나 지면관계상 식품은 1) 정의 2) 식품의 유형 5) 성분규격 과 건강기능식품공전에서는 1).제조기준 2) 규격 3) 제품의 요건 이외의 것은 생략함.

1장 식품별 기준 및 규격 내용(2007.11.1)

1. 과자류

1) 정의

과자류라 함은 식물성원료 등을 주원료로 하여 이에 다른 식품 또는 식품첨가물을 가하여 가공한 과자, 캔디류, 추잉껌, 빙과류를 말한다.

2) 원료 등의 구비요건

3) 제조 · 가공기준

(1) 빙과류는 68.5℃에서 30분 이상 또는 이와 동등이상의 효력을 가지는 방법으로 살균하여야 한다.

(2) 컵모양 등 젤리의 크기는 뚜껑과 접촉하는 면의 최소내경이 5.5 cm 이상 이어야 하고 높이와 바닥면의 최소내경은 3.5 cm이상이 되도록 제조하여야 한다.

4) 식품유형

(1) 과자

곡분 등 식물성원료를 주원료로 하여 굽기, 팽화, 유탕 등의 공정을 거친 것이거나 이에 식품 또는 식품첨가물을 가한 것으로 비스킷, 웨이퍼, 쿠키, 크래커, 한과류, 스낵과자 등을 말한다.

(2) 캔디류

식물성원료나 당류, 당알콜, 앙금 등을 주원료로 하여 이에 식품 또는 식품첨가물을 가하여 성형 등 가공한 것으로 사탕, 캐러멜, 양갱, 젤리 등을 말한다.

(3) 추잉껌

천연 또는 합성수지 등을 주원료로 한 껌베이스에 다른 식품 또는 식품첨가물을 가하여 가공한 것을 말한다.

(4) 빙과류

먹는물에 식품 또는 식품첨가물을 혼합하여 냉동한 것으로 유지방함유 아이스크림류에 해당되지 아니하는 것을 말한다.

5) 규격

(1) 성상 : 고유의 향미를 가지고 이미 · 이취가 없어야 한다.
(2) 산가 : 2.0 이하(유탕처리식품에 한한다)
(3) 허용외 타르색소 : 검출되어서는 아니된다(캔디류, 추잉껌에 한한다).
(4) 허용외 인공감미료 : 검출되어서는 아니된다(캔디류에 한한다).
(5) 산화방지제(g/kg) : 다음에서 정하는 것 이외의 산화방지제가 검출되어서는 아니된다(추잉껌에 한한다).

부틸히드록시아니졸 디부틸히드록시톨루엔 터셔리부틸히드로퀴논	0.75 이하(병용할 때에는 부틸히드록시아니졸, 디부틸히드록시톨루엔 및 터셔리부틸히드로퀴논으로서의 사용량의 합계가 0.75 이하)

(6) 세균수 : 검체를 녹인 액체 1 mL 당 3,000 이하(빙과류에 한한다. 다만, 유산균함유 빙과류 제외)
(7) 대장균군 : 1 mL 당 10 이하(빙과류에 한한다)
(8) 유산균수 : 표시량 이상(유산균함유 빙과류에 한한다)
(9) 압착강도(Newton) : 5 이하(컵모양 등 젤리에 한한다)

2. 빵 또는 떡류

1) 정의

빵 또는 떡류라 함은 밀가루, 쌀가루, 찹쌀가루 또는 기타 곡분을 주원료로 하여 이에 다른 식품 또는 식품첨가물을 가하여 제조특성에 따라 가공한 것으로 빵류, 떡류, 만두류를 말한다.

2) 원료 등의 구비요건

부패 · 변질이 용이한 원료는 냉장 또는 냉동 보관하여야 한다.

3) 제조 · 가공기준

주정 처리(주정 1% 이상 사용) 제품은 잔류 주정에 의한 품질변화가 없도록 하여야 한다.

4) 식품유형

(1) 빵류

밀가루 또는 기타 곡분을 주원료로 하여 이에 식품 또는 식품첨가물을 가하여 발효시키거나 발효하지 아니하고 반죽한 것 또는 이를 구운 것, 익힌 것, 튀긴 것으로서 식빵, 케이크, 카스텔라, 도넛, 피자, 파이, 핫도그 등을 말한다.

(2) 떡류

쌀가루, 찹쌀가루 또는 기타 곡분을 주원료로 하여 이에 식염, 당류, 곡류, 두류, 채소류, 과일류 또는 주류 등을 가하여 익힌 것을 말한다.

(3) 만두류

식육, 채소류 등의 혼합물을 만두피 등으로 성형한 것을 말한다.

5) 규격

(1) 성상 : 고유의 향미를 가지고 이미 · 이취가 없어야 한다.
(2) 타르색소 : 검출되어서는 아니된다(식빵, 카스텔라에 한한다).
(3) 인공감미료 : 검출되어서는 아니된다(식빵에 한한다).
(4) 보존료(g/kg) : 다음에서 정하는 것 이외의 보존료가 검출되어서는 아니된다.

프로피온산 프로피온산나트륨 프로피온산칼슘	2.5 이하(프로피온산으로서 기준하며, 빵류에 한한다)
소르빈산 소르빈산칼륨 소르빈산칼슘	1.0 이하(소르빈산으로서 기준하며, 팥 등 앙금류에 한한다)

(5) 황색포도상구균 : 음성이어야 한다(다만, 크림을 도포 또는 충전한 것에 한한다).
(6) 살모넬라 : 음성이어야 한다(다만, 크림을 도포 또는 충전한 것에 한한다).

3. 코코아가공품류

1)정의

코코아가공품류 또는 초콜릿류라 함은 테오브로마 카카오(Theobroma cacao)의 열매로부터 얻은 코코아매스, 코코아버터, 코코아분말 등이거나 이에 식품 또는 식품첨가물을 가하여 가공한 초콜릿, 스위트초콜릿, 밀크초콜릿, 패밀리밀크초콜릿, 화이트초콜릿, 준초콜릿, 초콜릿가공품을 말한다.

2) 원료 등의 구비요건

3) 제조 · 가공기준

알코올성분을 첨가할 수 없다. 다만, 제조공정상 알코올성분으로 제품의 맛, 향의 보조, 냄새제거 등의 목적으로 사용하고자 하는 경우에는 알코올성분 기준으로 할 때 1% 미만으로 사용할 수 있다.

4) 식품유형

(1) 코코아가공품류

① 코코아매스

카카오열매를 볶은 후 껍질을 벗겨서 분쇄시킨 것을 말한다.

② 코코아버터

카카오열매의 껍질을 벗긴 후 압착 또는 용매추출하여 얻은 지방을 말한다.

③ 코코아분말

카카오열매를 볶은 후 껍질을 벗겨서 지방을 제거한 덩어리를 분말화한 것을 말한다.

④ 기타 코코아가공품

카카오열매에서 얻은 원료를 식품 또는 식품첨가물 등의 혼합 및 기타 방법으로 가공한 것으로 코코아버터, 코코아매스, 코코아분말 이외의 것을 말한다.

(2) 초콜릿류

① 초콜릿

코코아원료에 식품 또는 식품첨가물 등을 가하여 가공한 것으로서 코코아고형분 함량 35% 이상(코코아버터 18% 이상, 무지방 코코아고형분 14% 이상)인 것을 말한다.

② 스위트초콜릿

코코아원료에 식품 또는 식품첨가물 등을 가하여 가공한 것으로서 코코아고형분 함량 30% 이상(코코아버터 18%이상, 무지방 코코아고형분 12% 이상)인 것을 말한다.

③ 밀크초콜릿

코코아원료에 식품 또는 식품첨가물 등을 가하여 가공한 것으로 코코아고형분을 25% 이상(무지방 코코아고형분 2.5% 이상) 함유하고 유고형분이 12% 이상(유지방 2.5% 이상)인 것을 말한다.

④ 패밀리밀크초콜릿

코코아원료에 식품 또는 식품첨가물 등을 가하여 가공한 것으로서, 코코아고형분을 20% 이상(무지방 코코아고형분 2.5% 이상) 함유하고, 유고형분이 20% 이상(유지방 5% 이상)인 것을 말한다.

⑤ 화이트초콜릿

코코아원료에 식품 또는 식품첨가물 등을 가하여 가공한 것으로서, 코코아버터를 20% 이상 함유하고, 유고형분이 14% 이상(유지방 2.5% 이상)인 것을 말한다.

⑥ 준초콜릿

코코아고형분에 식품 또는 식품첨가물 등을 가하여 가공한 것으로서 코코아고형분 함량 7% 이상인 것을 말한다.

⑦ 초콜릿가공품

견과류, 캔디류, 비스킷류 등 식용가능한 식품에 ①~⑥의 초콜릿류를 혼합, 코팅, 충전 등의 방법으로 가공한 것을 말한다.

5) 규격

(1) 성상 : 고유의 향미를 가지고 이미 · 이취가 없어야 한다.
(2) 납(mg/kg) : 2.0 이하(코코아분말에 한한다)
(3) 요오드가 : 33~42(코코아버터에 한한다)
(4) 허용외 타르색소 : 검출되어서는 아니된다(코코아버터, 코코아매스, 코코아분말은 제외한다).

4. 잼류

1) 정의

잼류라 함은 과일류 또는 채소류를 당류 등과 함께 젤리화 또는 시럽화한 것으로 잼, 마멀레이드 등을 말한다.

2) 원료 등의 구비요건

3) 제조 · 가공기준

살균 후 제품의 품질이 유지되고 호열성세균의 증식이 억제될 수 있도록 냉각하여야 한다.

4) 식품유형

(1) 잼

과일류 또는 채소류(생물로 기준하여 40% 이상 다만, 딸기이외의 베리류 30% 이상)를 당류 등과 함께 젤리화한 것을 말한다.

(2) 마멀레이드

감귤류(감귤류 30% 이상)의 과일을 원료로 한 것으로 감귤류의 과피가 함유된 것을 말한다.

(3) 기타 잼류

과일류 또는 채소류를 그대로 또는 당류 등과 함께 가공한 것으로서 시럽(생물로 기준할 때 30% 이상), 젤리(생물로 기준할 때 20% 이상), 과일파이필링 등을 말한다.

5) 규격

(1) 타르색소 : 검출되어서는 아니된다(기타 잼류는 제외).

(2) 보존료(g/kg) : 다음에 정하는 것 이외의 보존료가 검출되어서는 아니된다.

소르빈산 소르빈산칼륨 소르빈산칼슘	1.0 이하(소르빈산으로서)
안식향산 안식향산나트륨 안식향산칼륨 안식향산칼슘	1.0 이하(안식향산으로서)
파라옥시안식향산메틸 파라옥시안식향산에틸 파라옥시안식향산프로필	1.0 이하(파라옥시안식향산으로서)
프로피온산 프로피온산나트륨 프로피온산칼슘	1.0 이하(프로피온산으로서)
상기의 보존료를 병용 사용시	1.0 이하(소르빈산, 안식향산, 파라옥시안식향산 및 프로피온산의 합으로서)

5. 설탕

1) 정의

설탕이라 함은 사탕수수 또는 사탕무 등에서 추출한 당액 또는 원당을 정제한 백설탕, 갈색설탕 등을 말한다.

2) 원료 등의 구비요건

3) 제조 · 가공기준

설탕 제조시에는 용해, 여과, 결정공정을 거쳐야 한다.

4) 식품유형

(1) 백설탕

당액 또는 원당을 정제 가공한 백색의 설탕을 말한다.

(2) 갈색설탕

당액 또는 원당을 정제 가공한 갈색의 설탕을 말한다.

(3) 기타설탕

당액 또는 원당을 정제가공한 것에 식품 또는 식품첨가물을 혼합한 것을 말한다.

5) 규격

항목 \ 구분	백설탕	갈색설탕	기타설탕
(1) 성상	무색 또는 백색의 단맛을 가진 결정, 결정성 분말 또는 덩어리 형태이어야 한다.	갈색의 단맛을 가진 결정, 결정성 분말 또는 덩어리 형태이어야 한다.	-
(2) 당도(%)	99.7 이상	97.0 이상	86.0 이상
(3) 인공감미료	검출되어서는 아니된다.	검출되어서는 아니된다.	검출되어서는 아니된다.
(4) 납(mg/kg)	0.5 이하	1.0 이하	1.0 이하
(5) 이산화황(mg/kg)	20.0 미만	20.0 미만	20.0 미만

6. 포도당

1) 정의

포도당이라 함은 전분을 주원료로 하여 당화시켜 얻은 단당류를 가공한 것으로 액상포도당, 분말·결정포도당을 말한다.

2) 원료 등의 구비요건

3) 제조·가공기준

4) 식품유형

(1) 액상포도당

전분을 당화, 여과, 농축, 정제하여 얻은 포도당액을 가공한 액상의 것을 말한다.

(2) 분말·결정포도당

농축한 포도당액을 결정화 또는 건조 등의 공정을 거친 것을 말한다.

5) 규격

항목 \ 유형	액상포도당	분말·결정포도당
(1) 포도당당량(D.E)	80.0 이상	-
(2) 인공감미료	검출되어서는 아니된다.	검출되어서는 아니된다.
(3) 덱스트린분(%)	-	4.0 이하
(4) 납(mg/kg)	0.5 이하	0.5 이하

7. 과당

1) 정의

과당이라 함은 전분을 주원료로 하여 당화시켜 얻은 포도당액을 이성화한 것이거나, 설탕을 가수분해하여 얻은 당액을 가공한 것으로 액상과당, 결정과당 등을 말한다.

2) 원료 등의 구비요건

3) 제조 · 가공기준

4) 식품유형

(1) 액상과당

전분을 당화, 여과, 정제, 농축하여 얻은 포도당액이나 포도당을 이성화한 것 또는 설탕을 가수분해하여 얻은 것을 농축한 액상의 것을 말한다.

(2) 결정과당

농축한 액상과당을 결정화하여 건조시킨 결정 또는 분말상의 것을 말한다.

(3) 기타과당

식품유형 (1)~(2)에 식품 또는 식품첨가물을 혼합한 것을 말한다.

5)규격

항목 \ 유형	액상과당	결정과당	기타과장
(1) 과당(%)	35.0 이상(무수물기준)	-	35.0 이상(무수물기준)
(2) 인공감미료	검출되어서는 아니된다.	검출되어서는 아니된다.	검출되어서는 아니된다.
(3) 비선광도$[\alpha]D^{20}$	-	-89.0 ~ -93.5	-
(4) 납(mg/kg)	0.5 이하	0.5 이하	1.0 이하

8. 엿류

1) 정의

엿류라 함은 전분 또는 전분질 원료를 주원료로 하여 효소 또는 산으로 가수분해시킨 후 그 당액을 가공한 물엿, 덱스트린 등을 말한다.

2) 원료 등의 구비요건

3) 제조 · 가공기준

4) 식품유형

(1) 물엿

전분 또는 전분질원료를 산 또는 전분분해효소로 가수분해시켜 여과, 농축한 점조상의 것을 말한다.

(2) 기타엿

물엿을 가공하거나 이에 식품 또는 식품첨가물을 가한 것을 말한다.

(3) 덱스트린

전분 또는 곡분을 산이나 효소로 가수분해시켜 얻은 생성물을 가공한 것을 말한다.

5) 규격

항목 \ 구분	물엿	기타엿	덱스트린
(1) 포도당당량(D.E)	20.0 이상	10.0 이상	20.0 미만
(2) 인공감미료	검출되어서는 아니된다.	검출되어서는 아니된다.	검출되어서는 아니된다.
(3) 납(mg/kg)	1.0 이하	1.0 이하	1.0 이하

9. 당시럽류

1) 정의

당시럽류라 함은 사탕수수, 사탕무 또는 단풍나무 등에서 당즙을 채취한 후 정제, 농축 등의 방법으로 가공한 액상의 것을 말한다.

2) 원료 등의 구비요건

3) 제조 · 가공기준

4) 식품유형

5) 규격

(1)총당(%) : 60.0 이상(전화당으로서)

(2)납 (mg/kg) : 1.0 이하

(3)인공감미료 : 검출되어서는 아니된다.

10. 올리고당류

1) 정의

올리고당류라 함은 당질원료에서 얻은 당액을 가공한 것으로 프락토올리고당, 이소말토올리고당, 갈락토올리고당, 말토올리고당, 자일로올리고당, 겐티오올리고당 등을 말한다.

2) 원료 등의 구비요건

3) 제조 · 가공기준

4) 식품유형

(1) 프락토올리고당

당질원료를 이용하여 1개 이상의 과당분자가 결합되도록 효소를 작용시켜 얻은 당액이나 당질원료를 효소를 이용하여 얻은 당액을 여과, 정제, 농축한 액상 또는 분말상의 것을 말한다.

(2) 이소말토올리고당

당질원료를 포도당분자가 분지결합의 기본구조를 갖도록 효소를 작용시켜 얻은 당액을 여과, 정제, 농축한 액상 또는 분말상의 것을 말한다.

(3) 갈락토올리고당

당질원료를 이용하여 효소를 작용시켜 얻은 전이갈락토올리고당액 또는 사탕무, 대두 등에서 추출한 라피노스, 스타치오스의 당액을 여과, 정제, 농축한 액상 또는 분말상의 것을 말한다.

(4)말토올리고당

당질원료를 이용하여 3~10개의 포도당분자가 직쇄 결합되도록 효소를 작용시켜 얻은 당액을 가공한 액상 또는 분말상의 것을 말한다.

(5) 자일로올리고당

자일란 또는 자일란원료에 효소를 작용시켜 얻은 당액을 여과, 정제, 농축한 액상 또는 분말상의 것을 말한다.

(6) 겐티오올리고당

당질원료에 포도당 분자가 베타 결합되도록 효소처리하여 얻어진 당액을 여과, 정제, 농축한 것을 말한다.

(7) 기타올리고당

식품유형 (1)~(6)의 올리고당에 식품 또는 식품첨가물을 혼합한 것을 말한다.

5) 규격

(1) 올리고당 함량(%)

① 프락토올리고당, 이소말토올리고당, 갈락토올리고당, 자일로올리고당, 겐티오올리고당은 각각 해당 올리고당 10 이상

② 말토올리고당 : 40 이상

③ 기타올리고당 : 개별올리고당 함량 이상이어야 한다.

(2) 납(mg/kg) : 1.0 이하

11. 식육 또는 알가공품

1) 정의

식육 또는 알가공품이라 함은 식육 또는 알이나 이를 주원료로 하여 제조·가공한 것을 말한다(다만, 축산물의 가공기준 및 성분규격에 해당되지 않는 것을 말한다).

2) 원료 등의 구비요건

가축 외 동물의 경우는 축산물가공처리법에서 정하고 있는 도살 및 해체방법과 검사기준에 적합한 것이어야 한다.

3) 제조·가공기준

4) 식품유형

(1) 식육 또는 알제품

식용을 목적으로 생산한 동물의 알, 지육, 정육, 내장 및 기타 부분을 말한다.

(2) 식육가공품

식육을 주원료로 하여 식품 및 식품첨가물을 가하여 제조·가공한 것을 말한다.

(3) 알가공품

알을 주원료로 하여 식품 및 식품첨가물을 가하여 제조·가공한 것을 말한다.

5) 규격

(1) 아질산이온(g/kg) : 0.07 이하(식육가공품에 한한다)

(2) 휘발성염기질소(mg%) : 20 이하(식육제품에 한한다)

(3) 타르색소 : 검출되어서는 아니된다(식육가공품에 한한다).

(4) 대장균군 : 1 g당 10 이하(살균제품에 한하며, 식육가공품은 음성이어야 한다)

(5) 세균수 : 음성(멸균제품에 한한다. 다만, 살균제품은 1 g당 10,000 이하)

(6) 살모넬라균 : 음성이어야 한다(살균제품에 한한다)

(7) 대장균 O157:H7 : 음성이어야 한다(원료용 분쇄육에 한한다).

(8) 보존료(g/kg) : 다음에서 정하는 것 이외의 보존료가 검출되어서는 아니된다.

소르빈산 소르빈산칼륨 소르빈산칼슘	2.0 이하(식육 및 식육가공품에 한한다)

12. 어육가공품

1) 정의

어육가공품이라 함은 어육을 주원료로 하여 식품 또는 식품첨가물을 가하여 제조 · 가공한 것으로 어묵, 어육소시지, 어육반제품, 어육살, 연육 등을 말한다.

2) 원료 등의 구비요건

(1) 원료는 선도가 양호한 것이어야 한다.

(2) 어류는 5℃이하에서 냉동연육은 −18℃이하에서 위생적으로 보관 · 관리되어야 한다.

(3) 어패류는 비가식부분을 제거하여 위생적으로 처리하여야 한다.

3) 제조 · 가공기준

(1) 원료어육(냉동연육은 제외)은 음용에 적합한 흐르는 물로 충분히 세척하여 혈액, 지방, 수용성단백질 등을 제거하여야 한다.

(2) 유통 · 판매하는 제품은 밀봉 · 포장하여야 한다.

4) 식품유형

(1) 어묵

어묵은 어육 중 염(鹽)에 녹는 단백질을 용출시킨 고기풀에 식품 등을 가하여 제조 · 가공한 것을 말한다.

(2) 어육소시지

어육이나 어육 및 식육을 염지하여 훈연한 것 또는 어육이나 어육 및 식육 등을 케이싱에 충전하여 열처리한 것을 말한다(다만, 어육의 함량이 식육의 함량보다 많아야 한다).

(3) 어육반제품

어육의 염(鹽)에 녹는 단백질을 용출시킨 고기풀에 식품 또는 식품첨가물을 가한 것으로서 열처리하지 아니한 것을 말한다.

(4) 어육살

생선을 채육, 가공한 어육살로서 부형제와 보존료(소르빈산 및 소르빈산칼륨 제외) 등 식품첨가물을 일절 첨가하지 아니한 것을 말한다.

(5) 연육

생선을 채육 · 가공한 어육살에 염 · 당류 · 인산염 등을 가한 것을 말한다.

(6) 기타 어육가공품

식품유형 (1)~(5)에 정하여지지 아니한 어육가공품을 말한다.

5) 규격

(1) 아질산이온(g/kg) : 0.05 이하(어육소시지에 한한다)

(2) 타르색소 : 검출되어서는 아니된다(어육소시지는 제외한다).

(3) 대장균군 : 음성(비가열제품제외)

(4) 세균수 : 음성이어야 한다(멸균제품에 한한다).

(5) 보존료(g/kg) : 다음에서 정하는 것 이외의 보존료가 검출되어서는 아니된다.

소르빈산 소르빈산칼륨 소르빈산칼슘	2.0 이하(소르빈산으로서)

13. 두부류 또는 묵류

1) 정의

두부류라 함은 두류를 주원료로 하여 얻은 두유액을 응고시켜 제조 · 가공한 것으로 두부, 전두부, 유바, 가공두부를 말하며, 묵류라 함은 전분질이나 다당류를 주원료로 하여 제조한 것을 말한다.

2) 원료 등의 구비요건

(1) 원료는 전처리 과정을 거쳐서 흙, 모래, 짚 등과 같은 이물을 충분히 제거한 것이어야 한다.

(2) 대두분은 진공포장, 진공후 질소충전 또는 냉장유통 · 보관되고 있는 것이어야 한다.

3) 제조 · 가공기준

(1) 최종제품은 포장을 권장한다.

(2) 포장하지 아니한 두부에는 타사 제품과 구분될 수 있도록 제조업소의 상호나 상표를 성형 · 표시하여야 한다.

(3) 유바 제조에 사용되는 두유는 반드시 가열처리하거나 이와 동등 이상의 효력을 갖는 방법으로 처리한 것을 사용하여야 한다.

(4) 두부류 제조시에는 환경정책기본법시행령 별표1중 3. 라, (1) 및 (2)에서 정하고 있는 등급 I의 수질기준에 적합한 해수(지하염수 포함)에 한하여 사용할 수 있다.

4) 식품유형

(1) 두부

대두(대두분 포함, 100%, 단 식염제외)를 원료로 하여 얻은 대두액에 응고제를 가하여 응고시킨 것을 말한다.

(2) 전두부

대두(대두분 포함, 100%, 단 식염제외)를 미세화하여 얻은 전두유액에 응고제를 가하여 그대로 응고시킨 것을 말한다.

(3) 유바

대두액을 일정한 온도로 가열시 형성되는 피막을 채취하거나 이를 가공한 것을 말한다.

(4) 가공두부

두부 또는 전두부 제조시 다른 식품을 첨가하거나 두부 또는 전두부에 다른 식품이나 식품첨가물을 가하여 가공한 것을 말한다(다만, 두부 또는 전두부 50% 이상이어야 한다).

(5) 묵류
전분질원료, 해조류 또는 곤약을 주원료로 하여 가공한 것을 말한다.

5) 규격

(1) 중금속(mg/kg) : 3.0 이하

(2) 대장균군 :
① 두부 · 전두부 : 1g당 10 이하(충전, 밀봉한 제품에 한한다)
② 묵류 : 음성(충전, 밀봉한 제품에 한한다),

(3) 타르색소 : 검출되어서는 아니된다(묵류에 한한다)

14. 식용유지류

1) 정의
식용유지류라 함은 유지를 함유한 식물(파쇄분 포함) 또는 동물로부터 얻은 원유나 이를 원료로 하여 제조 · 가공한 것으로 콩기름, 옥수수기름, 채종유, 미강유, 참기름, 들기름, 홍화유, 해바라기유, 목화씨기름, 땅콩기름, 올리브유, 팜유류, 야자유, 혼합식용유, 가공유지, 쇼트닝, 마가린, 고추씨기름, 향미유 등을 말한다.

2) 원료 등의 구비요건

3) 제조 · 가공기준

(1) 추출 등의 방법으로 채유한 원유는 탈검, 탈산, 탈색, 탈취의 정제공정을 거치거나 이와 동등이상의 복합정제공정을 거쳐야 한다.

(2) 압착 또는 이산화탄소(초임계추출)로 얻어진 원유는 침전물을 제거하기 위하여 자연정치, 여과 등의 공정을 거쳐야 한다.

(3) 미강유의 정제공정 중에 산가를 조절하기 위하여 글리세린을 사용하여서는 아니된다.

(4) 압착 또는 이산화탄소(초임계추출)로 얻어진 참기름과 들기름에는 다른 식용유지를 일절 혼합하여서는 아니된다.

(5) 제조공정 중 사용된 추출용제, 이산화탄소 및 수산화나트륨 등은 식품첨가물공전의 사용기준에 적합하게 처리하여야 한다.

4) 식품유형

(1) 콩기름(대두유)
콩으로부터 채취한 원유를 식용에 적합하도록 처리한 것을 말한다.

(2) 옥수수기름(옥배유)
옥수수의 배아로부터 채취한 원유를 식용에 적합하도록 처리한 것을 말한다.

(3) 채종유(유채유 또는 카놀라유)
유채로부터 채취한 원유를 식용에 적합하도록 처리한 것을 말한다.

(4) 미강유(현미유)

미강으로부터 채취한 원유를 식용에 적합하도록 처리한 것을 말한다.

(5) 참기름

참깨를 압착하여 얻은 압착참기름 또는 이산화탄소(초임계추출)로 추출한 초임계추출 참기름과 참깨로부터 추출한 원유를 정제한 추출참깨유를 말한다.

(6) 들기름

들깨를 압착하여 얻은 압착들기름 또는 이산화탄소(초임계추출)로 추출한 초임계추출 들기름과 들깨로부터 추출한 원유를 정제한 추출들깨유를 말한다.

(7) 홍화유(사플라워유 또는 잇꽃유)

홍화씨로부터 채취한 원유를 식용에 적합하도록 처리한 것으로 홍화유, 고올레산홍화유를 말한다.

(8) 해바라기유

해바라기의 씨로부터 채취한 원유를 식용에 적합하도록 처리한 것으로 해바라기유, 고올레산 해바라기유를 말한다.

(9) 목화씨기름(면실유)

목화씨로부터 채취한 원유를 식용에 적합하도록 처리한 것으로 목화씨기름, 목화씨샐러드유, 목화씨스테아린유를 말한다.

(10) 땅콩기름(낙화생유)

땅콩으로부터 채취한 원유를 식용에 적합하도록 처리한 것으로 땅콩기름, 정제땅콩기름을 말한다.

(11) 올리브유

올리브과육을 물리적 또는 기계적인 방법에 의하여 압착 · 여과한 압착올리브유, 올리브원유를 정제한 정제올리브유, 압착올리브유와 정제올리브유를 혼합한 혼합올리브유를 말한다.

(12) 팜유류

팜의 과육으로부터 채취한 팜유, 팜유를 분별한 팜올레인유 또는 팜스테아린유, 팜의 핵으로부터 채취한 팜핵유를 말한다.

(13) 야자유

야자과육으로부터 채취한 원유를 식용에 적합하도록 처리한 것을 말한다.

(14) 혼합식용유

이 공전에서 제품유형이 정하여진 2종이상의 식용유지(다만, 압착한 참기름, 압착한 들기름 제외)를 단순히 혼합한 것을 말한다.

(15) 가공유지

식용유지류에 수소첨가, 분별 또는 에스테르 교환의 방법에 의하여 유지의 물리, 화학적 성질을 변화시킨 것으로 식용에 적합하도록 정제한 것을 말한다.

(16) 쇼트닝

식용유지를 그대로 또는 이에 식품첨가물을 가하여 가소성, 유화성 등의 가공성을 부여한 고체상 또는 유동상의 것을 말한다.

(17) 마가린류

식용유지(유지방 포함)에 물, 식품, 식품첨가물 등을 혼합하고 유화시켜 만든 고체상 또는 유동상인 마가린과 저지방마가린(지방 스프레드)을 말한다(다만, 유지방 원료로 할 때는 제품의 지방함량에 대한 중량비율로서 50%미만일 것).

(18) 고추씨기름

고추씨로부터 채취한 원유를 식용에 적합하도록 처리한 것으로 압착고추씨기름과 고추씨기름을 말한다.

(19) 향미유

식용유지(다만, 압착참기름, 초임계추출참기름, 압착들기름, 초임계추출들기름은 제외)에 향신료, 향료, 천연추출물, 조미료 등을 혼합한 것(식용유지 50% 이상)으로서, 조리 또는 가공 시 식품에 풍미를 부여하기 위하여 사용하는 것을 말한다.

(20) 기타 식용유지

기타 식용유지라 함은 단일 유지성 원료로부터 채취한 원유를 식용에 적합하도록 처리한 것 또는 압착방법으로 착유하고 남은 박으로부터 채취한 원유를 식용에 적합 하도록 정제처리한 것을 말한다. 다만, 다른 기준 및 규격이 정하여져 있는 것은 제외한다.

5) 규격

항목 \ 유형	콩기름	옥수수기름	채종유	미강유
(1) 산가	0.6 이하	0.6 이하	0.6 이하	0.6 이하
(2) 요오드가	123~142	103~130	95~127	92~115

항목 \ 유형	참기름	추출참깨유	들기름	추출들깨유
(1) 산가	4.0 이하	0.6 이하	5.0 이하	0.6 이하
(2) 요오드가	103~118	103~118	192~209	192~209
(3) 산화방지제 (g/kg)	다음에서 정하는 것 이외의 산화방지제가 검출되어서는 아니된다.			
	-	-	부틸히드록시아니졸 디부틸히드록시톨루엔 터셔리부틸히드로퀴논	0.2 이하(병용할 때에는 부틸히드록시아니졸, 디부틸히드록시톨루엔 및 터셔리부틸히드로퀴논으로서의 사용량의 합계가 0.2 이하)
	-	-	몰식자산 프로필	0.1 이하
(4) 리놀렌산(%)*	0.5 이하	-	-	-
(5) 에루스산 (%)	검출되어서는 아니된다.	-	-	-

* 팔미트산(C16:0), 스테아르산(C18:0), 올레산(C18:1), 리놀레산(C18:2), 리놀렌산(C18:3), 아라키딘산(C20:0) 중 리놀렌산 함량

유형 / 항목	홍화유	고올레산 홍화유	해바라기유	고올레산 해바라기유
(1) 산가	0.6 이하	0.6 이하	0.6 이하	0.6 이하
(2) 요오드가	140~150	80~100	120~142	75~88

유형 / 항목	목화씨기름	목화씨샐러드유	목화씨스테아린유
(1) 산가	0.6 이하	0.6 이하	0.6 이하
(2) 요오드가	102~120	105~123	83~105
(3) 냉각시험	-	5시간 30분 맑고 투명하여야 한다.	-

유형 / 항목	땅콩기름	정제땅콩기름
(1) 산가	2.0 이하	0.6 이하
(2) 요오드가	84~103	84~103
(3) 냉각시험	다음에서 정하는 것 이외의 산화방지제는 검출되어서는 아니된다. 부틸히드록시아니졸 / 디부틸히드록시톨루엔 / 터셔리부틸히드로퀴논: 0.2 이하(병용할 때에는 부틸히드록시아니졸, 디부틸히드록시톨루엔 및 터셔리부틸히드로퀴논으로서의 사용량의 합계가 0.2 이하) 몰식자산 프로필: 0.1 이하	

유형 / 항목	압착올리브유	정제올리브	혼합올리브유
(1) 산가	2.0 이하	0.6 이하	2.0 이하
(2) 요오드가	75~94	75~94	75~94

유형 / 항목	팜유	팜올레인유	팜스테아린유	팜핵유
(1) 산가	0.6 이하	0.6 이하	0.6 이하	0.6 이하
(2) 과산화물가	-	5.0 이하	3.0 이하	-
(3) 요오드가	44~60	-	-	14~22

유형 / 항목	야자유	혼합식용유	가공유지
(1) 산가	0.6 이하	0.6 이하	0.6 이하
(2) 과산화물가	-	-	0.3 이하
(3) 요오드가	7~11	-	-
(4) 산화방지제 (g/kg)	-	다음에서 정하는 것 이외의 산화방지제가 검출되어서는 아니된다. 부틸히드록시아졸 / 디부틸히드록시톨루엔 / 터셔리부틸히드로퀴논: 0.2 이하(병용할 때는 부틸히드록시아니졸, 디부틸히드록시톨루엔 및 터셔리히드로퀴논으로서의 사용량의 합계가 0.2 이하) 몰식자산 프로필: 0.1 이하	

항목 \ 유형	팜유	팜올레인유	팜스테아린유	팜핵유
(1) 산가	0.6 이하	0.6 이하	0.6 이하	0.6 이하
(2) 과산화물가	-	5.0 이하	3.0 이하	-
(3) 요오드가	44~60	-	-	14~22

<table>
<tr><th>항목 \ 유형</th><th>쇼트닝</th><th>마가린</th><th>저지방마가린(지방스프레드)</th></tr>
<tr><td>(1) 조지방(%)</td><td>-</td><td>80.0 이상</td><td>10.0이상~80.0미만</td></tr>
<tr><td>(2) 산가</td><td>0.8 이하(다만, 일반 시중에 유통 판매할 목적이 아닌 업소용으로서 레시틴, 글리세린지방산에스테르 등 유화제를 사용한 경우는 제외한다)</td><td>1.0 이하(다만, 유지방 또는 레시틴, 글리세린지방산에스테르 등을 사용한 경우는 제외한다)</td><td>1.0 이하(다만, 유지방 또는 레시틴, 글리세린지방산에스테르 등을 사용한 경우는 제외한다)</td></tr>
<tr><td>(3) 타르색소</td><td>-</td><td>검출되어서는 아니된다.</td><td>검출되어서는 아니된다.</td></tr>
<tr><td rowspan="4">(4) 산화방지제 (g/kg)</td><td colspan="3">다음에서 정하는 것 이외의 산화방지제가 검출되어서는 아니된다.</td></tr>
<tr><td>부틸히드록시아니졸
디부틸히드록시톨루엔
터셔리부틸히드로퀴논</td><td colspan="2">0.2 이하(병용할 때에는 부틸히드록시아니졸, 디부틸히드록시톨루엔 및 터셔리부틸히드로퀴논으로서 사용량의 합계가 0.2 이하)</td></tr>
<tr><td>몰식자산 프로필</td><td colspan="2">0.1 이하</td></tr>
<tr><td>-</td><td colspan="2">E.D.T.A 칼슘이나트륨 0.075 이하
(E.D.T.A이나트륨으로서)</td></tr>
<tr><td rowspan="5">(5) 보존료 (g/kg)</td><td rowspan="5">-</td><td colspan="2">다음에서 정하는 것 이외의 보존료가 검출되어서는 아니된다.</td></tr>
<tr><td>데히드로초산
데히드로초산나트륨</td><td>0.5 이하(데히드로초산으로서)</td></tr>
<tr><td>안식향산, 안식향산나트륨, 안식향산칼륨, 안식향산칼슘</td><td>1.0 이하(안식향산으로서)</td></tr>
<tr><td>소르빈산
소르빈산칼륨
소르빈산칼슘</td><td>1.0 이하[소르빈산으로서, 단 저지방마가린(지방스프레드)은 2.0 이하]</td></tr>
<tr><td>상기(안식향산류 및 소르빈산류)의 보존료를 병용사용시</td><td>1.0 이하[안식향산 및 소르빈산의 합으로서, 단 저지방마가린(지방스프레드)은 안식향산 및 소르빈산의 합으로서 2.0 이하이며 그중 안식향산은 1.0 이하]</td></tr>
</table>

항목 \ 유형	압착고추씨기름	고추씨기름	향미유
(1) 산가	3.0 이하	0.6 이하	3.0
(2) 요오드가	120~139	120~139	-
(3) 타르색소	-	-	검출되어서는 아니된다.

<table>
<tr><th>유형
항목</th><th colspan="2">기타 식용유지</th></tr>
<tr><td>(1) 산가</td><td colspan="2">0.6 이하 (압착유는 4.0 이하)</td></tr>
<tr><td rowspan="3">(2) 산화방지제 (g/kg)</td><td colspan="2">다음에서 정하는 것 이외의 산화방지제가 검출되어서는 아니된다.</td></tr>
<tr><td>부틸히드록시아니졸
디부틸히드록시톨루엔
터셔리부틸히드로퀴논</td><td>0.2 이하(병용할 때에는 부틸히드록시아니졸, 디부틸히드록시톨루엔 및 터셔리부틸히드로퀴논으로서의 사용량의 합계가 0.2 이하)</td></tr>
<tr><td>몰식자산 프로필</td><td>0.1이하</td></tr>
</table>

15. 면류

1) 정의

면류라 함은 곡분 또는 전분류를 주원료로 하여 성형하거나 이를 열처리, 건조 등을 한 것으로 국수, 냉면, 당면, 유탕면류, 파스타류를 말한다.

2) 원료 등의 구비요건

3) 제조 · 가공기준

주정처리(주정 1% 이상 사용) 제품은 잔류주정에 의한 품질변화가 없도록 처리해야 한다.

4) 식품유형

(1) 국수

밀가루 등의 곡분을 주원료로 하여 제조한 것을 말하며, 수제비나 만두피를 포함한다.

(2) 냉면

메밀가루, 곡분 또는 전분을 주원료로 하여 압출성형한 것을 말한다.

(3) 당면

전분(80%이상)을 주원료로 하여 제조한 것을 말한다.

(4) 유탕면류

면발을 익힌 후 유탕처리한 것을 말한다.

(5) 파스타류

듀럼세몰리나, 듀럼가루, 파라나 또는 밀가루를 주원료로 하여 파스타 성형기로 제조한 것으로 마카로니, 스파게티 등을 말한다.

5) 규격

(1) 타르색소 : 검출되어서는 아니된다.

(2) 보존료 : 검출되어서는 아니된다.

(3) 세균수 : 1 g당 1,000,000 이하(주정처리제품에 한한다)
1 g당 100,000 이하(살균제품에 한한다)

(4) 대장균 : 음성(주정처리제품에 한한다)

(5) 대장균군 : 음성(살균제품에 한한다)

16. 다류

1) 정의

다류라 함은 식물성 원료를 주원료로 하여 제조 · 가공한 기호성 식품으로서 침출차, 액상차, 고형차를 말한다

2) 원료 등의 구비요건

3) 제조 · 가공기준

(1) 원료를 추출할 경우에는 물, 주정 또는 이산화탄소를 용제로 사용하여 원료의 특성에 따라 냉침, 온침 등 적절한 방법을 사용하여야 한다.

(2) 쌍화차는 백작약, 숙지황, 황기, 당귀, 천궁, 계피, 감초를 추출 여과한 가용성 추출물을 원료로 하여 제조하여야 하며 이때 생강, 대추, 잣 등을 넣을 수 있다.

4) 식품유형

(1) 침출차

식물의 어린 싹이나 잎, 꽃, 줄기, 뿌리, 열매 또는 곡류 등을 주원료로 하여 가공한 것으로서 물에 침출하여 그 여액을 음용하는 기호성 식품을 말한다.

(2) 액상차

식물성 원료를 주원료로 하여 추출 등의 방법으로 가공한 것(추출액, 농축액 또는 분말)이거나 이에 식품 또는 식품첨가물을 가한 시럽상 또는 액상의 기호성 식품을 말한다.

(3) 고형차

식물성 원료를 주원료로 하여 가공한 것으로 분말 등 고형의 기호성 식품을 말한다.

5) 규격

(1) 타르색소 : 검출되어서는 아니된다.

(2) 납(mg/kg) : 2.0 이하(침출차의 경우 5.0 이하)

(3) 주석(mg/kg) : 150 이하(액상 캔제품에 한한다)

(4) 세균수 : 1 mL당 100 이하(액상제품에 한한다)

(5) 대장균군 : 음성이어야 한다(액상제품에 한한다).

17. 커피

1) 정의

커피라 함은 커피원두를 가공한 것이거나 또는 이에 식품 또는 식품첨가물을 가한 볶은커피, 인스턴트커피, 조제커피, 액상커피를 말한다.

2) 원료 등의 구비요건

3) 제조 · 가공기준

커피원두의 추출용제는 물, 주정 또는 이산화탄소를 사용하여야 한다.

4) 식품유형

(1) 볶은커피
　커피원두를 볶은 것 또는 이를 분쇄한 것을 말한다.

(2) 인스턴트커피
　볶은커피의 가용성추출액을 건조한 것을 말한다.

(3) 조제커피
　볶은커피 또는 인스턴트커피에 식품 또는 식품첨가물을 혼합한 것을 말한다.

(4) 액상커피
　볶은커피의 추출액 또는 농축액이나 인스턴트커피를 물에 용해한 것 또는 이에 당류, 유성분, 비유크림 등을 혼합한 것을 말한다.

5) 규격

(1) 납(mg/kg) : 2.0 이하

(2) 주석(mg/kg) : 150 이하(액상 캔제품에 한한다)

(3) 타르색소 : 검출되어서는 아니된다.

(4) 세균수 : 1 mL당 100 이하(액상제품에 한한다).

(5) 대장균군 : 음성이어야 한다(액상제품에 한한다).

18. 음료류

음료류라 함은 과일 · 채소류음료, 탄산음료류, 두유류, 발효음료류, 인삼 · 홍삼음료, 기타음료 등 음용을 목적으로 하는 식품(다만, 주류, 다류, 무지유고형성분이 3% 이상인 음료는 제외)을 말한다.

18-1 과일 · 채소류음료

1) 정의

과일 · 채소류음료라 함은 과일 또는 채소를 주원료로 하여 가공한 것으로서 직접 또는 희석하여 음용하는 것으로 농축과 · 채즙, 과 · 채주스, 과 · 채음료를 말한다.

2) 원료 등의 구비요건

(1) 과일 · 채소류음료의 100% 착즙액 기준당도(Brix°)는 다음과 같다.
① 포도, 서양배 : 11° 이상
② 사과, 라임 : 10° 이상
③ 귤, 자몽, 파파야 : 9° 이상
④ 배, 구아바 : 8° 이상
⑤ 복숭아, 살구, 딸기, 레몬 : 7° 이상
⑥ 자두, 멜론, 매실 : 6° 이상
⑦ 기타 : 근거문헌에 의함

3) 제조 · 가공기준

(1) 과일 및 채소류는 물로 충분히 세척하여야 한다.

(2) 가열하지 않은 과 · 채주스는 해당 과일 · 채소 이외의 다른 식품 또는 식품첨가물을 사용

할 수 없다.

4) 식품유형

(1) 농축과 · 채즙(또는 과 · 채분)

과일즙, 채소즙 또는 이들을 혼합하여 50% 이하로 농축한 것 또는 이것을 분말화한 것을 말한다(다만, 원료로 사용되는 제품은 제외한다).

(2) 과 · 채주스

과일 및 채소를 압착, 분쇄, 착즙 등 물리적으로 가공하여 얻은 과 · 채즙(농축과 · 채즙, 과 · 채즙 또는 과일분, 채소분, 과 · 채분을 환원한 과 · 채즙, 과 · 채퓨레 · 페이스트 포함) 또는 이에 식품 또는 식품첨가물을 가한 것(과 · 채즙 95% 이상)을 말한다.

(3) 과 · 채음료

농축과 · 채즙(또는 과 · 채분) 또는 과 · 채주스 등을 원료로 하여 가공한 것(과일즙, 채소즙 또는 과 · 채즙 10%이상)을 말한다.

5) 규격

(1) 납(mg/kg) : 0.3 이하

(2) 카드뮴(mg/kg) : 0.1 이하

(3) 주석(mg/kg) : 150 이하(캔 제품에 한한다)

(4) 세균수 : 1 mL당 100 이하(다만, 가열하지 아니한 제품 또는 가열하지 아니한 원료가 함유된 제품은 100,000 이하)

(5) 대장균군 : 음성이어야 한다(다만, 가열하지 아니한 제품 또는 가열하지 아니한 원료가 함유된 제품은 제외한다).

(6) 대장균 O157:H7 : 음성이어야 한다(가열하지 아니한 제품 또는 가열하지 아니한 원료 함유제품에 한한다).

(7) 보존료(g/kg) : 다음에서 정하는 것 이외의 보존료가 검출되어서는 아니된다.

안식향산 안식향산나트륨 안식향산칼륨 안식향산칼슘	0.6 이하(안식향산으로서, 다만, 가열하지 아니한 제품은 검출되어서는 아니된다)
파라옥시안식향산메틸 파라옥시안식향산부틸 파라옥시안식향산프로필 파라옥시안식향산에틸 파라옥시안식향산이소부틸 파라옥시안식향산이소프로필	0.1 이하(파라옥시안식향산으로서, 다만, 가열하지 아니한 제품은 검출되어서는 아니된다)
소르빈산 소르빈산칼륨 소르빈산칼슘	1.0 이하(소르빈산으로서,다만, 파인애플 농축과즙에 한한다)

(8) 바실러스 세레우스 : 1 mL 당 1,000 이하(비가열제품 또는 비가열함유 제품에 한한다)

18-2 탄산음료류

1) 정의

탄산음료류라 함은 탄산가스를 함유한 탄산음료, 탄산수를 말한다.

2) 원료 등의 구비요건

3) 제조 · 가공기준

4) 식품유형

(1) 탄산음료

먹는물에 식품 또는 식품첨가물과 탄산가스를 혼합한 것이거나 탄산수에 식품 또는 식품첨가물을 가한 것을 말한다.

(2) 탄산수

천연적으로 탄산가스를 함유하고 있는 물이거나 먹는물에 탄산가스를 가한 것을 말한다.

5) 규격

(1) 탄산가스압(kg/cm2)
① 탄산수 : 1.0 이상
② 탄산음료 : 0.5 이상

(2) 납(mg/kg) : 0.3 이하

(3) 카드뮴(mg/kg) : 0.1 이하

(4) 주석(mg/kg) : 150 이하(캔 제품에 한한다)

(5) 세균수 : 1 mL당 100이하

(6) 대장균군 : 음성이어야 한다.

(7) 보존료(g/kg) : 다음에서 정하는 것 이외의 보존료가 검출되어서는 아니된다.

안식향산 안식향산나트륨 안식향산칼륨 안식향산칼슘	0.6 이하(안식향산으로서, 단 탄산수는 검출되어서는 아니된다)

18-3 두유류

1) 정의

두유류라 함은 대두 및 대두가공품의 추출물이거나 이에 다른 식품이나 식품첨가물을 가하여 제조 · 가공한 것으로 두유액, 두유, 분말두유 등을 말한다.

2) 원료 등의 구비요건

(1) 대두는 전처리공정을 거쳐서 불순물, 흙, 모래, 짚 등을 충분히 제거한 것이어야 한다.

3) 제조 · 가공기준

(1) 대두를 직접 사용하는 경우에는 품질저해인자가 불활성화 되도록 충분히 가열하여야 한다.

(2) 최종제품은 살균 또는 멸균공정을 거쳐야 하며, 살균제품은 살균 후 10℃이하로 냉각하여야 한다(다만, pH 4.5 이하의 살균제품은 제외).

4) 식품유형

(1) 두유액
대두로부터 추출한 유액(대두고형분 7%이상)을 말한다.

(2) 두유
두유액이나 대두가공품의 추출액에 식품 또는 식품첨가물을 가한 것(대두고형분 4%이상)을 말한다..

(3) 분말두유
두유 또는 조제두유를 건조하여 분말화한 제품(대두고형분 50%이상)을 말한다.

(4) 기타 두유
두유에 과일 · 채소즙(과실퓨레 포함) 또는 유, 유가공품, 곡류분말 등을 가한 액상, 호상, 겔상의 것(대두고형분 1.4%이상)을 말한다.

5) 규격

유형 / 항목	두유액 · 두유	분말두유	기타 두유
(1) 세균수	1 mL당 40,000이하 (멸균제품 또는 pH4.5 이하의살균제품의 경우음성이어야 한다)	1 g당 20,000 이하 (멸균제품의경우음성이어야 한다)	1 mL당 40,000 이하 (멸균제품 또는 pH4.5 이하의 살균제품의 경우 음성이어야 한다)
(2) 대장균군	1 mL당 10 이하 (멸균제품 또는 pH4.5 이하의살균제품의 경우음성이어야 한다)	1 g당 10 이하 (멸균제품의경우음성이어야 한다)	1 mL당 10 이하 (멸균제품 또는 pH4.5 이하의 살균제품의 경우 음성이어야 한다)

18-4 발효음료류

1) 정의
발효음료류라 함은 유가공품 또는 식물성원료를 유산균, 효모 등 미생물로 발효시켜 가공한 것을 말한다.

2) 원료 등의 구비요건

3) 제조 · 가공기준

4) 식품유형

(1) 유산균음료
유가공품 또는 식물성 원료를 유산균으로 발효시켜 가공(살균을 포함한다)한 것을 말한다.

(2) 효모음료
유가공품 또는 식물성 원료를 효모로 발효시켜 가공(살균을 포함한다)한 것을 말한다.

(3) 기타발효음료
유가공품 또는 식물성 원료를 미생물 등으로 발효시켜 가공(살균을 포함한다)한 것을 말한다.

5) 규격

(1) 유산균수 또는 효모수 : 1 mL당 1,000,000 이상(유산균, 효모음료에 한하며, 살균제품은 제외한다)

(2) 세균수 : 1 mL당 100 이하(살균제품에 한한다)

(3) 대장균군 : 음성이어야 한다.

(4) 보존료(g/kg) : 다음에서 정하는 것 이외의 보존료가 검출되어서는 아니된다.

소르빈산 소르빈산칼륨 소르빈산칼슘	0.05 이하(소르빈산으로서, 다만, 살균제품은 검출되어서는 아니된다)
안식향산	0.05 이하

18-5 인삼 · 홍삼음료

1) 정의

인삼 · 홍삼음료라 함은 인삼, 홍삼 또는 가용성 인삼 · 홍삼성분에 식품 또는 식품첨가물 등을 가하여 제조한 것으로서 직접 음용하는 것을 말한다.

2) 원료 등의 구비요건

(1) 인삼 · 홍삼음료에 그대로 넣는 수삼은 3년근 이상이어야 하며, 병든삼이나 파삼은 사용할 수 없다.

(2) 수삼은 3년근 이상으로서 춘미삼, 삼피, 인삼박은 사용할 수 없으며 병든삼인 경우에는 병든 부분을 제거하고 사용할 수 있다.

3) 제조 · 가공기준

(1) 인삼 · 홍삼음료 제조시 인삼 · 홍삼에서 유래되는 부유물질이 제거되도록 하여야 한다.

(2) 가용성인삼 · 홍삼성분(인삼사포닌 80 mg/g을 기준으로 할 때, 홍삼사포닌 70 mg/g을 기준으로 할 때) 0.15% 이상 또는 3년근 이상의 인삼 또는 홍삼 1본 이상 함유하여야 한다.

4) 식품유형

5) 규격

(1) 인삼 · 홍삼성분 : 확인되어야 한다.

(2) 타르색소 : 검출되어서는 아니된다.

(3) 납(mg/kg) : 0.3 이하

(4) 주석(mg/kg) : 150 이하(캔 제품에 한한다).

(5) 세균수 : 1 mL당 100 이하

(6) 대장균군 : 음성이어야 한다.

(7) 보존료(g/kg) : 다음에서 정하는 것 이외의 보존료가 검출되어서는 아니된다.

안식향산 안식향산나트륨 안식향산칼륨 안식향산칼슘	0.6 이하(안식향산으로서)
파라옥시안식향산메틸 파라옥시안식향산부틸 파라옥시안식향산에틸 파라옥시안식향산프로필 파라옥시안식향산이소부틸 파라옥시안식향산이소프로필	0.1 이하(파라옥시안식향산으로서)

18-6 기타음료

1) 정의

기타음료라 함은 먹는물에 식품 또는 식품첨가물 등을 가하여 제조하거나 또는 동 · 식물성원료를 이용하여 음용할 수 있도록 가공한 것으로 다른 식품유형이 정하여지지 아니한 음료를 말한다.

2) 원료 등의 구비요건

3) 제조 · 가공기준

4) 식품유형

(1) 혼합음료

먹는물에 식품 또는 식품첨가물을 가한 것을 말한다.

(2) 추출음료

식물성원료를 먹는물로 가공하여 액상으로 만든 것이거나 이에 식품 또는 식품첨가물을 가한 것을 말한다.

(3) 음료베이스

동 · 식물성원료를 이용하여 가공한 것이거나 이에 식품 또는 식품첨가물을 가한 것으로서, 먹는물 등과 혼합하여 음용하도록 만든 것을 말한다.

5) 규격

(1) 산소량(mg/L) : 24 이상(인위적으로 산소를 충전한 제품에 한한다)

(2) 납(mg/kg) : 0.3 이하

(3) 카드뮴(mg/kg) : 0.1 이하

(4) 주석(mg/kg) : 150 이하(캔제품에 한한다)

(5) 세균수 : 1 mL당 100 이하(유산균 함유제품은 제외한다. 다만, 분말제품은 1 g당 3,000 이하)

(6) 대장균군 : 음성이어야 한다.

(7) 유산균수 : 표시량 이상(다만, 유산균 함유제품에 한한다)

(8) 보존료(g/kg) : 다음에서 정하는 것 이외의 보존료가 검출되어서는 아니된다.

안식향산 안식향산나트륨 안식향산칼륨 안식향산칼슘	0.6 이하(안식향산으로서)
파라옥시안식향산메틸 파라옥시안식향산부틸 파라옥시안식향산프로필 파라옥시안식향산에틸 파라옥시안식향산이소부틸 파라옥시안식향산이소프로필	0.1 이하(파라옥시안식향산으로서)

19. 특수용도식품

특수용도식품이라 함은 영 · 유아, 병약자, 노약자, 비만자 또는 임산 · 수유부 등 특별한 영양관리가 필요한 특정 대상을 위하여 식품과 영양소를 배합하는 등의 방법으로 제조 · 가공한 영아용 조제식, 성장기용 조제식, 영 · 유아용 곡류조제식, 기타 영 · 유아식, 특수의료용도등식품, 체중조절용 조제식품을 말한다.

19-1 영아용 조제식

1) 정의

영아용 조제식이라 함은 분리대두단백 또는 기타의 식품에서 분리한 단백질을 단백원으로 하여 영아의 정상적인 성장 · 발육에 적합하도록 기타의 식품, 무기질, 비타민 등 영양소를 첨가하여 모유 또는 조제유의 수유가 어려운 경우 대용의 용도로 분말상 또는 액상으로 제조 · 가공한 것을 말한다. 다만, 축산물가공처리법 대상식품인 조제유류는 제외한다.

2) 원료 등의 구비요건

(1) 원료로 사용되는 분리대두단백 또는 기타의 식품에서 분리한 단백질은 영아가 섭취하기에 적합하도록 처리한 것이어야 한다. 다만, 글루텐은 단백원으로 사용할 수 없다.

(2) 원료는 방사선조사처리를 하지 않은 것이어야 한다.

3) 제조 · 가공기준

(1) 미생물학적 위해가 발생되지 않도록 살균 또는 멸균 공정을 거쳐야 한다.

(2) 분말제품의 경우 질소가스를 충전하고, 액상제품은 멸균하여 포장하여야 한다.

(3) 모유에 들어 있는 영양소를 첨가하기 위하여 또는 영 · 유아의 유일한 영양공급원으로서 적합하도록 하기 위하여 필요한 경우 다른 영양소를 첨가할 수 있다. 다만, 해당영양소의 유용함이 과학적으로 입증된 것이어야 하며 첨가량은 모유를 표준으로 하여야 한다.

(4) 최종 제품의 단백질의 아미노산 스코어는 85 이상이어야 한다.

【표】 아미노산 스코어 환산을 위한 기준 필수아미노산 조성표

(단위 : mg/g 조단백질)

구분	히스티딘	이소로이신	로이신	라이신	메티오닌+시스틴	페닐알라닌+티로신	트레오닌	트립토판	발린	계
아미노산 조성	19	28	66	58	25	63	34	11	35	339

(5) 직접 음용하는 제품의 경우 고형분은 10~15%를 기준으로 하며, 희석하여 섭취하는 제품은 고형분의 농도를 달리할 수 있다.

(6) 액상, 페이스트상제품의 용기로 주석관을 사용하여서는 아니된다.

(7) 꿀 또는 단풍시럽을 원료로 사용하는 때에는 클로스트리디움 보툴리늄의 포자가 파괴되도록 처리하여야 한다.

(8) 코코아는 원료로 사용할 수 없다.

4) 식품유형

5) 규격

(1) 수분(%) : 5.0 이하(분말제품에 한한다)

(2) 조단백질(g/100 kcal) : 1.8~4.0

(3) 조지방(g/100 kcal) : 3.3~6.0

(4) 리놀레산(mg/100 kcal) : 300 이상

(5) 비타민 A(IU/100 kcal 또는 μg/100 kcal) : 250~500 또는 75~150

(6) 비타민 D(IU/100 kcal 또는 μg/100 kcal) : 40~100 또는 1~2.5

(7) 비타민 C(mg/100 kcal) : 8 이상

(8) 비타민 B_1(μg/100 kcal) : 40 이상

(9) 비타민 B_2(μg/100 kcal) : 60 이상

(10) 니코틴산(μg/100 kcal) : 250 이상

(11)비타민 B_6(μg/100 kcal) : 35 이상(다만, 단백질 2.3 g 이상인 경우 초과단백질 1 g당 비타민 B_6 15 μg의 비율이어야 한다)

(12) 엽산(μg/100 kcal) : 4.0 이상

(13) 판토텐산(μg/100 kcal) : 300 이상

(14) 비타민 B_{12}(μg/100 kcal) : 0.1 이상

(15) 비타민 K_1(μg/100 kcal) : 4.0 이상

(16) 비오틴(μg/100 kcal) : 1.5 이상

(17) 콜린(mg/100 kcal) : 7.0 이상

(18) 비타민 E(IU/100 kcal) : 0.7 이상(다만, 리놀레산 1 g 이상인 경우 리놀레산 1g당 비타민 E 0.7 IU의 비율이어야 한다)

(19) 나트륨(mg/100 kcal): 20~60

(20) 칼륨(mg/100 kcal) : 80~200

(21) 염소(mg/100 kcal) : 55~150

(22) 칼슘(mg/100 kcal) : 50 이상

(23) 인(mg/100 kcal) : 25 이상(다만, 칼슘과 인의 비율(Ca : P)이 1.2~2.0 이어야 한다)

(24) 마그네슘(mg/100 kcal) : 6.0 이상

(25) 철(mg/100 kcal) : 1.0 이상

(26) 요오드(μg/100 kcal) : 5.0 이상

(27) 구리(μg/100 kcal) : 60 이상

(28) 아연(mg/100 kcal) : 0.75 이상

(29) 망간(μg/100 kcal) : 5.0 이상

(30) 인공감미료 : 검출되어서는 아니된다.

(31) 타르색소 : 검출되어서는 아니된다.

(32) 세균수 : 1 g당 20,000 이하(다만, 액상제품은 음성이어야 한다)

(33) 대장균군 : 음성이어야 한다.

(34) 엔테로박터 사카자키 : 음성이어야 한다(다만, 생후 6개월 미만의 영아용 조제식 중 분말제품에 한한다).

(35) 바실러스 세레우스 : 1 g 당 100 이하(다만, 액상제품은 제외한다)

(36) 탄화물 : 100 g당 7.5 mg(미국 ADPI에서 정하고 있는 표준판 Disk A와 비교) 이하이어야 한다(다만, 분말제품에 한한다).

19-2 성장기용 조제식

1) 정의

성장기용 조제식이라 함은 분리대두단백 등 단백질함유식품을 원료로 생후 6개월 부터의 영아, 유아의 정상적인 성장 · 발육에 필요한 무기질, 비타민 등 영양소를 첨가하여 이유식의 섭취시 액상으로 사용할 수 있도록 분말상 또는 액상으로 제조 · 가공한 것을 말한다. 다만, 축산물가공처리법 대상식품인 조제유류는 제외한다.

2) 원료 등의 구비요건

원료는 방사선조사처리를 하지 않은 것이어야 한다.

3) 제조 · 가공기준

(1) 미생물학적 위해가 발생되지 않도록 살균 또는 멸균 공정을 거쳐야 한다.

(2) 분말제품의 경우 질소가스를 충전하고, 액상제품의 경우 멸균하여 포장하여야 한다.

(3) 모유에 들어 있는 영양소를 첨가하기 위하여 또는 영 · 유아의 유일한 영양공급원으로서 적합하도록 하기 위하여 필요한 경우 다른 영양소를 첨가할 수 있다. 다만, 해당 영양소의 유용함이 과학적으로 입증된 것이어야 하며, 첨가량은 모유를 표준으로 하여야 한다.

(4) 최종 제품의 단백질의 아미노산 스코어는 85 이상이어야 한다.
◆ 아미노산 스코어 환산을 위한 기준 필수아미노산 조성표는19-1 3) (4)의 것을 따른다.

(5) 직접 음용하는 제품의 경우 고형분은 10~15%를 기준으로 하며, 희석하여 섭취하는 제품은 고형분의 농도를 달리할 수 있다.

(6) 액상, 페이스트상제품의 용기로 주석관을 사용하여서는 아니된다.

(7) 꿀 또는 단풍시럽을 원료로 사용하는 때에는 클로스트리디움 보툴리늄의 포자가 파괴되도록 처리하여야 한다.

(8) 코코아는 12개월 이상의 유아용 제품에 사용할 수 있으며 그 사용량은 물에 희석하여 섭취할 때를 기준으로 하여 1.5%이하이어야 한다.

4) 식품유형

5) 규격

(1) 수분(%) : 5.0 이하(분말제품에 한한다)

(2) 조단백질(g/100kcal) : 3.0~5.5

(3) 조지방(g/100kcal) : 3.0~6.0

(4) 리놀레산(mg/100kcal) : 300 이상

(5) 비타민 A(IU/100kcal 또는 μg/100kcal) : 250~750 또는 75~225

(6) 비타민 D(IU/100kcal) : 40~120

(7) 비타민 C(mg/100kcal) : 8 이상

(8) 비타민 B_1(μg/100kcal) : 40 이상

(9) 비타민 B_2(μg/100kcal) : 60 이상

(10) 니코틴산(μg/100kcal) : 250 이상

(11) 비타민 B_6(μg/100kcal) : 45 이상(다만, 단백질 3.0g 이상인 경우 초과단백질 1g당 비타민 B_6 15μg의 비율이어야 한다)

(12) 엽산(μg/100kcal) : 4.0 이상

(13) 판토텐산(μg/100kcal) : 300 이상

(14) 비타민 B_{12}(μg/100kcal) : 0.15 이상

(15) 비타민 K_1(μg/100kcal) : 4.0 이상

(16) 비오틴(μg/100kcal) : 1.5 이상

(17) 비타민 E(IU/100kcal) : 0.7 이상(다만, 리놀레산 1g 이상인 경우 리놀레산 1g당 비타민 E 0.7 IU의 비율이어야 한다)

(18) 나트륨(mg/100kcal) : 20~85

(19) 칼륨(mg/100kcal) : 80 이상

(20) 염소(mg/100kcal) : 55 이상

(21) 칼슘(mg/100kcal) : 90 이상

(22) 인(mg/100kcal) : 60 이상(다만, 칼슘과 인의 비율(Ca : P)이 1.2~2.0 이어야 한다)

(23) 마그네슘(mg/100kcal) : 6.0 이상

(24) 철(mg/100kcal) : 1.0 이상

(25) 요오드(μg/100kcal) : 5.0 이상

(26) 아연(mg/100kcal) : 0.5 이상

(27) 인공감미료 : 검출되어서는 아니된다.

(28) 타르색소 : 검출되어서는 아니된다

(29) 세균수 : 1 g당 20,000이하(다만, 액상제품은 음성이어야 한다)

(30) 대장균군 : 음성이어야 한다.

(31) 바실러스 세레우스 : 1 g 당 100 이하(다만, 액상제품은 제외한다)

(32) 탄화물 : 100 g 당 7.5 mg(미국 ADPI에서 정하고 있는 표준판 Disk A와 비교) 이하이어야 한다(다만, 분말제품에 한한다).

19-3 영 · 유아용 곡류조제식

1) 정의

영 · 유아용 곡류조제식이라 함은 이유기의 영아, 유아의 이유 및 영양보충을 목적으로 곡류, 두류, 서류 등 전분질 원료를 주원료(최종제품에서 고형분기준 25%이상)로 하여 이에 식품, 영양소 등을 가하여 제조 · 가공한 것을 말한다.

2) 원료 등의 구비요건

원료는 방사선조사처리를 하지 않은 것이어야 한다.

3) 제조 · 가공기준

(1) 미생물학적 위해가 발생되지 않도록 살균 또는 멸균 공정을 거쳐야 한다.

(2) 분말제품의 경우 질소가스를 충전하고, 액상제품의 경우 멸균하여 포장하여야 한다.

(3) 모유에 들어 있는 영양소를 첨가하기 위하여 또는 영 · 유아의 유일한 영양공급원으로서 적합하도록 하기 위하여 필요한 경우 다른 영양소를 첨가할 수 있다. 다만, 해당영양소의 유용함이 과학적으로 입증된 것이어야 하며, 첨가량은 모유를 표준으로 하여야 한다.

(4) 최종 제품의 단백질의 아미노산 스코어는 85 이상이어야 한다.
◆ 아미노산 스코어 환산을 위한 기준 필수아미노산 조성표는 19-1 3) (4)의 것을 따른다.

(5) 영 · 유아용 곡류조제식에서 당류를 첨가하는 경우 총열량의 20%를 넘지 않도록 하되 그 중 설탕의 양은 50%가 넘지 않도록 한다.

(6) 직접 음용하는 제품의 경우 고형분은 10~15%를 기준으로 하며, 희석하여 섭취하는 제품은 고형분의 농도를 달리할 수 있다.

(7) 액상, 페이스트상제품의 용기로 주석관을 사용하여서는 아니된다.

(8) 꿀 또는 단풍시럽을 원료로 사용하는 때에는 클로스트리디움 보툴리늄의 포자가 파괴되도록 처리하여야 한다.

(9) 코코아는 12개월 이상의 유아용 제품에 사용할 수 있으며 그 사용량은 물에 희석하여 섭취할 때를 기준으로 하여 1.5% 이하이어야 한다.

4) 식품유형

5) 규격

(1) 수분(%) : 10.0 이하(분말, 고형제품에 한한다)

(2) 조단백질(%) : 10.0 이상(건고물 기준)

(3) 조지방(%) : 5.0 이상(건고물 기준)

(4) 알파(α)화도 : 80.0 이상(곡류, 두류, 서류 등 또는 그 가공품을 25%이상 함유한 분말, 고형제품에 한한다)

(5) 나트륨(mg/100kcal) : 100 이하

(6) 철(mg/100kcal) : 2.0 이상

(7) 비타민 A(IU/100kcal) : 200 이상

(8) 비타민 B_1(μg/100kcal) : 80 이상

(9) 비타민 B_2(μg/100kcal) : 130 이상

(10) 비타민 C(mg/100kcal) : 4 이상

(11) 인공감미료 : 검출되어서는 아니된다.

(12) 타르색소 : 검출되어서는 아니된다.

(13) 대장균군 : 음성이어야 한다.

(14) 엔테로박터 사카자키 : 음성이어야 한다(다만, 생후 6개월 미만의 영 · 유아용 곡류조제식 중 분말제품에 한한다.

(15) 바실러스 세레우스 : 1 g 당 100 이하

19-4 기타 영 · 유아식

1) 정의

기타 영 · 유아식이라 함은 영 · 유아의 이유기 또는 성장기에 일반식품으로의 적응을 도모할 목적으로 제조 · 가공한 것을 말한다. 다만, 19-1 영아용조제식 내지 19-3 영 · 유아용 곡류조제식은 제외한다.

2) 원료 등의 구비요건

원료는 방사선조사처리를 하지 않은 것이어야 한다.

3) 제조 · 가공기준

(1) 미생물학적 위해가 발생되지 않도록 살균 또는 멸균 공정을 거쳐야 한다.

(2) 분말제품의 경우 질소가스를 충전하고, 액상제품의 경우 멸균하여 포장하여야 한다.

(3) 모유에 들어 있는 영양소를 첨가하기 위하여 또는 영 · 유아의 유일한 영양공급원으로서 적합하도록 하기 위하여 필요한 경우 다른 영양소를 첨가할 수 있다. 다만, 해당영양소의 유용함이 과학적으로 입증된 것이어야 하며, 첨가량은 모유를 표준으로 하여야 한다.

(4) 직접 음용하는 제품의 경우 고형분은 10~15%를 기준으로 하며, 희석하여 섭취하는 제품은 고형분의 농도를 달리할 수 있다.

(5) 액상, 페이스트상제품의 용기로 주석관을 사용하여서는 아니된다.

(6) 꿀 또는 단풍시럽을 원료로 사용하는 때에는 클로스트리디움 보툴리늄의 포자가 파괴되도록 처리하여야 한다.

(7) 코코아는 12개월 이상의 유아용 제품에 사용할 수 있으며 그 사용량은 물에 희석하여 섭취할 때를 기준으로 하여 1.5%이하이어야 한다.

4) 식품유형

5) 규격

(1) 수분(%) : 10.0 이하(분말, 고형제품에 한한다)

(2) 조단백질(%) : 표시함량 이상

(3) 조지방(%) : 표시함량 이상

(4) 알파(α)화도(%) : 80.0 이상(곡류, 두류, 서류 등 또는 그 가공품을 25% 이상 함유한 분말, 고형제품에 한하며, 가열섭취하는 제품은 제외한다)

(5) 나트륨(mg/100g) : 200 이하(물을 혼합하여 섭취하는 경우에는 물을 혼합한 상태를 기준으로 한다)

(6) 인공감미료 : 검출되어서는 아니된다.

(7) 타르색소 : 검출되어서는 아니된다.

(8) 보존료 : 검출되어서는 아니된다(액상제품에 한한다).

(9) 납(mg/kg) : 0.1 이하(액상 제품에 한한다)

(10) 대장균군 : 음성이어야 한다.

(11) 세균수 : 1mL당 100 이하(액상 제품에 한한다.)

(12) 엔테로박터 사카자키 : 음성이어야 한다(다만, 생후 6개월 미만의 기타 영 · 유아용식 중 분말제품에 한한다.

(13) 바실러스 세레우스 : 1 g 당 100 이하

19-5 특수의료용도등식품

1) 정의

특수의료용도등식품이라 함은 정상적으로 섭취, 소화, 흡수 또는 대사할 수 있는 능력이 제한되거나 손상된 환자 또는 질병이나 임상적 상태로 인하여 일반인과 생리적으로 특별히 다른 영양요구량을 가진 사람의 식사의 일부 또는 전부를 대신할 목적으로 이들에게 입으로 섭취하거나 관을 통하여 급식공급할 수 있도록 제조 · 가공된 식품을 말한다.

2) 원료 등의 구비요건

3) 제조 · 가공기준

(1) 제품의 유형에 따라 섭취 대상의 섭취, 소화, 흡수, 대사, 배설 등의 능력을 고려하여 제조 · 가공하되 업소별 기준에 따른다.

(2) 성분의 배합 및 제조 · 가공함에 있어 업소별의 기준은 영양학적, 의학적, 생리학적인 측면에서 과학적으로 뒷받침되어야 한다.

4) 식품유형

(1) 특수의료용도식품

환자의 유형에 따라 필요한 영양소를 균형있게 제공할 수 있도록 영양학적으로 조절한 것이나, 또는 선천성대사질환을 가지는 환자를 위하여 체내에서 대사되지 않는 성분을 제거 또는 제한하거나 또는 다른 성분으로 대체하여 제조 · 가공한 것을 말한다.

(2) 영 · 유아용 특수조제식품

정상적인 영 · 유아용(0~36개월)과 생리적 영양요구량이 상당히 다른 미숙아 또는 조산아 등을 위하여 영양공급을 위한 목적으로 조제된 것을 말한다. 다만, 영아용조제식, 성장기용 조제식, 영 · 유아용 곡류조제식, 기타 영 · 유아식 및 선천성대사질환자용식품으로 분류되는 것은 제외한다.

5) 규격

(1) 성상 : 고유의 색택과 향미를 가지고 이미 · 이취가 없어야 한다.

(2) 수분(%) : 10.0 이하(건조분말 제품에 한한다)

(3) 영양소 : 표시량 이상(단, 제한할 필요가 있는 영양소는 표시량 이하 또는 범위 이내)

(4) 대장균군 : 음성이어야 한다.

(5) 세균수 : 1 mL 당 100 이하(액상제품에 한한다)

(6) 타르색소 : 검출되어서는 아니된다.

(7) 탄화물 : 100 g 당 7.5 mg(미국 ADPI에서 정하고 있는 표준판 Disk A와 비교) 이하이어야 한다(단, 분말제품에 한한다)

(8) 엔테로박터 사카자키 : 음성(단, 생후 6개월 미만의 영 · 유아용 특수조제식품 중 분말제품에 한한다)

(9) 바실러스 세레우스 : 1 g 당 100 이하

19-6 체중조절용 조제식품

1) 정의

체중의 감소 또는 증가가 필요한 사람을 위해 식사의 일부 또는 전부를 대신할 수 있도록 필요한 영양소를 가감하여 조제된 식품을 말한다.

2) 원료 등의 구비요건

3) 제조 · 가공기준

한끼 식사의 전부 또는 일부를 대신하기 위하여 1회 섭취할 때에 비타민 A, B1, B2, B6, C, 나이아신, 엽산, 비타민 E를 영양소 기준치의 25%이상, 단백질, 칼슘, 철 및 아연을 영양소 기준치의 10% 이상이 되도록 원료식품을 조합하고 영양소를 첨가하여야 한다. 다만, 특정 인구군을 대상으로 하는 제품의 경우 해당 인구군의 한국인 영양섭취기준을 기준으로 할 수 있다.

4) 식품유형

5) 규격

(1) 수분(%) : 10.0 이하(분말, 과립, 고형의 건조제품에 한한다)

(2) 조단백질(g) : 표시량 이상이어야 한다.

(3) 비타민류 : 표시량 이상이어야 한다[다만, 비타민 A(μg), B1(mg), B2(mg), B6(mg), C(mg), 나이아신(mg), 엽산(μg), 비타민 E(mg)에 한하여 적용한다].

(4) 무기질류 : 표시량 이상이어야 한다(다만, 칼슘(mg), 철(mg), 아연(mg)에 한하여 적용한다).

(5) 대장균군 : 음성이어야 한다.

(6) 바실러스 세레우스 : 1 g 당 100 이하

20. 장류

1) 정의

장류라 함은 동 · 식물성 원료에 누룩균 등을 배양하거나 메주 등을 주원료로 하여 식염 등을 섞어 발효 · 숙성시킨 것을 제조 · 가공한 것으로 메주, 한식간장, 양조간장, 산분해간장, 효소분해간장, 혼합간장, 한식된장, 된장, 조미된장, 고추장, 조미고추장, 춘장, 청국장, 혼합장 등을 말한다.

2) 원료 등의 구비요건

3) 제조 · 가공기준

(1) 발효 또는 중화가 끝난 간장원액은 여과하여 간장박 등을 제거하여야 한다.

(2) 여과된 간장원액과 조미원료, 식품첨가물 등을 혼합한 후 곰팡이 등의 위해가 발생되지 않도록 하여야 한다.

(3) 제조공정상 알코올 성분을 제품의 맛, 향의 보조, 냄새 제거 등의 목적으로 사용할 수 있다.

(4) 고추장 제조시 홍국색소를 사용할 수 없으며 또한 시트리닌이 검출되어서는 아니된다.

4) 식품유형

(1) 메주

① 한식메주

대두를 주원료로 하여 찌거나 삶아 성형하여 발효시킨 것을 말한다.

② 개량메주

대두를 주원료로 하여 원료를 찌거나 삶은 후 선별된 종균을 이용하여 발효시킨 것을 말한다.

(2) 한식간장

① 재래한식간장

한식메주를 주원료로 하여 식염수 등을 섞어 발효 · 숙성시킨 후 그 여액을 가공한 것을 말한다.

② 개량한식간장

개량메주를 주원료로 하여 식염수 등을 섞어 발효 · 숙성시킨 후 그 여액을 가공한 것을 말한다.

(3) 양조간장

대두, 탈지대두 또는 곡류 등에 누룩균 등을 배양하여 식염수 등을 섞어 발효 · 숙성시킨 후 그 여액을 가공한 것을 말한다.

(4) 산분해간장

단백질을 함유한 원료를 산으로 가수분해한 후 그 여액을 가공한 것을 말한다.

(5) 효소분해간장

단백질을 함유한 원료를 효소로 가수분해한 후 그 여액을 가공한 것을 말한다.

(6) 혼합간장

한식간장 또는 양조간장에 산분해간장 또는 효소분해간장을 혼합하여 가공한 것이나 산분해간장 원액에 단백질 또는 탄수화물 원료를 가하여 발효·숙성시킨 여액을 가공한 것 또는 이의 원액에 양조간장 원액이나 산분해간장 원액 등을 혼합하여 가공한 것을 말한다.

(7) 한식된장

한식메주에 식염수를 가하여 발효한 후 여액을 분리한 것을 말한다.

(8) 된장

대두, 쌀, 보리, 밀 또는 탈지대두 등을 주원료로 하여 누룩균 등을 배양한 후 식염을 혼합하여 발효·숙성시킨 것 또는 메주를 식염수에 담가 발효하고 여액을 분리하여 가공한 것을 말한다.

(9) 조미된장

된장(90% 이상)을 주원료로 하여 식품 또는 식품첨가물을 가한 것을 말한다.

(10) 고추장

두류 또는 곡류 등을 주원료로 하여 누룩균 등을 배양한 후 고춧가루(6% 이상), 식염 등을 가하여 발효·숙성하거나 숙성 후 고춧가루(6% 이상), 식염 등을 가한 것을 말한다.

(11) 조미고추장

고추장(90% 이상)을 주원료로 하여 식품 또는 식품첨가물을 가한 것을 말한다.

(12) 춘장

대두, 쌀, 보리, 밀 또는 탈지대두 등을 주원료로 하여 누룩균 등을 배양한 후 식염, 카라멜색소 등을 가하여 발효·숙성하거나 숙성 후 식염, 카라멜색소 등을 가한 것을 말한다.

(13) 청국장

대두를 주원료로 하여 바실러스(Bacillus)속균으로 발효시켜 제조한 것이거나, 이를 고춧가루, 마늘 등으로 조미한 것으로 페이스트, 환 및 분말 등을 말한다.

(14) 혼합장

간장, 된장, 고추장, 춘장 또는 청국장 등을 주원료로 하거나 이에 식품 또는 식품첨가물을 혼합하여 제조·가공한 것(장류 50% 이상이어야 한다)을 말한다.

(15) 기타장류

식품유형 (2)~(11)에 해당하지 아니하는 간장, 된장, 고추장을 말한다.

5) 규격

(1) 총질소(w/v%) : 0.8 이상(간장에 한하며, 한식간장은 0.7 이상)

(2) 타르색소 : 검출되어서는 아니된다.

(3) 아플라톡신(μg/kg) : 10 이하(B1으로서, 메주에 한한다)

(4) 대장균군 : 음성[혼합장(살균제품)에 한한다]

(5) 바실러스세레우스 : 1 g당 10,000 이하(메주, 간장제품은 제외)

(6) 보존료(g/kg 다만, 간장은 g/L) : 다음에서 정하는 것 이외의 보존료가 검출되어서는 아니된다(다만, 메주는 검출되어서는 아니된다).

소르빈산 소르빈산칼륨 소르빈산칼슘	1.0 이하(소르빈산으로서, 간장 제외, 청국장은 비건조식품에 한한다)
안식향산 안식향산나트륨 안식향산칼륨 안식향산칼슘	0.6 이하(안식향산으로서, 간장에 한한다)
파라옥시안식향산메틸 파라옥시안식향산부틸 파라옥시안식향산에틸 파라옥시안식향산프로필 파라옥시안식향산이소부틸 파라옥시안식향산이소프로필	0.25 이하(파라옥시안식향산으로서, 간장에 한한다)

21. 조미식품

조미식품이라 함은 식품을 제조 · 가공 · 조리함에 있어 풍미를 돋우기 위한 목적으로 사용되는 것으로 식초, 소스류, 토마토케첩, 카레, 고춧가루 또는 실고추, 향신료가공품, 복합조미식품 등을 말한다

21-1 식초

1) 정의

식초라 함은 곡류, 과실류, 주류 등을 주원료로 하여 발효시켜 제조하거나 이에 곡물당화액, 과실착즙액 등을 혼합 · 숙성하여 만든 발효식초와 빙초산 또는 초산을 먹는물로 희석하여 만든 합성식초를 말한다.

2) 원료 등의 구비요건

3) 제조 · 가공기준

발효식초와 합성식초는 서로 혼합하여서는 아니된다.

4) 식품유형

(1) 발효식초

과실술덧(주요), 과실착즙액, 곡물주, 곡물당화액, 주정 또는 당류 등을 원료로 하여 초산발효한 액과 이에 과실착즙액 또는 곡물당화액을 혼합 · 숙성한 것을 말한다. 이 중 감을 초산발효한 액을 감식초라 한다.

(2) 합성식초

빙초산 또는 초산을 먹는물로 희석하여 만든 액을 말한다.

(3) 기타식초

식품유형 (1)~(2)에 정하여지지 아니한 식초를 말한다.

5) 규격

(1) 총산(초산으로서, w/v%) : 4.0~29.0 미만(다만, 감식초는 2.6 이상)

(2) 타르색소 : 검출되어서는 아니된다.

(3) 보존료(g/L) : 다음에서 정하는 것 이외의 보존료가 검출되어서는 아니된다.

파라옥시안식향산메틸 파라옥시안식향산부틸 파라옥시안식향산에틸 파라옥시안식향산프로필 파라옥시안식향산이소부틸 파라옥시안식향산이소프로필	0.1 이하(파라옥시안식향산으로서)

21-2 소스류

1) 정의

소스류라 함은 동 · 식물성 원료에 향신료, 장류, 당류, 식염, 식초 등을 가하여 혼합한 것이거나 또는 이를 발효 · 숙성시킨 것으로서 식품의 조리 전 · 후에 풍미증진을 목적으로 사용되는 것을 말한다. 다만, 따로 기준 및 규격이 정하여져 있는 것은 제외한다.

2) 원료 등의 구비요건

풍미증진의 목적으로 알코올 성분을 사용할 수 있다.

3) 제조 · 가공기준

4) 식품유형

5) 규격

(1) 대장균군 : 음성이어야 한다.

(2) 세균수 : 음성이어야 한다(다만, 멸균제품에 한한다).

(3) 타르색소 : 검출되어서는 아니된다.

(4) 보존료(g/kg) : 다음에서 정하는 것 이외의 보존료가 검출되어서는 아니된다.

파라옥시안식향산메틸 파라옥시안식향산부틸 파라옥시안식향산에틸 파라옥시안식향산프로필 파라옥시안식향산이소부틸 파라옥시안식향산이소프로필	0.2 이하(파라옥시안식향산으로서)

(5) 바실러스 세레우스 : 1 g 당 10,000 이하(멸균제품 제외)

21-3 토마토케첩

1) 정의

토마토케첩이라 함은 토마토 또는 토마토 농축물(가용성고형분 25% 기준으로 20% 이상이어야 한다)을 주원료로 하여 이에 당류, 식초, 식염, 향신료, 구연산 등을 가하여 제조한 것을 말한다.

2) 원료 등의 구비요건

3) 제조 · 가공기준

4) 식품유형

5) 규격

(1) 타르색소 : 검출되어서는 아니된다.

(2) 대장균군 : 음성이어야 한다.

(3) 보존료(g/kg) : 다음에서 정하는 것 이외의 보존료가 검출되어서는 아니된다.

소르빈산 소르빈산칼륨 소르빈산칼슘	0.5 이하(소르빈산으로서)

21-4 카레

1) 정의

카레라 함은 향신료를 원료로 한 카레분 또는 이에 식품이나 식품첨가물 등을 가하여 만든 것을 말한다.

2) 원료 등의 구비요건

3) 제조 · 가공기준

4) 식품유형

(1) 카레분

심황(강황), 생강, 고수(코리앤더), 쿠민 등의 천연향신식물을 원료로 하여 건조 · 분말로 가공한 것을 말한다.

(2) 카레

카레분에 식품이나 식품첨가물 등을 가하여 만든 것(고형 또는 분말제품은 카레분 5% 이상, 액상제품은 카레분 1% 이상이어야 한다)을 말한다.

5) 규격

(1) 타르색소 : 검출되어서는 아니된다.

(2) 세균수 : 음성이어야 한다(액상제품에 한한다).

(3) 대장균군 : 음성이어야 한다(액상제품에 한한다).

21-5 고춧가루 또는 실고추

1) 정의

고춧가루 또는 실고추라 함은 가지과에 속하는 고추 또는 그 변종의 성숙한 열매를 건조한 후 가루로 한 하거나 실모양으로 절단한 것을 말한다.

2) 원료 등의 구비요건

3) 제조 · 가공기준

(1) 고춧가루 제조에는 원료 고추에 포함된 고추씨 이외의 다른 물질(식염, 당류, 겨, 탄산염,

전분 등)을 가하여서는 아니된다.

(2) 고춧가루에 포함되는 고추씨는 원료 고추에서 생성된 것에 한하여 사용이 가능하고 별도로 고추씨를 첨가하여 고춧가루 제조에 사용할 수 없다.

(3) 고춧가루 제조용 고추는 꼭지(꽃받침 제외)를 반드시 제거하여야 하고 병든 고추는 병든 부위을 제거한 후 사용하여야 한다.

(4) 고춧가루의 포장은 알루미늄 증착 포장지나 PE재질 병, 유리 등 기구 및 용기 · 포장의 기준 · 규격에 적합한 포장 또는 용기에 넣어 가능한 신속하게 포장하고 미생물의 오염방지와 품질변화를 방지하기 위하여 습기와 햇빛으로부터 보호되어야 한다.

(5) 고춧가루 제조공정에는 금속성 이물제거장치를 설치하여야 한다.

4) 식품유형

(1) 고춧가루
가지과에 속하는 고추 또는 그 변종의 성숙한 열매를 건조한 후 가루로 한 것을 말한다.

(2) 실고추
가지과에 속하는 고추 또는 그 변종의 성숙한 열매를 건조한 후 실모양으로 절단한 것을 말한다.

5) 규격

(1) 수분(%) : 15.0 이하

(2) 회분(%) : 7.0 이하

(3) 산불용성회분(%) : 0.5 이하

(4) 위화물 : 불검출(전분, 겨, 탄산염, 식염, 당류 등)

(5) 곰팡이수(%) : 20 이하(하워드곰팡이계수장치에 의한 곰팡이 양성비율, 실고추는 제외한다)

(6) 타르색소 : 검출되어서는 아니된다.

21-6 향신료가공품

1) 정의

향신료가공품이라 함은 향신식물의 잎, 줄기, 열매, 뿌리 등을 단순가공한 것이거나 이에 식품 또는 식품첨가물을 혼합하여 가공한 것으로 다른 식품의 풍미를 높이기 위하여 사용하는 것을 말한다. 다만, 따로 식품별 기준 · 규격이 정하여진 식품은 제외한다.

2) 원료 등의 구비요건

3) 제조 · 가공기준

(1) 천연향신료는 향신식물 이외의 다른 식품이나 식품첨가물 등을 일체 혼합하여서는 아니된다.

(2) 향신료조제품 제조시 홍국색소를 사용할 수 없으며 또한 시트리닌이 검출되어서는 아니된다

4) 식품유형

(1) 천연향신료
향신식물을 분말 등으로 가공한 것을 말한다.

(2) 향신료조제품
천연향신료에 식품 또는 식품첨가물을 혼합하여 가공한 것을 말한다.

5) 규격

(1) 위화물 : 검출되어서는 아니된다(천연향신료제품에 한한다).

(2) 타르색소 : 검출되어서는 아니된다(다만, 고추냉이가공품 또는 겨자가공품은 제외한다).

(3) 대장균군 : 음성이어야 한다(살균제품에 한한다).

(4) 대장균 : 음성이어야 한다(다만, 살균제품 또는 건조제품은 제외한다).

(5) 곰팡이수(%) : 10 이하(하워드곰팡이 계수장치에 의한 곰팡이 양성비율, 고추 또는 고춧가루 함유제품에 한한다)

21-7 복합조미식품

1) 정의
복합조미식품이라 함은 식품에 당류, 식염, 향신료, 단백가수분해물, 효모 또는 그 추출물, 식품첨가물 등을 혼합하여 분말, 과립 또는 고형상 등으로 가공한 것으로 식품에 특유의 맛과 향을 부여하기 위해 사용하는 것을 말한다.

2) 원료 등의 구비요건

3) 제조 · 가공기준

4) 식품유형

5) 규격

(1) 수분(%) : 8.0 이하

(2) 타르색소 : 검출되어서는 아니된다.

(3) 대장균 : 음성이어야 한다.

(4) 바실러스 세레우스 : 1 g 당 10,000 이하

22. 드레싱

1) 정의
드레싱이라 함은 식품을 제조 · 가공 · 조리함에 있어 식품의 풍미를 돋우기 위한 목적으로 사용되는 것으로, 식용유, 식초 등을 주원료로 하여 식염, 당류, 향신료, 알류 또는 식품첨가물을 가하고 유화시키거나 분리액상으로 제조한 것 또는 이에 채소류, 과일류 등을 가한 것으로 드레싱, 마요네즈를 말한다.

2) 원료 등의 구비요건

3) 제조 · 가공기준

4) 식품유형

(1) 드레싱
드레싱 중에서 반고체상 또는 유화액상으로 균질하게 유화시킨 것 또는 분리액상인 것으로서 마요네즈가 아닌 것을 말한다.

(2) 마요네즈
난황 또는 전란을 사용하고 또한 식용유(식물성 식용유 65% 이상이어야 한다), 식초 또는 과즙, 난황, 난백, 단백가수분해물, 식염, 당류, 향신료, 조미료(아미노산 등), 산미료 및 산화방지제 등의 원료를 사용한 것을 말한다.

5) 규격

항목 \ 유형	드레싱	마요네
(1) 조지방(%)	10 이상	65 이상
(2) 대장균군	음성이어야 한다.	

23. 김치류

1) 정의
김치류라 함은 배추 등 채소류를 주원료로 하여 절임, 양념혼합공정을 거쳐 그대로 또는 발효시켜 가공한 것으로 김칫속, 배추김치 등을 말한다.

2) 원료 등의 구비요건

3) 제조 · 가공기준
원료로 사용되는 채소류는 이물이 제거될 수 있도록 충분히 세척하여야 한다.

4) 식품유형

(1) 김칫속
식물성 원료에 고춧가루, 당류, 식염 등을 가하여 혼합한 것으로 채소류 등에 첨가, 혼합하여 김치를 만드는데 사용하는 것을 말한다.

(2) 배추김치
배추를 주원료로 하여 절임, 양념혼합과정 등을 거쳐 그대로 또는 발효시킨 것이거나 이를 가공한 것을 말한다.

(3) 기타김치
채소류를 주원료로 하여 절임, 양념혼합과정 등을 거쳐 그대로 또는 발효시킨 것이거나 이를 가공한 것으로 배추김치 이외의 것을 말한다.

5) 규격

(1) 납 : 0.3 mg/kg 이하
(2) 카드뮴 : 0.2 mg/kg 이하
(3) 타르색소 : 검출되어서는 아니된다.
(4) 보존료 : 검출되어서는 아니된다.
(5) 대장균군 : 음성이어야 한다(살균포장제품에 한한다).

24. 젓갈류

1) 정의

젓갈류라 함은 어류, 갑각류, 연체동물류, 극피동물류 등의 전체 또는 일부분을 주원료로 하여 이에 식염을 가하여 발효 숙성한 것 또는 이를 분리한 여액에 다른 식품 또는 식품첨가물을 가하여 가공한 젓갈, 양념젓갈, 액젓, 조미액젓, 식해류를 말한다.

2) 원료 등의 구비요건

3) 제조 · 가공기준

(1) 젓갈류에는 증량을 목적으로 물(식염수 포함)을 가하여서는 아니된다(다만, 조미액젓은 제외한다).

(2) 창란젓 제조 시에는 훑기, 세척, 빛을 이용한 이물검사 공정을 반드시 거쳐야 한다.

(3) 용구류는 위생적으로 처리되어 녹이 슬지 않도록 하여야 한다.

4) 식품유형

(1) 젓갈

어류, 갑각류, 연체동물류, 극피동물류 등의 전체 또는 일부분을 주원료(생물로 기준할 때 60%이상이어야 한다)로 하여 식염을 가하여 발효 숙성시킨 것을 말한다.

(2) 양념젓갈

젓갈에 고춧가루, 조미료 등 양념을 첨가한 것을 말한다.

(3) 액젓

젓갈을 여과 · 분리한 액을 말한다.

(4) 조미액젓

액젓을 희석하여 염수나 조미료 등을 첨가한 것을 말한다.

(5) 식해류

어류, 갑각류, 연체동물류, 극피동물류 등의 전체 또는 일부분을 주원료(생물로 기준할 때 60%이상)로 하여 이에 식염 및 곡류 등을 가하여 발효 · 숙성시킨 것을 말한다.

5) 규격

(1) 총질소(%) : 액젓 1.0 이상(다만, 곤쟁이 액젓은 0.8 이상)
조미액젓 0.5 이상

(2) 대장균군 : 음성이어야 한다(다만, 액젓, 조미액젓에 한한다)

(3) 타르색소 : 검출되어서는 아니된다.

(4) 보존료(g/kg) : 다음에서 정하는 것 이외의 보존료가 검출되어서는 아니된다(다만, 식염함량이 8% 이하의 제품에 한한다).

소르빈산 소르빈산칼륨 소르빈산칼슘	1.0 이하(소르빈산으로서)

25. 절임식품

1) 정의

절임식품이란 함은 채소류, 과일류, 향신료, 야생식물류, 수산물 등을 주원료로 하여 식염, 식초, 당류 또는 장류 등에 절인 후 그대로 또는 이에 다른 식품을 가하여 가공한 절임류, 당절임을 말한다. 다만, 다른 식품유형이 정하여져 있는 식품은 제외한다.

2) 원료 등의 구비요건

3) 제조 · 가공기준

4) 식품유형

(1) 절임류

주원료를 식염, 장류, 식초 등에 절이거나 이를 혼합하여 조미 · 가공한 식염절임, 장류절임, 식초절임 등을 말한다.

(2) 당절임

주원료를 꿀, 설탕 등 당류에 절이거나 이에 식품 또는 식품첨가물을 가하여 가공한 것을 말한다. 수분함량이 10% 이하인 것은 건조당절임이라고 말한다.

5) 규격

(1) 세균수 : 음성이어야 한다(멸균제품에 한한다).

(2) 대장균군 : 음성이어야 한다(살균 또는 멸균제품에 한한다).

(3) 타르색소 : 검출되어서는 아니된다(다만, 밀봉 및 가열 살균 또는 멸균 처리한 오이절임, 생강절임, 매실절임식품 등은 제외한다).

(4) 이산화황(mg/kg) : 30.0 미만(건조당절임에 한한다)

(5) 보존료(g/kg) : 다음에서 정하는 것 이외의 보존료가 검출되어서는 아니된다.

보존료	기준
소르빈산 소르빈산칼륨 소르빈산칼슘	1.0 이하(소르빈산으로서, 다만, 당절임, 식초절임 제외) 0.5 이하[소르빈산으로서, 당절임(건조당절임 제외), 식초절임에 한함]
안식향산 안식향산나트륨 안식향산칼륨 안식향산칼슘	1.0 이하(안식향산으로서, 오이초절임에 한함)

(6) 바실러스 세레우스 : 1 g 당 10,000 이하(멸균제품 제외)

26. 조림식품

1) 정의

조림류라 함은 동 · 식물성원료를 주원료로 하여 식염, 장류, 당류 등을 첨가하고 가열하여 조리거나 볶은 것 또는 이를 조미 가공한 것을 말한다.

2) 원료 등의 구비요건

3) 제조 · 가공기준

4) 식품유형

(1) 농산물조림
농산물에 식염, 장류, 당류 등을 첨가하고 가열하여 조리거나 볶은 것을 말한다.

(2) 수산물조림
수산물에 식염, 장류, 당류 등을 첨가하고 가열하여 조리거나 볶은 것을 말한다.

(3) 축산물조림
축산물에 식염, 장류, 당류 등을 첨가하고 가열하여 조리거나 볶은 것을 말한다.

5) 규격

(1) 세균수 : 음성이어야 한다(멸균제품에 한한다).

(2) 대장균군 : 음성이어야 한다(살균 또는 멸균제품에 한한다).

(3) 타르색소 : 검출되어서는 아니된다.

(4) 보존료(g/kg) : 다음에서 정하는 것 이외의 보존료가 검출되어서는 아니된다.

소르빈산 소르빈산칼륨 소르빈산칼슘	1.0 이하(소르빈산으로서 다만, 팥 등 앙금류에 한한다)

(5) 바실러스 세레우스 : 1 g 당 10,000 이하(멸균제품 제외)

27. 주 류

주류라 함은 곡류, 서류, 과일류 및 전분질원료 등을 주원료로 하여 발효 등 제조 · 가공한 양조주, 증류주 등 주세법에서 규정한 주류를 말한다.

27-1 탁주

1) 정의
전분질 원료와 국을 주원료로 하여 발효시킨 술덧(주요)을 혼탁하게 제성한 것을 말한다.

2) 원료 등의 구비요건

3) 제조 · 가공기준

4) 식품유형

5) 규격

(1) 에탄올(v/v%) : 주세법의 규정에 의한다.

(2) 총산(w/v%) : 0.5 이하(초산으로서)

(3) 메탄올(mg/mL) : 0.5 이하

(4) 진균수 : 음성이어야 한다(다만, 살균제품에 한한다).

(5) 보존료(g/L) : 다음에서 정하는 것 이외의 보존료가 검출되어서는 아니된다.

파라옥시안식향산부틸	0.05 이하

27-2 약주

1) 정의

약주라 함은 전분질 원료와 국을 주원료로 하여 발효시킨 술덧(주요)을 여과하여 제성한 것을 말한다.

2) 원료 등의 구비요건

3) 제조 · 가공기준

4) 식품유형

5) 규격

(1) 에탄올(v/v%) : 주세법의 규정에 의한다.

(2) 총산(w/v%) : 0.7 이하(초산으로서)

(3) 메탄올(mg/mL) : 0.5 이하

(4) 진균수 : 음성이어야 한다(다만, 살균제품에 한한다).

(5) 보존료(g/L) : 다음에서 정하는 것 이외의 보존료가 검출되어서는 아니된다.

파라옥시안식향산부틸	0.05 이하

27-3 청주

1) 정의

청주라 함은 전분질 원료와 국을 주원료로 하여 발효시킨 술덧(주요)을 여과 제성한 것 또는 발효 제성과정에 주류 등을 첨가한 것을 말한다.

2) 원료 등의 구비요건

3) 제조 · 가공기준

4) 식품유형

5) 규격

(1) 에탄올(v/v%) : 주세법의 규정에 의한다.

(2) 총산(w/v%) : 0.3 이하(호박산으로서)

(3) 메탄올(mg/mL) : 0.5 이하

27-4 맥주

1) 정의

맥주라 함은 맥아 또는 맥아와 전분질원료, 호프 등을 주원료로 하여 발효시켜 여과 제성한 것을 말한다.

2) 원료 등의 구비요건

3) 제조 · 가공기준

4) 식품유형

5) 규격

(1) 에탄올(v/v%) : 주세법의 규정에 의한다.

(2) 메탄올(mg/mL) : 0.5 이하

27-5 과실주

1) 정의

과실주라 함은 과실 또는 과즙을 주원료로 하여 발효시킨 술덧(주요)을 여과 제성한 것 또는 발효 과정에 과실, 당질 또는 주류 등을 첨가한 것을 말한다.

2) 원료 등의 구비요건

3) 제조 · 가공기준

4) 식품유형

5) 규격

(1) 에탄올(v/v%) : 주세법의 규정에 의한다.

(2) 메탄올(mg/mL) : 1.0 이하

(3) 보존료(g/L) : 다음에서 정하는 것 이외의 보존료가 검출되어서는 아니된다.

소르빈산 소르빈산칼륨 소르빈산칼슘	0.2 이하(소르빈산으로서)
파라옥시안식향산부틸	0.05 이하

27-6 소주

1) 정의

소주라 함은 전분질원료, 국을 원료로 하여 발효시켜 증류제성한 것 또는 주정을 물로 희석하거나 이에 주류나 곡물주정을 첨가한 것을 말한다.

2) 원료 등의 구비요건

3) 제조 · 가공기준

4) 식품유형

5) 규격

(1) 에탄올(v/v%) : 주세법의 규정에 의한다.

(2) 메탄올(mg/mL) : 0.5 이하

(3) 알데히드(mg/100mL) : 70.0 이하

27-7 위스키

1) 정의

위스키라 함은 발아된 곡류 또는 이에 곡류를 넣어 발효시킨 술덧(주요)을 증류하여 나무통에 넣어 저장한 것이나 또는 이에 주류 등을 첨가한 것을 말한다.

2) 원료 등의 구비요건

3) 제조 · 가공기준

4) 식품유형

5) 규격

(1) 에탄올(v/v%) : 주세법의 규정에 의한다.

(2) 메탄올(mg/mL) : 0.5 이하

(3) 알데히드(mg/100 mL) : 70.0 이하

27-8 브랜디

1) 정의

브랜디라 함은 과실(과즙 포함) 또는 이에 당질을 넣어 발효시킨 술덧(주요)이나 과실주(과실주박 포함)를 증류하여 나무통에 넣어 저장한 것 또는 이에 주류 등을 첨가한 것을 말한다.

2) 원료 등의 구비요건

3) 제조 · 가공기준

4) 식품유형

5) 규격

(1) 에탄올(v/v%) : 주세법의 규정에 의한다.

(2) 메탄올(mg/mL) : 1.0 이하

(3) 알데히드(mg/100mL) : 70.0 이하

27-9 일반증류주

1) 정의

일반증류주라 함은 전분질 또는 당분질을 주원료로 하여 발효, 증류한 것, 또는 증류주를 혼합한 것으로서 주정, 소주, 위스키, 브랜디 이외의 주류로서 주세법에서 규정한 것을 말한다.

2) 원료 등의 구비요건

3) 제조 · 가공기준

4) 식품유형

5) 규격

(1) 에탄올(v/v%) : 주세법의 규정에 의한다.

(2) 메탄올(mg/mL) : 0.5 이하

(3) 알데히드(mg/100mL) : 70.0 이하

27-10 리큐르

1) 정의

리큐르라 함은 전분질 또는 당분질을 주원료로 하여 발효시켜 증류한 주류에 인삼, 과실(포도 등 발효시킬 수 있는 과실제외) 등을 침출시킨 것이거나 발효 증류 제성과정에 인삼, 과실(포도 등 발효시킬 수 있는 과실제외)의 추출액을 첨가한 것, 또는 주정, 소주, 일반증류주의 발효, 증류, 제성과정에 주세법에서 정한 물료를 첨가한 것을 말한다.

2) 원료 등의 구비요건

3) 제조 · 가공기준

4) 식품유형

5) 규격

(1) 에탄올(v/v%) : 주세법의 규정에 의한다.

(2) 메탄올(mg/mL) : 1.0 이하

27-11 기타 주류

1) 정의

기타 주류라 함은 따로 기준 및 규격이 제정되지 아니한 주류로서 주세법에서 규정한 것을 말한다.

2) 원료 등의 구비요건

3) 제조 · 가공기준

4) 식품유형

5) 규격

(1) 에탄올(v/v%) : 주세법의 규정에 의한다.

(2) 메탄올(mg/mL) : 1.0 이하

28. 건포류

1) 정의

건포류라 함은 어 · 패류 등의 수산물을 건조한 것이거나 이를 조미 등으로 가공한 조미건어포류, 건어포류, 기타건포류에 적용한다.

2) 원료 등의 구비요건

(1) 원료 어패류는 5℃이하에서 보존하여야 한다.

(2) 원료 어패류는 인체에 해로운 수준의 자연독이 함유된 것을 사용해서는 아니된다.

3) 제조 · 가공기준

(1) 필요시 적절히 살균 또는 멸균처리하여야 하고 제품을 깨끗하고 위생적인 포장용기 또는 포장재로 포장하여야 한다.

4) 식품유형

(1) 조미건어포류
어육 또는 패육 등을 조미 · 건조 등으로 가공한 것을 말한다.

(2) 건어포류
어육 또는 패육 등을 건조한 것이거나 이를 절단한 것을 말한다.

(3) 기타 건포류
식품유형 (1)~(2)에 정하여지지 아니한 것을 말한다.

5) 규격

(1) 이산화황(g/kg) : 0.03 미만

(2) 대장균 : 음성이어야 한다(다만, 조미건어포류에 한한다).

29. 기타 식품류

기타 식품류라 함은 1. 과자류 내지 28. 건포류의 식품군에 해당되지 아니하는 식품으로서 다음에서 정하는 식품을 말한다.

29-1 땅콩 또는 견과류 가공품

1) 정의

땅콩 또는 견과류가공품이라 함은 땅콩 또는 견과류를 단순가공하거나, 이에 다른 식품 또는 식품첨가물을 가하여 가공한 땅콩버터, 견과류가공품을 말한다.

2) 원료 등의 구비요건

3) 제조 · 가공기준

4) 식품유형

(1) 땅콩버터

땅콩을 볶아 분쇄하여 식품, 식품첨가물을 가하여 가공한 것을 말한다.

(2) 견과류 가공품

견과류를 주원료로 하여 설탕, 식용유 등의 식품이나 식품첨가물을 가하여 가공한 것을 말한다.

5) 규격

(1) 아플라톡신(μg/kg) : 10 이하(B1으로서)

29-2 캡슐류

1) 정의

캅셀류라 함은 젤라틴, 글리세린 등과 같은 식품첨가물 및 식품을 원료로 하여 성형한 것을 말한다.

2) 원료 등의 구비요건

3) 제조 · 가공기준

4) 식품유형

5) 규격

(1) 붕해시험 : 적합하여야 한다.

(2) pH : 3.0~7.5

(3) 비소(mg/kg) : 1.5 이하

(4) 중금속(mg/kg) : 50 이하

(5) 보존료(g/kg) : 다음에서 정하는 것 이외의 보존료가 검출되어서는 아니된다.

파라옥시안식향산메틸 파라옥시안식향산부틸 파라옥시안식향산에틸 파라옥시안식향산이소부틸 파라옥시안식향산이소프로필 파라옥시안식향산프로필	1.0 이하(파라옥시안식향산으로서)

29-3 전분

1) 정의

전분질 원료를 사용하여 마쇄, 사별, 분리 등의 과정을 거쳐 얻은 분말을 말한다.

2) 원료 등의 구비요건

3) 제조 · 가공기준

(1) 종류가 다른 전분은 일절 혼합할 수 없다.

4) 식품유형

(1) 전분

감자, 고구마의 전분질원료를 사용하여 마쇄, 분리 등의 과정을 거쳐 얻은 분말을 말한다.

(2) 기타전분

식품유형 (1)에 정하여지지 아니한 전분을 말한다.

5) 규격

(1) 수분(%)

① 감자전분 : 20.0 이하
② 고구마전분 : 18.0 이하
③ 기타전분 : 15.0 이하

(2) 회분(%) : 0.4 이하

(3) 산도(0.02 N 수산화나트륨액의 소비량) : 3 mL 이하

29-4 과 · 채가공품류

1) 정의

과 · 채가공품류라 함은 과일류 또는 채소류를 주원료로 하여 제조 · 가공하거나 이에 식품 또는 식품첨가물을 가하여 가공한 과 · 채가공품, 과 · 채퓨레 · 페이스트를 말한다(다만, 따로 기준 · 규격이 정하여져 있는 식품은 그 기준 · 규격에 의한다).

2) 원료 등의 구비요건

3) 제조 · 가공기준

4) 식품유형

(1) 과 · 채가공품

단순과 · 채가공품 혹은 과일류 · 채소류를 주원료로 하여 식품 또는 식품첨가물을 첨가하여 제조가공한 제품을 말한다.

(2) 과 · 채퓨레 · 페이스트

과실류 또는 채소류를 으깨거나 갈은 것 또는 이를 농축 등 가공한 것을 말한다.

5) 규격

항목 \ 유형	과 · 채가공품	과 · 채퓨레 · 페이스트
(1) 무염가용성 고형분(%)	–	8이상~24미만 (다만, 과 · 채 페이스트는 24이상)
(2) 대장균	음성이어야 한다.	음성이어야 한다.
(3) 타르색소	검출되어서는 아니된다.	검출되어서는 아니된다.

29-5 조미김

1) 정의

조미김이라 함은 마른김(얼구운김 포함)을 유처리하거나 하지 않고 조미료, 식염 등으로 조미 · 가공한 것을 말한다.

2) 원료 등의 구비요건

3) 제조 · 가공기준

4) 식품유형

5) 규격

(1) 산가 : 4.0 이하(유처리한 김에 한한다)

(2) 과산화물가 : 60.0 이하(유처리한 김에 한한다)

(3) 타르색소 : 검출되어서는 아니된다

29-6 튀김식품

1) 정의

튀김식품이라 함은 식품을 유지에 튀긴 것 또는 유처리한 것으로서 본 공전에서 따로 기준 및 규격이 제정된 식품이외의 것을 말한다.

2) 원료 등의 구비요건

3) 제조 · 가공기준

4) 식품유형

5) 규격

(1) 산가 : 5.0 이하

(2) 과산화물가 : 60.0 이하

(3) 허용외 타르색소 : 검출되어서는 아니된다

29-7 벌꿀

1) 정의

벌꿀이라 함은 꿀벌들이 꽃꿀을 채집하여 벌집에 저장한 것을 채밀한 것으로, 채밀 후 화분, 로얄젤리, 당류, 감미료 등 일절 다른 물질을 첨가하지 아니한 것을 말한다.

2) 원료 등의 구비요건

3) 제조 · 가공기준

4) 식품유형

5) 규격

(1) 수분(%) : 21.0 이하

(2) 물불용물(%) : 0.5 이하

(3) 산도(meq/kg) : 40.0 이하

(4) 전화당(%) : 65.0 이상

(5) 자당(%) : 7.0 이하

(6) 히드록시메틸푸르푸랄(mg/kg) : 80.0 이하

(7) 타르색소 : 검출되어서는 아니된다.

(8) 인공감미료 : 검출되어서는 아니된다.

(9) 이성화당 : 음성이어야 한다.

29-8 모조치즈

1) 정의

모조치즈라 함은 식용유지와 식물성 단백 또는 이들의 가공품을 주원료로 하여 이에 식품 또는 식품첨가물을 가하여 유화시켜 제조한 것을 말한다.

2) 원료 등의 구비요건

3) 제조 · 가공기준

4) 식품유형

5) 규격

(1) 대장균군 : 음성이어야 한다.

(2) 허용 외 타르색소 : 검출되어서는 아니된다.

6) 시험방법

(1) 대장균군

제 10. 일반시험법 8. 미생물시험법 5) 대장균군에 따라 시험한다.

(2) 허용외 타르색소

제 10. 일반시험법 5. 착색료시험법에 따라 시험한다.

29-9 식물성크림

1) 정의

식물성크림이라 함은 식물성유지를 주원료로 하여 이에 당류 등 식품 또는 식품첨가물을 가하여 가공한 것으로서 케이크나 빵의 충전, 장식 또는 커피나 식품의 맛을 증진 등을 위하여 사용하는 것을 말한다.

2) 원료 등의 구비요건

3) 제조 · 가공기준

4) 식품유형

5) 규격

(1) 수분(%) : 8.0 이하(분말제품에 한한다)

(2) 대장균군 : 음성이어야 한다.

29-10 추출가공식품

1) 정의

추출가공식품이라 함은 식용동물성소재를 주원료로 하여 물로 추출한 것이거나 이에 식품 또는 식품첨가물 등 부원료를 가하여 가공한 것을 말한다. 다만, 따로 기준 및 규격이 정하여진 것은 제외한다.

2) 원료 등의 구비요건

3) 제조 · 가공기준

(1) 추출시 적절한 여과공정을 거쳐야 한다.

(2) 액상, 시럽상 또는 페이스트상 제품의 경우 제품의 특성에 따라 적절한 방법으로 살균하여야 한다.

4) 식품유형

(1) 추출식품 : 단일원료 또는 혼합원료를 그대로 추출한 것이나 이들 추출물을 단순혼합한 것을 말한다.

(2) 추출가공식품 : 추출식품에 식품 또는 식품첨가물 등 부원료를 가하여 가공한 것을 말한다.

5) 규격

(1) 타르색소 : 검출되어서는 아니된다.

(2) 세균수 : 1 mL당 100 이하이어야 한다(직접 음용하는 제품에 한한다).

(3) 대장균군 : 음성이어야 한다(살균제품이나 직접 음용하는 제품에 한한다).

(4) 대장균 : 음성이어야 한다(다만, 살균제품이나 직접 음용하는 제품은 제외한다).

29-11 팝콘용옥수수가공품

1) 정의

팝콘용옥수수가공품이라 함은 옥수수를 주원료로 하여 식염, 식용유지, 버터 또는 식품첨가물 등을 가하여 혼합가공한 것으로 팽화시켜 섭취하는 것을 말한다.

2) 원료 등의 구비요건

3) 제조 · 가공기준

4) 식품유형

5) 규격

(1) 허용 외 타르색소 : 검출되어서는 아니된다.

(2) 아플라톡신(μg/kg) : 10.0 이하(B1으로서)

29-12 식염

1) 정의

식염이라 함은 해수나 암염 등으로부터 얻은 염화나트륨이 주성분인 결정체를 재처리하거나 가공 또는 해수를 정제 · 결정화하여 식품의 제조, 가공, 조리, 저장 등의 원료나 직접 식용에 사용되는 것을 말한다.

2) 원료 등의 구비요건

3) 제조 · 가공기준

4) 식품유형

(1) 재제소금(재제조소금)
원료 소금(100%)을 용해, 탈수, 건조 등의 과정을 거쳐 다시 재결정화시켜 제조한 소금을 말한다.

(2) 태움 · 용융소금
원료 소금(100%)을 태움 · 용융 등의 방법으로 그 원형을 변형한 소금을 말한다. 다만, 원료 소금을 세척, 분쇄, 압축의 방법으로 가공한 것은 제외한다.

(3) 정제소금
해수를 이온교환막에 전기 투석시켜 정제한 농축함수를 증발관에 넣어 제조한 소금을 말한다.

(4) 가공소금
재제소금, 정제소금, 태움 · 용융소금(95%이상)에 식품 또는 식품첨가물을 가하여 가공한 소금을 말한다.

5) 규격

항목 \ 유형	재제소금	태움 · 용융소금	정제소금	가공소금
(1) 염화나트륨(%)	88.0 이상	88.0 이상	95.0 이상	93.0 이상
(2) 총염소(%)	54.0 이상	50.0 이상	58.0 이상	56.0 이상
(3) 수분(%)	9.0 이하	4.0 이하	4.0 이하	5.5 이하
(4) 불용분(%)	0.02 이하	3.0 이하	0.02 이하	-
(5) 황산이온(%)	0.8 이하	1.5 이하	0.4 이하	1.5 이하
(6) 사분(%)	-	0.1 이하	-	-
(7) 비소(mg/kg)	0.5 이하	0.5 이하	0.5 이하	0.5 이하
(8) 납(mg/kg)	2.0 이하	2.0 이하	2.0 이하	2.0 이하
(9) 카드뮴(mg/kg)	0.5 이하	0.5 이하	0.5 이하	0.5 이하
(10) 수은(mg/kg)	0.1 이하	0.1 이하	0.1 이하	0.1 이하
(11) 페로시안화이온(g/kg)	0.010 이하	0.010 이하	0.010 이하	0.010 이하

29-13 밀가루

1) 정의

밀가루라 함은 식용 밀을 사용하여 선별, 가수, 분쇄, 분리 등의 과정을 거쳐 얻은 분말 또는 이에 식품 또는 식품첨가물을 가한 것을 말한다.

2) 원료 등의 구비요건

3) 제조 · 가공기준

4) 식품유형

(1) 밀가루

① 강력 밀가루 : 경질밀을 주원료로 사용하여 제조한 밀가루를 말한다.
② 중력 밀가루 : 경질밀과 연질밀 원료를 사용하여 제조한 밀가루를 말한다.
③ 박력 밀가루 : 연질밀을 주원료로 사용하여 제조한 밀가루를 말한다.

(2) 영양강화 밀가루

밀가루에 영양강화와 관련된 식품 및 식품첨가물을 첨가한 밀가루를 말한다.

(3) 기타 밀가루

식품유형 (1)~(2)에 정하여지지 아니한 전립밀가루, 혼합밀가루, 세몰리나 등을 말한다.

5) 규격

항목 \ 구분	밀가루(강력, 중력, 박력)			영양강화 밀가루	기타 밀가루
	1등급	2등급	3등급		
(1) 성상	고유의 색택을 가진 분말로 이미·이취가 없어야 한다.			고유의 색택을 가진 분말로 이미·이취가 없어야 한다.	고유의 색택을 가진 분말 및 굵은 입자로 이미·이취가 없어야 한다.
(2) 수분(%)	15.5 이하				
(3) 회분(%)	0.6이하	0.9이하	1.6이하	2.0 이하	2.0 이하
(4) 사분(%)	0.03 이하				

29-14 찐쌀

1) 정의

찐쌀이라 함은 벼를 증자·건조하여 도정한 것이거나, 쌀을 증자하여 건조한 것을 말한다.

2) 원료 등의 구비요건

3) 제조·가공기준

4) 식품유형

5) 규격

(1) 아플라톡신(μg/kg) : 10.0 이하(B1으로서)

(2) 이산화황(mg/kg) : 30.0 미만

(3) 납(mg/kg) : 0.2 이하

(4) 카드뮴(mg/kg) : 0.2 이하

29-15 생식류

1) 정의

생식류라 함은 동·식물성 원료를 주원료로 하여 건조 등 가공처리하여 분말, 과립, 바, 페이스트, 겔상, 액상 등으로 제조한 것으로 이를 그대로 또는 물 등과 혼합하여 섭취할 수 있도록 한 것을 말한다. 다만, 따로 기준 · 규격이 정하여져 있는 식품은 그 기준 · 규격에 의한다.

2) 원료 등의 구비요건

(1) 원료는 이물이 함유되지 아니한 것으로서 품질이 양호하고 변질되지 아니한 것이어야 한다.

(2) 사용하는 식품 또는 식품첨가물은 품질변화나 이물의 혼입을 방지할 수 있는 적절한 방법으로 보관 관리하여야 한다.

3) 제조 · 가공기준

(1) 생식제품의 원료 건조는 영양소의 파괴, 효소의 불활성화, 전분의 호화 등이 최소화되도록 동결건조, 자연건조, 60℃이하의 송풍건조 등으로 하여야 한다.

(2) 분말화는 쇳가루 등의 이물 혼입이 아니되고 마찰열에 의한 영양소 파괴를 최소화할 수 있도록 하여야 한다.

4) 식품유형

(1) 생식제품

동 · 식물성 원료를 영양소의 파괴, 효소의 불활성화, 전분의 호화 등이 최소화되도록 건조한 생식원료가 80% 이상 함유하도록 가공한 제품을 말한다.

(2) 생식함유제품

동 · 식물성 원료를 영양소의 파괴, 효소의 불활성화, 전분의 호화 등이 최소화되도록 건조한 생식원료가 50% 이상 함유하도록 가공한 제품을 말한다.

5) 규격

(1) 수분(%) : 8.0 이하(페이스트, 액상, 겔 제외)

(2) 클로스트리디움 퍼프린젠스 : 1 g 당 100 이하

(3) 바실러스 세레우스 : 1 g 당 1,000 이하

(4) 대장균 : 음성이어야 한다.

29-17 얼음류

1) 정의

얼음류라 함은 식품의 제조 · 가공 · 조리 · 저장 등에 사용하거나 그대로 먹을 수 있도록 먹는물을 냉동한 것을 말한다.

2) 원료 등의 구비요건

3) 제조 · 가공기준

4) 식품유형

(1) 식용얼음

식품의 제조 · 가공 · 조리 등에 직접 사용하거나 그대로 먹기 위하여 먹는물을 얼린 얼음을 말한다.

(2) 어업용얼음

어패류 등의 저장 및 보존을 위하여 사용하는 얼음을 말한다.

5) 규격

항목 \ 구분	식용얼음	어업용 얼음
(1) 염소이온(mg/L)	250 이하	-
(2) 질산성질소(mg/L)	10.0 이하	-
(3) 암모니아성질소(mg/L)	0.5 이하	-
(4) 과망간산칼륨소비량(mg/L)	10.0 이하	-
(5) pH	5.8~8.5	5.8~8.5
(6)증발잔류물(mg/L)	-	1,500 이하
(7) 세균수	1 mL 당 100 이하	1 mL당 100 이하
(8) 대장균군	50 mL중 음성이어야 한다.	50 mL중 음성이어야 한다.

29-18 즉석섭취 · 편의식품류

1) 정의

즉석섭취 · 편의식품류라함은 소비자가 별도의 조리과정 없이 그대로 또는 단순조리과정을 거쳐 섭취할 수 있도록 제조 · 가공 · 포장한 즉석섭취 식품, 즉석조리식품, 신선편의식품을 말한다.(단, 따로 기준 및 규격이 정하여져 있는 식품은 그 기준 · 규격에 의한다.)

2) 식품유형

(1) 즉석섭취식품

동 · 식물성 원료를 식품이나 식품첨가물을 가하여 제조 · 가공한 것으로서 더 이상의 가열, 조리과정 없이 그대로 섭취 할 수 있는 김밥, 햄버거, 선식 등의 식품을 말한다.

(2) 즉석조리식품

동 · 식물성 원료를 식품이나 식품첨가물을 가하여 제조 · 가공한 것으로서 단순가열 등의 조리과정을 거치거나 이와 동등한 방법을 거쳐 섭취 할 수 있는 국, 탕, 스프 등의 식품을 말한다.

(3) 신선편의식품

농 · 임산물을 세척, 박피, 절단 또는 세절 등의 가공공정을 거치거나 이에 단순히 식품 또는 식품첨가물을 가한 것으로서 그대로 섭취할 수 있는 샐러드, 새싹채소 등의 식품을 말한다.

3) 규격

(1) 대장균 : 음성이어야한다. (즉석섭취식품, 신선편의식품에 한한다.)

(2) 세균수 : 100,000/g이하 (즉석조리식품에 한한다.)

(3) 황색포도상구균 : 음성이어야한다.

(4) 살모넬라 : 음성이어야한다.

(5) 장염비브리오균 : 음성이어야한다.

(6) 바실러스 세레우스 : 1,000/g이하 (즉석섭취식품, 신선편의식품에 한한다.)

2장 건강기능식품의 개별 기준 및 규격

Ⅱ.1 영양소

Ⅱ.1.1 비타민 및 무기질(또는 미네랄)

1) 비타민과 무기질 제품은 일상식사에서 부족 될 수 있는 비타민과 무기질을 보충하는 것이 목적이므로 식사를 대용하거나 다른 성분의 섭취가 목적이 되어서는 아니 되며, 캡슐, 정제, 분말, 과립, 액상, 환 등으로 한번에 섭취하기 편한 형태로 제조되어야 한다.

2) 각각의 비타민과 무기질 개별 또는 혼합된 형태로 제조 · 가공할 수 있다.

3) 비타민과 무기질의 최소함량은 영양소기준치(별표2)의 30% 이상으로 한다. 다만 섭취 대상을 특별히 정하는 경우에는 한국인 영양섭취기준(별표3)에서 정한 대상 연령군의 권장섭취량의 30% 이상이어야 하며, 대상 연령군에 해당하는 권장섭취량이 2개 이상인 경우 그 중 높은 값을 사용한다.

4) 비타민과 무기질의 과잉섭취로부터 안전성을 확보하기 위해 설정된 최대함량기준은 최종제품의 표시량에 대한 임의기준으로 적용한다.

5) 영양소기준치의 30% 이상을 함유하고 있는 영양소의 경우에는 영양정보란에 모두 표시하여야 하나 표시한 영양소의 기능성내용을 모두 표시할 필요는 없다.

6) 이 공전은 비타민과 무기질 제품의 제조 · 가공에 사용할 수 있는 각 원료의 목록을 제시하며, 해당 원료의 기준 및 규격은 식품 또는 식품첨가물의 기준 및 규격을 적용한다.

Ⅱ.1.1.1 비타민 A

1) 제조기준

(1) 원료

(가) 레티닐 팔미트산염(Retinyl Palmitate)

(나) 레티닐 아세트산염(Retinyl Acetate)

※ 식품첨가물공전에 등재되어 있는 분말비타민 A(Dry Formed Vitamin A) 또는 유성비타민 A 지방산에스테르(Vitamin A in Oil)의 형태로 사용

(다) 식품원료를 사용하여 비타민 A를 보충할 수 있도록 제조 · 가공한 것

(2) 비타민 A 보충의 목적으로 비타민 A 원료와 베타카로틴 원료를 혼합하여 사용할 수 있음. 이 때 최소함량기준은 비타민 A와 베타카로틴의 합으로 적용하며, 최대함량기준은 각각 별도로 적용함

(3) 베타카로틴의 비타민 A 전환계수는 1/2을 적용함(다만, 1.2. 1). (1). (다) 식품원료를 분말화 하거나 물 또는 주정으로 단순히 추출하여 베타카로틴을 보충할 수 있도록 제조 · 가공한 것의 경우 1/6을 적용함)

2) 규격

(1) 성상 : 고유의 색택과 향미를 가지며 이미 · 이취가 없어야 함

(2) 비타민 A : 표시량의 80 ~ 150%

(3) 대장균군 : 음성

3) 제품의 요건

(1) 기능성 내용
(가) 어두운 곳에서 시각 적응을 위해 필요
(나) 피부와 점막을 형성하고 기능을 유지하는데 필요
(다) 상피세포의 성장과 발달에 필요

(2) 일일 섭취량 : 210 ~ 1,000μg RE

Ⅱ.1.1.2 베타카로틴

1) 제조기준

(1) 원료
(가) 식용조류(藻類)(두나리엘라, 클로렐라, 스피루리나 등), 녹엽식물(종자, 과실포함), 당근으로부터 베타카로틴을 추출하여 식용에 적합하게 유(oil)상으로 가공한 것
(나) 합성 베타카로틴
(다) 식품원료를 분말화 하거나 물 또는 주정으로 단순히 추출하여 베타카로틴을 보충할 수 있도록 제조 · 가공한 것

2) 규격

(1) 성상 : 고유의 색택과 향미를 가지며 이미 · 이취가 없어야 함

(2) 베타카로틴 : 표시량의 80 ~ 150%

(3) 대장균군 : 음성

3) 제품의 요건

(1) 기능성 내용
(가) 어두운 곳에서 시각 적응을 위해 필요
(나) 피부와 점막을 형성하고 기능을 유지하는데 필요
(다) 상피세포의 성장과 발달에 필요

(2) 일일 섭취량 :
(가) 1). (1). (가) 및 (나)의 경우 : 0.42 ~ 7mg
(나) 1). (1). (다)의 경우 : 1.26mg 이상

Ⅱ.1.1.3 비타민 D

1) 제조기준

(1) 원료
(가) 비타민 D2(Ergocalciferol)
(나) 비타민 D3(Cholecalciferol)
(다) 식품원료를 사용하여 비타민 D를 보충할 수 있도록 제조 · 가공한 것

2) 규격

(1) 성상 : 고유의 색택과 향미를 가지며 이미 · 이취가 없어야 함

(2) 비타민 D : 표시량의 80 ~ 180%

(3) 대장균군 : 음성

3) 제품의 요건

(1) 기능성 내용
(가) 칼슘과 인이 흡수되고 이용되는데 필요
(나) 뼈의 형성과 유지에 필요

(2) 일일 섭취량 : 1.5 ~ 10μg

Ⅱ.1.1.4 비타민 E

1) 제조기준

(1) 원료
(가) D-알파-토코페롤(D-α -Tocopherol)
※ 식품첨가물공전에 등재되어 있는 D-알파-토코페롤 (D-α -Tocopherol Concentrate)과 D-토코페롤 Concentrate (D-Tocopherol Concentrate, Mixed)의 형태로 사용
(나) DL-알파-토코페롤(DL-α -Tocopherol)
(다) D-알파-토코페릴 에시드 호박산(D-α -Tocopheryl Acid Succinate)
(라) D-알파-토코페릴 초산염(D-α -Tocopheryl Acetate)
(마) DL-알파-토코페릴 초산염(DL-α -Tocopheryl Acetate)
(바) 식품원료를 사용하여 비타민 E를 보충할 수 있도록 제조 · 가공한 것

(2) 전환계수
(가) DL-로 표시되는 합성 토코페롤은 절반의 활성을 가지므로 1). (1). (나) 및 (마)의 경우 1/2 전환계수를 적용함
(나) 식품에 함유되어 있는 비타민 E는 활성이 각각 다른 α , β , γ , δ 의 4가지 형태로 존재하므로 1). (1). (바)의 경우 다음 식에 따라 전환계수를 적용하여 비타민 E 함량을 산출함
※비타민 E 함량(mg α -TE) = 1.0×(α -tocopherol) + 0.5×(mg β -tocopherol) + 0.1×(mg γ -tocopherol) + 0.03×(mg δ -tocopherol)

2) 규격

(1) 성상 : 고유의 색택과 향미를 가지며 이미 · 이취가 없어야 함

(2) 비타민 E : 표시량의 80 ~ 150%

(3) 대장균군 : 음성

3) 제품의 요건

(1) 기능성 내용
유해산소로부터 세포를 보호하는데 필요

(2) 일일 섭취량 : 3 ~ 400mg α -TE

Ⅱ.1.1.5 비타민 K

1) 제조기준

(1) 원료
(가) 비타민 K1(Phylloquinone, Phytonadione)
(나) 식품원료를 사용하여 비타민 K를 보충할 수 있도록 제조 · 가공한 것

2) 규격

(1) 성상 : 고유의 색택과 향미를 가지며 이미 · 이취가 없어야 함

(2) 비타민 K : 표시량의 80 ~ 180%

(3) 대장균군 : 음성

3) 제품의 요건

(1) 기능성 내용
(가) 정상적인 혈액응고에 필요
(나) 뼈의 구성에 필요

(2) 일일 섭취량 : 16.5 ~ 1000μg

Ⅱ.1.1.6 비타민 B1

1) 제조기준

(1) 원료
(가) 디벤조일티아민(Dibenzoyl Thiamine)
(나) 디벤조일티아민염산염(Dibenzoyl Thiamine Hydrochloride)
(다) 비타민 B1나프탈린-1,5-디설폰산염 (Thiamine Naphthalene-1,5-Disulfonate)
(라) 비타민 B1나프탈린-2,6-디설폰산염(Thiamine Naphthalene-2,6-Disulfonate)
(마) 비타민 B1라우릴황산염(Thiamine Dilaurylsulfate)
(바) 비타민 B1로단산염(Thiamine Thiocyanate)
(사) 비타민 B1염산염(Thiamine Hydrochloride)
(아) 비타민 B1질산염(Thiamine Mononitrate)
(자) 비타민 B1프탈린염(Thiamine Phenolphthalinate)
(차) 식품원료를 사용하여 비타민 B1을 보충할 수 있도록 제조 · 가공한 것

2) 규격

(1) 성상 : 고유의 색택과 향미를 가지며 이미 · 이취가 없어야 함

(2) 비타민 B1 : 표시량의 80 ~ 180%

(3) 대장균군 : 음성

3) 제품의 요건

(1) 기능성 내용
탄수화물과 에너지 대사에 필요

(2) 일일 섭취량 : 0.3 ~ 100mg

Ⅱ.1.1.7 비타민 B2

1) 제조기준

(1) 원료
(가) 비타민 B2(Riboflavin)
(나) 비타민 B2인산에스테르나트륨 (리보플라빈 5'-인산에스테르나트륨, Riboflavin 5'-Phosphate Sodium)
(다) 식품원료를 사용하여 비타민 B2를 보충할 수 있도록 제조 · 가공한 것

2) 규격

(1) 성상 : 고유의 색택과 향미를 가지며 이미 · 이취가 없어야 함

(2) 비타민 B2 : 표시량의 80 ~ 180%

(3) 대장균군 : 음성

3) 제품의 요건

(1) 기능성 내용
체내 에너지 생성에 필요

(2) 일일 섭취량 : 0.36 ~ 40mg

Ⅱ.1.1.8 나이아신

1) 제조기준

(1) 원료
(가) 니코틴산(Nicotinic Acid, Niacin)
(나) 니코틴산아미드(Nicotinamide, Niacinamide)
(다) 식품원료를 사용하여 나이아신을 보충할 수 있도록 제조 · 가공한 것

2) 규격

(1) 성상 : 고유의 색택과 향미를 가지며 이미 · 이취가 없어야 함

(2) 나이아신 : 표시량의 80 ~ 150%

(3) 대장균군 : 음성

3) 제품의 요건

(1) 기능성 내용
체내 에너지 생성에 필요

(2) 일일 섭취량
(가) 니코틴산인 경우 : 3.9 ~ 23mg

(나) 니코틴산아미드인 경우 : 3.9 ~ 670mg

Ⅱ.1.1.9 판토텐산

1) 제조기준

(1) 원료
(가) 판토텐산나트륨(Sodium Pantothenate)
(나) 판토텐산칼슘(Calcium Pantothenate)
(다) 식품원료를 사용하여 판토텐산을 보충할 수 있도록 제조 · 가공한 것

2) 규격

(1) 성상 : 고유의 색택과 향미를 가지며 이미 · 이취가 없어야 함

(2) 판토텐산 : 표시량의 80 ~ 180%

(3) 대장균군 : 음성

3) 제품의 요건

(1) 기능성 내용
지방, 탄수화물, 단백질 대사와 에너지 생성에 필요

(2) 일일 섭취량 : 1.5 ~ 200mg

Ⅱ.1.1.10 비타민 B6

1) 제조기준

(1) 원료
(가) 피리독신염산염(Pyridoxine Hydrochloride)
(나) 식품원료를 사용하여 비타민 B6를 보충할 수 있도록 제조 · 가공한 것

2) 규격

(1) 성상 : 고유의 색택과 향미를 가지며 이미 · 이취가 없어야 함

(2) 비타민 B6 : 표시량의 80 ~ 150%

(3) 대장균군 : 음성

3) 제품의 요건

(1) 기능성 내용
(가) 단백질 및 아미노산 이용에 필요
(나) 혈액의 호모시스테인 수준을 정상으로 유지하는데 필요

(2) 일일 섭취량 : 0.45 ~ 67mg

Ⅱ.1.1.11 엽산

1) 제조기준

(1) 원료
(가) 엽산(Pteroylmonoglutamic Acid, Folic Acid)
(나) 식품원료를 사용하여 엽산을 보충할 수 있도록 제조·가공한 것

2) 규격

(1) 성상 : 고유의 색택과 향미를 가지며 이미·이취가 없어야 함

(2) 엽산 : 표시량의 80 ~ 150%

(3) 대장균군 : 음성

3) 제품의 요건

(1) 기능성 내용
(가) 세포와 혈액생성에 필요
(나) 태아 신경관의 정상 발달에 필요
(다) 혈액의 호모시스테인 수준을 정상으로 유지하는데 필요

(2) 일일 섭취량 : 75 ~ 400μg

Ⅱ.1.1.12 비타민 B12

1) 제조기준

(1) 원료
(가) 비타민 B12(Cyanocobalamin)
(나) 식품원료를 사용하여 비타민 B12를 보충할 수 있도록 제조·가공한 것

2) 규격

(1) 성상 : 고유의 색택과 향미를 가지며 이미·이취가 없어야 함

(2) 비타민 B12 : 표시량의 80 ~ 180%

(3) 대장균군 : 음성

3) 제품의 요건

(1) 기능성 내용
정상적인 엽산 대사에 필요

(2) 일일 섭취량 : 0.3 ~ 2000μg

Ⅱ.1.1.13 비오틴

1) 제조기준

(1) 원료
(가) 비오틴(Biotin)
(나) 식품원료를 사용하여 비오틴을 보충할 수 있도록 제조 · 가공한 것

2) 규격

(1) 성상 : 고유의 색택과 향미를 가지며 이미 · 이취가 없어야 함

(2) 비오틴 : 표시량의 80 ~ 180%

(3) 대장균군 : 음성

3) 제품의 요건

(1) 기능성 내용
지방, 탄수화물, 단백질 대사와 에너지 생성에 필요

(2) 일일 섭취량 : 9 ~ 900μg

II.1.1.14 비타민 C

1) 제조기준

(1) 원료
(가) 비타민 C(L-Ascorbic acid)
(나) L-아스코르빈산나트륨(Sodium L-Ascorbate)
(다) L-아스코르빈산스테아레이트(L-Ascorbyl Stearate)
(라) 아스코르빈산칼슘(Calcium Ascorbate)
(마) 아스코르빈산팔미테이트(Ascorbyl Palmitate)
(바) 식품원료를 사용하여 비타민 C를 보충할 수 있도록 제조 · 가공한 것

2) 규격

(1) 성상 : 고유의 색택과 향미를 가지며 이미 · 이취가 없어야 함

(2) 비타민 C : 표시량의 80 ~ 150%

(3) 대장균군 : 음성

3) 제품의 요건

(1) 기능성 내용
(가) 결합조직 형성과 기능유지에 필요
(나) 철의 흡수에 필요
(다) 유해산소로부터 세포를 보호하는데 필요

(2) 일일 섭취량 : 30 ~ 1000mg

II.1.1.15 칼슘

1) 제조기준

(1) 원료

(가) 구연산칼슘(Calcium Citrate)
(나) 글루콘산칼슘(Calcium Gluconate)
(다) 글리세로인산칼슘(Calcium Glycerophosphate)
(라) 산화칼슘(Calcium Oxide)
(마) 수산화칼슘(Calcium Hydroxide)
(바) 염화칼슘(Calcium Chloride)
(사) 젖산칼슘(Calcium Lactate)
(아) 제삼인산칼슘(Calcium Phosphate, Tribasic)
(자) 제이인산칼슘(Calcium Phosphate, Dibasic)
(차) 제일인산칼슘(Calcium Phosphate, Monobasic)
(카) 탄산칼슘(Calcium Carbonate)
(타) 황산칼슘(Calcium Sulfate)
(파) 식품원료를 사용하여 칼슘을 보충할 수 있도록 제조 · 가공한 것

2) 규격

(1) 성상 : 고유의 색택과 향미를 가지며 이미 · 이취가 없어야 함

(2) 칼슘 : 표시량의 80 ~ 150%

(3) 납(mg/kg): 3.0 이하(우골분, 패각분 등 소성칼슘을 사용한 경우)

(4) 대장균군 : 음성

3) 제품의 요건

(1) 기능성 내용

(가) 뼈와 치아 형성에 필요
(나) 신경과 근육 기능 유지에 필요
(다) 정상적인 혈액응고에 필요
(라) 청년기 이전에 적절한 운동과 건강한 식습관을 유지하면서 충분한 칼슘을 섭취하면 향후 골다공증발생의 위험을 감소시킬 수 있음

(2) 일일 섭취량 : 210 ~ 800mg

Ⅱ.1.1.16 마그네슘

1) 제조기준

(1) 원료

(가) 글루콘산마그네슘(Magnesium Gluconate)
(나) 산화마그네슘(Magnesium Oxide)
(다) 수산화마그네슘(Magnesium Hydroxide)
(라) 염화마그네슘(Magnesium Chloride)
(마) 탄산마그네슘(Magnesium Carbonate)
(바) 황산마그네슘(Magnesium Sulphate)
(사) 식품원료를 사용하여 마그네슘을 보충할 수 있도록 제조 · 가공한 것

2) 규격

(1) 성상 : 고유의 색택과 향미를 가지며 이미 · 이취가 없어야 함

(2) 마그네슘 : 표시량의 80 ~ 150%

(3) 대장균군 : 음성

3) 제품의 요건

(1) 기능성 내용
(가) 에너지 이용에 필요
(나) 신경과 근육 기능 유지에 필요

(2) 일일 섭취량 : 66 ~ 250mg

Ⅱ.1.1.17 철

1) 제조기준

(1) 원료
(가) 구연산철(Ferric Citrate)
(나) 구연산철암모늄(Ferric Ammonium Citrate)
(다) 글루콘산철(Ferrous Gluconate)
(라) 인산철(Ferric Phosphate)
(마) 젖산철(Ferrous Lactate)
(바) 푸마르산제일철(Ferrous Fumarate)
(사) 피로인산제이철(Ferric Pyrophosphate)
(아) 피로인산철나트륨(Sodium Ferric Pyrophosphate)
(자) 황산제일철(Ferrous Sulphate)
(차) 헴철(Heme Iron)
(카) 염화제이철(Ferric Chloride)
(타) 식품원료를 사용하여 철을 보충할 수 있도록 제조 · 가공한 것

2) 규격

(1) 성상 : 고유의 색택과 향미를 가지며 이미 · 이취가 없어야 함

(2) 철 : 표시량의 80 ~ 150%

(3) 대장균군 : 음성

3) 제품의 요건

(1) 기능성 내용
(가) 체내 산소운반과 혈액생성에 필요
(나) 에너지 생성에 필요

(2) 일일 섭취량 : 4.5 ~ 15mg

(3) 섭취 시 주의사항
특히 6세 이하는 과량섭취하지 않도록 주의

Ⅱ.1.1.18 아연

1) 제조기준

(1) 원료
(가) 글루콘산아연(Zinc Gluconate)
(나) 산화아연(Zinc Oxide)
(다) 황산아연(Zinc Sulphate)
(라) 식품원료를 사용하여 아연을 보충할 수 있도록 제조 · 가공한 것

2) 규격

(1) 성상 : 고유의 색택과 향미를 가지며 이미 · 이취가 없어야 함

(2) 아연 : 표시량의 80 ~ 150%

(3) 대장균군 : 음성

3) 제품의 요건

(1) 기능성 내용
(가) 정상적인 면역기능에 필요
(나) 정상적인 세포분열에 필요

(2) 일일 섭취량 : 3.6 ~ 12mg

Ⅱ.1.1.19 구리

1) 제조기준

(1) 원료
(가) 글루콘산동(Cupric Gluconate)
(나) 황산동(Cupric Sulphate)
(다) 식품원료를 사용하여 구리를 보충할 수 있도록 제조 · 가공한 것

2) 규격

(1) 성상 : 고유의 색택과 향미를 가지며 이미 · 이취가 없어야 함

(2) 구리 : 표시량의 80 ~ 150%

(3) 대장균군 : 음성

3) 제품의 요건

(1) 기능성 내용
(가) 철의 운반과 이용에 필요
(나) 유해산소로부터 세포를 보호하는데 필요

(2) 일일 섭취량 : 0.45 ~ 7.0mg

Ⅱ.1.1.20 셀레늄(또는 셀렌)

1) 제조기준

(1) 원료
(가) 아셀렌산나트륨(Sodium Selenite)
(나) 식품원료를 사용하여 셀레늄을 보충할 수 있도록 제조 · 가공한 것

2) 규격

(1) 성상 : 고유의 색택과 향미를 가지며 이미 · 이취가 없어야 함

(2) 셀레늄 : 표시량의 80 ~ 150%

(3) 대장균군 : 음성

3) 제품의 요건

(1) 기능성 내용
유해산소로부터 세포를 보호하는데 필요

(2) 일일 섭취량 : 15 ~ 135μg

Ⅱ.1.1.21 요오드

1) 제조기준

(1) 원료
(가) 요오드칼륨(Potassium Iodide)
(나) 식품원료를 사용하여 요오드를 보충할 수 있도록 제조 · 가공한 것

2) 규격

(1) 성상 : 고유의 색택과 향미를 가지며 이미 · 이취가 없어야 함

(2) 요오드 : 표시량의 80 ~ 150%

(3) 대장균군 : 음성

3) 제품의 요건

(1) 기능성 내용
(가) 갑상선 호르몬의 합성에 필요
(나) 에너지 생성에 필요
(다) 신경발달에 필요

(2) 일일 섭취량 : 22.5 ~ 150μg

Ⅱ.1.1.22 망간

1) 제조기준

(1) 원료
(가) 글루콘산망간(Manganese Gluconate)
(나) 염화망간(Manganese Chloride)
(다) 황산망간(Manganese Sulphate)
(라) 구연산망간(Manganese Citrate)
(마) 식품원료를 사용하여 망간을 보충할 수 있도록 제조 · 가공한 것

2) 규격

(1) 성상 : 고유의 색택과 향미를 가지며 이미 · 이취가 없어야 함

(2) 망간 : 표시량의 80 ~ 150%

(3) 대장균군 : 음성

3) 제품의 요건

(1) 기능성 내용
(가) 뼈 형성에 필요
(나) 에너지 이용에 필요
(다) 유해산소로부터 세포를 보호하는데 필요

(2) 일일 섭취량 : 0.6 ~ 3.5mg

Ⅱ.1.1.23 몰리브덴

1) 제조기준

(1) 원료
(가) 몰리브덴산암모늄(Ammonium Molybdate)
(나) 식품원료를 사용하여 몰리브덴을 보충할 수 있도록 제조 · 가공한 것

2) 규격

(1) 성상 : 고유의 색택과 향미를 가지며 이미 · 이취가 없어야 함

(2) 몰리브덴 : 표시량의 80 ~ 180%

(3) 대장균군 : 음성

3) 제품의 요건

(1) 기능성 내용
산화 · 환원 효소의 활성에 필요

(2) 일일 섭취량 : 7.5 ~ 230μg

Ⅱ.1.1.24 칼륨

1) 제조기준

(1) 원료
(가) 구연산칼륨(Potassium Citrate)
(나) 글루콘산칼륨(Potassium Gluconate)
(다) 글리세로인산칼륨(Potassium Glycerophosphate)
(라) 염화칼륨(Potassium Chloride)
(마) 젖산칼륨(Potassium Lactate)
(바) 탄산수소칼륨(Potassium Bicarbonate)
(사) 탄산칼륨(Potassium Carbonate)
(아) 식품원료를 사용하여 칼륨을 보충할 수 있도록 제조 · 가공한 것

2) 규격

(1) 성상 : 고유의 색택과 향미를 가지며 이미 · 이취가 없어야 함

(2) 칼륨 : 표시량의 80 ~ 180%

(3) 대장균군 : 음성

3) 제품의 요건

(1) 기능성 내용
체내 물과 전해질 균형에 필요

(2) 일일 섭취량 : 1.05 ~ 3.7g

Ⅱ.1.1.25 크롬

1) 제조기준

(1) 원료
(가) 염화크롬(Chromic Chloride)
(나) 식품원료를 사용하여 크롬을 보충할 수 있도록 제조 · 가공한 것

2) 규격

(1) 성상 : 고유의 색택과 향미를 가지며 이미 · 이취가 없어야 함

(2) 크롬 : 표시량의 80 ~ 180%

(3) 대장균군 : 음성

3) 제품의 요건

(1) 기능성 내용
체내 물과 전해질 균형에 필요

(2) 일일 섭취량 : 0.015 ~ 9mg

Ⅱ.1.2 식이섬유

1) 제조기준

(1) 원재료 및 제조방법 : 사람의 소화 효소로 분해하기 어려운 난소화성 고분자 섬유성분인 식이섬유를 함유하고 있는 식품원료를 사용하여 식용에 적합하도록 함

(2) 식이섬유 제품은 일상식사에서 부족 될 수 있는 식이섬유의 보충을 목적으로 하며, 사용되는 원료는 건강기능식품, 식품 또는 식품첨가물의 기준 및 규격에 적합하여야 함

2) 규격

(1) 성상 : 고유의 색택과 향미를 가지며 이미 · 이취가 없어야 함

(2) 식이섬유 : 표시량의 80% 이상

(3) 대장균군 : 음성

3) 제품의 요건

(1) 영양소 기능
식이섬유 보충

(2) 일일 섭취량
식이섬유로서 5g 이상

Ⅱ.1.3 단백질

1) 제조기준

(1) 원재료 : 두류, 유류, 난류, 어패류, 육류, 견과류, 곡류

(2) 제조방법 : 상기 원재료에서 단백질을 분리하여 정제하거나, 단백분해효소나 자가분해효소로 분해하여 식용에 적합하도록 함

(3) 단백질 제품은 일상식사에서 부족 될 수 있는 단백질의 보충을 목적으로 하며, 사용되는 원료는 식품 또는 식품첨가물의 기준 및 규격에 적합하여야 함

2) 규격

(1) 성상 : 고유의 색택과 향미를 가지며 이미 · 이취가 없어야 함

(2) 조단백질 : 표시량의 80 ~ 120%

(3) 대장균군 : 음성

3) 제품의 요건

(1) 영양소 기능
(가) 근육, 결합조직 등 신체조직의 구성성분
(나) 효소, 호르몬, 항체의 구성에 필요
(다) 체내 필수 영양성분이나 활성물질의 운반과 저장에 필요
(라) 체액, 산-염기의 균형 유지에 필요
(마) 에너지, 포도당, 지질의 합성에 필요

(2) 일일 섭취량
단백질로서 12.0g 이상

(3) 최종제품의 아미노산스코아가 85이상 되어야 하며 아미노산스코아를 맞추기 위하여 최종

제품에 단일 아미노산을 첨가할 수 있음

(4) 섭취 시 주의사항
특정 단백질에 알레르기를 나타내는 경우에는 섭취 주의

Ⅱ.1.4 필수 지방산

1) 제조기준

(1) 원재료 및 제조방법 : 리놀레산(Linoleic acid), 리놀렌산(Linolenic acid) 또는 이들을 함유하는 원료를 사용하여 식용에 적합하도록 함

(2) 필수 지방산 제품은 일상식사에서 부족 될 수 있는 필수 지방산의 보충을 목적으로 하며, 사용되는 원료는 건강기능식품, 식품 또는 식품첨가물의 기준 및 규격에 적합하여야 함

2) 규격

(1) 성상 : 고유의 색택과 향미를 가지며 이미 · 이취가 없어야 함

(2) 리놀레산과 리놀렌산의 합 : 표시량의 80 ~ 120%

(3) 잔류용매(mg/kg) : 5.0이하(헥산을 사용한 경우)

(4) 대장균군 : 음성

3) 제품의 요건

(1) 영양소 기능 : 필수지방산의 보충

(2) 일일 섭취량 : 리놀레산은 4.0g 이상 또는 리놀렌산은 0.6g 이상

Ⅱ.2 기능성 원료

Ⅱ.2.1 터핀류

Ⅱ.2.1.1 인삼

1) 제조기준

(1) 원재료 : 인삼(Panax ginseng C.A. Meyer)
※ 말리지 아니한 수삼, 수삼을 햇볕 · 열풍 또는 기타 방법으로 익히지 아니하고 말린 백삼, 수삼을 물로 익혀 말린 태극삼

(2) 제조방법
(가) 상기 (1)의 원재료를 그대로 분말화하거나 수분을 제거한 후 분말화 하여 식용에 적합하도록 함
(나) 상기 (1)의 원재료를 물이나 주정(물 · 주정 혼합물 포함)으로 추출하여 여과하거나, 여과한 후 농축 또는 발효하여 식용에 적합하도록 함

(3) 기능성분(또는 지표성분)의 함량 : 진세노사이드 Rg1과 Rb1을 합하여 0.8 ~ 34mg/g 함

유하고 있어야 함

(4) 제조 시 유의사항 : 원재료인 인삼근은 '인삼산업법'에 적합하여야 하며 4년근 이상의 것으로 춘미삼, 묘삼, 삼피, 인삼박은 사용할 수 없으며 병삼인 경우에는 병든 부분을 제거하고 사용할 수 있음

2) 규격

(1) 성상 : 고유의 색택과 향미를 가지며 이미 · 이취가 없어야 함

(2) 진세노사이드 Rg1과 Rb1의 합
(가) 원료성 제품 : 표시량 이상
(나) 최종제품 : 표시량의 80 ~ 150%

(3) 세균수 : 1mL 당 3,000 이하(농축액에 한함)

(4) 대장균군 : 음성

3) 최종제품의 요건

(1) 기능성 내용 : 면역력 증진, 피로회복

(2) 일일 섭취량 : 면역력 증진, 피로회복 : 진세노사이드 Rg1과 Rb1의 합계로서 3 ~ 80mg

Ⅱ.2.1.2 홍삼

1) 제조기준

(1) 원재료 : 인삼(Panax ginseng C.A. Meyer)
※ 수삼을 증기 또는 기타방법으로 쪄서 익혀 말린 홍삼

(2) 제조방법
(가) 상기 (1)의 원재료를 분말화 하여 식용에 적합하도록 함
(나) 상기 (1)의 원재료를 물이나 주정(물 · 주정 혼합물 포함)으로 추출하여 여과하거나, 여과한 후 농축 또는 발효하여 식용에 적합하도록 함

(3) 기능성분(또는 지표성분)의 함량 : 진세노사이드 Rg1과 Rb1을 합하여 0.8 ~ 34mg/g 함유하고 있어야 함

(4) 제조 시 유의사항 : 원재료인 인삼근은 '인삼산업법'에 적합하여야 하며 4년근 이상의 것으로 춘미삼, 묘삼, 삼피, 인삼박은 사용할 수 없으며 병삼인 경우에는 병든 부분을 제거하고 사용할 수 있음

2) 규격

(1) 성상 : 고유의 색택과 향미를 가지며 이미 · 이취가 없어야 함

(2) 진세노사이드 Rg1과 Rb1의 합
(가) 원료성 제품 : 표시량 이상
(나) 최종제품 : 표시량의 80 ~ 150%

(3) 세균수 : 1mL 당 3,000 이하(농축액에 한함)

(4) 대장균군 : 음성

3) 최종제품의 요건

(1) 기능성 내용 : 면역력 증진, 피로회복, 혈소판 응집 억제를 통한 혈액흐름에 도움

(2) 일일 섭취량
(가) 면역력 증진, 피로회복 : 진세노사이드 Rg1과 Rb1의 합계로서 3 ~ 80mg
(나) 혈소판 응집억제를 통한 혈액 흐름에 도움 : 진세노사이드 Rg1과 Rb1의 합계로서 2.4 ~ 23mg

Ⅱ.2.1.3 엽록소 함유 식물

1) 제조기준

(1) 원재료
(가) 맥류약엽(보리, 밀, 귀리의 어린 싹) 또는 어린 이삭 형성 전의 잎의 전부 또는 일부
(나) 알팔파의 성숙한 잎, 잎꼭지, 줄기의 전부 또는 일부
(다) 엽록소를 함유한 식용해조류의 전부 또는 일부
(라) 맥류약엽, 알팔파, 해조류 이외의 식용식물류로서 단일 식물 전부 또는 일부

(2) 제조방법
(가) 상기 (가)~(라)의 원재료의 경우에는 원재료를 그대로 또는 착즙·건조하여 식용에 적합하도록 함

(3) 기능성분(또는 지표성분)의 함량 : 총엽록소를 맥류약엽은 2.4mg/g 이상, 알팔파는 0.6mg/g 이상, 해조류 및 기타식물은 1.2mg/g 이상 함유하고 있어야 함

2) 규격

(1) 성상 : 고유의 색택과 향미를 가지며 이미·이취가 없어야 함

(2) 총 엽록소
(가) 원료성 제품 : 표시량 이상
(나) 최종제품 : 표시량의 80 ~ 120%

(3) 총 페오포르바이드(mg/kg) : 1,000 이하

(4) 대장균군 : 음성

3) 최종제품의 요건

(1) 기능성 내용 : 피부건강에 도움, 항산화 작용

(2) 일일 섭취량 : 총엽록소로서 8 ~ 150mg

Ⅱ.2.1.4 스피루리나/클로렐라

1) 제조기준

(1) 원재료
(가) 스피루리나속 조류(藻類)
(나) 클로렐라속 조류(藻類)

(2) 제조방법
(가) 스피루리나속 조류(藻類)는 인공적으로 배양하고 건조하여 식용에 적합하도록 함
(나) 클로렐라속 조류(藻類)는 인공적으로 배양하고 건조하여 식용에 적합하도록 함

(3) 기능성분(또는 지표성분)의 함량 : 총엽록소를 스피루리나는 5mg/g 이상, 클로렐라는 10mg/g 이상 함유하고 있어야 함

2) 규격

(1) 성상 : 고유의 색택과 향미를 가지며 이미 · 이취가 없어야 함

(2) 총 엽록소
(가) 원료성 제품 : 표시량 이상
(나) 최종제품 : 표시량의 80 ~ 120%

(3) 중금속
(가) 납(mg/kg) : 3.0 이하
(나) 카드뮴(mg/kg) : 1.0 이하
(다) 총수은(mg/kg) : 0.5 이하

(4) 총 페오포르바이드(mg/kg) : 1,000 이하

(5) 대장균군 : 음성

3) 최종제품의 요건

(1) 기능성 내용 : 피부건강에 도움, 항산화 작용

(2) 일일 섭취량 : 총엽록소로서 8 ~ 150mg

Ⅱ.2.2 페놀류

Ⅱ.2.2.1 녹차추출물

1) 제조기준

(1) 원재료 : 녹차(Camellia sinensis, Thea sinensis) 잎

(2) 제조방법 : 상기 (1)의 원재료를 물 또는 주정(물 · 주정 혼합물 포함)으로 추출 후 여과하여 식용에 적합하도록 함

(3) 기능성분(또는 지표성분)의 함량 : 카테킨을 200mg/g 이상 함유하고 있어야 함. 카테킨은 에피갈로카테킨((-)-epigallocatechin, EGC), 에피갈로카테킨갈레이트((-)-epigallocatechin gallate, EGCG), 에피카테킨((-)-epicatechin, EC) 및 에피카테킨갈레이트 ((-)-epicatechin gallate, ECG) 합계량으로 환산하며 4가지 카테킨이 모두 확인되어야 함. 다만, 최종제품의 경우 4가지 카테킨을 모두 확인할 필요는 없음

(4) 제조 시 유의 사항 : 카페인 함량이 50,000mg/kg 이하이어야 함

2) 규격

(1) 성상 : 고유의 색택과 향미를 가지며 이미 · 이취가 없어야 함

(2) 카테킨
(가) 원료성 제품 : 표시량 이상
(나) 최종제품 : 표시량의 80 ~ 120%

(3) 카페인(mg/kg) : 50,000 이하

(4) 대장균군 : 음성

3) 최종제품의 요건

(1) 기능성 내용 : 항산화 작용

(2) 일일 섭취량 : 카테킨으로서 0.3 ~ 1g

(3) 섭취 시 주의사항
카페인이 함유되어 있어 초조감, 불면 등을 나타낼 수 있음

Ⅱ.2.2.2 알로에 전잎

1) 제조기준

(1) 원재료 : 알로에(Aloe vera, Aloe arborescence, Aloe saponaria)의 잎

(2) 제조방법
(가) 상기 (1)의 원재료에서 비가식 부분을 제거한 후 건조, 분말화하여 식용에 적합하도록 함.
(나) 상기 (1)의 원재료에서 비가식 부분을 제거한 후 분쇄하거나 분쇄한 후 농축하여 식용에 적합하도록 함

(3) 기능성분(또는 지표성분)의 함량 : 안트라퀴논계화합물(무수바바로인으로서)을 2.0 ~ 50.0mg/g 함유하고 있어야 함

2) 규격

(1) 성상 : 고유의 색택과 향미를 가지며 이미 · 이취가 없어야 함

(2) 안트라퀴논계화합물(무수바바로인으로서)
(가) 원료성 제품 : 표시량 이상
(나) 최종제품 : 표시량의 80 ~ 120%

(3) 대장균군 : 음성

3) 최종제품의 요건

(1) 기능성 내용 : 배변활동 원활

(2) 일일 섭취량 : 무수바바로인으로서 20 ~ 30mg

Ⅱ.2.2.3 프로폴리스추출물

1) 제조기준

(1) 원재료 : 꿀벌이 식물에서 채취한 수지에 자신의 분비물을 혼합하여 만든 프로폴리스

(2) 제조방법 : 상기 (1)의 원재료에서 왁스를 제거하고 물, 주정(물 주정 혼합물 포함)추출하거나 이산화탄소(초임계추출)을 이용하여 추출한 후 식용에 적합하도록 함

(3) 기능성분(또는 지표성분)의 함량 : 총 플라보노이드를 10mg/g 이상 함유하고 있어야 하며, 파라(ρ)-쿠마르산 및 계피산이 확인되어야 함

(4) 제조 시 유의사항 : 디에틸렌글리콜을 사용하여서는 아니됨

2) 규격

(1) 성상 : 고유의 색택과 향미를 가지며 이미 · 이취가 없어야 함

(2) 총 플라보노이드
(가) 원료성 제품 : 표시량 이상
(나) 최종제품 : 표시량의 80 ~ 120%

(3) 파라(ρ)-쿠마르산 : 확인

(4) 계피산 : 확인

(5) 납(mg/kg) : 5.0 이하

(6) 디에틸렌글리콜 : 불검출

(7) 대장균군 : 음성

3) 최종제품의 요건

(1) 기능성 내용 : 항산화 작용, 구강에서의 항균작용
※ 구강에서의 항균작용은 구강에 직접 접촉할 수 있는 형태(스프레이 또는 팅크제)에 한하며, 섭취량을 적용하지 않음

(2) 일일 섭취량 : 총 플라보노이드로서 16 ~ 17mg

(3) 섭취 시 주의사항
프로폴리스에 알레르기를 나타내는 사람은 섭취에 주의

Ⅱ.2.3. 지방산 및 지질류

Ⅱ.2.3.1 오메가-3 지방산 함유 유지

1) 제조기준

(1) 원재료 : 식용 가능한 어류, 바닷물범(Pagophilus groenlandicus), 조류(藻類)

(2) 제조방법
상기 (1)의 원재료에서 가열, 압착, 헥산을 이용한 추출, 이산화탄소(초임계추출)의 방법으로 유지를 추출하고 여과하여 식용에 적합하도록 함

(3) 기능성분(또는 지표성분)의 함량 : EPA와 DHA의 합으로서 식용 가능한 어류 유래 원료는 180mg/g 이상, 바닷물범 유래 원료는 120mg/g 이상, 조류 유래 원료는 300mg/g 이상 함유되어 있어야 함

(4) 제조 시 유의사항 : 에이코사펜타엔산이나 도코사헥사엔산의 함량을 높이기 위한 목적으로 인위적으로 에스테르화시키는 공정을 사용한 것은 제외함

2) 규격

(1) 성상 : 고유의 색택과 향미를 가지며 이미 · 이취가 없어야 함

(2) EPA와 DHA의 합
(가) 원료성 제품 : 표시량 이상
(나) 최종제품 : 표시량의 80 ~ 120%

(3) 잔류용매(mg/kg) : 5.0 이하(헥산을 사용한 경우)

(4) 중금속
(가) 납(mg/kg) : 3.0 이하
(나) 카드뮴(mg/kg) : 1.0 이하
(다) 총수은(mg/kg) : 0.5 이하

(5) 대장균군 : 음성

3) 최종제품의 요건

(1) 기능성 내용 : 혈중 중성지질 개선, 혈행개선

(2) 일일 섭취량 : DHA와 EPA의 합으로서 0.5 ~ 2g

Ⅱ.2.3.2 감마리놀렌산 함유 유지

1) 제조기준

(1) 원재료 : 달맞이 꽃(Evening primrose, Oenothera biennis, Oenothera caespitesa, Oenothera hookeri, Oenothera odorata) 종자, 보라지(Borage, Borago officinalis L.) 종자, 까막까치밥(Black currant, Ribes grossulalis, Ribes ussuriense, Ribes nigrum) 종자

(2) 제조방법 : 상기 (1)의 원재료를 압착, 헥산추출, 또는 이산화탄소(초임계추출)의 방법으로 유지를 추출하고 여과하여 식용에 적합하도록 함

(3) 기능성분(또는 지표성분)의 함량 : 감마리놀렌산이 70mg/g 이상이어야 함

2) 규격

(1) 성상 : 고유의 색택과 향미를 가지며 이미 · 이취가 없어야 함

(2) 감마리놀렌산
(가) 원료성 제품 : 표시량 이상
(나) 최종제품 : 표시량의 80 ~ 120%

(3) 잔류용매(mg/kg) : 5.0이하(헥산을 사용한 경우)

(4) 대장균군 : 음성

3) 최종제품의 요건

(1) 기능성 내용 : 콜레스테롤 개선, 혈행개선

(2) 일일 섭취량 : 감마리놀렌산으로서 240 ~ 300mg

Ⅱ.2.3.3 레시틴

1) 제조기준

(1) 원재료 : 대두, 난황

(2) 제조방법
(가) 대두레시틴 : 대두유를 여과하고 수소화한 후 분리하여 얻은 레시틴 검화물에서 유지를 추출한 후 식용에 적합하도록 함
(나) 난황레시틴 : 난황을 물 또는 주정(물 · 주정 혼합물 포함)을 사용하여 추출 · 여과하고 용매를 제거하여 식용에 적합하도록 함

(3) 기능성분(또는 지표성분)의 함량 : 인지질(아세톤불용물로서)이 360mg/g 이상 함유되어 있어야 하며 인지질 중 포스파티딜콜린은 대두레시틴은 100mg/g 이상, 난황레시틴은 600mg/g 이상 함유되어야 함

(4) 제조 시 유의사항 : 난황레시틴을 사용한 경우 콜레스테롤이 10,000mg/kg 이하이어야 함

2) 규격

(1) 성상 : 고유의 색택과 향미를 가지며 이미 · 이취가 없어야 함

(2) 인지질(아세톤불용물로서)
(가) 원료성 제품 : 표시량 이상
(나) 최종제품 : 표시량의 80 ~ 120%

(3) 인지질 중 포스파티딜콜린
(가) 원료성 최종제품 : 표시량 이상
(나) 최종제품 : 표시량의 80 ~ 120%

(4) 콜레스테롤(mg/kg) : 10,000 이하(난황레시틴을 사용하는 경우)

(5) 잔류용매(mg/kg) : 5.0이하(헥산을 사용한 경우)

(6) 대장균군 : 음성

3) 최종제품의 요건

(1) 기능성내용 : 콜레스테롤 개선

(2) 일일 섭취량 : 레시틴으로서 1.2 ~ 18g

(3) 섭취 시 주의사항
대두나 난황에 알레르기를 나타내는 사람은 섭취에 주의

Ⅱ.2.3.4 스쿠알렌

1) 제조기준

(1) 원재료 : 상어 간

(2) 제조방법 : 상기 (1)의 원재료에서 추출한 유지에 증류와 검화 과정을 반복한 후 불검화물을 물 또는 주정(물 · 주정 혼합물 포함)을 사용하여 세척하고 식용에 적합하도록 함

(3) 기능성분(또는 지표성분)의 함량 : 스쿠알렌이 980mg/g 이상 함유되어 있어야 함

2) 규격

(1) 성상 : 고유의 색택과 향미를 가지며 이미 · 이취가 없어야 함

(2) 스쿠알렌
(가) 원료성 제품 : 표시량 이상
(나) 최종제품 : 표시량의 80 ~ 120%

(3) 대장균군 : 음성

3) 최종제품의 요건

(1) 기능성 내용 : 항산화 작용

(2) 일일 섭취량 : 스쿠알렌으로서 10g

(3) 최종제품 중 비타민 A 및 D의 함량이 Ⅱ.1.1.1 비타민 A 및 Ⅱ.1.1.3 비타민 D 일일섭취량의 최대함량을 넘지 않도록 하여야 함(비타민 A 및 D의 함량이 반드시 표시되어야 함)

Ⅱ.2.3.5 식물스테롤/식물스테롤에스테르

1) 제조기준

(1) 원재료 및 제조방법
(가) 대두유, 옥수수유, 채종유를 생산하는 공정 중 탈취공정 중에 생긴 증류물인 베타-시토스테롤(β -sitosterol), 브라시카스테롤(brassicasterol), 스티그마스테롤(stigmasterol), 캄페스테롤(campesterol)의 혼합물을 추출 및 정제하여 식용에 적합하도록 제조 · 가공함
(나) 상기(가)의 추출 및 정제물을 식용유지 유래 지방산으로 에스테르화하여 식용에 적합하도록 함

(2) 기능성분(또는 지표성분)의 함량 : 식물스테롤 함량이 900mg/g 이상이어야 함. 다만 식물스테롤에스테르를 원료로 사용한 경우에는 식물스테롤과 유리식물스테롤의 합이 800mg/g 이상, 유리식물스테롤 함량이 100mg/g 이하이어야 함

(3) 제조 시 유의사항 : 식물스테롤 분석 시 베타-시토스테롤(β -sitosterol), 브라시카스테롤(brassicasterol), 스티그마스테롤(stigmasterol), 캄페스테롤(campesterol)이 모두 검출되어야 함

2) 규격

(1) 성상 : 고유의 색택과 향미를 가지며 이미 · 이취가 없어야함

(2) 식물스테롤(식물스테롤을 원료로 사용한 경우)
(가) 원료성 제품 : 표시량 이상
(나) 최종제품 : 표시량의 80 ~ 120%

(3) 식물스테롤에스테르 함량(식물스테롤에스테르를 원료로 사용한 경우)

(가) 원료성 제품 : 표시량 이상
(나) 최종제품 : 표시량의 80 ~ 120%

(4) 대장균군 : 음성

3) 최종제품의 요건

(1) 기능성 내용 : 콜레스테롤 개선

(2) 일일 섭취량 : 식물스테롤로서 0.8 ~ 3g

(3) 섭취 시 주의사항
베타-카로틴(β -carotene)의 흡수를 저해할 수 있음

Ⅱ.2.3.6 알콕시글리세롤 함유 상어간유

1) 제조기준

(1) 원재료 : 상어 간

(2) 제조방법 : 상기 (1)의 원재료에서 추출한 유지에 스쿠알렌 및 검화물을 제거한 후 불검화물 부분을 물로 세척하고 탈취 · 가열 · 여과하여 식용에 적합하도록 함

(3) 기능성분(또는 지표성분)의 함량 : 알콕시글리세롤이 180mg/g 이상 함유되어 있어야 하며 바틸알콜이 확인되어야 함

2) 규격

(1) 성상 : 고유의 색택과 향미를 가지며 이미 · 이취가 없어야 함

(2) 알콕시글리세롤
(가) 원료성 제품 : 표시량 이상
(나) 최종제품 : 표시량의 80 ~ 120%

(3) 바틸알콜 : 확인

(4) 대장균군 : 음성

3) 최종제품의 요건

(1) 기능성 내용 : 면역력 증진

(2) 일일 섭취량 : 알콕시글리세롤로서 0.6 ~ 2.7g

(3) 최종제품 중 비타민 A 및 D의 함량이 Ⅱ.1.1.1 비타민 A 및 Ⅱ.1.1.3 비타민 D 일일섭취량의 최대함량을 넘지 않도록 하여야 함(비타민 A 및 D의 함량이 반드시 표시되어야 함)

Ⅱ.2.3.7 옥타코사놀 함유 유지

1) 제조기준

(1) 원재료
(가) 미강

(나) 사탕수수

(2) 제조방법 : 상기(1)의 원재료에서 추출한 옥타코사놀 함유 유지를 비누화한 후 주정 또는 헥산을 사용하여 재결정화를 거쳐 식용에 적합하도록 함

(3) 기능성분(또는 지표성분)의 함량 : 옥타코사놀이 미강유래 왁스에서 제조한 원료의 경우 100mg/g 이상 함유되어 있어야 하며, 사탕수수유래 왁스에서 제조한 원료의 경우 540mg/g 이상 함유되어 있어야 함

2) 규격

(1) 성상 : 고유의 색택과 향미를 가지며 이미 · 이취가 없어야함

(2) 옥타코사놀
(가) 원료성 제품 : 표시량 이상
(나) 최종제품 : 표시량의 80 ~ 120%

(3) 잔류용매(mg/kg) : 5.0 이하(헥산을 사용한 경우)

(4) 대장균군 : 음성

3) 최종제품의 요건

(1) 기능성 내용 : 지구력 증진

(2) 일일 섭취량 : 옥타코사놀로서 10mg

Ⅱ.2.3.8 매실추출물

1) 제조기준

(1) 원재료 : 매실(Prunus mune Sieb. et Zucc)

(2) 제조방법 : 상기 (1)의 원재료를 열수로 추출한 후 여과 · 농축하여 식용에 적합하도록 함

(3) 기능성분(또는 지표성분)의 함량 : 구연산이 300~400mg/g 함유되어 있어야 함

(4) 제조 시 유의사항 : 시안화합물이 제거되어야 함

2) 규격

(1) 성상 : 고유의 색택과 향미를 가지며 이미 · 이취가 없어야 함

(2) 구연산
(가) 원료성 제품 : 표시량 이상
(나) 최종제품 : 표시량의 80 ~ 120%

(3) 시안화합물 : 불검출

(4) 대장균군 : 음성

3) 최종제품의 요건

(1) 기능성 내용 : 피로 개선

(2) 일일 섭취량 : 구연산으로서 1 ~ 1.3g

Ⅱ.2.4. 당 및 탄수화물류

Ⅱ.2.4.1 글루코사민

1) 제조기준

(1) 원재료 : 갑각류(게, 새우 등)의 껍질, 연체류(오징어, 갑오징어 등)의 뼈, Aspergillus niger

(2) 제조방법
(가) 글루코사민 염산염 : 상기 (1)의 원재료를 탈단백, 탈칼슘화하여 얻은 키틴(N-아세틸글루코사민의 β-1,4 결합 중합체) 또는 키토산(위에서 얻은 키틴을 탈아세틸화하여 얻은 원료)에 염산 또는 키토사나아제로 가수분해 한 후 결정화시키고 물 또는 주정을 이용하여 충분히 세척하여 중화시켜 식용에 적합하도록 함
(나) 글루코사민 황산염 : 상기 (1)의 원재료를 탈단백, 탈칼슘화하여 얻은 키틴(N-아세틸글루코사민의 β-1,4 결합 중합체) 또는 키토산(위에서 얻은 키틴을 탈아세틸화하여 얻은 원료)에 염산을 사용하여 가수분해한 후 황산으로 치환하여 NaCl이나 KCl을 단독 또는 복합으로 결합, 결정화 등의 공정 이후 물 또는 주정을 이용하여 충분히 세척하고 중화시켜 식용에 적합하도록 함

(3) 기능성분(또는 지표성분)의 함량 : 글루코사민 황산염 또는 염산염이 980mg/g 이상 함유되어 있어야 함

(4) 제조 시 유의사항 : 중화 시 물 또는 주정을 사용하여 충분히 세척하여야 함

2) 규격

(1) 성상 : 고유의 색택과 향미를 가지며 이미 · 이취가 없어야 함

(2) 글루코사민염산염 또는 황산염
(가) 원료성 제품 : 표시량 이상
(나) 최종제품 : 표시량의 80 ~ 120%

(3) 중금속
(가) 납(mg/kg) : 5.0 이하
(나) 카드뮴(mg/kg) : 1.5 이하
(다) 총수은(mg/kg) : 1.0 이하

(4) 대장균군 : 음성

3) 최종제품의 요건

(1) 기능성 내용 : 관절 및 연골 건강에 도움

(2) 일일 섭취량 : 글루코사민염산염 또는 황산염으로서 1.5 ~ 2g

(3) 섭취 시 주의사항
게에 알레르기를 나타내는 사람은 섭취에 주의(게를 원재료로 사용한 경우에 한함), 새우에 알레르기를 나타내는 사람은 섭취에 주의(새우를 원재료로 사용한 경우에 한함)

Ⅱ.2.4.2 N-아세틸글루코사민

1) 제조기준

(1) 원재료 : 갑각류(게, 새우 등)의 껍질

(2) 제조방법 : 상기 (1)의 원재료를 탈단백, 탈칼슘화한 키틴(N-아세틸글루코사민의 β -1,4 결합 중합체)을 팽윤시켜 키토사나아제로 효소분해하여 탈염, 농축, 여과, 건조하여 얻은 탈아세틸화되지 않은 단당류로 식용에 적합하도록 함

(3) 기능성분(또는 지표성분)의 함량 : N-아세틸글루코사민이 950mg/g 이상 함유되어 있어야 함

2) 규격

(1) 성상 : 고유의 색택과 향미를 가지며 이미 · 이취가 없어야 함

(2) N-아세틸글루코사민
(가) 원료성 제품 : 표시량 이상
(나) 최종제품 : 표시량의 90 ~ 110%

(3) 대장균군 : 음성

3) 최종제품의 요건

(1) 기능성 내용 : 관절 및 연골 건강에 도움

(2) 일일 섭취량 : N-아세틸글루코사민으로서 0.5 ~ 1g

(3) 섭취 시 주의사항
게에 알레르기를 나타내는 사람은 섭취에 주의(게를 원재료로 사용한 경우에 한함), 새우에 알레르기를 나타내는 사람은 섭취에 주의(새우를 원재료로 사용한 경우에 한함)

Ⅱ.2.4.3 뮤코다당 · 단백

1) 제조기준

(1) 원재료 : 소, 돼지, 양, 사슴, 상어, 가금류, 오징어, 게, 어패류의 연골조직

(2) 제조방법 : 소, 돼지, 양, 사슴, 상어, 가금류, 오징어, 게, 어패류의 연골조직을 열수 추출 또는 효소분해한 후 여과, 농축, 건조 등의 공정을 거쳐 식용에 적합하도록 정제하여 건조함

(3) 기능성분(또는 지표성분)의 함량 : 뮤코다당 · 단백이 770mg/g 이상 함유되어 있어야 하며, 단백질과 콘드로이친황산의 비율이 1.0 ~ 9.0이어야 함

2) 규격

(1) 성상 : 고유의 색택과 향미를 가지며 이미 · 이취가 없어야 함

(2) 뮤코다당 · 단백
(가) 원료성 제품 : 표시량 이상
(나) 최종제품 : 표시량의 80 ~ 120%

(3) 단백질과 콘드로이친 황산 비율 : 1.0 이상 9.0 미만

(4) 살모넬라 : 음성

(5) 대장균군 : 음성

3) 최종제품의 요건

(1) 기능성 내용 : 관절 및 연골건강에 도움

(2) 일일 섭취량 : 뮤코다당 · 단백으로서 1.2 ~ 1.5g

Ⅱ.2.4.4 식이섬유

Ⅱ.2.4.4.1 구아검/구아검가수분해물

1) 제조기준

(1) 원재료 : 콩과 구아(Cyamopsis tetragonolobus TAUB.)

(2) 제조방법 :

(가) 상기 (1) 원재료의 종자 배유부분을 분쇄하거나 온수나 열수로 추출하여 고분자 다당류인 갈락토만난을 얻은 후 식용에 적합하도록 함

(나) (가)의 방법으로 얻은 갈락토만난을 가수분해한 후 식용에 적합하도록 함

(3) 기능성분(또는 지표성분)의 함량 : 식이섬유를 660mg/g 이상 함유하고 있어야 함

2) 규격

(1) 성상 : 고유의 색택 · 향미를 가지고 이미 · 이취가 없어야 함

(2) 식이섬유

(가) 원료성 제품 : 표시량 이상

(나) 최종제품 : 표시량의 80% 이상

(3) 대장균군 : 음성

3) 최종제품의 요건

(1) 기능성 내용 : 콜레스테롤 개선, 식후혈당상승억제, 배변활동 원활

(2) 일일 섭취량

(가) 콜레스테롤 조절 : 구아검 또는 이의 가수분해물로서 15 ~ 27g

(나) 식후혈당상승 억제에 도움 : 구아검 또는 이의 가수분해물로서 15 ~ 27g

(다) 배변활동 원활 : 구아검 또는 이의 가수분해물로서 5 ~ 12g

Ⅱ.2.4.4.2 글루코만난(곤약, 곤약만난)

1) 제조기준

(1) 원재료 : 천남성과 곤약(Amorphophallus konjq)의 뿌리줄기

(2) 제조방법 : 상기 (1)의 원재료를 이소프로필알콜로 추출하고 정제하여 다당류 부분을 얻은 후 식용에 적합하도록 함

(3) 기능성분(또는 지표성분)의 함량 : 식이섬유를 690mg/g 이상 함유하고 있어야 함

2) 규격

(1) 성상 : 고유의 색택 · 향미를 가지고 이미 · 이취가 없어야 함

(2) 식이섬유
(가) 원료성 제품 : 표시량 이상
(나) 최종제품 : 표시량의 80% 이상

(3) 잔류용매(mg/kg) : 50.0 이하

(4) 대장균군 : 음성

3) 최종제품의 요건

(1) 기능성 내용 : 콜레스테롤 개선, 배변활동 원활

(2) 일일 섭취량
(가) 콜레스테롤 조절 : 글루코만난으로서 4 ~ 17g
(나) 배변활동 원활 : 글루코만난으로서 4 ~ 6g

Ⅱ.2.4.4.3 귀리

1) 제조기준

(1) 원재료 : 귀리(Avena sativa, Avena sterilisand, Avena strigosa) 겨

(2) 제조방법 : 상기 (1) 원재료를 세정, 건조, 분쇄, 추출 등의 방법으로 식용에 적합하도록 함

(3) 기능성분(또는 지표성분)의 함량 : 식이섬유를 200mg/g 이상 함유하고 있어야 함

2) 규격

(1) 성상 : 고유의 색택 · 향미를 가지고 이미 · 이취가 없어야 함

(2) 식이섬유
(가) 원료성 제품 : 표시량 이상
(나) 최종제품 : 표시량의 80% 이상

(3) 대장균군 : 음성

3) 최종제품의 요건

(1) 기능성 내용 : 콜레스테롤 개선, 식후혈당상승억제

(2) 일일 섭취량
(가) 콜레스테롤 조절 : 귀리식이섬유로서 3g 이상
(나) 식후혈당상승 억제에 도움 : 귀리식이섬유로서 0.8 ~ 8g

Ⅱ.2.4.4.4 난소화성말토덱스트린

1) 제조기준

(1) 원재료 : 옥수수전분

(2) 제조방법 : 상기 (1)의 원재료를 가열하여 얻은 배소덱스트린을 α −amylase (Bacillus subtilis 또는 Bacillus licheniformis 유래) 및 amyloglucosidase (Aspergillus niger 유래)로 효소분해하고 정제한 덱스트린 중에 난소화성 성분을 분획하여 식용에 적합하도록 함

(3) 기능성분(또는 지표성분)의 함량 : 식이섬유를 850mg/g 이상 함유하고 있어야 함(액상인 경우 580mg/g 이상)

2) 규격

(1) 성상 : 고유의 색택 · 향미를 가지고 이미 · 이취가 없어야 함

(2) 식이섬유
(가) 원료성 제품 : 표시량 이상
(나) 최종제품 : 표시량의 80% 이상

(3) 포도당 당량(D.E.) : 8.0 ~ 18.0(원료성 제품에 한함)

(4) 대장균군 : 음성

3) 최종제품의 요건

(1) 기능성 내용 : 식후혈당상승억제, 배변활동 원활

(2) 일일 섭취량(난소화성말토덱스트린으로서)
(가) 식후혈당상승억제 : 14 ~ 29g(액상원료는 20 ~ 43g)
(나) 배변활동 원활 : 3 ~ 29g(액상원료는 4 ~ 43g)

Ⅱ.2.4.4.5 대두식이섬유

1) 제조기준

(1) 원재료 : 대두(Glycine max L.N)

(2) 제조방법 : 상기 (1)의 원재료를 탈지, 탈단백 등의 방법으로 처리하여 식이섬유를 분리한 후 식용에 적합하도록 함

(3) 기능성분(또는 지표성분)의 함량 : 식이섬유를 600mg/g 이상 함유하고 있어야 함

2) 규격

(1) 성상 : 고유의 색택 · 향미를 가지고 이미 · 이취가 없어야 함

(2) 식이섬유
(가) 원료성 제품 : 표시량 이상
(나) 최종제품 : 표시량의 80% 이상

(3) 대장균군 : 음성

3) 최종제품의 요건

(1) 기능성 내용 : 콜레스테롤 개선, 식후혈당상승억제, 배변활동 원활

(2) 일일 섭취량
(가) 콜레스테롤 조절 : 대두식이섬유로서 20 ~ 25g
(나) 식후혈당상승 억제에 도움 : 대두식이섬유로서 10 ~ 25g
(다) 배변활동 원활 : 대두식이섬유로서 20 ~ 60g

Ⅱ.2.4.4.6 목이버섯

1) 제조기준

(1) 원재료 : 목이버섯(Auricularia auricula judae)

(2) 제조방법 : 상기 (1)의 원재료를 건조, 분말화한 후 식용에 적합하도록 함

(3) 기능성분(또는 지표성분)의 함량 : 식이섬유를 450mg/g 이상 함유하고 있어야 함

2) 규격

(1) 성상 : 고유의 색택 · 향미를 가지고 이미 · 이취가 없어야 함

(2) 식이섬유
(가) 원료성 제품 : 표시량 이상
(나) 최종제품 : 표시량의 80% 이상

(3) 대장균군 : 음성

3) 최종제품의 요건

(1) 기능성 내용 : 배변활동 원활

(2) 일일 섭취량 : 목이버섯식이섬유로서 12g

Ⅱ.2.4.4.7 밀식이섬유

1) 제조기준

(1) 원재료 : 밀(Triticum turgidum durum, 또는 T. spp)

(2) 제조방법
(가) 밀가루 제조공정 중 부산물에서 식이섬유를 분리한 후 식용에 적합하도록 함
(나) 상기 (1) 원재료의 외피 또는 줄기를 세정, 건조, 분쇄시킨 후 식용에 적합하도록 함

(3) 기능성분(또는 지표성분)의 함량 : 식이섬유를 700mg/g 이상 함유하고 있어야 함

2) 규격

(1) 성상 : 고유의 색택 · 향미를 가지고 이미 · 이취가 없어야 함

(2) 식이섬유
(가) 원료성 제품 : 표시량 이상
(나) 최종제품 : 표시량의 80% 이상

(3) 대장균군 : 음성

3) 최종제품의 요건

(1) 기능성 내용 : 식후혈당상승억제, 배변활동 원활

(2) 일일 섭취량
(가) 식후혈당상승 억제에 도움 : 밀식이섬유로서 6 ~ 12g
(나) 배변활동 원활 : 밀식이섬유로서 36g

Ⅱ.2.4.4.8 보리식이섬유

1) 제조기준

(1) 원재료 : 보리(Hordeum vulgare)

(2) 제조방법
(가) 상기 (1)의 원재료를 탈지, 탈단백 방법으로 처리하여 얻은 식이섬유를 식용에 적합하도록 함
(나) 상기 (1) 원재료의 외피 또는 낟알을 건조한 후 식용에 적합하도록 함

(3) 기능성분(또는 지표성분)의 함량 : 식이섬유를 500mg/g 이상 함유하고 있어야 함

2) 규격

(1) 성상 : 고유의 색택 · 향미를 가지고 이미 · 이취가 없어야 함

(2) 식이섬유
(가) 원료성 제품 : 표시량 이상
(나) 최종제품 : 표시량의 80% 이상

(3) 대장균군 : 음성

3) 최종제품의 요건

(1) 기능성 내용 : 배변활동 원활

(2) 일일 섭취량 : 보리식이섬유로서 20 ~ 25g

Ⅱ.2.4.4.9 아라비아검(아카시아검)

1) 제조기준

(1) 원재료 : 콩과 아라비아고무나무(Acacia senegal WILLDENOW) 또는 그 밖의 동속식물

(2) 제조방법
(가) 상기 (1) 원재료의 분비액을 건조, 탈염한 후 식용에 적합하도록 함
(나) 상기 (1) 원재료의 분비액을 기계적으로 착즙한 후 식용에 적합하도록 함

(3) 기능성분(또는 지표성분)의 함량 : 식이섬유를 800mg/g 이상 함유하고 있어야 함

2) 규격

(1) 성상 : 고유의 색택 · 향미를 가지고 이미 · 이취가 없어야 함

(2) 식이섬유
(가) 원료성 제품 : 표시량 이상
(나) 최종제품 : 표시량의 80% 이상

(3) 대장균군 : 음성

3) 최종제품의 요건

(1) 기능성 내용 : 배변활동 원활

(2) 일일 섭취량 : 아라비아검으로서 25g

Ⅱ.2.4.4.10 옥수수겨

1) 제조기준

(1) 원재료 : 옥수수(Zea mays) 겨

(2) 제조방법 : 상기 (1)의 원재료를 식용에 적합하도록 함

(3) 기능성분(또는 지표성분)의 함량 : 식이섬유를 800mg/g 이상 함유하고 있어야 함

2) 규격

(1) 성상 : 고유의 색택 · 향미를 가지고 이미 · 이취가 없어야 함

(2) 식이섬유
(가) 원료성 제품 : 표시량 이상
(나) 최종제품 : 표시량의 80% 이상

(3) 대장균군 : 음성

3) 최종제품의 요건

(1) 기능성 내용 : 콜레스테롤 개선, 식후혈당상승억제

(2) 일일 섭취량 : 옥수수겨식이섬유로서 10g

Ⅱ.2.4.4.11 이눌린/치커리추출물

1) 제조기준

(1) 원재료 : 치커리 또는 기타 국화과 식물(Chicorium intybus)

(2) 제조방법 : 상기 (1) 원재료의 뿌리를 열수로 추출, 정제한 후 식용에 적합하도록 함

(3) 기능성분(또는 지표성분)의 함량 : 식이섬유를 800mg/g 이상 함유하고 있어야 함

2) 규격

(1) 성상 : 고유의 색택 · 향미를 가지고 이미 · 이취가 없어야 함

(2) 식이섬유

(가) 원료성 제품 : 표시량 이상
(나) 최종제품 : 표시량의 80% 이상

(3) 대장균군 : 음성

3) 최종제품의 요건

(1) 기능성 내용 : 콜레스테롤 개선, 식후혈당상승억제, 배변활동 원활

(2) 일일 섭취량
(가) 콜레스테롤 조절 : 이눌린으로서 9 ~ 10g
(나) 식후혈당상승 억제에 도움 : 이눌린으로서 9 ~ 10g
(다) 배변활동 원활 : 이눌린으로서 8 ~ 20g

Ⅱ.2.4.4.12 차전자피

1) 제조기준

(1) 원재료 : 차전자(Plantago ovata 또는 Plantago spp.) 껍질

(2) 제조방법 : 상기 (1) 원재료를 분쇄한 후 식용에 적합하도록 함

(3) 기능성분(또는 지표성분)의 함량 : 식이섬유를 790mg/g 이상 함유하고 있어야 함

2) 규격

(1) 성상 : 고유의 색택 · 향미를 가지고 이미 · 이취가 없어야 함

(2) 식이섬유
(가) 원료성 제품 : 표시량 이상
(나) 최종제품 : 표시량의 80% 이상

(3) 대장균군 : 음성

3) 최종제품의 요건

(1) 기능성 내용 : 콜레스테롤 개선, 배변활동 원활

(2) 일일 섭취량
(가) 콜레스테롤 개선 : 차전자피로서 7g 이상
(나) 배변활동 원활 : 차전자피로서 5 ~ 25g

(3) 섭취 시 주의사항
충분한 물로 내용물을 완전히 부풀린 후 섭취할 것

Ⅱ.2.4.4.13 폴리덱스트로스

1) 제조기준

(1) 원재료 및 제조방법 : 구연산과 같은 유기산을 사용하여 글루코스와 솔비톨로부터 합성하여 평균 중합도가 12 정도가 되도록 제조함

(2) 기능성분(또는 지표성분)의 함량 : 식이섬유를 650mg/g 이상 함유하고 있어야 함

2) 규격

(1) 성상 : 고유의 색택 · 향미를 가지고 이미 · 이취가 없어야 함

(2) 식이섬유
(가) 원료성 제품 : 표시량 이상
(나) 최종제품 : 표시량의 80% 이상

(3) 대장균군 : 음성

3) 최종제품의 요건

(1) 기능성 내용 : 배변활동 원활

(2) 일일 섭취량 : 폴리덱스트로스로서 7 ~ 12g

Ⅱ.2.4.4.14 호로파종자

1) 제조기준

(1) 원재료 : 호로파(Trigonella foenum-graecum) 종자

(2) 제조방법 : (1)의 원재료를 분쇄하거나 탈지하여 식용에 적합하도록 함

(3) 기능성분(또는 지표성분)의 함량 : 식이섬유를 450mg/g 이상 함유하고 있어야 함

2) 규격

(1) 성상 : 고유의 색택 · 향미를 가지고 이미 · 이취가 없어야 함

(2) 식이섬유
(가) 원료성 제품 : 표시량 이상
(나) 최종제품 : 표시량의 80% 이상

(3) 대장균군 : 음성

3) 최종제품의 요건

(1) 기능성 내용 : 식후혈당상승억제

(2) 일일 섭취량 : 호로파종자식이섬유로서 12 ~ 50g

Ⅱ.2.4.5 알로에 겔

1) 제조기준

(1) 원재료 : 알로에(Aloe vera)의 잎

(2) 제조방법
(가) 상기 (1) 원재료의 비가식 부위 및 외피를 제거한 후 겔 부분을 분리하여 건조 · 분말화 하여 식용에 적합하도록 함

(나) 상기 (1) 원재료의 비가식 부위 및 외피를 제거 한 후 겔 부분을 분리하여 분쇄하거나 착즙한 것 또는 분쇄 · 착즙한 후 농축하거나 농축한 것을 건조분말화 하여 식용에 적합하도록 함

(3) 기능성분(또는 지표성분)의 함량 : 고형분 중에서 총 다당체를 30mg/g 이상 함유하고 있어야 함

2) 규격

(1) 성상 : 고유의 색택과 향미를 가지며 이미 · 이취가 없어야 함

(2) 총 다당체(기타원료에서 유래하는 다당체를 구분하여 표시하여야 함)
(가) 원료성 제품 : 표시량 이상
(나) 최종제품 : 표시량의 80% 이상

(3) 안트라퀴논계화합물(무수바바로인으로서)(%) : 0.005 이하(알로에 베라 겔 100% 기준, 원료의 농축배수 및 알로에 겔 환산 함량에 따라 환산 적용함)

(4) 대장균군 : 음성

3) 최종제품의 요건

(1) 기능성 내용 : 피부건강에 도움, 장 건강에 도움, 면역력 증진

(2) 일일 섭취량 : 총다당체 함량으로서
(가) 피부건강에 도움 : 100 ~ 420mg
(나) 장 건강에 도움 : 110 ~ 125mg
(다) 면역력 증진에 도움 : 100 ~ 290mg

Ⅱ.2.4.6 영지버섯 자실체 추출물

1) 제조기준

(1) 원재료 : 영지버섯(Ganoderma lucidum 또는 Ganoderma tsugae) 자실체

(2) 제조방법 : 상기 (1)의 원재료를 열수로 추출한 후 여과 · 농축하여 식용에 적합하도록 함

(3) 기능성분(또는 지표성분)의 함량 : 베타글루칸을 10mg/g 이상 함유하고 있어야 함

2) 규격

(1) 성상 : 고유의 색택과 향미를 가지며 이미 · 이취가 없어야 함

(2) 베타글루칸
(가) 원료성 제품 : 표시량 이상
(나) 최종제품 : 표시량의 80 ~ 120%

(3) 대장균군 : 음성

3) 최종제품의 요건

(1) 기능성 내용 : 혈행개선

(2) 일일 섭취량 : 베타글루칸으로서 24 ~ 42mg

Ⅱ.2.4.7 키토산/키토올리고당

1) 제조기준

(1) 원재료 : 갑각류(게, 새우 등)의 껍질, 연체류(오징어, 갑오징어 등)의 뼈

(2) 제조방법 :
(가) 키토산 : 상기 (1)의 원료를 탈단백, 탈칼슘화하여 얻은 키틴(N-아세틸글루코사민의 β -1.4 결합 중합체)에 탈아세틸화 한 후 식용에 적합하도록 함
(나) 키토올리고당 : (가)의 제조방법으로 얻은 키토산에 효소를 처리하여 가수분해한 후 식용에 적합하도록 함

(3) 기능성분(또는 지표성분)의 함량 : 키토산은 탈아세틸화도(당 사슬 중에 글루코사민 잔기 비율)가 80% 이상이어야 하며, 키토산(글루코사민으로서)을 800mg/g 이상 함유하고 있어야 함. 키토올리고당은 키토올리고당을 200mg/g 이상 함유하고 있어야 함

2) 규격

(1) 성상 : 고유의 색택과 향미를 가지며 이미 · 이취가 없어야 함

(2) 키토산 또는 키토올리고당
(가) 원료성 제품 : 표시량 이상
(나) 최종제품 : 표시량의 80 ~ 120%

(3) 중금속
(가) 납(mg/kg) : 3.0 이하
(나) 카드뮴(mg/kg) : 1.0 이하
(다) 총수은(mg/kg) : 1.0 이하

(4) 대장균군 : 음성

3) 최종제품의 요건

(1) 기능성 내용 : 콜레스테롤 개선

(2) 일일 섭취량 : 키토산과 키토올리고당의 합으로서 1.2 ~ 4.5g

Ⅱ.2.4.8 프락토올리고당

1) 제조기준

(1) 원재료 및 제조방법
(가) 설탕분자에 1개에서 3개의 과당분자가 β -1,2 결합된 올리고당류로서 설탕을 녹여서 당액을 만든 후 전이효소 또는 전이효소를 가진 미생물을 사용하여 제조 · 가공함
(나) 이눌린(inulin)을 효소로 가수분해하여 제조 · 가공함

(2) 기능성분(또는 지표성분)의 함량 : 프락토올리고당을 900mg/g 이상 함유하고 있어야 하며, 프락토올리고당은 1-케이스토즈(GF2), 니스토즈(GF3), 프락토퓨라노실니스토즈(GF4)를 합한 량으로 계산함

2) 규격

(1) 성상 : 고유의 색택과 향미를 가지며 이미 · 이취가 없어야 함

(2) 프락토올리고당
(가) 원료성 제품 : 표시량 이상
(나) 최종제품 : 표시량의 80 ~ 120%

(3) 납(mg/kg) : 1.0 이하

(4) 대장균군 : 음성

3) 최종제품의 요건

(1) 기능성 내용 : 유익균 증식, 유해균 억제, 배변활동 원활, 칼슘 흡수에 도움

(2) 일일 섭취량 : 프락토올리고당으로서 3 ~ 8g

Ⅱ.2.5 발효미생물류

Ⅱ.2.5.1 프로바이오틱스

1) 제조기준

(1) 원재료 : 다음의 미생물 또는 이를 혼합한 균과 균 또는 배양체를 배양시키기 위한 배지 및 보호제

	종 류
Lactobacillus	L.acidophilus, L.casei, L.gasseri, L.delbrueckii ssp. bulgaricus, L.helveticus, L.fermentum, L.paracasei, L.plantarum, L.reuteri, L.rhamnosus, L.salivarius
Lactococcus	Lc. lactis
Enterococcus	E.faecium, E.faecalis
Streptococcus	S.thermophilus
Bifidobacterium	B.bifidum, B.breve, B.longum, B.animalis spp. lactis

(2) 제조방법 : 상기 미생물을 배양 · 건조하여 식용에 적합하도록 함.

(3) 기능성분(또는 지표성분)의 함량 : 생균을 100,000,000 CFU/g 이상 함유하고 있어야 함

2) 규격

(1) 성상 : 고유의 색택과 향미를 가지며 이미 · 이취가 없어야 함

(2) 프로바이오틱스 수 : 표시량 이상

(3) 대장균군 : 음성

3) 최종제품의 요건

(1) 기능성 내용 : 유익한 유산균 증식, 유해균 억제 또는 배변활동 원활

(2) 일일 권장섭취량 : 100,000,000 ~ 10,000,000,000 CFU

Ⅱ.2.5.2 홍국

1) 제조기준

(1) 원재료 : 쌀, 홍국균(Monascus anka, Monascus purpures, Monascus pilosus, Monascus ruber)

(2) 제조방법 : 쌀(찐쌀을 제외)에 홍국균을 접종하여 고체발효시킨 후 분말화하여 식용에 적합하도록 함

(3) 기능성분(또는 지표성분)의 함량 : 총 모나콜린 K를 0.5mg/g 이상 함유하고 있어야 하며, 활성형 모나콜린 K가 확인되어야 함

(4) 제조 시 유의사항 : 시트리닌이 50μg/kg 이하이어야 함

2) 규격

(1) 성상 : 고유의 색택과 향미를 가지며 이미 · 이취가 없어야 함

(2) 총 모나콜린 K
(가) 원료성 제품 : 표시량 이상
(나) 최종제품 : 표시량의 80 ~ 120%

(3) 활성형 모나콜린 K : 확인

(4) 시트리닌(μg/kg) : 50 이하

(5) 대장균군 : 음성

3) 최종제품의 요건

(1) 기능성 내용 : 콜레스테롤 개선

(2) 일일 섭취량 : 총 모나콜린 K으로서 4 ~ 8mg

Ⅱ.2.6. 아미노산 및 단백질류

Ⅱ.2.6.1 대두단백

1) 제조기준

(1) 원재료 : 대두(Glycine max L.N)

(2) 제조방법 : 상기 (1)의 원재료에서 지질을 제거한 후 단백질을 분리 · 정제하여 식용에 적합하도록 함

(3) 기능성분(또는 지표성분)의 함량 : 조단백질을 건고물 기준으로 600mg/g 이상 함유하고 있어야 하며, 다이드제인 및 제니스테인이 확인되어야 함

2) 규격

(1) 성상 : 고유의 색택과 향미를 가지며 이미 · 이취가 없어야 함

(2) 조단백질

(가) 원료성 제품 : 표시량 이상
(나) 최종제품 : 표시량의 80 ~ 120%

(3) 다이드제인 : 확인

(4) 제니스테인 : 확인

(5) 대장균군 : 음성

3) 최종제품의 요건

(1) 기능성 내용 : 콜레스테롤 개선

(2) 일일 섭취량 : 대두단백으로서 15g 이상

(3) 섭취 시 주의사항
대두단백에 알레르기를 나타내는 경우에는 섭취 주의

Ⅱ.2.7 일반원료

Ⅱ.2.7.1 로얄젤리

1) 제조기준

(1) 원재료 : 일벌의 인두선에서 분비되는 분비물인 로얄젤리

(2) 제조방법
(가) 생로얄젤리 : 일벌의 인두선에서 분비되는 분비물인 로얄젤리를 식용에 적합하도록 이물을 제거한 것
(나) 동결건조로얄젤리 : 생로얄젤리를 동결건조 한 것
(다) 로얄젤리제품 : 로얄젤리(생로얄젤리 35.0% 이상, 동결건조로얄젤리 14.0% 이상)로 하여 제조 · 가공한 것

(3) 기능성분(또는 지표성분)의 함량 : 10-히드록시-2-데센산(10-HDA)이 생로얄젤리는 1.6% 이상, 동결건조로얄젤리는 4.0% 이상, 로얄젤리제품은 0.56% 이상이어야 함

2) 규격

(1) 성상 : 고유의 색택과 향미를 가지며 이미 · 이취가 없어야 함

(2) 10-히드록시-2-데센산(10-HDA)(%) : 표시량 이상

(3) 조단백질(%)
(가) 생로얄젤리 : 11.0 ~ 14.5
(나) 동결건조로얄젤리 : 30.0 ~ 41.0

(4) 수분(%)
(가) 생로얄젤리 : 65.5 ~ 68.5
(나) 동결건조로얄젤리 : 5.0 이하

(5) 산도(1N NaOH ml/100g) : 32 ~ 53(생로얄젤리에 한함)

(6) 대장균 : 음성

3) 최종제품의 요건

(1) 기능성 내용 : 영양보급, 건강증진 및 유지, 고단백식품

(2) 섭취 시 주의사항
벌꿀에 알레르기를 나타내는 사람은 섭취에 주의

Ⅱ.2.7.2 버섯

1) 제조기준

(1) 원재료 : 영지버섯, 운지버섯, 표고버섯

(2) 제조방법
(가) 운지, 표고버섯 자실체의 건조물을 분말화 하거나 물이나 주정(물 · 주정 혼합물 포함)으로 추출하여 식용에 적합하도록 함
(나) 영지버섯 자실체의 건조물을 분말화 하거나 주정(물 · 주정 혼합물 포함, 다만 열수제외)으로 추출하여 식용에 적합하도록 함
(다) 영지, 운지, 표고버섯 균사체 배양물을 물이나 주정(물 · 주정 혼합물 포함)으로 추출하여 식용에 적합하도록 함

(3) 기능성분(또는 지표성분)의 함량 : 자실체는 30.0% 이상, 균사체는 50.0% 이상이어야 함. 자실체추출물의 경우 자실체의 건조물로 환산하여 제품 전체중량의 30.0% 이상이 되어야하며, 균사체배양물의 경우에는 배양물의 건조물로 환산하여 제품 전체중량의 50.0% 이상이어야 함

(4) 제조 시 유의사항
(가) 자실체분말을 직접 식용으로 하는 경우 소화기 내에서 유효성분의 용출이 용이하도록 미세하게 분말로 하여야 함
(나) 추출에 사용되는 주정은 농축과정에서 충분히 제거되어야 함
(다) 배양에 사용된 배지성분의 잔존량은 건조배양물의 10% 이하이어야 함

2) 규격

(1) 성상 : 고유의 색택과 향미를 가지며 이미 · 이취가 없어야 함

(2) 자실체(%) : 표시량 이상(버섯자실체제품에 한하며, 추출물의 경우 자실체의 건조물로 환산)

(3) 균사체(%) : 표시량 이상(버섯균사체제품에 한하며, 추출물의 경우 균사체 배양물의 건조물로 환산)

(4) 확인시험 : 자실체 또는 균사체가 확인되어야 함

(5) 수분(%) : 7.0 이하이어야 함(액상제품은 제외함)

(6) 타르색소 : 불검출

(7) 대장균군 : 음성

3) 최종제품의 요건

(1) 기능성 내용 : 생리활성물질 함유, 건강증진 및 유지

Ⅱ.2.7.3 식물추출물발효

1) 제조기준

(1) 원재료 : 채소류, 과일류, 종실류, 해조류 등 식용식물

(2) 제조방법 : 채소류, 과일류, 종실류, 해조류 등 식용식물을 압착 또는 당류(설탕, 맥아당, 포도당, 과당 등)의 삼투압에 의해 얻은 추출물을 자체발효 또는 유산균 · 효모균 등의 접종에 의하여 발효시켜 식용유래성분과 발효생성물을 섭취에 적합하도록 제조 · 가공함

(3) 기능성분(또는 지표성분)의 함량 : 유기산 산도(%) : 0.3 이상(젖산으로서)이어야 하며 다음 중 세 항목 이상 적합하여야 함
(가) 환원당(%) : 50.0 이상
(나) 효모수 : 1g당 1,000,000 이상
(다) 유산균수 : 1g당 1,000,000 이상
(라) 비타민 B1(mg/100g) : 0.2 이상
(마) 비타민 B2(mg/100g) : 0.05 이상

(4) 제조 시 유의사항
발효에 사용되는 미생물은 안전성이 인정된 것이어야 하며, 원료에서 유래한 것(종균 포함) 이외의 물, 효모, 유산균, 비타민 등을 첨가하여서는 아니됨

2) 규격

(1) 성상 : 고유의 색택과 향미를 가지며 이미 · 이취가 없어야 함

(2) 유기산 산도(%) : 0.3 이상(젖산으로서)

(3) 환원당(%) : 50.0 이상(표시된 경우)

(4) 효모수 : 1g당 1,000,000 이상(표시된 경우)

(5) 유산균수 : 1g당 1,000,000 이상(표시된 경우)

(6) 비타민 B1(mg/100g) : 0.2 이상(표시된 경우)

(7) 비타민 B2(mg/100g) : 0.05 이상(표시된 경우)

(8) 대장균군 : 음성

(9) 메탄올(%) : 0.01 이하

3) 최종제품의 요건

(1) 기능성 내용 : 건강증진 및 유지, 체질개선, 영양공급원

Ⅱ.2.7.4 자라

1) 제조기준

(1) 원재료 : 양식 자라

(2) 제조방법
(가) 동결건조자라분말 : 식용 양식 자라의 가식부위 전체 또는 일부 지방을 제거한 후 동결건조하여 분말화한 것을 말함

(나) 열풍건조자라분말 : 식용양식자라의 가식부위 전체 또는 일부 지방을 제거한 것을 열풍건조하여 분말화한 것을 말함
(다) 자라유 : 식용양식자라에서 채취한 기름을 정제한 것을 말함
(라) 자라분말제품 : 동결건조자라분말 또는 열풍건조자라분말을 주원료(30.0% 이상)로 하여 제조 · 가공한 것을 말함
(마) 자라유최종제품 : 자라유를 주원료(98.0% 이상)로 하여 제조 · 가공한 것을 말함

(3) 기능성분(또는 지표성분)의 함량 : 히드록시프롤린이 동결건조자라분말의
경우 1.0% 이상, 열풍건조자라분말의 경우 2.0% 이상, 동결건조자라분말 사용최종제품의 경우 0.3% 이상, 열풍건조자라분말 사용최종제품의 경우 0.6% 이상 되어야 함

2) 규격

(1) 성상 : 고유의 색택과 향미를 가지며 이미 · 이취가 없어야 함

(2) 히드록시프롤린(%) : 표시량 이상

(3) 조단백질(%)
(가) 자라분말
① 동결건조품 : 48.0 ~ 58.0
② 열풍건조품 : 50.0 ~ 70.0
(나) 자라분말최종제품
① 동결건조품 : 14.0 이상
② 열풍건조품 : 15.0 이상

(4) 회분(%)
(가) 자라분말
① 동결건조품 : 16.0 ~ 40.0
② 열풍건조품 : 20.0 ~ 40.0
(나) 자라분말최종제품
① 동결건조품 : 4.8 이상
② 열풍건조품 : 6.0 이상

(5) 수분(%)
(가) 자라분말 : 5.0 이하
(나) 자라분말최종제품 : 10.0 이하

(6) 팔밑올레산(%) : 8.0 ~ 18.0(자라유, 자라유제품에 한함)

(7) 아라키돈산+에이코사펜타엔산(%) : 2.0 ~ 8.0(자라유, 자라유제품에 한함)

(8) 조지방(%) : 95.0 이상(자라유, 자라유제품에 한함)

(9) 산가 : 1.0 이하(자라유, 자라유제품에 한함)

(10) 과산화물가 : 15.0 이하(자라유, 자라유제품에 한함)

(11) 대장균군 : 음성

3) 최종제품의 요건

(1) 기능성 내용 : 건강증진 및 유지, 영양보급, 단백질 공급원, 신체기능의 활성화, 체력증진, 체력보강

Ⅱ.2.7.5 효모

1) 제조기준

(1) 원재료 : 식용효모

(2) 제조방법
(가) 건조효모 : 식용 효모균주를 분리, 정제하여 건조함
(나) 건조효모최종제품 : 건조효모를 주원료(60.0% 이상)로 하여 제조 · 가공한 것을 말함
(다) 효모추출물최종제품 : 식용 효모균주를 분리, 정제한 후 자가소화, 효소분해, 열수추출 등의 방법에 의해 추출한 식용효모추출물을 주원료(고형분함량으로 30.0% 이상)로 하여 제조한 것을 말함(단, 액상제품은 고형분 함량으로 15.0% 이상)

(3) 기능성분(또는 지표성분)의 함량 : 조단백질(%)이 건조효모의 경우 40.0% 이상, 건조효모최종제품의 경우 24.0% 이상, 효모추출물최종제품의 경우 10.0% 이상이어야 함. 다만 효모추출물최종제품 중 액상제품은 5.0% 이상이어야 함

2) 규격

(1) 성상 : 고유의 색택과 향미를 가지며 이미 · 이취가 없어야 함

(2) 조단백질(%) : 표시량 이상

(3) 수분(%)
(가) 건조효모 : 8.0 이하
(나) 건조효모제품, 효모추출물제품 : 10.0 이하(액상제품 제외)

(4) 대장균 : 음성

3) 최종제품의 요건

(1) 기능성 내용 : 영양의 불균형 개선, 영양공급원, 건강증진 및 유지, 신진대사 기능

Ⅱ.2.7.6 효소

1) 제조기준

(1) 원재료 : 곡류, 곡물의 배아, 과채류에 식용미생물을 배양시킨 것

(2) 제조방법 :
(가) 곡류효소함유최종제품 : 곡류(60.0% 이상)에 식용미생물을 배양시킨 것을 주원료(50.0% 이상)로 하여 제조 · 가공함
(나) 배아효소함유최종제품 : 곡물의 배아(40.0% 이상)에 식용미생물을 배양시킨 것을 주원료(50.0% 이상)로 하여 제조 · 가공함
(다) 과 · 채류효소함유최종제품 : 과채류(60.0% 이상)에 식용미생물을 배양시킨 것을 주원료(50.0% 이상)로 하여 제조 · 가공함
(라) 기타식물효소함유최종제품 : 곡류, 곡물배아 또는 과 · 채류 이외의 식물성 원료(60.0% 이상)에 미생물을 배양시킨 것을 주원료(50.0% 이상)로 하여 제조 · 가공함

(3) 기능성분(또는 지표성분)의 함량 : 조단백질이 10.0% 이상이며 α -아밀라아제와 프로테아제가 양성이어야 함

(4) 제조 시 유의사항
배양에 사용되는 미생물은 안전성이 인정되는 것이어야 함

2) 규격

(1) 성상 : 고유의 색택과 향미를 가지며 이미 · 이취가 없어야 함

(2) 조단백질(%) : 표시량 이상

(3) α -아밀라아제 : 양성

(4) 프로테아제 : 양성

(5) 수분(%) : 10.0 이하(단, 액상제품은 제외함)

(6) 대장균 : 음성

3) 최종제품의 요건

(1) 기능성 내용 : 신진대사 기능, 건강증진 및 유지, 체질개선

Ⅱ.2.7.7 화분

1) 제조기준

(1) 원재료 : 벌 또는 인공적으로 채취한 화분

(2) 제조방법
(가) 화분 : 벌 또는 인공적으로 채취한 화분에서 이물을 제거하고 껍질을 파쇄함
(나) 화분추출물 : 화분을 기계적으로 파쇄 또는 효소처리하여 추출한 것을 농축하거나 분말화 함
(다) 화분최종제품 : 화분을 주원료(30.0% 이상)로 하여 제조 · 가공함
(라) 화분추출물최종제품 : 화분추출물을 주원료(고형분으로서 10.0% 이상)로 하여 제조 · 가공함

(3) 기능성분(또는 지표성분)의 함량 : 조단백질이 화분의 경우 18.0% 이상, 화분추출물의 경우 건조물로 환산하여 20.0% 이상, 화분최종제품의 경우 5.0% 이상, 화분추출물최종제품의 경우 2.0% 이상이어야 함

2) 규격

(1) 성상 : 고유의 색택과 향미를 가지며 이미 · 이취가 없어야 함

(2) 조단백질(%) : 표시량 이상

(3) 수분(%)
(가) 화분 : 8.0 이하
(나) 화분추출물 : 8.0 이하(단, 액상제품은 제외함)
(다) 화분최종제품, 화분추출물최종제품 : 10.0 이하(단, 액상제품은 제외함)

(4) 타르색소 : 불검출

(5) 대장균 : 음성

3) 최종제품의 요건

(1) 기능성 내용 : 영양보급, 피부건강에 도움, 건강증진 및 유지, 신진대사 기능

(2) 섭취 시 주의사항
꽃가루에 알레르기를 나타내는 사람은 섭취에 주의

【별표 2】 영양소 기준치

영양소	기준치	영양소	기준치	영양소	기준치
탄수화물(g)	328	철분(mg)	15	판토텐산(mg)	5
식이섬유(g)	25	비타민D(μg)	5	인(mg)	700
단백질(g)	60	비타민E(mgα-TE)	10	요오드(μg)	75
지방(g)	50	비타민K(μg)	55	마그네슘(mg)	220
포화지방(g)	15	비타민B1(mg)	1.0	아연(mg)	12
콜레스테롤(mg)	300	비타민B2(mg)	1.2	셀렌(μg)	50
나트륨(mg)	2,000	나이아신(mg NE)	13	구리(mg)	1.5
칼륨(mg)	3,500	비타민B6(mg)	1.5	망간(mg)	2.0
비타민A(μg RE)	700	엽산(μg)	250	크롬(μg)	50
비타민C(mg)	100	비타민B12(μg)	1.0	몰리브덴(μg)	25
칼슘(mg)	700	비오틴(μg)	30		

【별표 3】 영양소 기준치

연 령	비타민A (μg RE)		비타민A (μg RE)		비타민E (mg α-TE)		비타민K (μg)		칼슘(mg)		인(mg)		나트륨(g)		염소(g)		칼륨(g)		마그네슘 (mg)		철(mg)		아연(mg)		구리(μg)		불소(mg)		망간(mg)		요오드(μg)		셀레늄(μg)	
	권장 섭취량	충분 섭취량	권장 섭취량	충분 섭취량	권장 섭취량	충분 섭취량	권장 섭취량	충분 섭취량	권장 섭취량	충분 섭취량	권장 섭취량	충분 섭취량	권장 섭취량	충분 섭취량	권장 섭취량	충분 섭취량	권장 섭취량	충분 섭취량	권장 섭취량	충분 섭취량	권장 섭취량	충분 섭취량	권장 섭취량	충분 섭취량	권장 섭취량	충분 섭취량	권장 섭취량	충분 섭취량	권장 섭취량	충분 섭취량	권장 섭취량	충분 섭취량	권장 섭취량	충분 섭취량
영아 0~5(개월)		350		5		3		4		200		100		0.12		0.18		0.4		30		0.26		1.73		225		0.01		0.008		130		8.5
6~11		400		5		4		7		300		300		0.37		0.56		0.7		55	7		2.5			290		0.5		0.8		170		11
소아 1~2(세)	300			10		5		25	500		500			0.8		1.2		2.5	75		7		3		300			0.6		1.2	80		20	
3~5	300			10		6		30	600		500			1.0		1.5		3.0	100		7		4		380			0.8		2.0	90		25	
남자 6~8(세)	400			10		7		45	700		700			1.2		1.9		3.8	140		9		5		440			1.0		2.5	100		30	
9~11	550			10		9		55	800		1,000			1.5		2.3		4.7	200		12		7		570			2.0		3.0	120		40	
12~14	700			10		10		70	1,000		1,000			1.5		2.3		4.7	300		12		8		750			2.5		3.3	130		50	
15~19	850			10		10		80	1,000		1,000			1.5		2.3		4.7	400		16		10		870			3.0		3.5	140		60	
20~29	750			5		10		75	700		700			1.5		2.3		4.7	340		10		10		800			3.5		3.5	150		50	
30~49	750			5		10		75	700		700			1.5		2.3		4.7	350		10		9		800			3.5		3.5	150		50	
50~64	700			10		10		75	700		700			1.3		2.0		4.7	350		10		9		800			3.0		3.5	150		50	
65~74	700			10		10		75	700		700			1.2		1.8		4.7	350		10		9		800			3.0		3.5	150		50	
75 이상	700			10		10		75	700		700			1.1		1.6		4.7	350		10		8		800			3.0		3.5	150		50	
여자 6~8(세)	400			10		7		45	700		600			1.2		1.9		3.8	140		9		5		440			1.0		2.3	100		30	
9~11	500			10		9		55	800		900			1.5		2.3		4.7	200		12		7		570			2.0		2.5	120		40	
12~14	650			10		10		65	900		900			1.5		2.3		4.7	280		12		7		750			2.5		2.8	130		50	
15~19	700			10		10		65	900		800			1.5		2.3		4.7	340		16		9		870			2.5		3.0	140		60	
20~29	650			5		10		65	700		700			1.5		2.3		4.7	280		14		8		900			3.0		3.0	150		50	
30~49	650			5		10		65	700		700			1.5		2.3		4.7	280		14		8		800			2.5		3.0	150		50	
50~64	600			10		10		65	800		700			1.3		2.0		4.7	280		9		8		800			2.5		3.0	150		50	
65~74	600			10		10		65	800		700			1.2		1.8		4.7	280		9		7		800			2.5		3.0	150		50	
75이상	600			10		10		65	800		700			1.1		1.6		4.7	280		9		7		800			2.5		3.0	150		50	
임신부	+70			+5		+0		+0	+300		+0			+0		+0		+0	+40		+10		+2.5		+130			+0		+0	+90		+4	
수유부	+500			+5		+3		+0	+400		+0			+0		+0.4		+0.4	+0		+0		+5.0		+450			+0		+0	+180		+11	

* 충분섭취량 : 권장섭취량을 산출할 수 없는 경우 역학조사 결과를 토대로 건강인의 영양소 섭취수준을 기준으로 산출

【별표 3】 한국인 영양섭취기준

연 령	탄수화물(g)		지방(g)		n-6불포화 지방산(g)		n-3불포화 지방산(g)		단백질(g)		식이섬유(g)		수분(ml)		비타민C (mg)		티아민(mg)		리보플라민 (mg)		니아신 (mg NE)		비타민B6 (mg)		엽산 (μg DFE)		비타민B12 (mg)		판토텐산 (mg)		비오틴(μg)	
	권장 섭취량	충분 섭취량	권장 섭취량	충분 섭취량	권장 섭취량	충분 섭취량	권장 섭취량	충분 섭취량	권장 섭취량	충분 섭취량	권장 섭취량	충분 섭취량	권장 섭취량	충분 섭취량	권장 섭취량	충분 섭취량	권장 섭취량	충분 섭취량	권장 섭취량	충분 섭취량	권장 섭취량	충분 섭취량	권장 섭취량	충분 섭취량	권장 섭취량	충분 섭취량	권장 섭취량	충분 섭취량	권장 섭취량	충분 섭취량	권장 섭취량	충분 섭취량
영아 0~5(개월)		55		25		2.0		0.3		9.5				700		35		0.2		0.3		2		0.1		65		0.2		1.7		5
6~11		90		25		4.5		0.8	13.5					800		40		0.3		0.4		3		0.3		80		0.5		1.8		6
소아 1~2(세)									15			12		1,000	40		0.5		0.6		6		0.6		150		0.9			2		8
3~5									20			17		1,400	40		0.5		0.7		7		0.7		180		1.1			2		10
남자 6~8(세)									25			19		1,700	60		0.7		0.9		9		0.9		220		1.3			3		15
9~11									35			23		2,000	70		0.9		1.1		12		1.1		300		1.8			4		20
12~14									50			29		2,400	100		1.2		1.5		15		1.5		360		2.2			5		25
15~19									60			32		2,700	110		1.4		1.8		18		1.8		400		2.4			6		25
20~29									55			31		2,700	100		1.2		1.5		16		1.5		400		2.4			5		30
30~49									55			29		2,500	100		1.2		1.5		16		1.5		400		2.4			5		30
50~64									50			26		2,300	100		1.2		1.5		16		1.5		400		2.4			5		30
65~74									50			26		2,100	100		1.2		1.5		16		1.5		400		2.4			5		30
75 이상									50			26		2,100	100		1.2		1.5		16		1.5		400		2.4			5		30
여자 6~8(세)									25			18		1,600	60		0.6		0.7		9		0.8		220		1.3			3		15
9~11									35			20		1,800	70		0.8		0.9		10		1.0		300		1.8			4		20
12~14									45			24		2,000	90		1.0		1.2		13		1.4		360		2.2			5		25
15~19									45			24		2,100	100		1.0		1.2		13		1.4		400		2.4			6		25
20~29									45			25		2,100	100		1.1		1.2		14		1.4		400		2.4			5		30
30~49									45			23		2,000	100		1.1		1.2		14		1.4		400		2.4			5		30
50~64									45			22		1,800	100		1.1		1.2		14		1.4		400		2.4			5		30
65~74									45			22		1,700	100		1.1		1.2		14		1.4		400		2.4			5		30
75이상									45			22		1,700	100		1.1		1.2		14		1.4		400		2.4			5		30
임신부									+25			+5		+200	+10		+0.5		+0.4		+4		+0.8		+200		+0.2			+1		+0
수유부									+25			+4		+700	+35		+0.4		+0.5		+4		+0.7		+150		+0.2			+2		+5

[사단법인 한국영양학회 : 한국인 영양섭취기준 (2005년)

* 권장섭취량 : 1일 연령별로 권장되는 영양소 섭취량으로서 평균 필요량을 근거로 하여 산출

【별표 4】 시험법 적용표

시험항목	시험방법	비고
수분	제10. 일반시험법 1. 일반성분시험법 1) 수분 ※ Ⅱ.2.7.1 로얄젤리는 (3) 칼핏샤법에 따름	식품 공전
회분	제10. 일반시험법 1. 일반성분시험법 2) 회분	
조지방	제10. 일반시험법 1. 일반성분시험법 4) 지질 (1) 조지방	
산가	제10. 일반시험법 1. 일반성분시험법 4) 지질 (3) 화학적시험 ① 산가	
과산화물가	제10. 일반시험법 1. 일반성분시험법 4) 지질 (3) 화학적시험 ⑤ 과산화물가	
환원당	제10. 일반시험법 1. 일반성분시험법 5) 탄수화물 (1) 당질 ② 환원당	
타르색소	제10. 일반시험법 5. 착색료시험법	
납, 카드뮴	제10. 일반시험법 6. 유해성금속시험법 1) 시험용액의 조제 2) 측정 (1) 원자흡광광도법 또는 (2) ICP	
총수은	제10. 일반시험법 6. 유해성금속시험법 3) 금속별시험 (5) 수은	
세균수	제10. 일반시험법 8. 미생물시험법 2) 세균수(일반세균수)	
대장균군	제10. 일반시험법 8. 미생물시험법 5) 대장균군	
대장균	제10. 일반시험법 8. 미생물시험법 6) 대장균	
살모넬라	제10. 일반시험법 8. 미생물시험법 13) 살모넬라	
세균발육	제10. 일반시험법 8. 미생물시험법 16) 세균(세균발육시험)	
포도당당량(D.E.)	제5. 식품별 기준 빛 규격 6. 포도당 6) 시험방법 (1) 포도당당량(D.E.)	
메탄올	제5. 식품별 기준 및 규격 27-1 탁주 6) 시험방법 (3) 메탄올	
잔류용매	제4. 품목별 규격 및 기준 나. 천연첨가물 80. 파프리카추출색소	식품 첨가물 공전
잔류용매 (이소프로필알콜)	제4. 품목별 규격 및 기준 나. 천연첨가물 108. 글루코만난	

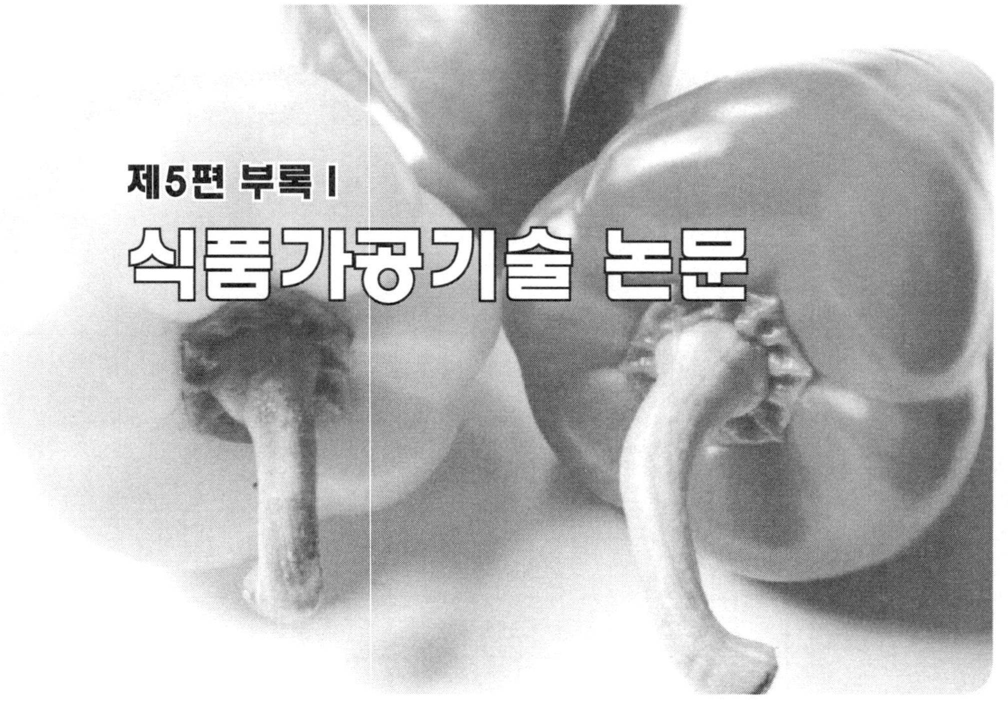

제5편 부록 I

식품가공기술 논문

식품의 변패에 미치는 저온과 미생물의 관계

이성갑(식품공학과 교수)

Abstract

Preservation of food by low temperature(freezing) is based on due to microbial action does not occur. Many foods have their effective storage life extended by storage at refrigeration temperature above the freezing point of water. The ordinary household refrigerator and the dairy products case at the supermarket are good examples of this type of food storage. It should be recalled that most frozen foods are not sterile, and that they need the same care and consideration that other foods do, once they are removed from their protective environment

안성대 산업과학기술연구소보 6집. 1993

Ⅰ. 머리말

식품의 저온에 의한 저장목적은 상온하에서 식품의 성분변화 즉 품질저하를 방지시키는 것은 새삼스럽게 말할 나위도 없다. 이와같이 식품의 품질저하를 일으키는 식품성 변화의 주원인은 미생물의 작용에 기인되며, 식품을 저온에 의한 저장목적은 저온도하에 식품을 보존하는 것으로서 미생물에 의해 발생하는 식품의 품질변화를 억제케 하여 정지시킨다고 말할 수도 있다. 이 때문에 식품의 저온저장에서는 미생물의 저온에서의 작용이 중요한 문제가 된다.

한편 미생물중에서도 특히 식품의 성분변화에 주도적 역할을 연출하는 세균의 발육에 필요한 온도범위의 상당히 광범위한 것으로 알려지고 있다. 일반적으로 미생물 발육온대를 3그룹으로 나누어 취급하고 있다.〈표1〉

Table 1. Classification of microorganism by their living temperature

division	living temperature(℃)			example
	maximum	optimum	minimum	
Thermophiles	70	50~60	40	bacillus, coagulus Clostridium, Thermosaccholyticum
Mesophiles	45	24~40	10~25	B. subtilis, E. coli, yeast Photogenic bacteria
Psychrophies	30	15~25	0	Pseudomonas, Achromobacter, Flavo-bacterium-water living

3그룹중 식품의 저온저장에 있어서 가장 문제가 되는 것은 저온성균이고 그 중에서도 저온세균이다.

이와 같은 저온세균은 광범위하게 지구상에 분포되어 있다. 지구의 생태권의 70% 이상이 해양으로 되어 있고 해양 체적의 90% 이상이 5℃ 이하로 되어 있다.

또한 남극이나 북극 등을 포함한 극지권이 14%를 점유하고 있는 것을 합계하면 지구의 80% 가까이가 저온영역이라고 할 수 있고 이들 지역에도 많은 미생물이 분포되어 있는 것으로 알려지고 있다. 이들 저온성 미생물들은 지구상의 저온역에만 존재하는 것이 아니라 모든 장소에 존재하고 있다. Stokes & Redmond는 0℃에서 증식하는 미생물의 분포를 미국의 토양, 하천, 호소의 물이나 밑바닥흙, 우유, 식육, 냉동식품에 대하여 조사한 경과에 의하면 토양에는 103~106/g의 저온균이 존재하고 이것은 총생균수의 1.5%에서 89%를 차지하였다. 또, 흙중의 곰팡이의 25%는 0℃에서 증식하는 저온균이었다. 역시 하천물에도 총균수의 16~47%, 호소의 물에도 41~76%, 호소의 바닥흙에는 11~33%의 저온균이 있고, 축육에서 35~93%의 세균이 저온균이었고 특히 축산물에는 여러 가지 저온균이 이 숫자상으로 중온균보다 많았고 식품중에도 다량의 저온세균이 존재하였다. 이와 반대로 이들 시료중 호열성균은 극히 적어 총균수의 1%를 넘지 않았다. 이러한 결과에서 저온균은 자연계에 광범위하고 또 다수가 분포되고 자연계에 물질순환에 있어서 크나큰 역할을 담당하는 것으로 고찰되었다.

다수의 저온균은 분류학상의 속(genus)으로 분포되어 있고 대부분은 그람양성간균의 Pseudomonas 속, 더욱이 Flavobacterium, Achromobacter, Arthrobacter Aerobacter Aeromonas, Vibrio, Cytophaga Chromobacterium 등의 보고서가 있다. 그람양성균에는 0℃에서 포자형성이나 발아가 일어나나 Bacillus 속이나 Clostridium 속의 것이 있다. 또 효모로는 Candida, Cryptococcus, Rhodotorula 및 Tourlopsis 속이 있고 기타 저온성의 곰팡이와 이끼류가 보고되고 있다. 즉 미생물중에 분류학적으로 저온균이라는 그룹이 존재하지 않고 분류학상의 많은 속 중에 저온성의 것이 존재한다고 생각된다.

저온미생물이 중온미생물보다 저온에서 증식이 잘 되는 이유로써 세포막의 기질투과성, 세포내에서 효소활성과 그 조절기구, 효소합성과 그 조절기구 등의 저온에 있어서 양자가 서로 상위하다고 생각된다. 세균은 분열에 의하여 증식이 일어나고 이의 분열시가, 즉 세대기간(generation time)에 미치는 환경온도의 영향을 보면 분명히 중온균의 E. coli와 저온균인 Pseudomonas sp. 의 세대시간에 미치는 환경온도의 영향은 차이를 보인다.[그림1]

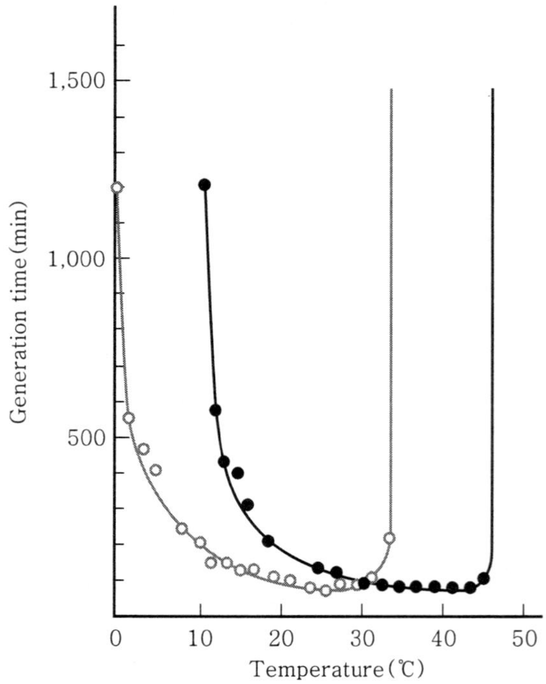

Fig 1. Influence on the effect of division time and environmental temperature of Pseudomonas sp. and E. coli

중온균이 대장균(E. coli)은 증식최적온도가 30~45℃ 부근이고 온도가 30℃이하가 되거나 급속히 온도가 저하하게 되면 세대시간이 길어지고 증식속도가 지연된다. 이에 대하여 저온균인 Pseudomonas sp.은 증식최적온도는 20~30℃

사이로 중온균 최적온도에 비하여 낮으나 상당히 높은 온도이다. 그리하여 그보다 온도가 떨어지면 세대시간은 연장되게 된다. 세대시간인 연장되는 것은 1회의 분열증식에 필요한 시간의 연장을 의미하며 따라서 발육이 불량하게 나타난다. 즉 저온균은 중온균에 비하여 상당히 낮은 온도영역까지 발육은 일어나지만 저온영역에서의 발육에서는 온도의 저하에 따라 현저하게 그 발육은 불량하다.

이와 같이 저온에서 증식가능한 미생물 가운데 0℃ 이하의 온도에서 식품 중에 증식가능한 미생물들은 〈표2〉와 같다.

Table 2. Division temperature of Microorganism in foods

Food	Microorganism	Temp.(℃)
Meats		
Mutton	Mucor mucedo	-1
Beef fat	Bacteria and yeasts	-1
Beef	Molds, yeast, bacteria	-1.6
Meat and potatoes	Pseudomonas, Achromobacter	
Pork	Psychrophilic bacteria	-4
Meat	Mold, yeasts	-5
Meat	Mold, yeasts	-5
Mutton	Mold, yeasts, rarely Pseudomonas, Micrococcus	-5
Meat	Cladosporium herbarum	-5.5
Meat	Cladosporium herbarum	-6
Meat	Pseudomonas	-7
Meat	Sporotichum Carnis, Thamnidium sp.	
		-7.8
Home-grown foods	Mold	-7.8
Meat	Mold	-8
Cured meat		
Liver sausage, bologna	Micrococcus	〉5
Liver sausage	Unidentified bacterium	5
Cured meats	Clostridium putrefatiens	2 to 1
Hams		
Bacon, no salt	Psychrophiles	-5
Bacon 4.3% and 5.9% salt		
	Psychrophiles	-6.7
Bacon	Halophilic bacteria	-10
Fish		
Fish	Phosphorescent bacteria	0
Haddock	Normal spoilage flora	-4
Fish	Psychrophiles	-5
Fish	Bacteria	-6.7
Fish	Pseudomonas	-7
Fish	Bacteria	-11
Oysters	Pink yeast	-17.8

-17.8℃에서 증식하는 red yeast가 어떤 종류의 배지 중에서는 -34℃에서도 증식한다는 보고가 있으니 이것은 극단적인 예로 생각하고 대부분의 미생물은 -10℃이하에서는 증식이 안되는 것으로 알려지고 있다.

더구나 식품중의 증식미생물 모두가 식품의 변질을 일으키는 것은 아니라고 생각된다. 저온에 있어서 증식의 유도기(lag phase)가 상당히 길고 또 대수증식기(logarithmic phase)에 있어서 증식속도가 지연되는 식품의 변패원인이 되는 경우가 많다.

Ⅱ 본문

1. 저온에 있어서 미생물의 발육과 환경조건

미생물의 증식최적온도는 그들이 처한 환경조건 즉 환경의 수분, 용질의 농도, 종류, pH 등에 의해 변동된다. 그 중 수분은 저온에 의한 미생물의 작용에 가장 큰 영향을 주는 인자로 생각된다. 미생물 중에는 곰팡이가 세균이나 효모에 비하여 낮은 수분함량(13%)에서도 증식된다. 식품중의 수분을 정적 표현인 %와 동적 표현인 수분활성이 있는데 미생물과의 수분관계는 수분활성(Water Activity, Aw)이 더 적당하다. 여기서 수분활성 Aw는 용질의 수증기압(P)을 용매의 수증기압(Po)으로 나누어 계산한다. Aw=P/Po(수치는 1.0 이하) 일반적인 식품의 수분함량과 수분활성과의 관계는 [그림2]와 같다.

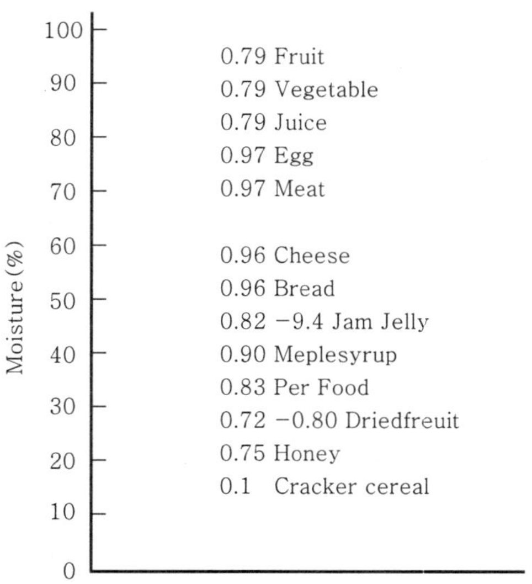

Fig 2. Relationship between moisture(%) and water activity(Aw)

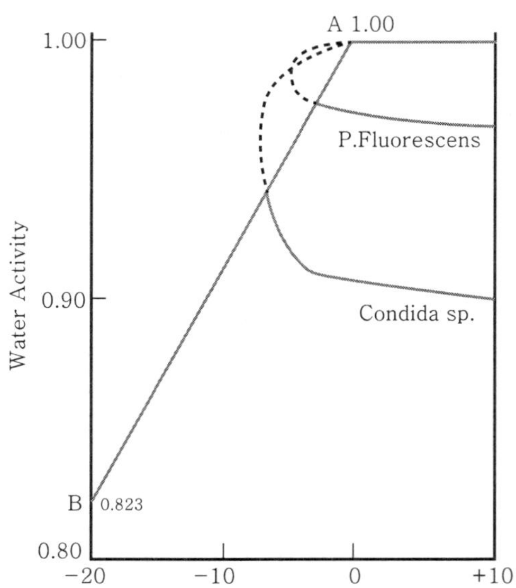

Fig 3. Minimum temperature and Aw of Pseudomonas fluorescens and Candida sp. for division

여기서 저온성 세균인 Pseudomonas fluorescens 와 저온성 효모인 Candida sp.의 발육가능한 최저온도와 수분활성의 한계를 보면 [그림3]과 같다.

0℃ 이하가 되면 물은 동결되면 수분활성은 -5℃에서는 0.953, -10℃에서는 0.907, -15℃에서는 0.864, -20℃에서는 0.823으로 온도에 비례하여 저하되며 미생물의 증식도 급격히 저하한다. 역시 동시에 식품이 동결할 때에는 용질의 농도가 미동결 수상(水相) 중에 높아지게 되고 그 때문에 미생물의 증식이 저해된다.

이와 같은 현상을 인위적으로 만들 수 있으며 당·염이나 글리세린 등을 첨가하면 빙점 강하를 가져오고 동결에 의한 수분활성의 저해를 방지할 수 있고 또 다른 용질의 농축을 방해하기 때문에 증식의 최저온도가 더욱 낮아지는 경우가 된다. 그러나 세균의 종류에 따라서는 이들 첨가하는 용질 그 자체에 의해 역시 용질농도가 높아지기 때문에 증식이 저해를 받게 된다.

한편 미생물의 저온에 대한 적응현상이 있다. 이 경우 증식속도는 거의 변화없이 증식의 유도기가 단축되며 최저온도가 저하되는 일이 많다. 보통 중온성이 Bacillus 속의 세균이 저온저장성 식품 등에서 저온성 세균으로 분리되는 일은 장기가 동안에 저온에 적응된 것으로 변이가 일어난 것으로 추측된다.

저온성식품의 급속한 보급으로 이와 같은 형의 세균이 증가될 가능성이 점점 높아지고 있다.

2. 동결점 이하에서의 미생물

미생물은 증시가능 이하의 저온에 있어서는 휴면상태가 되어 결국 사멸하게 된다. 일반적으로 저온미생물이 차가워도 동결점 이하에서의 증식은 불가능하다고 보는 것은 변화가 없다. 〈표2〉에서 0℃이하에서 식품 중에 증식되는 세균은 모두 특수한 예라고 생각된다. 이와 같이 미생물이 증식 못하게 하려면 저온도 즉 동결점 이하에서는 미생물은 증식할 수 없는 상태에서 생존하게 된다. 이와 같은 생존은 극히 낮은 온도에서 오히려 이의 역할이 높게 된다. 예를 들면 5.5℃에 증식가능 최저오도로 알려진 Salmonella는 5.1℃에서 거의 사멸하거나 -78℃ 이하에서도 100% 가까운 생존률을 보이는 것도 알려지고 있다. 그 이유로써 고려되는 것은 증식가능최저온도 이하로 이와 비슷한 온도에서는 효소의 일부가 역시 활성을 유지하기 때문에 대사 이상이 일어나 사멸하던가 극단적으로 낮은 온도에서는 모든 효소활성이 정지하기 때문이다. 보통 미생물의 활성은 -25℃에서도 확인되고 있다.

3. 저온에서의 미생물 활성

미생물의 활성은 증식과 같이 나타나며 저온에서 증식하는 미생물은 활성의 관점에서도 일반적인 것은 중온영역으로 나타나는 것과 같은 활성을 보다 빠른 반응속도를 나타낸다.

식품의 보존과 관련하여 저온세균의 활성연구는 실질적인 입장에서는 중요하나 역시 많지는 않다. 그 중에서는 우유 및 유제품의 부패와 관련하여 Lipase의 연구가 비교적 많이 수행되고 있다.

4. 저온에서의 식중독 세균

식품의 저온저장에 있어서는 장내 세균계의 병원성세균이나 식중독 원인세균 등의 저온에서의 작용이 식품위생상 문제가 된다.

Table 2. Minimum division, toxic production, survival temp. of Food poisoning bacteria

Bacteria name	Minimum Temp.(℃)		
	division	Toxic production	survival
Samonella sp.	5.5~6.8	-	5.1~5.9
Vibrio parahaemolyticus	5.0~8.0	-	5~8
Staphylococcus aureus	6.6	18	0℃
Clostridium perfringens	15		0℃
Cl. Botulinum type A	10	10	0℃
Cl. Botulinum type B	10	10	0℃
Cl. Botulinum type C	15	10	0℃
Cl. Botulinum type D	3.3	3.3	0℃

식중독 원인균의 증식, 독소생산, 생존의 최저온도는 〈표3〉과 같다.

식중독 원인세균의 최저증식온도와 최저독소생산온도가 3.3℃ 이상이어서 식품의 저온저장에 있어서는 저장온도 설정은 충분하게 낮추어 적어도 3.3℃ 이하로 하는 것이 좋다. 또한 생존의 최저온도가 0℃가 되는 것을 다시 0℃ 이하에 저장하면 적어도 식품위생상에서는 의의가 크다고 말할 수 있다.

Ⅲ. 결론

지금까지 식품의 저온저장과 관련하여 저온과 미생물과의 관계를 설명하였다. 식품의 저온저장에 있어서 미생물의 각 식품에 대한 작용에 대하여는 각 식품의 각 항목에 고려되어져야 한다. 식품의 저온저장에 있어서는 그 저장가능기간은 저온에 따른 식품 중의 미생물의 작용에 의하여 결정된다. 저온에 의한 미생물의 개개 식품에 대한 작용에 대하여는 광범위한 연구가 이루어졌고 또한 실용적으로는 경험적으로 이해된다. 그러나 전술한 바와 같이 저온에 있어서 미생물의 생태활성 등에 관한 기초 연구는 지금까지 극히 적다.

식품의 저온저장은 단지 경험적으로 실시하는 현상으로서 많은 기초적 연구가 절실한 실정이다.

과실채소의 예냉과 수송기술

이성갑(한경대 식품공학과 교수)

1. 머리말

우리나라의 청과물 특히 채소류의 유통권은 종래 극히 협소한 범위에 국한되어 있었으나 현재는 일년을 통하여 다종다양한 채소류가 전국각지에서 생산 출하되고 있다(1986. 과실채소생산량 930만톤).

최근 10수년간에 있어서 상치, 샐러리, 파세리, 토마토, 피망 등의 양채소류의 생산소비는 급신장되어 왔다. 이러한 현상은 소비측면에서 식생활의 서구화에 따른 식품기호성 변화와 생산측면에서는 시설원예의 재배기술발달과 생산지의 대형화, 주산단지화가 잘 진행된 때문이고 물량적 유통기술의 관점에서는 예냉(豫冷) 저온저장, 저온수송을 포함한 저온유통기구(cold chain system)의 정비에 기인하는 바 크다.

원래 채소나 과실같은 청과물은 수확후의 품질이 급격히 저하되고 품질저하속도는 온도, 습도, 가스농도, 미생물, 광선, 바람같은 환경요인에 크게 좌우되며 특히 온도의 영향은 T.T.T로 표시하는데 많은 연구가 진행되었다.

일반적으로 청과물의 호흡속도는 온도가 높아지면 빨라지고 호흡작용에 의해 발생되는 탄산가스(CO_2) 1g당 발열량은 약 2.5kcal로서 약 0.4g의 수분이 증발한다. 따라서 호흡속도가 증가하게 되면 수분증산에 의한 위조(萎凋)가 일어나게 되고, 호흡의 기질이 되는 당분이나 유기산 등의 화학성분이 감소되어 품질

기술사21(3). 1988

의 저하가 초래된다. 기타 품질저하는 추숙에 의한 조직의 연화, 발아, 발근, 추대 등의 현상이 일어나게 되는데 이것들은 온도와 밀접한 관계를 갖는다.

호흡속도는 일반적으로 물건의 체적에 비하여 표면적이 큰 엽채류가 크고 그 반대인 근채류에서는 비교적 적고 엽채류 중에서도 결구(結球)채소인 양배추, 배추, 상치보다도 비결구인 시금치가 더 크다.

보통 온도와 호흡속도와의 관계는 온도계수(Q_{10} value)로 구하는 데(표1), 이것은 온도가 10℃ 상승하는데 따라 호흡이 몇 배로 되는 것을 표시하는 것으로서 청과물은 그 종류에 따라 차이가 있으나 보통 그 수치는 2~4배가 된다.

표1 주요 청과물의 Q10 value

품목	온도 변화 범위	
	0.5~10℃	11~24℃
Asparagus	3.7	2.5
Green peas	3.9	2.0
Spinach	3.2	2.6
Kidney bean	5.1	2.5
Red pepper	2.8	2.3
Carrot	3.3	1.9
Lettuce	1.6	2.0
Tomato	2.0	2.3
Cucumber	4.2	1.9
White potato	2.1	2.2

그리하여 품질저하가 큰 청과물들은 수확직후 자체의 품온을 내려 저온하에서 유통시키는 것이 품질보존상 필요하다.

이 때문에 예냉은 수송 또는 냉장하기 전에 소정의 품온까지 냉각시키기 위하여 필요한 처리가 된다.

예냉이란 예비적인 차원에서 냉각이라는 감이 있으나 냉장고나 냉동차에서의 냉각은 물건자체의 품온을 내리지 않고 외부로부터 침투되는 열을 제거하는 것과 다르며 만일 예냉시켜 냉장고에 넣는 경우 소정의 온도까지 품온을 저하시키는데 장시간이 소요되어 품목에 따라서는 이 냉각기간 중에 심한 품질저하를 초래하는 일이 종종 일어난다. 이런 의미에서 예냉은 저온유통에 있어서 본 냉각과는 차이가 있다.

2. 예냉방법과 장치

(1) 공기냉각

공기냉각은 냉각매체로서 저온의 공기를 사용하는 것으로 가장 광범위하게 사용되고 있다. 저온공기를 만드는데 보통 냉동기가 미국에서는 빙조(氷槽, ice banker)를 사용하기도 한다. 공기의 냉각방법은 ① room cooling 인 완만통풍냉각과 ② 통풍냉각의 완만성을 개선한 급속통풍냉각(fast method of air cooling)이 있다.

room cooling이란 보통 강제통풍냉각이라 하면 단보루상자내의 물품에 냉기가 스며들게하여 냉각을 실시하는 것으로 시설이 간단하고 비용이 저렴하고 또 예냉을 계속하면서 저장할 수 있어 저장고로서 단기간 사용할 수 있는데 이때 제품의 이동이 불필요하고 운전경비도 적게 든다. 또한 그림 1과 같이 냉각의 주체가 거의 밀폐된 상태 하에서의 외포장을 통한 열전도와 자연대류에 가까운 외포장 내부의 공기와 제품과의 열전달이 교류됨으로 냉각속도는 극히 늦어 냉각중이 품질저하가 큰 품목의 예냉이 좋지 않다.

역시 냉각은 물건 주위부터 진행되기 때문에 물건 중심부의 미냉각된 물건에서 이동되는 온난공기가 주위의 이미 냉각된 물건이나 용기에 접촉할 때 결로(結露, sweating)현상이 생기게 된다. 그리하여 이 방식으로 충분한 냉각속도를 얻으려면 용기와 냉기가 충분하게 접촉되게 함으로써 가능하다. 이를 위하여 물건이 적재를 이상적으로 하고 예냉창고에 공간을 적절하게 유지시켜야 한다.

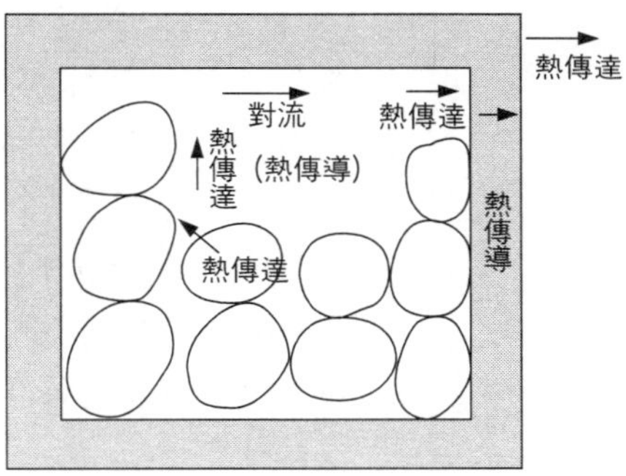

그림.1 공기예냉에 있어서 예냉기구
(밀폐상자내)

한편 급속통풍냉각은 room cooling이 갖는 결점을 보완하여 급속한 냉각을 하기 위하여 용기에 불어넣는 ceiling jet cooling과 냉풍을 강제적으로 용기내에 불어넣는 압력차통풍냉각(forced air cooling, pressure cooling)의 2가지 방법이 있다.

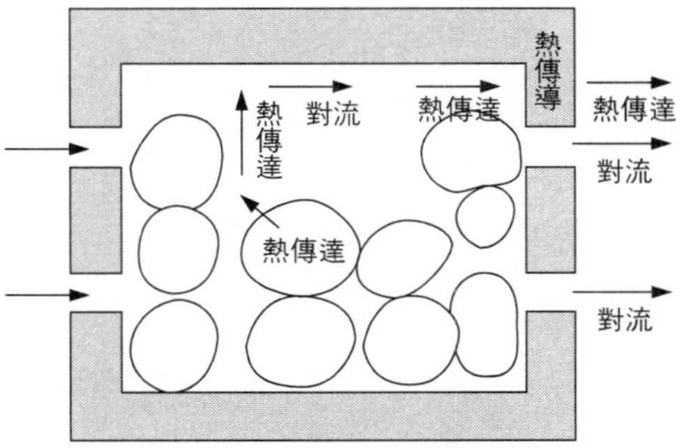

그림 2. 공기예냉에 있어서 예냉기구
(통기공이 있는 상자 경우)

가압통풍냉각은 1955년 California 대학에서 처음 고안하여 1958년 이후 grape, peach, strawberrry의 예냉에 실용화되기 시작하였다.

이 방식은 냉기를 용기의 외측으로 흘려 서서히 용기내로 침투시키는 것으로 사용용기는 통기공(孔)을 만들어야 하고 냉기는 용기나 물건의 압력손실을 막을 수 있도록 압력을 일정하게 유지해야 한다. 이 때 물건은 그림2와 같이 용기내의 강제대류와의 열전달에 의하여 냉각되기 때문에 room cooling에 비하여 신속한 냉각속도를 얻을 수 있다.

일반적으로 냉기(冷氣)는 물건의 저온측으로부터 고온쪽으로 이동하기 때문에 room cooling 방법의 결점인 결로 현상은 일어나지 않는다. 그러나 용기에 통기공을 설치함으로서 냉기이동으로 접촉되는 부분이나 또 많은 층의 용기를 냉기가 통과하기 때문에 냉기의 상류쪽과 하류쪽과의 냉각 정도가 큰 결점이 있다. 특히 냉기를 많이 접촉하는 부분에는 저온장해를 받을 우려가 있기 때문에 냉기의 취출구(吹出口)의 온도관리는 더욱 중요하다.

통기구의 냉기의 흐르는 단면에 대하여 약 5% 정도의 개공율(開孔率)을 가져 용기의 하부에 개공하는 것이 효율이 좋다.

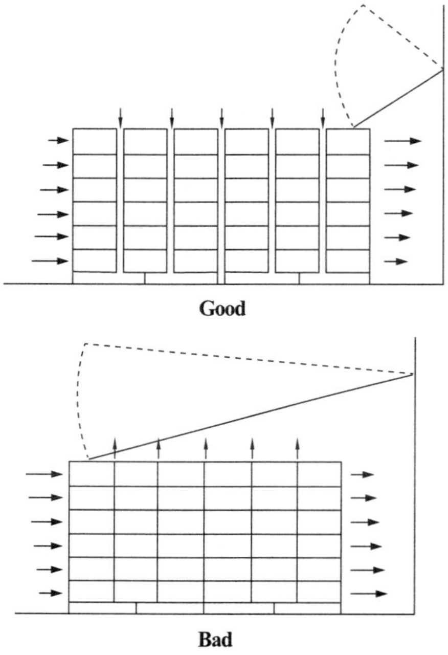

그림 3. 가압통풍냉각시의 송풍법과 냉기 흐름

그림 3은 가압통풍냉각에 의한 전형적인 적재와 냉기의 흐름을 표시한 것으로 신속한 냉각과 같은 온도분포를 얻을 수 있어 적재의 상단 전체가 냉기로 서서히 유통할 수 있도록 쌓는 것이 필요하다.

(2) 냉수냉각

냉수(冷水)를 냉각매체로 하여 냉각시키는 방식으로서 침지법(浸漬法)과 산수법(散水法)이 있다. 침지법이라도 냉수를 교반시켜 물건 사이의 열전달을 조장하는 것이 좋다. 미국 캘리포니아에서는 총 당근 생산량의 1/2을 이 방식으로 예냉시키고 있으며 우리나라도 당근 생산지에서 세척예냉을 일부 실시하고 있다.

냉수냉각을 열용량이 큰 냉수를 사용함으로서 과채류나 근채류의 냉각은 효과적으로 실시할 수 있으나 엽채류의 사용할 수 없다. 그리고 냉수냉각의 장점은 다른 예냉방식에서 피할 수 없는 냉각 중의 중량감소가 없는 점이 있는 반면 이 방법은 용기나 물건을 수세하기 때문에 냉수에 오염될 수 있는 부패세균이 만연될 수 있는 결점이 있다.

이와 같이 냉수냉각은 비용면에 다른 방법보다 저렴하고 더욱 energy 절약방식이어서 처리수의 살균이나 유통형태를 한번 검토할 필요가 있다.

(3) 진공냉각

가) 원리

물의 증발은 주위의 압력이 낮으면 활발하게 진행된다. 진공냉각은 이 원리를 이용하여 물건 주위의 압력을 낮게 하여 물건 자체가 갖는 수분의 증발을 활발하게 하여 그때 탈취되는 증발잠열에 의해 청과물의 품온을 저하시키는 것이다. 즉 주위의 압력이 그 당시의 물 온도에 상당하는 포화수증기압까지 저하시키면 물 표면 뿐만 아니라 수중에서도 비등(沸騰)이 시작하게 된다.

표 2. 물의 수증기압과 비등점

압 력		비등점℃
mmHg	inch Hg	
1.8	0.07	-12.2
4.6	0.18	0.0
5.1	0.20	1.5
10.1	0.40	11.5
15.2	0.60	22.0
51.7	2.04	38.0
362.0	14.25	80.0
760.0	29.92	100.0

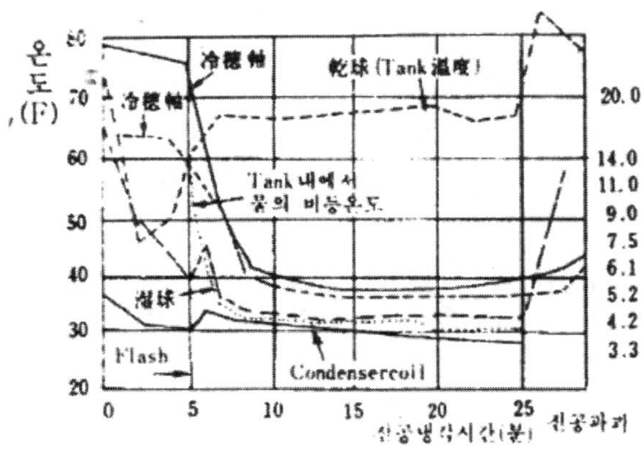

그림 4. Sweet corn의 진공냉각

표 2에서 보면 1기압(70mmHg)에서 물은 100℃에서 비등하나 압력이 낮아지면 비등점(boiling point: BP)도 낮게 되어 4.6mmHg의 압력에서는 0℃에서 끓기 시작한다. 이 원리를 진공냉각에 응용한 것을 그림 4에서 보면 주위의 압력이 저하됨에 따라서 물건에서의 수분증발이 활발해져 품온이 떨어지게 된다. 압력이 특별하게 저하되어 품온이 그 압력 하에서 비등점에 도달하려면 물건이 갖는 수분이 비등하게 되어 급격한 증발이 일어나고(Flash point) 외부에서 물건에 열량이 공급되지 않는 진공냉각에서는 물건의 온도가 급격히 저하된다.

Flash point일 때 진공탱크안의 습구온도는 반대로 상승하는 것이 관찰된다. 이것은 이미 저하된 습구표면에 물건에서 증발된 대량의 수증기 일부가 응축하기 때문에 그 잠열에 의하여 일어나는 것으로서 실제의 물건표면에서의 대량증발점보다 몇 분 지연 생성되는 것으로 설명되고 있다. 또한 그림 4중의 습구온도나 품온과 탱크내 전압(全壓)에 상당하는 비등점보다 약간 높다.

이것은 습구 및 물건표면의 물은 완전한 자유수가 아니고 증발할 때 저항이 존재하기 때문이다.

여하튼 cold trap은 진공펌프로 유회전식 진공펌프를 사용에 한해 반드시 필요한 것으로서 이것은 증발시킨 수분의 제거장치이다. 즉 수분은 한번 증발되면 그 체적은 팽대해진다. 예를 들면 0℃의 물 1g의 비체적은 약 1cm3이나 수증기의 상태에서는 약 21만cm3에 달한다. 따라서 이 수증기를 배제시켜 진공상태를 유지시키려면 극히 큰 진공펌프가 필요하다. 또 유(油)회전식 진공펌프의 구조상, 펌프가 수분을 흡입함으로서 펌프의 성능이 저하하게 된다.

이것들은 cold trap을 필용로 하는 이유로 되고 cold trap의 냉각원으로서는 보통 냉동기가 쓰여짐으로서 진공냉각장치의 냉동기를 간접적으로 사용하는 냉각장치라고 말할 수 있다.

Cold trap 상의 수증기압은 물건표면의 수증기에 비하여 낮으며 그 중에서 cold trap의 온도를 내려 통과시켜 진공탱크내의 압력의 변화로 수증기분압이 차가 생겨 물건표면에서의 증발은 계속된다. 즉 유(油)회전식 진공펌프를 사용할 경우 냉각된 물건의 품온은 cold trap의 표면온도 이하로 내려가지 않아 냉각시의 동결방지를 고려할 경우 cold trap의 온도를 control하는 일이 바람직하다.

나) 진공냉각장치

진공냉각장치는 구조상 진공탱크, 진공장치, cold trap 및 냉동기의 3부분으로 구성된다. 진공탱크의 형상은 주로 각(角)형이나 소형의 경우는 원형도 있다.

보통 시설로는 진공탱크를 2개 설치하여 1개의 냉각조작 중 다른 편의 진공탱크로서 물건의 일부를 청징시켜 처리시간의 단축을 도모하는 것이 보통이다.

진공탱크는 단열(斷熱)의 필요는 없으나 진공하의 외압(外壓)에 견디는 견고한 구조를 갖을 필요가 있다.

표 3. 주요한 진공탱크의 작동범위

pumo의 종류		압력(Toor) 10^{-8}	10^{-6}	10^{-4}	10^{-2}	10	10^{2}
기계펌프	油回轉 펌프(1단)						
	油回轉 펌프(2단)						
	mechanical booster						
	分子펌프(터빈형)						
증기분사펌프	水銀擴散펌프						
	油擴散 펌프						
	油 ejector						
	steam ejector						
기타	케타이온 펌프						
	구라이 펌프						
	소부지곤 펌프						

진공장치는 표 3과 같이 크게 나누면 기름회전식 진공펌프 같은 기계 펌프와 steam ejector 같은 증기분사펌프로 구분된다.

유(油)회전식은 저용량에서 대용량까지 종류가 다양하고 효율은 높으나 수증기혼입을 방지할 수 있는 cold trap을 설치할 필요가 있다.

또 다른 steam ejector는 고압이 수증기 tape user를 통과시켜 진공탱크에서 공기와 수증기를 직접 배출시켜 저진공도를 얻기 때문에 복수의 eseneck로 구성된다. 이 때 유회전식과 달리 cold trap의 설치는 필요 없고 ejector 출구에서 증기를 응축시킬 수 있는 condenser에 대량의 냉각수가 필요하다.

일반적으로 실용적인 것은 거의 유회전식 진공펌프 및 mechanical booster가 이용되고 steam ejector의 경우는 드물다. 또한 진공 펌프의 크기는 진공탱크의 내용적과 소요압력도달시간에 의해 결정되고 경제성을 고려할 때 매분 배기용량은 냉크 내용적의 0.5~1배의 크기가 좋다. cold trap의 냉각에는 보통 냉동기가 사용된다. 시험적으로 ice bunker를 사용한 보고도 있는데 이때 증발수분의 80%를 포집(捕集)할 수 있다.

전술한 바와 같이 물건의 동결장비의 관점에서 진공냉각장치는 cold trap의 표면온도를 기준하여 control하는 것이 바람직하다. 또한 효율면으로는 cold trap 표면온도 tc에 상당하는 포화증기압 pc와 물건표면의 온도 tv에 상당하는 포화증기압 pv와의 비 pc/pv을 0.53 정도로 되는 것이 좋고 cold trap의 온도를 내려 pc를 적게 하여도 수증기의 회수율은 상승되지 않는다.

다) 진공냉각의 적응성

진공냉각은 진공하에서 물건 자체의 수분증발로 냉각이 진행되기 때문에 잎 면적이 큰 비결구의 엽채류에 적당한 방식인 반면 수분증발이 어렵거나 체적(중)에 대하여 표면적이 적은 과실류, 과채류, 근채류 같은 품목의 냉각에는 적당하지 않다.

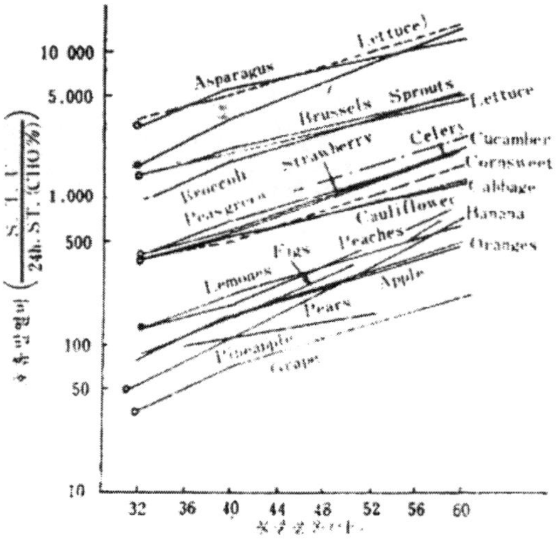

그림 5. 물건품온과 호흡발열비와의 관계

진공냉각의 적응성을 나타내는 지표로 물건별 표면증발계수를 제안하여 이 계수의 크기로 flash point 이후의 증발속도가 큰 것이 진공냉각에 적당한 물건으로 판정하는 것이고, 역시 호흡발열비를 진공냉각의 판정지표로 제창하였는데 이는 호흡요소로 외적요인(O, CO_2, H_2O 등)과 내적요인(표면적, 표피의 투과율, 내부의 유동성 등)으로 나누어 호흡발열의 조합을 전열(傳熱)과 유사하게 보아 호흡발열량 Q는 Q=K · AΔt로 표시한다. 여기서 전열에 있어서 온도차 Δt 가 외적요인 전열계수 및 표면적에 상당하는 K.A가 내적요인이라고 생각하면 된다. 외적요인으로서 탄수화물 함량(CHO, %)를 갖으며 호흡발열량과의 비는 내적요인 K.A를 나타내며 수분증발 혹은 호흡속도에 대하여는 검토해 보는 것이 좋다.

그림 5에서 호흡발열비가 높으면 표면적이 크고 표피의 투과율이 양호한 것으로 진공냉각에 적당한 품목으로 판정된다. 또한 품온이 5℃될 때까지의 시간과 같은 조건하에서 습구온도가 5℃가 될 때까지의 시간을 비교하여 물건의 진공냉각 적응성을 나타낼 수도 있다.

이상 기술한 바와 같이 동일한 품목이라도 품종, 계통, 재배조건 등에 다라서 냉각효과에 차이가 있음을 설명하였고, 새로운 품목의 진공냉각을 하기 위하여는 많은 실험 테이타를 측적할 필요가 있다.

라) 진공냉각장치의 다목적 이용

진공냉각장치는 원래 채소류를 대상으로 개발한 예냉 전용의 기계설비이다. 그러나 단일품목만의 냉각에 사용하면 진공냉각장치의 가동이용율이 적어 경제성이 불리하게 된다. 특히 산지예냉이 매우 상식적인 유통기술이 된 오늘날 예냉품으로서 시장에서 유리하게 취급받기를 바라는 것은 곤란하고 또 시설비나 운전경비의 높은 비용 때문에 새로운 시설로서 뒤따르는 문제는 크다. 이들 문제에 대처할 수 있는 한 해결방안으로서 진공냉각장치의 다목적 이용이 다방면에서 검토 해결되고 있다.

i) 이동형 진공냉각장치 연구

미국처럼 생산지가 넓어 출하시기를 조정하면서 생산판매를 계획할 필요가 있는 곳에서는 고정냉각시설보다도 이동식이 보다 경제성이 있어 예냉전문업자들이 소유하고 있는 대형의 이동형 진공냉각장치가 널리 보급 응용되고 있다. 이동식 냉각장치의 특성으로는 ① 지리적 조건(지형, 고도차, 거리 등)에 따라 수확시기가 다른 경우 예냉장치를 이동시켜 수확지 근처에서 예냉처리가 가능하여 장기간 이동시키면서 많은 품목을 예냉처리함으로서 가동율을 높일 수 있는 점 ② 부대공사가 불필요하고 설비비용이 저렴하고 ③ 정비보수도 공장으로 이동하여 수리할 수 있어 비용이 절감되고 대체품의 보급이 용이한 점과 ④ 작부변경 등 생산규모의 변동에 적응하기 쉬운 점이다.

ii) Hydro vacuum

10℃의 품온을 내리는데 약 1.6%의 수분손실을 가져오는 것을 피할 수 없으나 진공냉각은 이 같은 수분손실을 막아 품질저하현상을 방지할 수 있고 또 중량에 대하여 표면적이 적으면 진공냉각에 적합하지 않기 때문에 인위적으로 prewetting을 한층 실시하는 방법이다. 즉 진공탱크의 밑에 수류(水溜)의 물을 다관(多管) nozzle로서 물건에 뿌리면서 서서히 진공상태로 하고 수류 및 물건 표면의 수분을 증발시켜 저온의 수증기가 물건을 냉각시키는 동시에 이 증기가 진공탱크 내에 설치된 cold trap 면에 응축 액화시킨 후 물건에 접촉하면서 밑으로 낙하할 때 2차적인 냉각효과를 기대하는 것이다. 냉수나 냉증기와 물건과의 접촉을 크게 하는 것보다 보통 진공냉각시의 약 1/2 정도의 냉각시간을 단축시킬 수 있고 냉각 후의 수분손실도 극히 적은 장점이 있다.

iii) 세척수의 수절(水切) 및 건조

현재 무나 당근은 대부분 세척공정을 거쳐 출하 유통되고 있다.

세척시의 잔류수분은 수송중의 단보루 상자에 흡습되어 C/T box의 강도를 저하시키고 또한 부패를 촉진시키는 원인이 된다. 이와 같은 세척에 의한 표피가 습한 상태의 물건은 진공냉각에 의하여 수절(水切, drain) 및 건조효과를 얻을 수 있다. 특히 일반적으로 근채류는 진공냉각으로 적당하지 않은 품목이나 잔류수분의 증발시 잠열에 의해 어느 정도의 품온강하도 기대된다. 당근으로 실험한 결과 20분간 진공처리 중에 잔류수분의 증발이 주로 일어나 당근 중심부의 온도가 6℃의 폼온강하를 얻을 수 있었다.

iv) 벼(米)의 진공냉각건조

진공냉각을 다(多)수분벼의 탈수건조에 응용할 수 있는데 보통 열풍건조로 다수분벼를 급격히 건조하는 대신 압력을 3~26mmHg의 범위로 조정함으로서 진공탱크내에서 건조시키는 것으로 초기수분함량 19.1%(건물기준)의 벼를 2일 사이에 15.0%로, 4일만에 11.6%까지 탈수 건조시킬 수 잇다.

이 같은 진공건조에는 cold trap를 사용하였고, 진공펌프의 gas parast에서 증기의 배출을 실시하는 것으로서 cold trap을 병용하는 일보다 꽤 신속한 건조속도를 얻을 수 있다. 진공냉각건조에서는 건조가 저온으로 진행되기 때문에 맛이나 동할(胴割)에 대하여 우수할 뿐 아니라 진공 하에서의 살충효과도 기대할 수 있다.

벼의 건조도 청과물의 예냉만큼 절대 필요하며 가을철부터 시작하는데 진공냉각장치의 다목적 실용화의 관점에서 흥미 있는 사례이다. 현재 우리나라 농촌진흥청 과학기술연구원에서 개발보급중인 개량곳간(창고 밑 부분을 망으로 성치하여 공기순환을 가능케 한 시설로 예냉 건조 가능)의 원리와도 유사하다.

v) 식품가공 공정에서의 이용

식품의 가공공정에는 많은 열처리공정이 포함된다. 일반적으로 열처리하는 식품은 가급적 신속히 냉각하는 것이 품질보존상 필요하며 이의 냉각공정에도 진공냉각장치를 이용할 수 있다.

진공 하에서는 냉각속도가 빠르고 미생물에 오염되는 일이 적은 특징이 있다. 생산단체가 가공공장을 보유하는 경우 더욱 효과적이다.

iv) 감압저장고로서 이용

감압저장(hypobalic storage)은 감압하에서 산소분압의 저하에 의해 CA storage 효과를 기대할 수 있고 배출되는 $CH_2 \cdot CH_2$(ethylene)이나 이취(異臭) 등의 제거 또는 퇴적한 물건 사이의 공기조화를 용이하게 할 수 있다.

미국에서는 apple, pear, tomato, white potatoes, asparagus, strawberry peach, cutted flower(折花), meat 등의 탈수건조에 관한 진공냉각장치의 실용화가 되고 있다. 그러나 감압저장은 저장 중의 중량감소가 발생하는 것이 문제인데 이의 방지는 조습(燥濕)장치로 해결될 수 있어 진공냉각장치를 일부 개조함으로서 이 용도로 전용이 가능하다.

최근 일본에서 개발특허를 얻은 heating pump 식냉난풍제습건조장치도 진공냉각장치의 역할과 유사한 기능으로 냉각, 탈수, 건저의 기능을 갖는 장치이다. 현재 우리나라에서 멸치, 인삼, 절화, 버섯 등의 고가제품에 대한 건조가 시험되고 있다(日本白銀工業과 한국전자공업 0345-83-2641과 기술합작 제작보급)

3. 유통환경요인과 손상

청과물의 수송 중에 일어나는 품질저하나 중량감소이 원인은 물리적인 것과 생리적 또는 생물학적인 것으로 분류할 수 있다. 이와 같은 품질 열화(劣化)는 전술한 바와 같이 온도, 습도, gas 농도, 미생물, 광선, 바람, 진동충격 등의 유통환경요인들에 좌우된다. 또 생산물의 품종, 숙도, 수확방법, 선별방법, 예냉방법, 포장방식에 따른 물건의 특성 및 수확후의 처리기술, 운송시의 품질보지(保持)와도 밀접한 관계가 된다. 예를 들면 장거리 수송용 딸기의 경우 완숙품의 출하는 수송중의 손상이 크기 때문에 70~80% 정도 착색된 약간 미숙과를 출하하고 있다. 또 바나나의 경우는 수송유통 중에 추숙도 겸하기 때문에 푸른색의 미숙과를 수확한다. 그 밖에 기계로 선별하는 품목은 선과처리 중에 받는 물리적 손상의 정도를 그 품목이 그 이후의 수송유통과정에서 품질저하와 손모에 크게 영향을 주기 때문에 수확시 이를 고려한 판단이 필요하다.

저온유통기술 중에서도 온도, 습도, gas 농도 등은 가장 중요한 요인이며 이들 요인들을 적정히 조절 · 유지하는 것은 경우에 따라서 대형손실을 미연에 방지할 수 있다.

진동충격이 원인이 되는 청과물의 물리적 손상을 받으면 뒤이어 생리적 손상을 수바하게 되어 외포장재인 단보루 상자를 파열시켜 내용물에 악영향을 주게 된다.

4. 저온수송과 기술상의 문제점

1) 상온수송과 저온수송

청과물의 수송은 상온수송과 저온수송이 있다. 양자의 구별은 저온수성이 기계식 냉동기나 얼음, dry ice 등의 냉매체를 사용하여 온도를 저하시키는 장치를 비치한 것이고 상온수송은 이 같은 장치를 구비하지 않고 수송하는 것이다.

가을에서 봄까지 외기온이 비교적 낮은 시기에 출하되는 밀감이나 사과, 배 같은 과실들은 상온수송이 가능하다 감자나 양파 같은 것을 엄동기에 상온유통하게 되면 동결에 의한 사고가 발생하게 되어 이 경우 상온수송보다도 오히려 보온 또는 가온수송이 품온의 저하를 막아주어 청과물의 품질을 유지시키게 된다. 또 단열이 양호한 보냉 sheet로 예냉한 물건이 품온이 수송 중에 상승하는 것을 방지하는 보냉(保冷)수송도 상온수송 범주에 포함시키고 있다. 이 경우 품온은 수송 중 서서히 상상되기 때문에 너무 장시간 수송 시는 저온시설대책이 필요하데 여름철 수송에 적정한 시간은 보냉차로는 8시간, 보냉 sheet 설비로는 3시간 정도 걸리는 것이 한계시간으로 하고 있다.

그리고 저온장치를 갖춘 저온수송은 여름철 고온시 수송에 위력을 발휘하는데 원칙적으로 예냉을 전제로 하고 있다.

저온수송에 예냉은 수송중의 품온상승을 막기 위하여 고안된 냉각수송과 같은 효과를 얻는다. 그러나 수송기관의 적재용량의 한계까지 적재할 때는 냉동차의 냉동능력이 부족하여 수송중의 품온강하를 잘 할 수 없게 된다.

그림 6은 일본 福岡(후쿠오카)에서 동경가지 조생밀감을 차내온도를 15℃로 설정하여 냉각수송할 때 단보루상자의 온도변화를 설명하는 것으로 어떤 위치의 품온강하도 불충분하여 그 결과 변질부패가 발생한 사례이다.

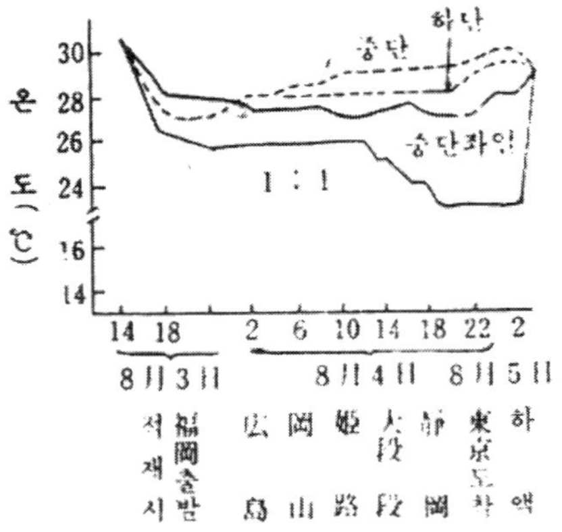

그림 6. 냉동차내의 단보루상자의 온도변화

dry ice를 사용한 저온수송도 여러 차례 시도하였으나 이 때는 dry ice에서 발생하는 CO_2에 의한 장해발생을 고려하여 수송중의 적절한 환기조치가 필요하다.

2) 물건의 적재와 냉각효과

청과물의 수송은 적재효율을 중시하여 화물의 적재에 주의해야 하고 완전한 냉동차를 사용하여 수송 중의 품질을 보지(保持)시키고 있다.

미농무성에서 출판한 USA agriculture handbook에 의하면 그림 7과 같이 개개의 물품에 적절한 적재방법을 권장하고 있으며 냉동기 등에서 냉기가 모든 물건으로 이행시켜야 한다.

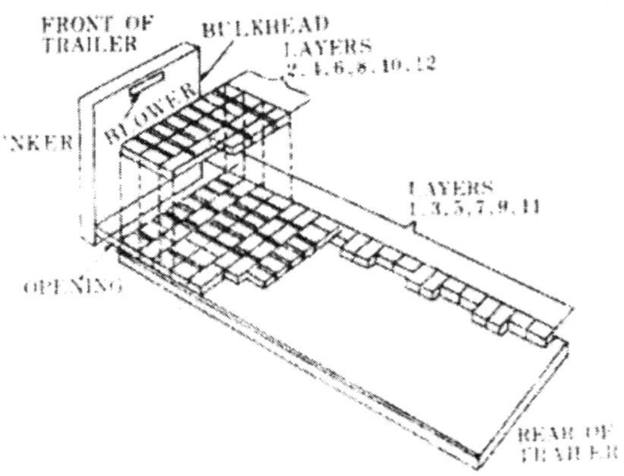

그림 7. 냉동차내의 적재 예(bonded-block法)

그러나 실제의 적재잡업에 시간이 걸리는 것과 수송 중의 화물품질에 문제가 있어 통기단자를 사용하기를 권장하고 있다. 이것은 물건의 block 사이에 통기단자를 설치하여 단보루 상자의 측면의 어느 1개소에 반드시 냉기를 전달시킨다.

역시 수송 중의 동결도 적재로 방지할 수 있다. 물론 냉동기의 취출구 온도를 물건이 동결온도 이하로 설정하지 말고 냉기취(吹) 출구는 화물의 높이를 높게 적재하지 않고 취출구 부근의 물건은 sheet로 덮어 이 같은 동결사고를 방지하여야 한다.

3) 혼합적재(混載)

종류가 다른 몇 가지 품목을 혼재하여 수송할 필요가 종종 생기게 되는데 혼재하는 물건들은 온도, 습도, gas 농도, 악취, 에틸렌 등이 생리활성가스 등의 조건이 부적합할 경우 예기치 못하는 사고가 발생하게 된다. 예를 들면 감귤류에 방부제로서 biphenyl를 사용할 경우 다른 물건에 냄새가 번지게 되고, 사과와 멜론을 혼재할 경우는 사과에서 발생하는 에틸렌이 mellon의 추숙을 촉진하는 결과를 초래한다.

표 4에서 혼재시의 사고방지라는 관점에서 약 80종의 품목을 8개 그룹으로 나누어 혼재시의 조건을 제시하였다.

표 4. 혼합적재시의 수송조건과 수송

group	운 송 조 건				품목	비고
	온도℃	습도%	가스농도	얼음		
1	0~1.5	90~95	O2:10~20% (단 berry와 cherry제외)	접촉불가	사과, 살구, 베리, 체리, 무화과, marmelo, 포도, 복숭아, 배, 감, 자두, 버찌	group은 ethylen을 배출하기 때문에 group 6-a, b 혼재 불가
2	13~18	85~95		접촉불가	avocardo, banana, 배, grapefurit, guava, mango, muskmelon, olive, papaya, pineapple, tomato(미숙), water melon	
3	2.5~5	90~95		can-tarope만 접촉가	cantarope, gramberry, lemon, litchi, orange, tangerine	
4	4.5~7.5 (피망 3.5~5.5)	95		접촉불가	bean(snap) litchi, okra 피망, 붉은 고추, squash, tomato(red), water melon	
5	4.5~13 (sugar 13)	85~90		접촉불가	cucumber nuts, 생강, grapefruit, line, 감자, 캬베츠, 수박	
6-a	0~1.5	95~100		아스파라가스, 무화과, 포도, 양송이 이외는 접촉가	아레이쵸크, 아스파라가스, redpeas, 당근, 상치, 무화과, 포도, 부추, 상치, 양송이, 파세리, 연근, 완두, rubabusarsipai, 시금치, sweet corn, 미나리	무화과, 양송이, 포도를 제외하면 group 6-b와 혼재 가능
6-b	0~1.5	95~100		접촉가	브로커리, 양배추싹, 양배추, 카리후라워, celery, 와사비, colrabi, 양파, 무, 순무	양파는 무화과, 포도, 양송이와 혼재 불가

7	13~18	85~90		접촉불가	감자, (조생)고구마, 생강	
8	0~1.5	65~75		접촉불가	마늘, 양파(건조)	

4) 결로(結露)

저온수송한 물건을 상온하에 이동하면 외기조건에 의하여 물건에 결로현상이 일어나게 된다. 결로는 수송중에 저온유지가 확실하였다는 것을 증명하는 방법으로 되고 있다. 그러나 일부 시장에서 결로된 물건의 평가가 불량한 것은 결로에 의해 결로 후의 유통과정에서 부패를 촉진시킨다는 우려 때문으로 저온유통된 물건은 외기의 고온에서의 방치시간을 가급적 단축시켜야 한다.

그림 8은 물건의 품온과 물건의 결로하는 외기조건을 나타낸 것으로 한 예로 15℃의 품온을 갖는 물건은 외온 30℃, 상대습도 40%의 외기에서 접촉하면 결로가 생기게 된다.

생긴 결로는 단보루 상자에 흡습되어 강도를 저하시키고 파열을 초래하게 된다. 단보루 상자의 함유 수분량이 15%까지는 수분 1% 증가에 따라 압축강도는 10%씩 강도가 저하되어 단보루 상자의 파열사고 원인이 된다.

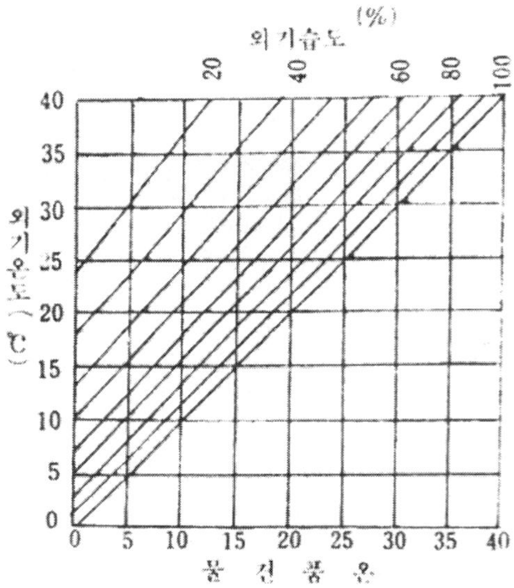

그림 8. 물건품온과 결로시의 외기조건

5. 맺는 말

이상 청과물의 완전한 생산물의 유통을 위하여 반드시 예냉(precooling) 처리가 필요하다는 것을 설명하였다.

일본에서는 청과물의 예냉을 1969년 상치에 진공냉각장치로 시도한 것을 시작으로 저온유통 기술은 그 후 급속한 진보를 가져와 현재 전국 산지에 이 기술이 보급되었다.

우리나라의 청과물 예냉처리는 아직 본 궤도에 오르지는 않고 있으나 일부 품목은 보냉차를 이용하는 정도로 저온유통을 하고 있다. 우리나라도 완전한 청과물의 품질을 유지하기 위하여는 저온냉각유통체제를 하루속히 구축하여야겠고 이를 위하여 정보, 농협 그리고 관련 연구소 등에서 예산지원 및 연구개발보급을 추진하여야겠다. 이 같은 저온유통시스템은 시설 투자, 에너지 문제 등에서 오는 예냉 비용의 상승, 산지간 경쟁의 과열화, 청과물 소비량의 확대 등의 견지에서 또 복잡한 사회적 요인 특히 신흥개발지에서의 문제가 많다.

작부체계의 면에서도 계획생산, 출하의 철저, 염가에 의한 효율적인 유통기술의 도입, 저온유통기술을 보다 발전시켜야 하기 때문에 금후 많은 연구가 필요하다.

식품의 건조 · 동결기술의 현황과 개발전망

이성갑(한경대 식품생물공학과 교수)

Drying and Freezing Techniques are one of the most principal methods for food preservation. Dried and dehydrated foods are more concentrated than any other preserved form of foodstuffs. A technology of food preservation by freezing has evolved in just a few decades which supports and sustains a major new industry – frozen food industry. Freezing methods include freezing in cold air blasts, by direct immersion of the food in a cooling medium, by contact with refrigerated plates in a freezing chamber, and by freezing with liquid air, nitrogen or carbon dioxide.

1. 머리말

식품의 건조나 탈수기술은 인류가 가장 먼저 발견하여 사용한 식품저장법으로 오늘날까지 계속 발달시켜왔다. 식품을 부패시키는 원인을 미생물의 작용이라고 루이 파스퇴르가 제안한 1840년대까지는 단지 경험에 의하여 낮은 온도에 저장하면 식품의 부패가 지연되어 보존기간이 연장됨을 알았고 부패가 미생물 작용에 의한 것으로 판명된 후는 저온이 미생물의 생육을 지연하기 때문으로 과학적 원리가 구명되었다. 역시 탈수 · 건조기술도 식품 중에 함유한 수분을 미생물이 사용 못하게 일부 혹은 거의 모두를 제거시켜 오염된 미생물이 물이 없어 생육을 못하게 하는 것으로 초기에는 천연 태양광선을 이용한 천일 건조였고 그 후 인공건조기술이 개발되어 현재에 이르고 있다. 오늘날 식품보존기술은 어떻게 미생물을 제어하느냐가 관건이고 우리가 사용하는 식품 재료는 살아 있을 때는 동식물을 막론하고 무균 상태이나 수확, 어획, 도살함과 동시에 자기 방어 기제가 파괴되어 주위환경의 마이크로후로라(microflora)에서 오염 증식되어 우리가 먹기 전에 영양소를 모두 분해시켜 결국 부패변질을 초래하게 된다. 우리는 먹거리를 다룰 때 미생물을 고려하여 초기의 오염도를 줄이기 위한 물로 세척하고 잔존 오염균의 발육을 지연시키기 위한 저온처리, 그리고 주위오염을 막기 위한 포장 등 3C(Clean, Cold, Cover)의 생활화가 미생물에 의한 식품의 부패(腐敗)를 막을 수 있는 가장 쉬운 방안이 된다. 그리하여 식품보존의 원리는 미생물 제어로서 많은 방안이 실제로 응용되어 식품 가공저장법이 있으나 현대식품가공의 3대 주류는 누가 무어라고 해도 첫째 건조기술, 둘째는 동결냉동기술 그리고 밀봉가열살균법인 통/병조림 기술이다. 역시 식품원료는 수분을 함유하고 영양소를 가지고 있어 미생물이 오염변질이 쉽기 때문에 이것을 적당히 가공해서 이에 보존성을 부여하는 것이 식품가공의 제일 큰 목적이다. 그리하여 식품의 가공보존은 장구한 세월 속에 인류의 역사와 함께 발전시켜온 경험에 의한 기술이다. 초기인류는 농경과 목축을 모르던 원시시대에는 그들의 식량을 산야에서 자생하던 초목의 종실, 야생동물, 그리고 강과 바다의 어패류, 해조류 등 비교적 좁은 범위 안에서 쉽게 구득(求得) 해결하였으나 그 당시도 천재지변에 의해 언제 엄습해 올지도 모를 불의의 기아로부터 자기 스스로를 또는 그들의 종족을 보호하기 위해서는 먹다 남은 식량을 적당한 방법으로 보존해야만 했을 것이다. 그리하여 고대인류에 의해 고안된 식품의 저장법은 천연의 태양광선을 이용하는 건조탈수와 겨울철의 얼음을 이용하는 냉장, 냉동 등이 동원되었을 것이다. 본고에서는 현대식품산업의 주류기술인 건조식품과 냉동식품의 현황과 전망에 대하여 간략하게 살펴봄으로서 우리나라 식품산업의 발전에 도움이 되었으면 한다.

2. 식품의 동결·냉장기술

냉동식품은 30여 년 전 산업화가 이루어져 미국, 유럽제국 등을 필두로 채택되어 실용화하였고 생활수준의 향상에 따라 냉동식품이 폭발적으로 보급되어 현재 우리 식생활에 깊숙이 자리잡고 있다. 이는 식생활의 변화에 따라 단백질식품과 야채나 과일 등과 같은 생선식료품 즉 고위보전식품(高位保全食品)에 대한 수요가 증대하기 때문이다. 이와 같은 식료품은 저온 유통이 아니면, 장기간 보존하고 멀리 수송할 수가 없다. 특히 계절적으로 생산되는 청과류를 주년(週年)공급하자면 냉동냉장의 필요가 거의 절대적이 된다. 경제적 측면에서 보면 생산기의 가격하락을 방지할 수 있고 비생산기의 가격하락을 방지할 수 있고 비생산기에 필요량을 공급함으로서 가격을 안정시키며, 변질에 인한 손실을 방지하고 유통의 합리화를 기함으로서 비용을 절감할 수 있다. 또한 식생활의 편리를 도모할 수 있다는 점도 큰 몫을 차지한다. 각 가정에서는 한꺼번에 일주일분이나 그 이상의 소요식품을 구매, 냉장고에 넣어 두었다가 필요할 때 사용하면 매일 장 보러 가는 번거러움이 없어진다. 최근에는 냉동기술이 가일층 발달하여, 해동하여 데우기만 하면 먹을 수 있는 조리냉동식품(precooked frozen foods)이 대량으로 생산되고 있다. 현대 식품냉동기술로 급속냉동법(quick freezing process)과 이에 필요한 시설을 개발한 것은 1920년대 미국의 Clarence Birdseye에 의해서이다. 급속냉동이 중요한 것은 즉 물이 비교적 높은 저온에서 서서히 얼면 빙결정(氷結晶)이 커져 식품의 조직이 파괴되어 품질이 저하를 초래되나 -40℃ 정도의 저온으로 급속동결은 빙결정이 대단히 작아져서 조직 속의 세포가 파괴되지 않기 때문이다. 이렇게 급속히 동결시킨 식품은 -18℃나 그 이하의 저온으로 저장함으로서 신선원료 상태의 품질을 유지하게 된다.

또한 식품의 변질을 6개월 내지 일년정도 장기간 방지하려면 식품의 종류에 따라 차이는 있으나, 세균의 생육 억제나 효소(enzyme)의 작용도 저지 할 수 있는 저온유지가 요구되어 냉동식품의 저장온도의 표준이 -18℃로 정해진 것이다. 초기의 냉동 청과류는 해동 시에 조직의 파괴가 심하였으나, 적절한 전처리와 개량된 동결방식을 적용함으로서 해결하였다. 냉동식품의 가정보급을 위해서는 보통의 가정용 냉동고로 부족하고 -20℃를 유지할 수 있는 냉동고(freezer)나 또는 냉동부(freezing compartment)가 달린 냉장고가 필요하다.

2.1. 순간동결기술(瞬間凍結技術)의 개발

냉동식품의 품질을 가일층 높이려면, 동결소요시간을 더욱 단축시켜, 맛이나 향기가 변하는 것을 최대한으로 방지하기 위하여 냉동기를 개량한 결과 종전에 -40℃ 정도이던 동결온도를 -60℃ 또는 -80℃까지 내리는 기술이 실용화 되었고, 특히 근년에는 액체질소를 이용하여 -196℃라는 극저온(極低溫)으로 순간 동결하는 방식이 등장하였다. 이 액체질소방식은 미국에서 1960년대 개발, 1964년에 기업화되었고 일본에는 1966년에 도입되어 일본이 유럽을 앞질렀다. 액체질소법으로 냉동식품의 품질이 더욱 향상되었을 뿐 아니라, 동결소요시간이 대폭 단축됨으로서 자동연속 작업이 용이하게 되어 생산성이 높아졌고, 냉동실의 면적도 아주 적게 할 수 있으며, 긴급한 수요도 단시간에 대처할 수 있는 이점도 있다. cryogenic freezing은 액체질소를 식품에 직접 spray하여 동결시키는 것이다.

미국의 Du Pont 회사는 액체질소 대신에 액체프레온(freon)을 식품에 직접 spary함으로써 동결시간을 더욱 단축시키고 비용 절감에 성공하였는데 Freon의 비등점(沸騰點)은 -30℃로서 액체질소의 -196℃보다 높아도 식품이 더 빨리 동결되는 까닭은 액체질소를 사용하는 경우처럼 열전도를 방해하는 증기가 식품표면에 발생하지 않기 때문이라 한다. 기화된 freon은 회수해서 부설된 압축기로 액화하여 다시 사용하기 때문에 한번 쓰면 버리는 액체질소에 비해 비용면에 유리한 요인이 되고 있다. 액체질소법은 특히 조리식품 동결에 그 위력을 발휘한다고 하는데 까닭은 식품의 외관, 맛 및 flavor가 전연 변하지 않기 때문이라고 한다. 이로서 central kitchen system의 발전이 크게 자극 받게 되었다. central kitchen 이라는 것은 대규모의 조리실에서 대량으로 요리를 만들어 급속 냉동한 후 이를 냉동차로 각 식당으로 보낸다. 식당에서는 필요에 따라 냉동 조리품을 해동하여 전자조리기(microwave oven)로 삽시간에 데워서 제공한다. 이러한 방식은 직장, 학교, 병원 등의 단체급식에도 널리 활용된다. 액체질소법 이용의 또 하나의 예는 고급 빵의 반죽(dough)을 급속 냉동하여 각지의 제과점에 보내어 그곳에서 금방 구어 낸 제품을 만들 수 있게 하는 것이다. 한곳에서 대량으로 반죽을 만드니까 품질관리도 용이하고 생산 및 유통합리화에도 도움을 준다. 구어 낸 빵이나 케이크의 냉동에도 액체 질소법을 이용하면 방금 구어 낸 빵이나 케이크의 향기와 맛이 그대로 보존된다는 것이다.

2.2. 냉동식품의 포장

냉동식품은 특별한 포장을 하지 않으면, 건조, 산화 및 응결 등의 현상 때문에 품질이 저하되는데 건조 - 동결 및 냉장과정에 있어 식품의 수분이 감소가 일어나는데 육류나 케이크류에서 경향이 심하여 수증기를 통과시키지 않는 포장재가 필요하고 지방질이 많은 식품은 산화로 인하여 식품의 flavor가 없어지고, 변색 또는 퇴색이 일어나기 때문에 산소를 통과시키지 않는 포장재를 써야 하며 공기중의 수증기가 포장내부로 스며들어 보기 흉한 서리 물방울(frost)응결이 안에 생길 수 있으므로 포장내부의 공격을 최소한으로 줄여야 한다.

기타 조건 유의사항으로 냉동식품포장 재료는 -40℃의 저온 하에서도 그 성질이 변하지 않아야 하고 산매(散賣)하기에 편리하도록 상표나 설명을 인쇄하기 쉬워야 하고, 포장된 식품은 냉동고 안에 수직으로나 수평으로 쌓아놓기가 용이하여야 한다. 산매를 위한 냉동소채류의 3분의 1이 값이 싸고 밀봉하기 쉬운 이점이 있어 polyethylene bag에 포장되고 있다. 알루미늄박(aluminum foil)은 광선과 수분을 잘 막아주고 온도조절도 편하며, 식품에 밀착시켜 포장하기도 쉬워 육류 냉동 식품, 케이크류는 알루미늄박으로 직접 포장하는 일도 널리 행하여지고 있다. 모양이 불규칙적인 식품, 즉 육계(肉鷄), 수육(獸肉) 및 일부 수산물 등은 수축성 플라스틱 film 또는 적층 재료를 사용한다. 장기저장에 가장 적합한 것은 polyvinylidene chloride(PVDC) film이, 빵은 cellophane이나 기타의 film으로 포장한다. 소채류, sauce, 조리육류, 어물 요리 등은 포장된 채로 물에 넣고 끓일 수 있는 boiling-in-bag pouch로서는 polyester/polyethylene이 많이 쓰이고 있다. 냉동 과실류의 경우에는 포장된 채로 뜨거운 물에 15분 정도 담가 두면 해동이 되도록 한 thaw pack이 사용되기도 한다.(해동 시켜도 syrup은 저온유지) 이와 같이 일차 포장된 식품은 왁스를 먹인 종이상자(waxed carton)로 외장하여 내용물을 보호한다. 봉하지 않은 알루미늄박 용기는 조리해서 식탁에 내놓을 때까지 쓸 수 있어 매우 편리하여 조리식품포장에 많이 이용된다. 이와 같이 값싸고, 아름답고, 편리하고 식품의 질을 잘 보전하는 포장의 개발이 계속 되고있으며 포장기술의 발달은 냉동식품보급과 밀접한 관계를 갖고 있다.

2.3. CA 저장의 발전

식품을 얼지 않을 정도의 냉온(2℃)에서 저장 · 수송하는 일은 지금도 널리 행하여지고 있다. 이러한 냉장(cool storage)에서는 식품이 얼어서 손상을 입지 않을 정도의 낮은 온도를 적용하는 것이 보통이다. 그러나 일부 감귤류나 핵과(核果)를 제외하고는 cool storage로서는 보통 1~2주 정도밖에 식품선도를 유지할 수가 없어 단 시일 내에 소비되거나 근거리 수송되는 생선식품의 경우에 한해서 이용하여야 하는 흠이 있다. 근래에는 냉장실내 공기중의 산소량을 줄이고 탄산가스함량을 높임으로서 청과물을 휴면상태에 놓이게 하여 비교적 높은 온도에서도 호흡 및 기타 생화학적 작용을 억제할 수 있는 소위 CA(controlled atmosphere) 저장법의 발달로, 동결하지 않고도 사과 및 배와 같은 여러 종류의 청과류를 반년 이상 일년정도까지 저장하여도 외관이나 맛이 전혀 변하지 않는다고 한다. CA 저장실은 저장용량 50~250톤 정도의 소규모로 하는 편이 경제적으로 유리하다.

2.4. 냉동 · 냉장식품의 수송

냉동이나 냉장된 식품이 양호한 상태로 소비자의 수중에 들어가게 하자면 생산지의 냉동 · 냉장고로부터 소비지의 슈퍼마켓이나 식료품 상점의 냉동창고나 냉동진열장(show case 또는 sales case)에 이르는 동안을 저온 수송을 하고, 요소 요소에는 냉동 · 냉장창고가 설치되어 집배 센터로서의 기능을 담당하는 소위 cold chain system이 확립되어야 한다.

냉동 · 냉장식품의 수송은 기계적 또는 화학적 냉동장치 중에서 한 가지만을 사용하기도 하고 두 가지를 병용하기도 하는데 현재 가장 많이 쓰이는 것은 온도나 습도의 조절이 용이한 freon 가스를 냉매로 하는 기계적 냉동기이다. 화학적 방식으로는 dry ice가 주로 사용되어 왔는데, 근년에는 액체질소방식도 등장하였다. 수송수단도 냉동트럭, 화차, 선박, 항공기와 더불어 냉동 컨테이너(container)의 사용이 활발해 지고 있다. 컨테이너는 수송도중에 자동차로부터 철도나 선박 또는 기타 수송수단으로 쉽게 전적 할 수 있고 또한 적재한 식품은 도중에서 외기에 전연 접촉되지 않아, cold chain의 절단이 생기지 않는 containerization의 큰 이점이 있다. 가까운 거리 수송에는 보냉 트럭이나 보냉 컨테이너도 사용된다.

3. 식품의 건조

천일 건조는 가장 오래된 식품보존법의 하나이고, 지금도 널리 행하여지고 있으나 자연의 힘에만 의존하는 건조법이니 만큼 기상조건에 의하여 크게 좌우된다. 충해나 서해를 받기 쉽고, 품질 저하가 용이하여 인공적으로 식품을 건조하는 기술을 개발하여 식품공업에서 건조기술이 중요한 위치를 차지하게 되었다. 건조식품의 보존성을 높이기 위해서 보통수분을 10% 이하에서 현재 2~3%까지 감소시키게 되었다. 각종 과실, 채소, 식육, 수산물, 우유, 계란, 다류 등이 대량 건조되어 직접 소비하거나 Instant soup 같은 2차 가공 식품의 원료로서도 많이 사용된다.

◆ 식품건조의 새로운 경향

종래의 건조법은 열풍이나 전도열을 이용하는 등 가열하여 건조하는 방식은 식품의 변색이나 텍스쳐(texture), 형태가 변하고 미묘한 향미가 소실되고, 비타민류의 손실우려도 있고 또 수분을 다시 가했을 때의 복원성도 불량하게된다. 개선된 건조기술을 알아보면

(1) 동결건조법(freeze dry)

동결건조는 건조기술의 꽃으로 식품의 품질변화가 거의 없이 건조하는 기술로 물의 삼중점(triple point)을 응용하는 법으로 냉동식품중의 얼음 상태의 수분을 녹이지 않고 바로 수증기로 변하게 하는 승화 현상을 이용하는 것이다. 승화 작용을 촉진하기 위하여 식품을 진공 속에 넣고 가열하여 수분증발시의

기화열을 흡수시켜 식품은 동결상태가 유지된다.

수분이 승화된 식품은 다공 상태가 되며 진공실 에서 기밀 포장 하든가. 불활성가스를 채워 식품의 산화변질을 방지한다. 동결건조식품은 형태나 조직이 변화 없이 가수 복원성이 좋고 향미, 색상이 유지되고 저장성이 매우 우수하다. 아폴로11호 우주비행사들의 우주식사에 동결건조식품이 중요한 역할을 하였고 비프스테이크 동결건조식품이나 월남전 병식(兵食)으로도 크게 호평을 받았다. 현재 라면 수프나 인스턴트 커피, 각종 프리믹스 향신료, 수프, 카레, 된장국 등 다양한 동결건조식품이 계속 출현되고 있다. 동결건조식품은 냉동식품같이 저장온도의 변화에 큰 영향을 받지 않으며 무게도 가볍고 비상용 식이나 전투 군대식으로 크게 활용될 것이다.

(2) 냉풍분무건조법(cool spray dry)

열풍분무건조의 단점인 식품의 향기 손실을 방지 할 수 있는 방법으로 27℃ 정도의 서늘한 바람으로 건조시키는 기술로 유럽에서 발명하여 여러 방면에서 이용되고 있다.

건조 능률을 향상시키기 위하여 흡습제를 사용하여 공기를 고도로 건조시켜 분무 건조탑 안으로 송풍한다. 냉풍분무건조는 열에 민감한 효모 요구르트, 포도 액, 왁친(vaccine) 등을 건조시키기 위하여 고안되었으나 분말 오렌지, 토마토 주스에도 가수 복원성이 좋다.

(3) 포말 건조법(foam dry)

과즙, 야채즙, 우유, 커피 같은 액체식품에 포말 안정제로 유화시켜 포말로 표면적을 증대시키고 모세관 구조를 만들어 건조가 신속하고 다공성을 만들어 가수용해성이 우수하다.

포말 건조는 몇 가지 방법이 있으나 foam-mat drying은 포말을 가는 구멍의 벨트 위로 국수처럼 압출시켜 벨트 밑의 세공으로 열풍을 공급시켜 건조하는 것이고, 저온 진공 분무건조법과 포말을 직접 분무 건조하는 법 그리고 첨가물 없이 포말형성기술도 실용화 되고 있다.

(4) 진공 침지 건조법(vacuum soaking dry)

진공 하에 식품을 뜨거운 식용유 중에 침지함으로써 열이 식품에 전달하게 하여 식품에서 방출되는 수분은 진공에 의해 제거된다. 식품이 공기와 접촉이 안되어 향미의 손실을 막을 수 있다. 건조가 끝나면 원심분리기로 유분을 제거한다. 어류, 새우, 과실 및 야채 등의 건조에 이용된다.

(5) 가압 건조법(pressure dry)

절단 과실, 채소를 가압 가열한 후 급격히 대기압으로 환원하면 절편 속의 수분이 분출하여 탈수건조 되는데 이렇게 건조된 식품은 동결건조식품과 같이 팽화하여 다공질이 되어 가수복원성이 좋다. 이 방법을 이용하여 전분과 단백질의 혼합물에 팽화제를 가하여 적당히 성형한 후 전자 레인지로 순간적으로 가열시키면 균일한 발포가 일어나면서 탈수되어 새로운 식품을 제조 할 수 있는데 이 방법을 explosive-puffing process라고 한다.

4. 개발전망

천연건조로 생산되는 전통적 식품의 종류는 많고 이들 식품의 질을 높이며 보다 위생적이고 조리하기 편리하게 하자면 인공 건조법의 적용이 필요하다. cold chain을 선호하는 이유의 하나는 식염을 쓰지(염장) 않고 식품을 보존하는 수단으로 사용하여 식염 섭취를 줄이고 맛을 유지시켜 건강상의 문제를 해결 하는데 있다. 건조수산물의 개발과 냉동수산물이 어울려 이루어져야 할 것이다. 동결건조비용이 저렴하게 되면 수산물 건조에도 널리 이용될 수 있을 것이다. 야채류로서는 마늘, 파, 양파, 생강 등의 건조분말은 천연 향신료로서 수요가 증가 될 것이고 동결 건조된 수육이나 야채를 배합하면 인스턴트 냉면이나 인스턴트 만두국의 제조도 가능하여 급속 동결로 인스턴트 식품의 종류를 대폭적으로 늘릴 수 있을 것이다. 현재 우리의 식탁에 오르는 대부분의 요리가 급속 냉동이나 동결건조로서 인스턴트화 될 수 있으리라 본다. 한가지 예로 인스턴트 쌀밥은 밥을 -70℃~-90℃의 초저온으로 알파전분상태를 순간 동결하여 뜨거운 물을 가하면 밥이 되어 집단급식 및 음식점용 등으로 사용하게된다. 소득수준이 향상되고 인건비가 오르면 인스턴트 식품에 대한 수요확대가 될 것이므로 해외에서 개발된 기술을 적절하게 이용하면 냉동 및 건조식품공업이 예상외로 빨리 발전 될 것이다.

냉장기능(냉동능력 -20℃)을 갖춘 이동 판매차가 각종 식품을 싣고 주택단지로 순회판매 하는 "이동식 슈퍼마켓"이 등장하여 모든 상품을 생산지에서 직접 대량 구입하고 수송 및 판매 면에서도 합리화가 되어 시중가의 절반에 팔 수 있다. 이 이동 판매차에 식품을 공급하기 위하여 근교에 대규모의 집배 센터가 설치되고 식품의 포장 및 가공도 하고 있다. 그러나 요식점, 호텔, 가공공장 등을 상대로 한 냉동식품의 생산공급은 보다 수월하게 이루어 질 수 있을 것 같고 또한 산매(散賣)단계까지만 이라도 냉장시설이 설치되면 당일소비를 위한 냉동식품의 시판도 가능할 것이다.

우수한 단백질 식품인 두부는 저장이 곤란하고 또 수분이 많아 수송도 어려워 건조 두부, 즉 두부 속의 수분을 빙점(-0℃) 근처 저온에서 동결시켜 큰 빙결정을 만들어 두부가 스펀지(sponge) 모양이 되면 이것을 해동 후 원심분리기로 탈수하여 열풍 건조하면 수축되어 저장 및 수송에 편하고 열수를 가하면 복원한다. 이와 같이 동결 또는 건조에 의한 전통식품의 공업적 생산이 서양식 식품의 생산보다 오히려 경제적 실현가능성이 높지 않을까 생각된다.

5. 맺는 말

경제성장에 따라 우리들의 식품소비가 점차로 다양화되고 생활양식도 변화하여 도시화의 진행에 따라 채소 등의 생산지와 소비지의 거리가 멀어지고 있으며 각종 생산단지 형성의 움직임은 대량저장 및 대량수송의 개발을 필요로 하게 될 것이다. 이와 같은 추세에 대처하자면 냉동, 냉장 및 건조를 통한 저장, 수송, 유통을 합리화할 필요가 증대한다. 냉동 및 건조는 식품가공공업에 대한 원료의 확보 및 공급에도 대단히 중요하다. 특히 2, 3차 가공업에 있어서는 미리 가공된 냉동 또는 건조 원료를 사용함으로써 가공공정의 합리화를 기할 수 있다. 특히 건조원료의 경우에는 보관장소의 면적이 절약되고 온도관리가 필요 없어 매우 유리하다. 현대의 고도로 발달된 동결 · 건조기술을 응용하면 각양각색의 즉석식품을 생산할 수 있어 가정에서나 집단급식에 있어서 번잡한 조리조작이 필요 없게 되고 조리장소의 면적도 줄일 수 있다. 또한 농수산물에 대한 새로운 수요도 환기시킬 수 있으며 품질이 좋은 식품을 저장하여 필요에 따라 공급하므로 생산자에게 보다 유리한 선에서 안정된 가격을 유지할 수 있다. 미국에서는 한때 오렌지의 생산과잉이 걱정거리가 되었었는데 냉동농축오렌지 · 주스가 개발되어 감귤수요가 증대함으로써 문제가 해결되었다.

현대 식품공업의 주류를 이루고 있는 냉동 · 건조공업의 개발이 농어민 소득증대나 농촌경제의 발전을 촉진하자면 수산자원의 개발과 작물 체계의 합리화를 통하여 농토이용에서 산출되는 농수산물의 저장, 처리, 가공, 유통 등이 원활히 이루어져 생산자인 농어민의 소득증대에 크게 기여할 것이다. 따라서 농수산업 생산 증가와 냉동 및 건조를 포함하는 agro-industry의 개발이 상호 유기적인 관련하에 체계적으로 이룩되도록 노력하여야 할 것이다.

감자의 저장과 가공기술

이성갑(한경대 식품생물공학과 교수)

1. 머리말

저자는 서류(薯類)의 한 종류로서 원산지는 남미의 칠레이나 현재는 세계 전 지역에서 재배 생산되고 있다. 우리나라를 비롯한 동양권의 쌀, 보리가 주식이듯이 구라파나 미국에서는 감자가 전분질 주식 원료가 되고 있다.

우리나라의 감자 재배는 AD 1824년(이조, 순조) 만주지방에서 도입되어 북서(北薯) 또는 양서(洋薯)라고도 하고 있다.

감자는 괴경(塊莖)을 이용하는데 전분이 주성분이고 주요품종으로는 남작, 와봐, 금시, 케네백, 난곡, 새고, 시마바라, 수원백종, 두마1호, 춘천재래 등이 재배되어 왔고 강원도가 주산지로서 총생산 재배 면적의 50%를 차지하고 그 외 지역으로 전남, 영남지역이 많이 재배하고 있다. 우리나라의 연도별 감자 생산량을 보면 표 1과 같다.

〈표1〉 감자의 연도별 생산량 비교(년도 : 톤)

연도 항목	재배면적	생산량	정곡량
1983	30,231ha	468,947	93,767
1984	25,927	435,626	87,142
1985	31,104	575,129	115,009
1986	27,734	565,678	113,174

한국에서 감자 재배는 단위면적당 생산량이 고구마보다 떨어지고 생산비도 높아 구라파 주산지의 생산가보다 높아 주식으로 가공이용이 어렵다.

감자의 식품학적 가치로는 알칼리 식품에 속하고 소화이용율도 높으며 영양성분은 생감자의 대부분이 수분(70~84%)이고 전분 14~25%, 단백질 1.4~2.5%, 지방 0.1~0.2%, 섬유 0.3~0.7%, 그리고 회분 0.7~1.1% 범위이고 열량은 72cal 정도이나 구성 아미노산의 비율이 좋아 영양상 매우 우수하고 무기질 중에는 K가 많고 P 함량도 상당량 함유한다.

감자 중에는 phosphrylase, phosphates, maltase 등과 흑변에 관여하는 phenlosae, tyrosinase, oxidase 등의 각종 효소를 갖고 있다.

감자의 특수성분으로는 배당체의 일종인 Solanin(C45H73O15N)이라는 독소가 녹색부분에 30~50mg%, 발아부분에 500mg% 이상 섭취하면 중독(복통, 위장장애, 현기증)을 일으키게 된다.

그러나 껍질을 벗기면 함유 Solanin의 70% 이상 제거되어 큰 문제가 없다. 감자는 조리, 가공 중의 흑변을 막으려면 변색효소의 불활성화를 시키기 위하여 아류산처리 또는 가열처리(blanching)가 필요하다. 감자의 용도는 식품가공 원료와 감자 전분용 원료로 크게 구분할 수 있다.

2. 감자의 저장

감자의 괴경(덩이줄기)은 형성 비대한 후 휴면상태로 들어간다. 감자의 휴면은 내생(內生) 휴면과 외생(外生) 휴면으로 구분하는데 내생휴면은 아푸쟈이진산을 함유하는 inhibitor-β-comples라 불리는 생장억제물질이 축적과 내생 치베테린 함량의 저하에 의하여 일어나는 것으로 추측되며 내생휴면 중의 괴경은 좋은 조건의 외적조건을 부여하더라도 발아는 일어나지 않는다.

외생휴면은 내생휴면 종료 후 환경조건이 부적당하기 때문에 발아에 이르지 않는 상태를 갖게 된다. 감자는 이러한 휴면성을 이용하여 장기적으로 저장되면 대관령산 가자는 가을에 수확한 후 다음해 봄 4월까지 일부는 5월까지 저장 출하가 가능한 이유가 된다.

감자의 저장 중 문제는 발아, 중량감소, 부패 등에 의한 손실 외에 기타 가공용 감자는 저장중에 전분이나 당의 손실이 가공제품의 품질에 영향을 주기 때문에 이용 목적에 따라서 저장의 적정 조건이 다르게 된다.

(1) 저장 온도와 발아 및 중량 감소

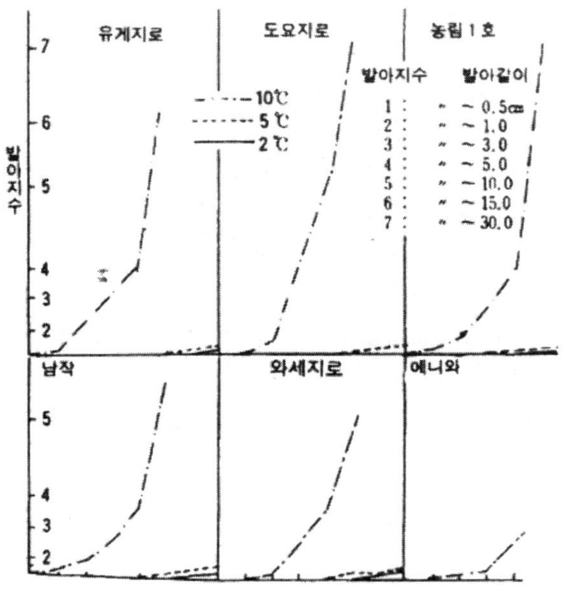

〈그림 1〉 저장온도와 품종간 괴근발아 비교

〈표 2〉 각 저장온도에 따른 품종별 감량율(%) 비교

품종명	저장온도(℃)				저장온도(℃)			
	0	2	5	10	0	2	5	10
	2월 15일				3월 16일			
남작	2.2	2.1	2.7	3.7	2.6	2.6	3.2	7.2
와세지로	3.2	4.3	4.0	3.7	3.8	5.4	4.5	6.6
도요시로	5.8	4.8	4.1	6.6	7.1	6.0	4.6	11.0
에니와	3.3	5.4	3.9	4.2	3.7	6.5	4.4	6.2
농림1호	5.8	5.4	4.2	5.8	7.4	6.9	4.8	9.8
에개지로	4.5	5.4	3.7	6.6	5.4	6.7	4.0	11.2
	4월 15일				5월 16일			
남작	2.8	3.2	3.7	13.2	3.6	3.7	4.2	-
와세지로	4.4	6.2	4.8	11.2	5.6	6.8	5.8	-
도요시로	8.0	6.6	5.3	16.8	9.0	8.8	6.4	-
에니와	4.5	7.7	5.0	8.5	11.5	5.3	6.4	-
농림1호	8.9	8.2	5.5	15.1	7.5	5.2	5.1	-
에개지로	6.2	7.6	4.5	16.9				

저장온도를 달리하여 품종간이 발아 및 괴근중량감소율의 변화는 그림 1 및 표 2와 같다.

0℃에서는 6개월까지 발아가 전혀 없었고 2℃에서도 5월말까지 발아문제는 없었다. 5℃에서는 2월 중하순경에, 10℃에서는 12월 중순부터 발아가 시작되었다. 5℃ 이하에서는 발아가 시작되어도 싹의 신장은 재연되었으며 싹의 변동은 에니와를 제외한 품종간에서 큰 차이가 없었다. 에니와는 다름 품종에 비하여 각 온도에서 발아현상이 지연되었다.

10℃에서는 발아 후의 싹 신장 속도에서 품종간에 명확한 차이가 인정되었고, 도요지로, 농림1호, 유게지로는 신장이 빠르고 에니카가 가장 늦었다.

저장중의 괴경 중량감량율은 5℃에서 가장 적었고 10℃에서는 3월 중순경에 대부분의 품종이 5% 이상의 감량을 보였다. 0~2℃에서는 5℃보다 감량율이 크지 않았고 감자를 장기 저장시 호흡율은 5℃가 최저이고 이온도 보다 저온이 되면 호흡율이 오히려 증가한다.

0~2℃에서 감량률의 증가는 이 호흡율의 증대로 추정된다.

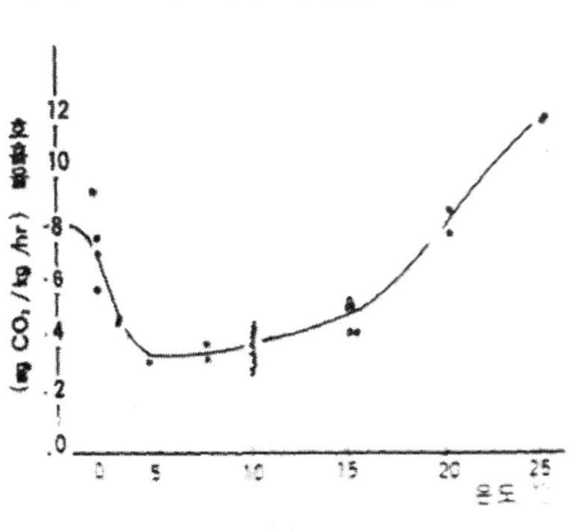

〈그림 2〉 각 저장온도에 따른 감자괴경의 호흡율

품종간에는 도요지로, 농림1호, 육지로이 감량율이 일반적으로 높은 경향이다.

이상의 발아 및 감량율의 변화를 볼 때 10℃ 저장시는 남작, 와세시로, 에니와 품종은 2월말까지, 도요시로, 농림1호, 유게지로 등은 1월말까지 저장한계라고 생각되었다. 2℃ 저장시는 4월말~5월말까지 저장이 가능하다고 판단되었고, 도요시로, 농림1호는 다른 품종보다 감량율이 높았다.

0℃에서는 발아가 장기간 억제되었으나 저온장해의 위험성이 높아 감자의 저장온도로서는 적당하지 않다.

(2) 0℃ 저장시의 저온장해

감자는 저장중에 생리적 장해가 발생되는데 각 저장온도에서의 괴경 이상발육 상태를 보면 그림 3과 같다.

괴경의 이상 비대는 괴경 내부의 갈변(유관속 및 심부 갈변)과 공동(空洞)으로 구분되고 0℃에서 저장할 때 이런 현상이 발생이 많다. 2℃ 이상에서는 발생율이 적고 2~10℃ 사이 저장시는 큰 차이가 없어 0℃가 높은 비율로 발생하는 현상의 저온장해라고 생각된다.

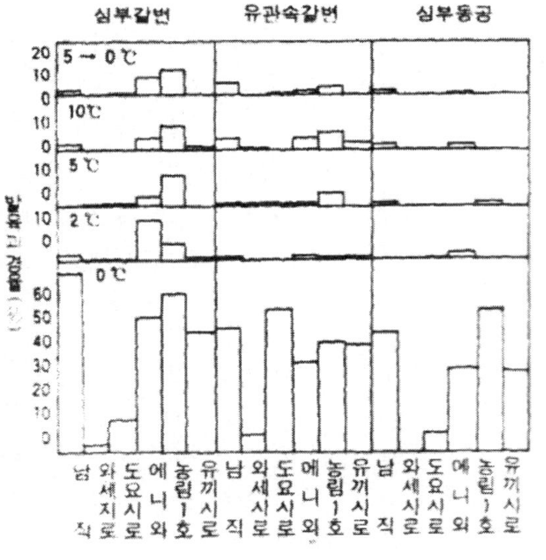

〈그림 3〉 각 저장온도에서 품종별 괴경 이상 발육율

내부갈변은 저장 1~2개월 지난 후부터 발생되기 시작하고 내부 공동은 이보다 약 1개월 늦게 발생이 확인되고 있다. 내부 공동(空洞)은 심부갈변과 결빙에 의하여 발생되고 골수갈변이 진행되어 공동에 이르는 것으로 알려지고 있다. 공동화된 감자는 주위의 조직은 흑변한다.

시험결과 남작, 와세시로의 이상 비대현상으로 연차적으로 큰 변화가 있었고, 에니와, 농림1호 품종은 전 시험 기간을 통하여 발생율이 높았고 품종간에의 차이도 인정되었다.

저장시부터 1개월간 5℃에 저장한 후 0℃로 저장할 때 이상현상의 발생율은 2℃ 이상일 때와 같은 정도였다.

따라서 저장시 초기에 급격히 0℃로 떨어뜨리지 않으면 이와 같은 현상은 방지할 수 있으나 0℃에 장기간 저장시킨 것은 다른 형태의 저온장해를 초래하게 된다.

이것은 괴경 내부의 조직이 수침상(水浸狀)으로 흑변되는 것으로 0℃ 저장시는 4월 중간에서 5℃에서 0℃로 변화할 경우도 5월 중순에서 이러한 이상비대 현상이 많이 발생하기 시작된다.

(3) 저장온도와 당분함량 및 튀김갈변

저온에 감자를 저장하면 괴경 중의 전분이 감소되고 당분이 증가한다. 이 같은 생리적 기구에 대하여 (1) phosphorlyase inhibitor (2) glucose와 fructose의 상호전환계(相互轉換系) (3) sucrose 합성계(系)가 적어도 3가지의 것이 관여하는 것으로 생각된다.

감자 chip이나 french fry 원료로서 장기간 저장시킨 감자는 그 저온저장중의 당의 증가가 문제가 된다. 축적된 당 특히 환원당은 튀김갈변의 원인이 되어 제품의 품질을 저하하게 된다.

3가지 온도(0, 5, 10℃)에 감자를 저장할 때의 괴경내의 당함량 변화는 그림 4와 같이 저온 쪽이 당함량이 증대되는데 특히 환원당의 축적이 크다. 0℃ 저장에는 환원당의 증가는 현저하고 2개월 후에는 저장초기의 10배 이상에 도달하게 된다. 비환원당도 당초 1개월까지 증가가 컸다.

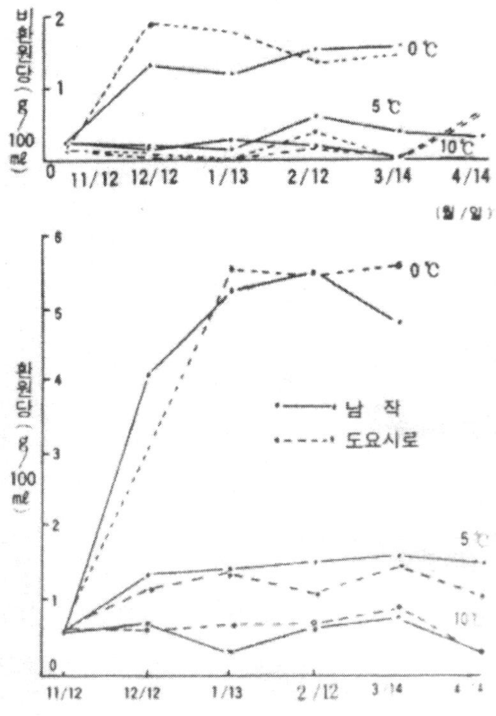

〈그림 4〉 저장온도와 당함량의 변화

5℃ 저장시는 저장 후 1개월 사이에 환원당은 약 2배로 되고 그 이후는 적었고 비환원당도 3개월 후에 약간 증가하는 정도로서 변동은 적었다. 10℃ 저장시는 장기간 동안 환원당, 비환원당 모두 큰 변화를 보였다.

French fry 제품의 갈변도와 환원당 함량과의 사이에는 1회 튀김, 2회 튀김과도 밀접한 관계가 확인될 수 있었다.

갈변도에 의한 평점은 1회 튀김에는 4회 이상, 2회 튀김시는 3회 이상이 바람직하나 괴경착즙액 100mg당 1g 이상에서는 fry 갈변은 품질상 문제가 되는 정도로 발견되나 0.5g될 때의 품질은 극히 양호하였다.

10℃에서의 저장은 괴경 중 환원당 함량이 0.5g 전후로 튀김 가공후의 갈변도도 우수하였다. 이에 대하여 5℃ 저장 감자는 갈변도가 약간 불량하였고, 0℃ 저장 감자는 튀김시 갈변도가 심하여 제품이 불량하였다.

튀김갈변의 난이(難易)에 대하여도 품종간에 차가 있어 도요시로, 에니와에 이어 유게지로가 타품종에 비하여 갈변도가 약하였다. 또 도요시로는 식품가공용으로 육성한 품종이다.

이상에서 튀김가공용 감자 원료의 괴경 중 환원당 함량은 억제시켜 튀김제품의 품질 저하(착색)를 방지시켜야 하는데 보통 종자용 또는 일반 조리용 감자의 저장은 2~5℃는 부적당하고 10℃ 전후로 조종하는 것이 바람직하다.

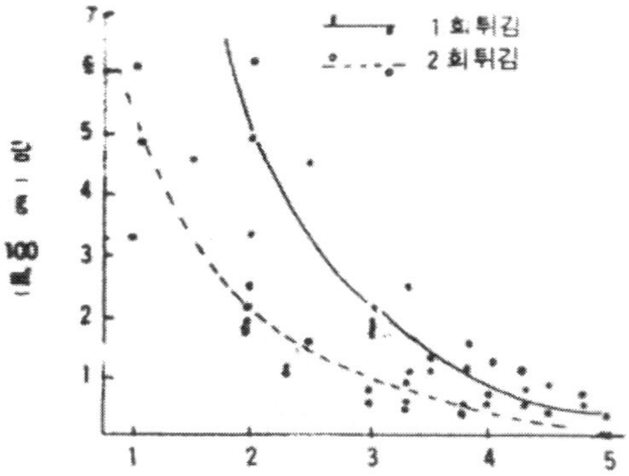

〈그림 5〉 감자 괴경의 당함량과 갈변도의 관계

그러나 전술한 바와 같이 10℃에서의 저장은 1월말~2월말까지 저장이 불가능하기 때문에 장기간 이용을 위하여 5℃의 저온에서 저장후 가공잉요 직전에 reconditioning을 실시하에 당함량을 소비시켜 갈변현상을 예방하여야 한다.

〈표 3〉 French fry 1회 튀김에 따른 갈변도와 흑변도 평점의 품종차 비교

년차	1973	1974			1975		1976	평균
저장온도℃	0~5	0	5	10	0	5	2	
갈변도 평점도								
남작	2.0	2.5	3.5	4.0	2.0	3.0	3.0	2.9
와세지로	2.0	2.5	3.0	3.0	2.0	3.5	3.5	2.8
도요시로	3.5	3.5	3.5	4.5	2.5	4.0	4.0	3.6
에니와	3.0	3.0	4.0	4.5	2.5	4.0	4.0	3.6
농림1호	2.0	3.0	3.5	3.5	3.0	3.0	3.5	2.9
에게지로	3.0	2.5	3.5	3.5	2.0	4.0	4.0	3.2

흑변도 평점도							
남작	4	4	3	2	4	4	4	3.6
와세지로	4	4	2	3	4	4	4	3.6
도요시로	4	3	1	2	4	4	4	3.1
에니와	4	2	2	1	4	3	4	2.9
농림1호	4	2	2	2	4	3	1	2.6
에게지로	4	1	3	1	4	3	4	2.9

[평점] 갈변: 5 백황금색, 4 착색, 다 담갈, 3 농갈
흑변: 4 불변, 3 약변, 2 흑변강, 1 흑변

(4) 온도처리(reconditioning)

저온저장한 감자 괴근의 증가된 당함량은 20℃의 온도처리(reconditioning)시켜 당을 빨리 소모시켜야 한다. 이것은 감자 중의 당람량 일부는 호흡에 의하여 소실시키고 나머지 당은 전분의 재합성에 이용된다.

0℃와 5℃에 저장한 감자를 20℃로 reconditioning 시킬 때의 각 품종별 당함량 변화를 보면 그림 6과 같이 5℃ 저장 감자를 2주 동안 처리로서 환원당 함량을 1g 이하로 감소시킬 수 있었다. 4주간 처리로서 당함량은 더욱 감소되어 괴경의 발아, 수축이 진행되기 때문에 reconditioning 기간은 2주 내가 좋다.

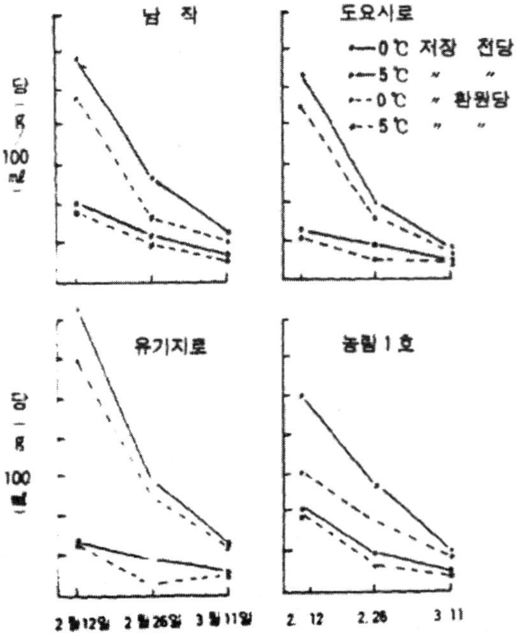

〈그림 6〉 저온저장 감자의 품종별 20℃ 처리시의 당함량 감소 비교

이 같은 온도처리로서 저온저장으로 갈변이 심한 품종(도요시로, 에니와)등을 가공 이용하는 것이 유리하며 이것들은 저온 장기 저장 후 1~주간 온도처리(20℃0함으로써 갈변현상을 방치할 수 있어 좋은 제품을 얻을 수 있다.

(5) 조리 후 흑변

감자 가공품의 변색은 튀김발변현상 외에 가열 또는 튀김 처리 후에 발생되는 조리 후 흑변 현상도 문제가 된다. 이 흑변은 스트론 착색부에 가까운 부분에 생기기 쉬우며 비효소적 반응에 의한 것이다.

괴경 중에 ortho diphenol이 제1철 이온과 비밤색성의 화합물을 만들어 이것이 공기 중에서 산화로 제2철 화합물이 생성되어 일어나는 것으로 생각된다. 색의 발현에는 pH나 유기산 함량이 관여되며 pH가 높으면 흑변도는 강해진다.

조리 후 흑변은 저장기간이 오래된 감자가 생기기 쉽고 또한 저장온도가 높은 편이 강한 경향을 보인다. 품종 간에는 남작, 와세시로가 흑변을 일으키기 어렵고, 농림1호가 가장 흑변이 잘 일어난다.

조리후 흑변 방지로는 철이온을 비활성화하는 물질이 유효한 것으로 알려져 산성 피로인 산소다 등의 실용성이 보고되고 있다.

(6) 방사선에 의한 발아 방지

전술한 바와 같이 감자를 저온(2~5℃)에서 저장하게 되면 다음해 3월까지 발아 없이 보존할 수 있으니 4월경 이후가 되면 발아 및 이에 따른 감량 손실이 발생하게 된다.

또 튀김 가공용 감자는 10℃ 전후의 높은 온도에서 저장하는 것이 당 소모상 유리하나 발아가 신속히 일어나 장기저장은 곤란하다. 감자의 발아 억제는 온도조절법 이외에 방사선 조사처리법과 약제처리법이 있다 약제 처리는 MH나 Phloro IPC 등이 이용되고 이Tdnmau 우리나라에서 사용이 허가되지 않고 있다.

〈표 4〉 발사선 조사 감자(시까바라 남자)의 발아성적

수확45일 후 조사		수확 후의 일수								
		45	66	110	134	147	158	185	188	240
시까바리	미조사	0	0	100	100	–	100	100	–	100
	7kcal	0	0	6.7	40.2	–	40.2	40.2	–	40.2
	15kcal	0	0	1.1	1.1	–	1.1	1.1	–	1.1
남작	미조사	0	0	100	–	100	–	–	100	100
	7kcal	0	0	0	–	0	–	–	0	100
	15kcal	0	0	0	–	0	–	–	0	63.0

감자에 대한 방사선 조사는 우리나라에서도 1987년 인가되어 경기 용인에 조사 plant가 설립 가동되고 있다. 이 조사처리시설은 cobalt 60을 조사선원(線源)으로 한 0~15Krad의 선량 조사가 가능한 것이다.

감자에 대한 방사선 조사 처리에 의한 발아실험에 대한 조사 시험의 성적 개

요는 표 4와 같다.

시마바라, 남작 등을 사용하여 조사 처리로서 감자의 휴면기간에 조사하려면 7kcal의 선량으로서 8개월까지 효과적으로 발아를 억제할 수 있다.

발아 직전의 조사로는 15Krad의 선량으로 거의 완전한 발아억제가 가능하고 7Krad에서는 상온저온저장으로도 40% 정도의 발아가 생겼다. 더구나 싹의 길이도 2mm 정도에서 실용적으로 7~15Krad의 선량으로 발아억제효과가 충분하였다.

수확 후 116일이 경과되면 발아 길이가 0.1~1mm로된 남작에 조사시킬 때는 상온저온저장에서 모두 싹의 조직이 손상을 받아 부패되고 괴경 그대로 악영향을 나타내고 그 후 새로 발아된 싹의 신장도 억제된다. 이미 발아를 시작한 괴경에 대하여도 7~15Krad의 조사가 유효하다는 보고가 있기도 하다.

방사선 조사에 의한 비환원당 및 환원당은 모두 일시적으로 증가하다가 곧 감소되어 비조사한 것과 같은 정도의 함량으로 된다, 방사선 조사한 괴경을 실온에 저장할 때의 환원당 함량은 10개월이 경과되어도 낮은 수준을 유지하게 하였다.

이 시험에 사용한 재료로 potato chip을 가공하여 품질ㅇ르 조사한 결과 조사 감자는 상온 저장에서 8개월 저장된 것도 가공원료로서 충분히 이용이 가능하였으며 8개울 이상 저장이 필요한 감자는 5℃에 저장시켜 가공하기 2주일 전에 상온에 옮겨(reconditioning) 당분 함량을 저하시킬 필요가 있다는 결론을 얻었다.

방사선 조사후 5개월 경과된 감자(비조사한 감자보다 환원당이 적은)로 potatp chip을 가공하여 갈변도 조사 결과 방사선 처리 않은 감자보다 갈변현상이 강하여 환원당 이외의 착색물질이 감자제품의 갈변에 관여하는 것으로 판명되었다.

방사선 조사선량이 높으면 감자괴경의 저항성이 감소되어 부패가 많게 되는 위험성이 크며 10Krad 조사하여 시험한 결과 조사 전후의 상처를 비조사 감자와 같이 완전히 치유되고 부패개체는 확인할 수 없었다.

그러나 방사선 조사 plant의 조업 초기의 문제점으로서 부패병에 대한 저장성이 저하된다는 사례가 보고되고 있다.

기타 방사선 조사 부작용에 대하여 괴경의 유관속 및 그 주변세포에 갈변을 일으키는 일도 있다. 조사선량이 높은 쪽이 발생률이 높고 정도도 심하게 된다. 갈변은 수확 후 1개월 이내의 조사에서발생이 쉬워 수확 후 2개월경이 조사시기로 적당하다.

〈표 5〉 방사선 조사 감자의 저장기간과 환원당 함량

저장기간	구분	실온	6℃	5℃→실온	비고
6개월	비조사 10Krad	0.32% 0.33	0.70% 0.75	0.33% 0.31	분석 2주전
8개월	비조사 10Krad	0.16 0.36	0.72 0.77	0.26 0.45	온도 변경
10개월	비조사 10Krad	- 0.35	0.94 0.98	0.22 0.37	

(7) 저장 병해

저장중에 발생하는 병해로서는 역병(疫病), 건부병(乾腐病), 연부병(軟腐病), 탄저병(炭疽病) 등이 주로 생기고 은부병(銀腐病)도 근연 각 지방에서 발생이 인정되고 있다.

수확된 감자는 밭에서 오염된 괴경이 저장중에 병반이 진행되어 병징(病徵)을 나타냄으로서 부패변질을 초래됨으로 재배지의 방제처리가 가장 중요하다.

감자의 병해는 습기가 높고 기온이 높은 저장 조건하에서 발병이 쉽다. 최근 각 산지에서 저장 중의 감자에서 새로운 감자 병해가 발견되고 있다. 괴경에 직경 1~25mm의 모지(姆指)로서 눌러 반문(班紋)이 생기는 것으로 병변은 얄팍한 표면 밑 길이 2~3mm이다.

병징은 외국에서 gangrene과 같은 병해에 혹사되어 phoma 균속에 의한 것이다. 그 병징을 지반병(指班病)이라 부른다.

gangrene은 상처 입구로부터 주로 침입되어 0~5℃의 저온에서 병징이 진행되는 것으로 알려졌다. 이 새로운 감자 병해는 gangrene과 같은 것으로 저장중의 감자 병해로서 앞으로 해결할 주요한 문제가 되고 있다.

3. 감자의 가공기술

감자의 이용은 감자 가공 식품의 조리와 감자 전분의 제조로 크게 나눌 수 있다. 감자전분 제조의 역사는 오래되어 그 제조기술이 개량되어 왔고 전분 수요는 증가되고 있으나 원료가격이 비싸 이의 생산은 몇 개 공장에 국한되어 있고 주로 고구마, 옥수수를 원료로 한 전분이 제조되고 있다.

감자의 식품가공은 1970년부터 식생활의 서구화 다양화에 따라 mashed potato flake를 시초로 하여 potato chip, french fry 제품이 순으로 생산되어 현재 많은 량의 감자 snack 제품이 제조 소비되고 있다.

그 중 potato flake는 다소 생산이 둔화되나 potato chip, french fry 감자 제품은 계속 성장이 기대되고 있다.

(1) 감자 가공원료의 용도별 적성

전술한 바와 같이 원료 중의 환원당 함량과 감자 가공품의 색조와의 관계와 밀접한 관련을가져 감자원료가 그 가공에 적당한 성질, 성상을 갖지 않으면 제조상의 능률이나 제품의 품질 수량에 크게 영향을 주게 된다. 따라서 어떤 것의 가공이라도 적성도가 높은 원료를 확보하지 않으면 안된다.

감자 가공의 원료로 요구되는 적성을 용도별로 구분하면 표 6과 같다.

〈표 6〉 감자 가공원료의 용도별 적성비교

항목	전분	potato	French fry potato	French fry flake
중등크기의 감자	△	◎	◎	◎
눈이 얇고 껍질 얇은 것	◎	◎	◎	◎
모양이 긴 계란형 감자	△	△	◎	△
중심 공동이 없는 것	○	◎	◎	◎
전분고형분의 고함유	◎	○	○	◎
전분 분리 용이	◎	△	△	△
전분의 저온 당화 곤란	◎	◎	◎	◎
전분 입자 균일	◎	△	△	△
환원당 적음	○	◎	◎	◎
저온, 환원당 증가 곤란	△	◎	◎	◎
reconditioning 효과 크다	△	◎	◎	◎
수용단백질 사포닌이 적을 것	◎	△	△	△
poiling 변이 적음	△	◎	◎	◎
육질의 분말도 높음	△	○	◎	○
boiling라는 것이 좋음	△	○	○	○

◎ 꼭 필요, ○ 필요, △ 불필요

(2) 감자의 가공법

① 감자전분

i) 원료 반입 : 반입원료는 우선 계량하고 동시에 감자에 부착된 흙, 모래량과 함유전분함량의 측정을 실시한다.

부착된 흙, 모래는 밭의 토성(土性)이나 수확시의 날씨에도 좌우되면 보통은 3~7%이고 전분함량은 신속히 측정할 수 있는 자동 라이만 저울이 사용된다.

ii) 수송, 세척 : 원료 창고의 상면(床面)은 약간 경사지고 유수로(流水路)가 설치되어야 한다. 감자는 그 중에 반전 마찰시켜 왕복하는 과정에서 대부분의 토사를 탈락시키고 다시 감자 세척기로 보내어 세척을 완료한다.

iii) 마쇄(crushing)

세포 안에 있는 전분을 분리하기 위하여 감자는 회전원판식의 마쇄기(처리 능력 10토/시간)로 곱게 마쇄화한다.

iv) 마쇄액 분리(사별)

공해 방지면에서도 마쇄물은 우선 decanter(횡형 연속원심기)로 고형무로 감자즙액으로 분리한다. 감자즙액은 회수탱크에 보내어 단백질 사료의 원료 등으로 한다. 고형물로 전분제조를 하려면 물을 가하여 균일하게 분산한다.

이것은 80~100메쉬의 고속원심분리기(shaft extracter)로 유도하여 nozzle에서 고압수로 세척하여 조전분유와 전분박으로 분리한다. 전분박은 2찰고 마쇄기에 다시 마쇄시켜 2차의 extrater로 처리시켜 먼저와 같은 방법으로 나머지의 전분유(乳)와 박(粕)을 분리해 낸다.

보통 사별분리는 3단으로 실시하고 3단체의 눈금은 160메쉬(shifter)가 사용된다. 분리기에서 배출된 전문박은 박 저장고로 보낸다.

v) 정제 분리

전분유는 농축과 가수희석을 반복하여 정제 분리한다. 보통 수세형 nozzle seperator로 3단분리가 연속적으로 정제한다. 이 과정은 전분유의 농도 변화를 갖게 된다.

제1차 분리기를 통과하면 Be 2°가 되는데 이를 약 Be 16°정도로 농축시켜 다시 가수처리하여 Be 5°로 희석한 후 2차 분리기로 분리하여 Be 19°까지 농축시킨다. 최후의 공정은 Be 8°까지 묽게 되어 3차의 농축을 실시한다. 이어서 3단 크기의 seperator로 Be 20°정도의 정제전분유가 나오게 된다.

vi) 탈수 건조

정제전분유는 우선 탈수기에 투입시켜 수분함량 36~40%되게 탈수시킨다. 이것을 cage mill에서 곱게 분산시켜 flash dryer로 보낸 130~160℃의 열풍으로 신속히 건조(수분 18%)한다.

vii) 포장 건조후 전분은 siro shifter를 사용하여 정분(精粉)시켜 autopacker로 자동계량하여(지대 25kg입) 포장하여 자동포장기로 사용한다.

전분수융은 함유 전분의 90% 전후가 된다. 전분 제조는 물은 담체로 하는 기계적 분리 조작되고 원료 중량의 17~18배의 폐수가 수반된다. 그 처리에 대해서는 공해방지나 자원의 유효한 이용관점에서 많은 문제가 있다.

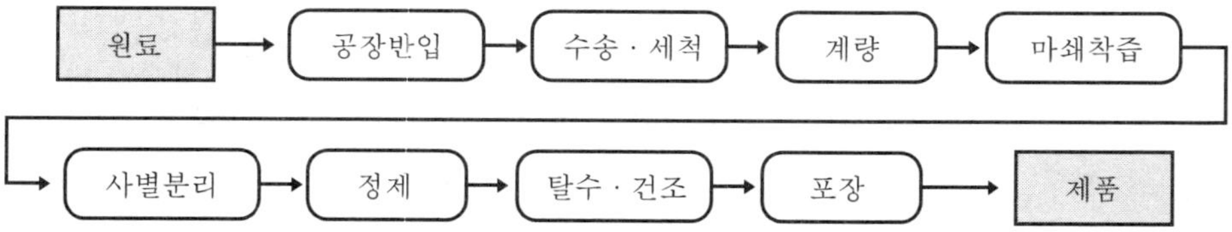

〈그림 7〉 감자 전분제조 공정도

② potato chip

감자칩은 보편적인 스낵식품으로 몇 개의 메이커에서 생산 공급되는데 그 물량 신장이 크다.

i) 세척

원료 감자에 부착된 토사를 고압 sprager로 깨끗이 제거한다.

ii) 박피

보통 습식 알칼리법으로 박피한다. 즉, 가열 양잿물(NaOH 농도 15~20%, 액온 80~90℃)에 2~5분간 침지시킨 후 분류수로서 연화시킨 표피조직을 제거한 후 구연산용액(2%)으로 중화시킨다.

또 다른 박피법으로 steam법, 건식 알칼리법 등이 있으나 원칙적으로 표피를 깨끗이 제거하는 일과 표피 등을 자숙, 변질을 최소한으로 억제하는 것이다.

iii) trimming

원료 감자의 싹, 손상, 착색부 등을 trimming knife를 사용하여 모양을 좋게 다듬는다.

iv) slice

다듬은 박리감자는 절단기로 0.5~1mm 두께로 윤절시킨다. 절단 두께는 부위에 따라 차이가 없어야 하과 장기 저장한 원료 감자는 다소 두껍게 절단해야 한다. 두께가 불균일 할 경우는 튀김이나 착색정도가 차이가 나서 품질이 떨어진다.

v) 수세

튀김 중에 절편이 서로 엉켜 부착되는 것을 방지하기 위하여 절단면의 전분을 물로 씻어야 한다. 준분유출 후 묽은 소금물에 1~2시간 담가 제품의 원인물질인 환원당을 용출시키는 것이 필요하다. 그러나 장시간 침지는 제품의 식미 불량을 초래하게 된다.

vi) 건조

튀김능력을 높이고 연료비율 절약하기 위하여 튀김처리 직전에 절편면의 건조를 약간하는 것이 중요하며 이는 원심분리기에 의한 탕수와 가열공기의 취입시에 행한다.

vii) 튀김

절편튀김은 150~170℃의 기름 중에서 2~3분하는 것이 일반적이다. 튀김 기름은 미강유, 옥배유, 채종유 등이 사용된다.

어떠한 식용유라도 높은 온도에서 장시간 가열하게 되면 열산화가 일어나 산화중합현상이 진행되고 역시 감자 중의 수분이 수증기로 되어 고온의 기름과 접촉하기 때문에 기름의 일부가 가수분해된다.

이러한 기름은 튀김유로 품질이 떨어지고 열전도가 방해되어 튀김효율도 불량하고 색이나 냄새도 악화되어 더욱 제품의 보존성도 저하하게 된다. 이러한 이유로 튀김유는 튀기는데 필요한 최소량을 가지고 사용하며 소비된 분량만큼 기름을 보충하거나 또 기름여과기를 사용하여 찌꺼기(튀김박)를 제거하여 기름의 품질 저하를 억제하는 노력이 필요하다.

일반적으로 튀김유의 열화 정도는 유리지방산의 양으로 표시하는데 이 수치가 1%가 넘게 되면 폐유로 하여야 한다. 제품의 착색은 다갈색 정도가 양호하다.

viii) 식염 첨가

튀김 처리 후 냉각시킨 chip은 맛을 내기 위하여 칩 중량의 1~2% 정도의 식염을 진동시키면서 첨부한다. 맛을 더 좋게 하려면 MSG을 첨가식염의 10% 정도 첨가하는 경우도 있다. 또 푸른 김이나 파래 등도 발라서 식육을 돋구기도 한다.

ix) 선별

변색 기타의 불량품을 제거하고 동시에 품온을 실온까지 냉각시킨다.

x) 포장

셀로판 주머니에 규정량(100 또는 200g)을 자동계량충진 포장한다. 제품의 수율은 원료의 고형물함량, 박피손실 등에 의해 좌우되고 일반적으로 원료 중의 25~30% 정도가 된다.

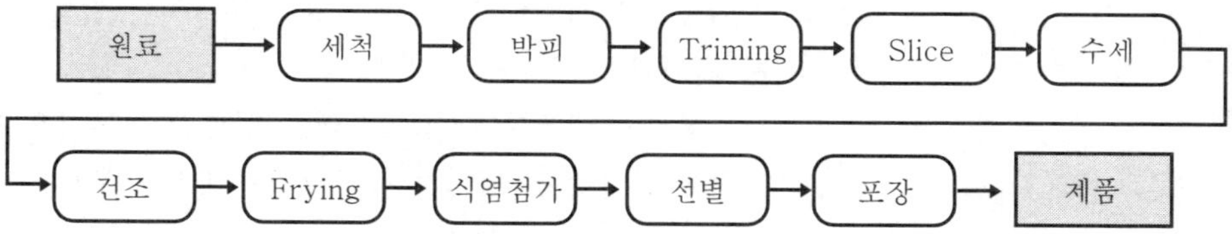

〈그림 8〉 potato chip 제조공정

③ 냉동 french fry potato

최근 서구의 스낵식품의 fast food가 상륙함에 다라 급속한 보급으로 시장이 확대되고 있는 감자 가공품의 하나이다.

한국의 켄터키 치킨점 상륙시 우리 정부와 줄다리기 하던 품목이 이 냉동 감자의 국산원료 사용이었다. 합작조건으로 국산 냉동감자 사용이 정부의 주장이었던 것이다. 냉동 french fry potato의 제조공정은 그림 9와 같다.

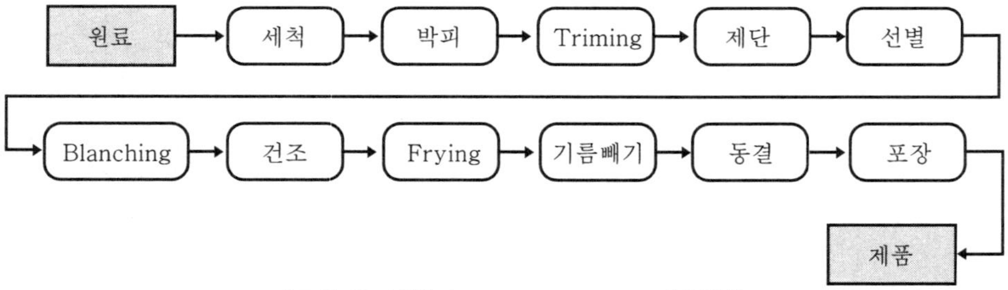

〈그림 9〉 냉동 french fry potato 제조공정

i) 재단

감자의 재단은 cutter를 사용한다. 긴 절편을 보다 많이 얻을 수 있게 감자를 그림 10과 같은 모양으로 cutting 한다. 절단 크기는 소매용과 업소용이 차이가 있으며 일반적으로 9.5 또는 15mm로 각지게 한다.

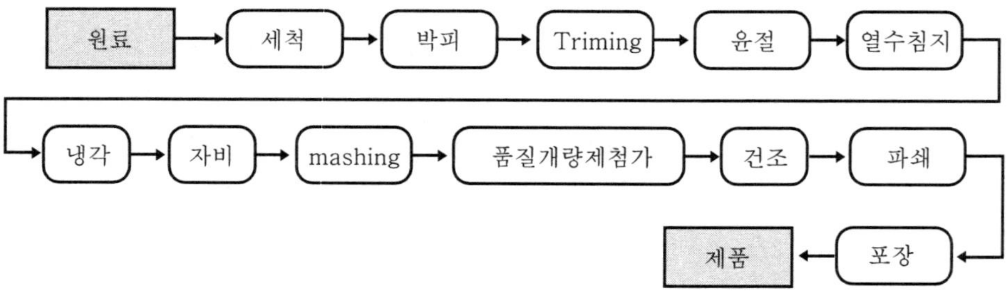

〈그림 10〉 french fry potato의 형성

ii) 선별

재단해서 만든 두께가 얇은 감자나 길이가 짧은 감자를 기계적으로 제거하고 평형진동체로 선별한다. 이 때 상부에서 물을 유화시켜 절편면의 전분을 씻어 제거후 손으로 발아 부분이나 변색편 등을 제거한다.

iii) 데치기

제품의 색조를 관리하고 어느 정도의 내동성을 부여할 목적으로 데치기를 실시한다. 데치기 처리 온도는 60~80℃이고 처리시간은 원료의 당분 함량 등에 따라 다르다.

iv) 튀김

절편은 건조 후 튀김 처리한다. 튀김 조건은 170~180℃에서 1분간이 기본이 되고 시간은 제조시기 등에 따라 변경된다. 튀김유의 취급 등은 potato chip의 경우에 준한다.

v) 절유(切油)

튀김물에 과잉으로 부착된 기름은 진동 screen을 통과시켜 제거한다.

vi) 동결

절유한 튀김물은 냉풍으로 품온을 20℃로 냉각시켜 연속 belt freezer에 옮겨 -35~-40℃의 강한 냉풍을 불어넣어 약 12분내 동결시킨다. 그 후 변색 변형 등의 불량품을 제거한다.

vii) 포장

소매용으로 300g, 500g씩 업소용으로 1kg, 2.5kg씩 봉지(bag)에 포장한다. 포장재료로는 폴리에칠렌 백(polyethylene bag) 또는 나이론(nylon)에 polyethylene을 라미네이팅시킨 것을 사용한다.

제품 제조수율은 원료품종, 제조시기 등에 따라 차이가 있으나 원료 무게의 40~50% 정도이다.

④ Mashed potato chip

으깬 감자로 만든 flake로 용도가 다양하여 이용이 점점 많아지고 있다.

i) 윤절(輪切)

전처리한 감자는 cutter로 12~13mm 두께로 윤절한다. 윤절하는 목적은 뒤의 공정에서 가열 냉각을 일정하게 균일화하기 위함이며, 절단폭이 얇은 정도, 가열, 냉각의 효율은 높으나 향미나 고형분의 손실이 된다.

ii) 열수 침지(浸漬)

절단면의 전분을 물로 씻어 제거하고 71~74℃로 보온한 열수 중에 약 20분간 침지한다. 이 처리로 세포결합의 연화가 수반되고, 전분을 호화하는 역할을 한다. 이 공정을 예비가열이라고도 한다.

iii) 냉각

호화된 전분은 노화되기 때문에 또 동시에 절편면의 점성 때문에 냉수에 침지한다. 냉각은 23℃ 정도로 절편의 품온이 될 때까지 한다. 고형분량이 낮은 원료인 경우는 10℃까지 냉각할 필요가 있다.

iv) 자숙

자숙 정도는 과부족이 안되게 충분히 주의하면서 증자한다. 이상의 열수 침지, 냉각, 자숙 처리 등은 세포의 파열은 최소한 억제하고 제품을 자숙 복원시킬 경우 점착성을 좋게 하여mashed potato 특유의 조직은 출현시키기 위하여 실시한다.

v) mashing

증자처리한 즉시 mashing처리한다. 메쉉장치로서는 stainless steel 제품의 screen을 사용한다. 또 다음의 건조공정 전에 mash에 품질개량제가 첨가된다. 첨가물류는 탈지분유, 유화제, monoglyceride(식감 개선제), 중아류산나트륨(비효소적 갈변 억제), 산성 피로인산나트륨(색조 열화 방지) 그 외 항산화 제품 등이 사용된다.

vi) 건조

신속건조가 가능한 피막건조기가 사용된다. 가열 drum에 메쉬감자(수분 80%)을 엷게 발라 drum을 회전시켜 탈수 건조하여 수분 5% 정도 혹은 그 이하의 sheet로 하여 최후에 칼로 drum에서 끊어낸다.

vii) 분쇄

Flake 조각의 체적을 적게 하기 위하여 flake를 파쇄시키는 장치를 이용하여 분쇄한다. 그러나 너무 분쇄하여 미세화되면 세포조직이 파괴되어 이를 이용한 제품제조시 품질이 떨어지게 되어 5mm 눈금의 체에 통과하는 정도로 끝내는 것이 좋다.

viii) 포장

방습성이 높은 kraft paper 등으로 완전밀봉하는 것이 좋다. 특히 광선에 의한 산화나 flake편의 분말화를 방지하기 위하여 box 포장한다. 소매용은 200g씩 포장한다. 제품수율은 평균 18~9% 정도이다.

Straight cut

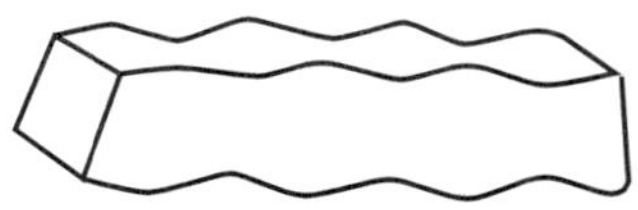

Crinkle cut

〈그림 11〉 Mashed potato flake 제조공정

(5) 기타 감자 가공품

상기 가공품 이외에 potato boil(냉동 감자)의 제조 등이 있으나 생략한다.

4. 결언

감자는 많은 장점을 갖어 우리 인류의 식생활과 밀접한 관련을 갖고 있다

우리나라의 감자 재배 이용은 예로부터 선조들이 구황식량으로 활용하였고 최근 기업적으로 감자를 원료로 한 스낵제품, 패스트푸드로서 점차 가공품이 다양해지고 그 가공품 생산량의 증가도 괄목할 만 하다.

지금까지의 감자의 저장과 가공에 관한 기술을 단편적으로 기술하여 이 분야의 관심있는 분들에게 참고 자료가 되었으면 한다.

제5편 부록 II

부록 1 식염의 비중과 농도의 관계표

보메 [°Be']	비중	식염 [%]	1ℓ 중의 g%	보메 [°Be']	비중	식염 [%]	1ℓ 중의 g%
0.8	1.0053	1	10.05	13.3	1.1009	14	154.1
1.8	1.0125	2	20.25	15.1	1.1162	16	178.6
3.8	1.0268	4	41.07	16.9	1.1319	18	203.7
5.8	1.0413	6	62.48	18.7	1.1478	20	229.6
7.7	1.0559	8	84.47	20.4	1.1640	22	256.1
9.6	1.0707	10	107.1	22.2	1.1804	24	283.3
11.5	1.0857	12	130.3	23.9	1.1972	26	311.3

부록 2 설탕의 비중과 농도의 관계표

보메 [°Be']	비중 20/4 [℃]	설탕의 중량 [%] (Brix도)	g/ℓ	보메 [°Be']	비중 20/4 [℃]	설탕의 중량 [%] (Brix도)	g/ℓ
–	0.9982	0	–	13.6	1.036	25	275.9
0.3	0.9921	1	10.02	14.2	1.082	26	388.1
0.9	1.0060	2	20.12	14.7	1.1128	27	300.5
1.4	1.0099	3	30.30	15.3	1.1175	28	312.9
2.0	1.0139	4	40.56	15.8	1.1222	29	325.4
2.5	1.0179	5	50.89	16.3	1.1270	30	338.1
3.1	1.0219	6	61.31	16.9	1.1318	31	350.8
3.6	1.0259	7	71.81	17.5	1.1366	32	363.7
4.1	1.0299	8	82.40	18.0	1.1415	33	376.7
4.7	1.0340	9	93.06	18.6	1.1463	34	389.8
5.3	1.0391	10	103.9	19.1	1.1513	35	402.9
5.8	1.0423	11	114.7	19.6	1.1562	36	416.2
6.4	1.0465	12	125.6	20.1	1.1612	37	429.7
7.0	1.0507	13	136.6	20.7	1.1663	38	443.2
7.5	1.0549	14	147.7	21.2	1.1713	39	156.8
8.1	1.0592	15	158.9	21.7	1.1764	40	470.6
8.7	1.0635	16	170.2	22.3	1.1816	41	484.5
9.2	1.0678	17	181.5	22.8	1.1868	42	488.4
9.8	1.0721	18	193.0	23.3	1.1920	43	512.6
10.3	1.0765	19	204.5	23.9	1.1972	44	526.8
10.8	1.0810	20	216.2	24.4	1.2025	45	541.1
11.4	1.0854	21	227.9	25.0	1.2079	46	555.6
12.0	1.0899	22	239.8	25.5	1.2132	47	570.2
12.5	1.0944	23	251.7	26.0	1.2186	48	584.9
13.1	1.0990	24	263.8	26.5	1.2241	49	599.8
27.1	1.2296	50	614.8	37.4	1.3472	70	943.0
27.6	1.2351	51	629.9	37.9	1.3535	71	961.0
28.1	1.2406	52	645.1	38.4	1.3598	72	979.0
28.7	1.2462	53	660.5	38.9	1.3661	73	997.3
29.2	1.2519	54	676.0	39.4	1.3725	74	1016.0
29.7	1.2575	55	691.6	39.9	1.3790	75	1034.0
30.3	1.2632	56	707.4	40.4	1.3854	76	1053.0
30.8	1.2690	57	723.3	40.9	1.3920	77	1072.0
31.3	1.2748	58	739.4	41.4	1.3985	78	1091.0
31.8	1.2806	59	755.6	41.8	1.4051	79	1110.0
32.3	1.2865	60	771.9	42.2	1.4117	80	1129.0
32.8	1.2924	61	788.3	42.7	1.4184	81	1149.0
33.4	1.2983	62	804.9	43.2	1.4251	82	1169.0
33.9	1.3043	63	821.7	43.7	1.4318	83	1188.0
34.4	1.3103	64	838.6	44.2	1.4386	84	1208.0
34.8	1.3163	65	855.6	44.7	1.4454	85	1229.0
35.4	1.3224	66	872.8	45.2	1.4522	86	1249.0
35.9	1.3286	67	890.1	45.6	1.4591	87	1269.0
36.4	1.3347	68	907.6	46.1	1.4660	88	1290.0
36.9	1.3409	69	925.2	46.6	1.4739	89	1311.0

부록 3 레토르트 압력계시도와 포화수증기 온도와의 대조표

[lb/㎠] 게이지압	[g/㎠] 게이지압	해당하는 포화수증기의 온도		[lb/㎠] 게이지압	[g/㎠] 게이지압	해당하는 포화수증기의 온도	
		℉	℃			℉	℃
1.0	70.51	215.32	101.84	7.5	527.33	233.54	111.97
1.5	105.47	216.98	102.77	8.0	562.48	234.75	112.64
2.0	140.62	218.49	103.61	8.5	597.64	235.95	113.31
2.5	175.78	220.02	104.46	9.0	632.79	237.11	113.95
3.0	210.93	221.51	105.28	9.5	667.95	238.26	114.59
3.5	246.09	222.96	106.09	10.0	703.10	239.39	115.22
4.0	281.24	224.38	106.88	10.5	738.26	240.50	115.83
4.5	316.40	225.77	107.65	11.0	773.41	241.59	116.44
5.0	351.55	227.13	108.41	11.5	808.57	242.66	117.03
5.5	386.71	228.47	109.15	12.0	843.72	243.72	117.62
6.0	421.86	229.78	109.88	12.5	878.88	244.76	118.20
6.5	457.02	231.06	110.59	13.0	914.03	245.79	118.77
7.0	492.71	232.31	111.28	13.5	949.19	245.80	119.33
				14.0	984.34	247.80	119.89

부록 4 부패 통조림의 주요 세균

통조림 종류	세균 종류 °	부패 현상	적요	비고
Low of Medium Acid Meats (uncured) Beef, Mutton, Poultry, etc	Mesophilic anaerobes (Cl. Sporogenes)	Putrid 'swell'	Thermophilic spoliage rare (Jensen, 1945)	Cameron and Esty, 1940 Crossley, 1941
Meats(cured) Ham, Spiced ham, Bacon, Tongues, Corned beef	Bacillus spp Mesophilic anaerobes (Cl. Sporogenes)	'Swell' Putrid 'swell'	Gas only when nitrate, Sugar and meat present	Jensen, Wood and Jensen, 1934 Jensen, 1945 Cameron and Esty, 1940
Meat Products Meat and Vegetable mixture Meat rolls Sausages Meat pastes	Thermophilic spp Mesophilic canaerobse See meat and Vegetable mixture Mesophilic anaerobes Thermophilic spp Mesophilic anaerobes Cl. sporogenes Cl. putrificum	'Flat-sours' 'Swell' sulphide 'Stinkers' 'Swell' 'Swell' Putrid 'swell'	Non-gaseous changes Caused by mesophilic anaerobes in medium acid Packs(pH 4.5~ 5.0	Cameron and Esty, 1940 Crossley, 1941 Crossley, 1941 Crossley, 1941 Jarvis, 1943
Fish Salmon, crab, Shrimp Fish Pastes Salted fish Salted fish in birne	Mesophilic anaerobes Cl. sporogenes Cl. welchii Bacillus spp Thermophilic See meat Paste Chomogenic halophiles Bacteroides halosmophilus	 Putrid 'swell' Flavor and colour changes, softening 'Flat-sour' Pigmentation Gaseous fermentation		 Crossley, 1938 Felers, 1972 Jarvis, 1943 Jarvis, 1943 Cloke, 1923 Baumgarteer, 1937

Vegetables	Thermophilic spp Mesophilic anaerobes Cl. sporogenes Cl. butyricum	'Flat sour' 'Swell' sulphide 'Stinkers' 'Swell'		Hirst, 1931~32 Cameron and Esty, 1940 Cruess, 1949 Corossley, 1941
Miscellaneous Soups, specialities Dairy products Sweetened Condensed milk Evaporated milk Cream	 See meat and Vegetable mixture Cocci Yeast Mould spp Aspergillus, Penicillium. etc Mesophilican aerobes Bacillus spp Bacillus spp	 Thickening 'Swell' 'Buttons' 'Swell' Curding Thinning bitterness	Caused by acid production or renin-like enzyme Yeast involved ferments Suco rose Coloured cured masses 1/4~3/4 in. diameter Curdling may be sweet(i, e noan- acid or acid) B-licheniformis may Cause Swelling (Nichols, 1939)	 Down, 1925 Nichols, 1939 Hiscox, 1949 Roger eial, 1920 Nichols, 1939 Hiscox, 1949 Nichols, 1939 Hiscox, 1949 Nichols, Howat, Jacksom, 1939 Mc Master, 1932~33
Acid Fruit	 Cl, pasteurianum Byssoochlamys fulva	 'Swell' Disintegration of fruit	 Reported in USA Swelling something occurs	Townsend, 1939 Speigelburg, 1940 Oliver and Rendle, 1934 Pederson, 1929 Woerz and Senane, 1943
Tomato products (tomatoes, tomato juices)	Lactobacillus spp Thermophilic spp B. thermoacidurens Cl. butyricum spp.	Gaseous fermentation 'Swell' 'Flat-Sour' 'Swell'	 Reported in USA	 Barry, 1933 Clarr and Dehr, 1947
Honey	Osmophilic yeasts(zygosac- charomyces, Torulopsis)	Gaseous fermentation		Fabian and Quinet, 1928 Lochhead and Heron, 1929
Jams	Osmophilic yeasts Mould spp	Gaseous fermentation surface growth		
Sauces, Pickle	Lactobacillus spp	Gaseous fermentation		Pederson, 1929

부록 5 중요 통조림의 품명과 표시기호 일람표

Ⅰ. 농산물 통조림

품목	품명(기호)	기타
A. 채소통조림 양송이 버터 홀 버터 슬라이스 홀 슬라이스 피스앤드스템 혼합채	 MBB MBW MBSB MBSW MBSP MVB	 ▷ 버튼 및 홀에 한하여 버섯갓의 크기에 따라 E, L, M, S, T, m의 기호로 추가 각인 ▷ 고형량에 대한 채소의 혼합률은 51.0% 이상
아스파라거스 화이트 그린티프트 그린 화이트절단 그린티프트절단 혼합절단	 AWW AR W ARW AW: AR: AM	 ▷ 화이트에 한하여 SRL부의 굵기에 따라 G, C, M, L, m, S의 기호를 추가 각인 ▷ 그린티프트 및 그린에 한하여 기부의 굵기에 따라 J, E, P의 기호를 추가 각인
그린피스 슈가피스 그린빈스 홀 절단	GPB SPB B GWB GQB	▷ 그린피스, 슈가피스에 한하여 알 크기에 따라 C, L, M, S, T의 기호를 추가 각인
천연송이 홀 하프 슬라이스 파치 염지	 NMB NMBH NMB: NMB- NMS	 ▷ 홀에 한하여 버섯 개수에 따라 L, M, S의 기호를 추가 각인
김치 깍두기 마늘장아찌	KCH KDG GFD	
죽순 홀 하프 슬라이스 파치	 BSW BSWH BSW: BSW	 ▷ 홀에 한하여 내용 개수에 따라 C, L, M, S, T의 기호를 추가
딸기 락교 절임	STR SCAP	▷ 당도 최저한도 13%의 경우는 기호 끝자리에 Z자로 각인
들깻잎절임 콩나물	WSLP SBSB	
죽순나물 홀 2절 뿌리절단	 BSBW BSBH BSBC-	

B. 과실통조림 복숭아 백도홀 백도2절 백도4절 백도슬라이스 백도다이스 황도홀 홍도2절 황도4절 활도슬라이스 활도다이스	 PWW PW OWA PW PWD PYW PY PYA PY: PYD	 ▷ 2절에 한하여 복숭아의 크기에 따라 L, M, S의 기호를 추가 각인 ▷ 당도 최저한도 19%의 경우는 기호의 끝자리에 Y자로 추가 각인 ▷ 당도 최저한도 13%의 경우는 기호의 끝자리에 Z자로 추가 각인
배 윤절 2절 4절 슬라이스 다이스	 PER PEH PEA PES PED	 ▷ 2절에 한하여 배의 크기에 따라 L, M, S의 기호를 추가 각인 ▷ 당도 최저한도 19%의 경우는 기호의 끝자리에 Y자로 추가 각인 ▷ 당도 최저한도 13%의 경우는 기호의 끝자리에 Z자로 추가 각인
사과 윤절 4절 슬라이스 다이스	 APR APQ APD APS	 ▷ 당도 최저한도 18%의 경우는 기호의 끝자리에 Y자로 추가 각인 ▷ 당도 최저한도 13%의 경우는 기호의 끝자리에 Z자로 추가 각인
포도 씨 안뺀 포도 씨 뺀 포도	 GS GE	 ▷ 머스캣 및 네오 머스캣에 한하여 알의 크기에 따라 L, M, S의 기호를 추가 각인 ▷ 당도 최저한도 20%의 경우는 기호의 끝자리에 Y자로 추가 각인
앵두 씨 뺀 앵두 씨 안뺀 앵두	 PTE PTC	▷ 알의 크기에 따라 L, M, S의 기호를 추가 각인 ▷ 당도 최저한도 18%의 경우는 기호의 끝자리에 Y자로 추가 각인 ▷ 당도 최저한도 13%의 경우는 기호의 끝자리에 Z자로 추가 각인
귤 온주밀감 온주밀감파쇄립	 MD MD-	▷ 알의 크기에 따라 L, M, S의 기호를 추가 각인 ▷ 당도 최저한도 18%의 경우는 기호의 끝자리에 Y자로 추가 각인 ▷ 당도 최저한도 10%의 경우는 기호의 끝자리에 Z자로 추가 각인
여름밀감	SO	▷ 당도 최저한도 20%의 경우는 기호의 끝자리에 Y자로 추가 각인 ▷ 당도 최저한도 16%의 경우는 기호의 끝자리에 Z자로 추가 각인
밤 밤설탕조림	 CHB	▷ 당도 최저한도 50%의 경우는 기호의 끝자리에 Y자로 추가 각인하여야 한다.

살구 홀 2절 슬라이스	 AOW AOH AOS	▷ 박피에 한하여 기호의 끝자리에 : 로 추가 각인 ▷ 당도 최저한도 19%의 경우는 기호의 끝자리에 Y자로 추가 각인 ▷ 당도 최저한도 13%의 경우는 기호의 끝자리에 Z자로 추가 각인
혼합과실 후루츠 샐러드 후츠르 칵테일 후르츠 밀두 믹스트 후르츠	 FS FC FM MF	
솔리드팩 사과 복숭아 배 토마토 딸기	 SPA SPP SPE SPT SOS	
파인애플 윤절 하프 4절 5절 8절 파치	 PRS PHS PQS PTS PPS PPS-	▷ 당도 최저한도 18%의 경우는 기호의 끝자리에 Y자로 추가 각인 ▷ 당도 최저한도 13%의 경우는 기호의 끝자리에 Z자로 추가 각인
C. 곡류 통조림 팥 붉은팥 붉은팥졸임 팥앙금	 BRB BRBS BMB	▷ 껍질째로 만든 앙금품에 한하여 기호이 끝자리에 : 로 추가 각인
옥수수 홀 그리임	 SWC SWH	
밥 흰밥 팥밥 볶은밥 비빔밥	 WRF BRF PRF MRF	
두부전	FBC	
잼 및 마멀레이드 딸기 복숭아 사과 귤 포도	 SJM PJM AJM OJM GJM	

주스		
사과	NAJ	
복숭아	NPJ	
포도	NGJ	
귤	NOJ	
자두	NPLJ	
살구	NAPJ	
앵두	NCHJ	
파인애플	NPAJ	
딸기	NSJ	
혼합주스	NMJ	
농축주스	NCJ	

II. 수산물 통조림

1. 원료 종류명 표시

원료명	표시기호	영어명	원료명	표시기호	영어명
꽃게	T	Blue crab	굴	OY	Oyster
털게	E	Hairy crab	전복	AB	Abalon
왕게	P	King crab	오분자기	BA	Blue abalon
대게	C	Snow crab	소라	TP	Top shell
새우	SH	Shrimp	골뱅이	BT	Bay top shell
고등어	MK	Mackerel	대합	SC	Soft clam
꽁치	MP	Saury(mackerel) pike	백합	HC	Hard clam
학꽁치	HB	Half brek	소라고동	R	Common sping
전갱어	HM	Horse mackerel	개량조개	RC	Round clam
멸치	AN	Anchovy	새조개	CO	Cockle clam
정어리	SA	Sardine	맛조개	RA	Razo clam
참다랭이	TB	Tuna, Blue-fin	바지락	SN	Baby clam
날개다랭이	TA	Tuna, Albacore	게아지살	SL	Shell ligament
황다랭이	TY	Tuna, Yellow-fin	홍합	MS	Mussel
가다랭이	TS	Tuna, Skip jack	꼬막	BC	Baby ark clam
방어	YT	Yellow tall	피조개	AS	Ark clam
줄삼치	BO	Bonite	밥조개	SP	Scallop
삼치	CM	Chumb mackerel	오징어	SD	Squid or cuttle fish
부시리	AF	Amber fish	문어	OC	Octopus
대구	CD	Cod fish	쭈꾸미	PO	Polypus
갯장어	SE	Sea eel	꼴뚜기	WA	Watasenia
붕장어	CE	Conger eel	고래고기	WM	Whale meat
뱀장어	DL	Eel	어단	FB	Fish ball
날치	FL	Flying fish	김	LA	Laver
양미리	NA	Sand lance	까나리	SS	Sand lance
갈치	HT	Hair tail	곱새기	D	Dolphin

2. 조리방법 표시

조리방법	표시기호	영어표시
보일드통조림	BL	Water and Salt added
가미통조림	FD	Packed in(or seasoned with) soy sauce and sugar
유지통조림	OL	Packed in(or seasoned with) vegetable(or olive) oil
훈제유지통조림	SO	Smoked and oil added
토마토담금통조림	TO	Packed in tomato sauce
머스타드담금통조림	MD	Packed in mustard sauce
조림통조림	BD	Packed down in soy sauce and sugar
스튜통조림	St	Stew
제리담금통조림	JY	Packed in jellied soup

3. 살재임, 형태별 표시

종류	관뚜껑 표시	영어표시	비고
다랭어	S	Solid(or Fancy) pack	다랑어 살을 통길이에 맞추어 살재임한 것
	C	Chunck pack	다랑어 살을 1 inch 입방으로 절단하여 살재임한 것
	F	Flack pack	다랑어 살 부스러기를 살재임한 것
	G	Grated pack	다랑어 살 부스러기를 곱게 갈아서 살재임한 것
게	K	Flake meat	붕괴된 살
	F	Leg & flake meat	다리고기와 붕괴된 살
	L	Leg meat	다리살
새우	W	Wet pack	
	D	Dry pack	
어육	P	Spread pack	어육을 곱게 다져 평평하게 만들어 살재임한 것
	T	Filled pack	어육을 fillet으로 하여 살재임한 것
패류	E	Slice pack	패육을 짤게 썰어서 살재임한 것
	R	Skewer pack	패울을 꽂이에 꿰어 살재임한 것

4. 원료의 크기 표시방법

종류	관뚜껑 표시	영어표시	비고
전복 소라	L	Large	
	M	Medium	
	S	Small	

부록 6 통조림의 부패·변패 원인 종합판정표

구분 항목	비산성식품통조림			산성식품통조림	
	살균부족에 의한 변패		권체불완전에 의한 변패	살균부족에 의한 변패	권체불완전에 의한 변패
	Flat Sour	팽창관			
용기외관	정상	팽창	팽창	팽창	팽창
통조림 내용물의 직접검정	아포형성간균, 무아포간균 다수의 경우 순배양의 형태로 분리	아포형성간균, 무아포간균 다수의 경우 순배양의 형태로 분리	혼합배양의 형태로 분리. 대부분의 경우 구균이 혼재 좌동, 동일종의 공시품에서도 관에 따라 형태가 다름	혼합배양의 형태로 분리. 구균, 간균으로 혼재 또는 효모로 존재	좌동
내용물의 관능검사	내용물이 부스러져 물컹물컹한 상태로이고, 약간 산미의 냄새를 가지고 있음	발효한 것과 같으니 외관을 나타내고 산미의 냄새 또는 부패취를 가짐	좌동, 동일종의 공시품에서도 관에 따라 형태가 다름	발효한 것과 같은 외관을 나타내고, 산미 치즈 및 알코올의 냄새를 가짐	좌동
배양검사	호기성 또는 혐기성 세균, 통성호열성(37~55℃), 편성호열성(55℃ 미만), 가스를 생성하지 않고 한천배지상에서 대부분의 경우 아비를 형성함, 검경의 결과 대략 원인세균을 알아냄	혐기성에 발육하고 가스를 형성, 37℃ 및 55℃에 발육한다. 가스형성의 호기성으로 통성(37~55℃) 또는 편성(55℃ 미만) 호열성균이 있을 때는 Flat Sour균의 혼재를 생각할 수 있음. 검경하면 대략 원인균이 판별됨	호기성 또는 혐기성균으로 가스를 생성한다. 37℃에 발육하는데 55℃에서도 발육하는 것도 있고, 검경하면 혼합배양의 형태로 비내열성균을 포함	특별히 산을 가한 배양기상에 37℃에서 발육하고 가스를 형성하는 것도 있고, 하지 않는 것도 있음. 하지 않는 것은 정상관에 접종하여 팽창을 일으키는가 아닌가를 조사. 산모의 존재는 검경에 의해 판명됨	좌동
권체부 점검	권체부 완전 실권의 새는 것 없음	권체부는 완전 팽창 때문에 관재가 늘어져서 새는 곳도 있음	실험에 새는 곳이 있고 권체부는 불완전	실관에 새는 곳이 없음. 권체부 완전	실관에 새는 것이 있고 권체부 불완전

부록 7 불량권체의 특성 용어 및 설명

불량권체 특성	설명
Dropping	Lap seam부에 있어서 권체의 하연이 다소 밑으로 처져있으나, 이곳 권체 폭이 보통부의 권체폭의 1.2배를 넘으면 밀봉력이 저하된다. 보통부는 dropping이 있어서는 안된다.
Lip	권도 hook가 권체의 하연으로부터 하부로 노출된 것이다.
Vee	권개의 curl이 말려들어가지 dskg든지, 잘 말려들어가지 않아서 권체의 하연부로부터 권체부하주에 예리한 V자형 돌기가 나와있는 것
Knock down flange	Body hook가 완전노출된 seam 상태는 lip과 같으나 lip된 뒷면이 찌그러진 경우를 말한다.
Cut over	권체순부의 내주가 seaming chuck의 flange 위로 삐져 올라와 예리한 모양을 하고 있는 것으로 주부의 석판에 상흔을 만들며, lap부에 많이 발생하고 손으로 만져보면 알 수 있다.
Wave seam	Double seam된 부분의 하부에 파형을 일으킨 것으로 권동벽과의 밀착상태가 불량하다.
Dead head	권체 외벽에 상흔이 발생하나 counter sink부에 이상이 있는 것이다.
No end seam	End가 없는, 즉 뚜껑이 덮이지 않고 seaming된 것을 말한다.
Jumped seam	Lap seaming 주면의 roll 압압효과가 불량하여 권체부하연의 권동벽과 밀착상태가 나쁘다.
Sloute	Out side에 double seam된 하부 flange 부분이 튀어나온 형상을 말한다.
False seam	표면은 seam된 형상이나 double seam이 완전히 되지 못한 형상을 말한다.
Rubber protruded seam	Rubber가 이중권체부 밖으로 나온 seam 상태를 말한다.
Cut seam	Lap seam부의 drop가 대단히 크기 때문에 제2권체 roll에 의해 drop이 절단된 것이다.
Wide seam	W가 규격값보다 큰 seam 상태를 말한다.
Sharp seam	W의 상부에 cut over가 일어난 위험한 seam 상태이다.
Slip seam	Seaming chuck와 lifter의 권 파지력이 적어 정상권체가 되지 않는 것으로 제1권체에서 slip할 경우는 wave seam이 되고 제2권체에서 slip할 경우 권체부분에 요철의 형이 생긴다.
2 Cap seam	개(蓋) 또는 저(底)가 2개 겹쳐서 seam된 상태를 말한다.
정부형상불량	권체의 상주가 대단히 환미를 갖는 권체로서 권체 내부의 공극이 커서 밀봉력이 저하된다.
이물포함권체	권체부에 내용물의 일부 등 이물을 포함하여 권체된 것이다.

부록 8 통조림의 가열살균 조건 일람표

원료품종명 조리방법 및 통조림 종류명	관형		내용물의 pH	가열초기온도(℃)	살균온도(℃)	압력계에 표시된 눈금(1bs/in2)	살균시간(분)	가열개시에서 정온도까지의 시간(분)
	관호칭	일본명						
1. 수산물								
① 보일드								
게보일드	401~3	제 1호	6.8~7.2	10.0	110.6	6.5	100	10
게보일드	307~3	제 2호	6.8~7.2	10.0~15.0	109.2~109.9	5.5~6.0	80~90	5~25
게보일드	301~2	제 3호	6.8~7.2	10.0~15.0	108.4~109.9	4.5~6.0	50~53	5~25
꽁치보일드	410~4	2호	6.0~7.0	—	114.0~115.2	9.0~10.0	80~10	18~20
꽁치보일드	301~7	4호	6.0~7.0	21.0~70.0	112.6~115.2	8.0~10.0	80~10	5~30
꽁치보일드	301~4	6호	6.0~7.0	21.0~65.0	111.3~115.2	7.0~10.0	80~90	15~18
꽁치보일드	158	타원 1호	6.0~7.0	50.0	112.6	8.0	05	25
꽁치보일드	125	타원 3호	6.0~7.0	60.0	114.6	9.5	80	15
꽁치보일드		소형 1호	6.0~7.0	50.0	111.3~115.2	7.0~10.0	60~100	8~30
고등어보일드	301~7	4호	6.0	13.0~15.0	112.6~115.8	8.0~10.5	110	5~20
고등어보일드	301~4	6호	5.7~6.5	10.0~90.0	114.0~115.8	9.0~10.5	80~90	5~25
고등어보일드	401~2	평 1호	5.7~6.5	13.0~75.0	115.2~115.8	10.5~10.5	100~120	13~25
고등어보일드	307~2	평 2호	5.7~6.5	—	114.0~115.8	9.0~10.5	90~100	10~30
정어리보일드	301~7	평 4호	5.8~6.2	77.0~88.0	112.6~115.8	8.0~10.5	80~90	12~17
정어리보일드	307~2	평 2호	5.8~6.2	—	115.2	10.0	85	5
정어리보일드	158	원 1호	5.8~6.2	21.0	112.6	8.0	100	15
정어리보일드		소형 1호	5.8~6.2	82.0~89.2	115.2	10.0	90	12~17
다랭이 및 참치 ,	401~1	tuna 1호	5.8~6.2	15.0~22.0	112.6	8.0	80~90	12~25
〃	307~1	tuna 2호	6.0~6.2	15.0~25.0	111.3~112.6	7.0~8.0	70~90	12~30
다랭이 flake	211~1	tuna 3호	6.0~6.2	20.0~23.0	111.3~112.6	7.0~8.0	60~90	12~20
보일드	41~10	tuna 1호	5.8~6.0	21.0	112.6	8.0	95	15
〃	307~1	tuna 2호	5.8~6.0	21.0	112.6	8.0	90	15
전복보일드	301~7	4호	—	37.0	115.2	10.0	90	20
전복보일드	211~5	7호	—	—	111.3	7.0	70	15
굴보일드	211~5	7호	—	60.0	109.9~111.3	6.0~7.0	70	15
굴보일드	211~4	과실7호	—	60.0	109.9	6.0	60	15~20
청계보일드	301~1	평 3호	—	—	108.4	5.0	60	15
② 기름절임								
다랭이	401~1	tuna 1호	5.8~6.2	21.0	112.6	8.0	100	15
다랭이	307~1	tuna 2호	5.8~6.2	82.0~89.2	115.2	10.0	90	12~17
다랭이	211~1	tuna 3호	5.8~6.2	15.0~22.0	112.6	8.0	80~90	12~25
다랭이		tuna2kg	6.0~6.2	15.0~25.0	111.3~112.6	7.0~8.0	70~90	12~30
다랭이 flake	401~1	tuna 1호	6.0~6.2	20.0~23.0	111.3~112.6	7.0~8.0	60~90	12~20
	307~1	tuna 2호	5.8~6.0	21.0	112.6	8.0	95	15
		tuna2kg	5.8~6.0	21.0	112.6	8.0	90	15
꽁치기름절임	125	타원 3호	—	37.0	115.2	10.0	90	20
꽁치기름절임	103~2	각 5A	—	—	111.3	7.0	70	15
꽁치기름절임	122	각 8호	—	60.0	109.9~111.3	6.0~7.0	70	15
고등어기름절임	307~1	tuna 2호	—	60.0	109.9	6.0	60	15~20
꽁치fillet기름절임	103~2	각 5A	—	—	108.4	5.0	60	15

원료품종명 조리방법 및 통조림 종류명	관형		내용물의 pH	가열초기온도(℃)	살균온도(℃)	압력계에 표시된 눈금(lbs/in2)	살균시간(분)	가열개시에서 정온도까지의 시간(분)
	관호칭	일본명						
③ 훈제기름절임								
굴훈제기름절임	106~2	각 3B	—	50.0~60.0	08.4~111.3	5.0~7.0	60~70	7~20
굴훈제기름절임		Ankor70mm	—	64.0	109.9	6.0	60	30
바지락조개훈제기름절임	106~2	각 3B	—	21.0	112.8	8.0	60	20
〃	103~2	각 5A	—	—	111.3	7.0	70	—
④ 토마토								
꽁치토마토O	301~7	4호	4.2~5.8	50.0~60.0	112.6~115.8	8.0~10.5	90~110	18~30
꽁치토마토O	158	타원 1호	4.2~5.8	50.0~63.0	112.6~115.8	8.0~10.5	90~110	12~30
꽁치토마토O	125	타원 3호	4.2~5.8	70.0~82.0	112.6~114.0	8.0~9.0	85~100	12~30
꽁치토마토O		타원 1호	4.2~5.8	50.0~80.0	111.3~115.8	7.0~10.5	70~90	12~30
꽁치토마토O	122	8호	4.2~5.8	—	112.6	8.0	100	20
⑤ 맛들이								
고등어맛들이	301~7	4호	—	—	114.0~115.8	9.0~10.5	90~100	4~30
	301~4	6호	5.7~6.5	21.0~60.0	111.3~115.8	7.0~10.5	70~100	5~20
	401~2	평 1호	5.7~6.5	22.0~93.0	112.6~118.2	8.0~12.5	90~120	13~20
	307~2	평 2호	5.7~6.5	22.0~90.0	111.3~115.8	7.0~10.5	70~100	13~25
다랭이flake맛들이	301~7	4호	5.8~6.1	20.0	112.6	8.0	100	15
	305~5	5호	5.8~6.1	15.0~38.0	112.6~115.8	8.0~10.5	50~ 90	5~25
다랭이맛들이	307~2	평 2호	5.8~6.1	21.0	111.8~112.6	7.0~ 8.0	70~ 90	10~15
	301~3	휴대	5.8~6.1	21.0	112.6	8.0	100	15
꽁치맛들이	301~7	4호	—	—	114.0	8.0	100	—
	301~4	6호	6.0~7.0	50.0	111.3~114.0	7.0~ 9.0	70~ 90	5~30
	158	타원 1호	6.0~7.0	52.0~85.0	112.6~115.2	8.0~10.0	90~110	13~30
	125	타원 3호	6.0~6.2	15.0~18.0	112.6~114.0	8.0~ 9.0	60~ 90	3~20
전갱이맛들이	158	타원 1호	—	60.0	114.0	9.0	90	20
	125	타원 3호	—	60.0	114.0	9.0	90	20
다랭이 및 참치	401~2	평 1호	5.8~6.1	15.0~21.0	111.3~114.0	7.0~ 9.0	80~120	15~20
맛들이	307~2	평 2호	5.8~6.1	15.0~30.3	111.3~112.6	7.0~ 8.0	50~ 90	10~35
오징어맛들이	301~7	4호	5.6~6.4	27.0~60.0	108.4~111.3	5.0~ 7.0	60~ 90	5~22
	301~4	6호	5.6~6.4	19.0~60.0	108.4~114.6	5.0~ 9.0	50~ 90	3~20
꼬막맛들이	〃	6호	5.0	27.0~40.0	109.9~111.6	6.0~ 8.0	60~ 90	13~20
	211~5	7호	5.0	40.0	106.9~112.6	4.0~ 8.0	60~ 70	7~20
⑥ 볶음, 기타								
고등어볶음	307~2	평 2호	—	20.0	112.6	8.0	90	15
꽁치볶음	103~2	각 5A	6.5	18.0~29.0	111.3~112.6	7.0~ 8.0	70~ 90	12~35
장어볶음		각 3E	6.5	20.0~30.0	104.5~112.6	2.5~ 8.0	55~ 80	7~25
반지락꼬지구이	211~5	7호	—	20.0	106.9	4.0	80	15
⑦ 생선, 야채혼합찜, 기타								
다랭이야채찜	301~3	휴대관	—	20.0	111.3~112.6	7.0~ 8.0	70~ 80	15~20
꽁치 〃	301~4	6호	—	20.0~21.0	112.6~115.2	8.0~10.0	90	15
튀김 〃	211~5	7호	—	25.0	114.0	9.0	90	10
〃	307~2	평 2호	—	21.0	112.6	8.0	70	30
〃	301~3	휴대관	—	25.0	114.0	9.0	80	10
어단	301~7	4호	—	25.0	115.2	10.0	80	10
굴 soup	211~5	7호	5.8	7.0	109.9	6.0	65	15

원료품종명 조리방법 및 통조림 종류명	관형		내용물의 pH	가열초기온도(℃)	살균온도 (℃)	압력계에 표시된 눈금 (lbs/in2)	살균시간 (분)	가열개시에서 정온도까지의 시간 (분)
	관호칭	일본명						
2. 야채								
① 보일드								
죽순보일드	603~2	특수 1호	4.5~5.8	50.0~97.0	98.9~109.9	0~ 6.0	50~120	30
죽순보일드	401~4	2호	4.5~5.8	60.0~97.0	106.9~109.9	4.0~ 6.0	50~ 70	15~30
죽순보일드	307~4	3호	4.5~5.8	60.0~93.0	98.9~109.9	0~ 6.0	40~ 90	5~60
죽순보일드	301~7	4호	4.5~5.8	66.0~85.0	101.8~108.4	1.0~ 5.0	35~ 60	10~30
아스파라가스보일드	301~7	4호	5.0~5.6	70.0~80.0	108.4~115.8	5.0~10.0	26~ 40	10~15
〃	211~5	7호	5.0~5.6	60.0~85.0	109.9~115.8	6.0~10.0	23~ 30	10~20
〃		각 1호	5.0~5.6	20.0~85.0	111.3~115.8	7.0~10.5	23~ 50	3~40
연뿌리보일드	401~4	2호	—	—	103.6	2.0	40	15
그린피스보일드	603~2	특수 1호	5.0~6.0	50.0~85.0	104.5~109.9	2.5~ 6.0	60~ 90	10~25
〃	401~4	2호	5.0~6.0	80.0	108.4	5.0	60	15
〃	307~4	3호	5.0~6.0	90.0	105.3	3.0	50	15
〃	301~7	4호	5.0~6.0	40.0~90.0	104.5~109.9	2.5~ 6.0	35~ 75	8~30
〃	301~4	6호	5.0~6.0	60.0~85.0	105.3~118.4	3.0~ 5.0	30~ 60	5~25
양송이보일드	211~3	2호	—	—	111.3	7.0	60	—
양송이보일드	301~6	3호	—	—	113.3	7.0	80	—
양송이보일드	301~7	4호	—	—	113.3	7.0	100	—
양송이보일드	211~5	7호	4.2	60.0~95.0	109.9	6.0	60	15~30
양송이보일드	603~2	특수 1호	—	—	115.2	10.0	80	—
Sweet corn	301~7	4호	—	27.0	115.8	10.5	80	—
② 맛들이								
송이구이	211~5	7호	6.2~6.5	68.0~90.0	103.6~111.3	2.0~ 7.0	35~ 65	4~35
콩자반	301~4	6호	5.5	60.0	108.4~109.9	5.0~ 6.0	60~ 70	20~25
콩자반	211~5	7호	5.0	60.0	112.6	8.0	80	15
밤당과	301~5	5호	5.6~6.2	80.0	98.9	—	60	—
밤당과	211~5	7호	5.6~6.2	38.0~77.0	100.0~103.6	0.0~ 0.2	40~ 90	15~40
③ 김치류								
김치	303~1	평 2호	4.0~4.5	65.0	81~85	—	12~ 15	—
김치	301~3	휴대관	4.0~4.5	65.0	81~85	—	12~ 15	—
깍뚜기	301~3	휴대관	4.0~4.5	65.0	83~90	—	12~ 16	—
깍두기	301~4	6호	4.0~4.5	65.0	83~90	—	12~ 16	—
토마토퓌레	603~2	특수 1호	4.2	80.0	90.0	—	10	—
토마토퓌레	401~4	2호	4.2	80.0	90.0	—	10	—
마늘장아찌	301~1	3호	3.8~4.4	65.0	81~84	—	12~ 16	—
마늘장아찌	301~3	휴대관	3.8~4.4	65.0	82~85	—	12~ 16	—
3. 과실								
① Syrup 절임								
귤	603~2	특수 1호	3.6~4.0	18.0~24.0	80.0~85.0	—	26~30	—
귤	401~3	2호	3.6~4.0	10.0~40.0	78.0~87.8	—	13~25	—
귤	301~7	4호	3.6	21.1	82.2	—	14	—
귤	301~5	5호	3.6~4.0	10.0~30.0	78.0~90.6	—	7~25	—
귤	211~5	7호	3.6~4.0	21.1~25.0	82.2	—	12	—
귤	211~4	과실 7호	3.6~4.0	21.0	82.2	—	12	—

원료품종명 조리방법 및 통조림 종류명	관형		내용물의 pH	가열초기온도(℃)	살균온도(℃)	압력계에 표시된 눈금(1bs/in2)	살균시간(분)	가열개시에서 정온도까지의 시간(분)
	관호칭	일본명						
백도	401~4	2호	3.6~4.2	18.0	97.0~100.0	—	18~60	3~ 6
백도	301~7	4호	3.6~4.2	18.0	95.0~100.0	—	18~50	3~20
백도	301~5	5호	3.6~4.2	18.0	90.0~100.0	—	20~60	2~10
백도	211~4	과실 7호	3.6~4.2	—	95.0	—	25	—
황도	301~7	4호	3.6~4.0	18.0~40.0	93.3~100.0	—	25~35	—
황도	301~5	5호	3.6~4.0	21.1	93.3	—	20	—
사과파인류	603~2	특수 1호	3.8	—	98.0	—	30	—
사과파인류	301~5	5호	3.8	21.0~40.0	82.2~ 85.0	—	15~30	—
포도	301~7	4호	3.0~3.7	15.0~25.0	82.2~109.1	5.5	15~25	—
포도	301~5	5호	3.0~3.7	—	109.1	5.5	16	—
서양배	401~4	2호	3.7~4.2	21.0	93.3~ 95.0	—	25~40	—
서양배	301~7	4호	3.7~4.2	21.0	90.0~ 93.3	—	14~30	—
서양배	301~5	5호	3.7~4.2	21.0	90.0~ 93.3	—	12~30	—
살구	401~4	2호	—	—	95.0	—	15	—
살구	301~7	4호	—	85.0	85.0~ 95.0	—	10~18	—
살구	301~5	5호	—	10.0	90.0	—	13	—
살구	301~7	4호	3.6~4.0	21.0	90.0~ 95.0	—	7~20	—
② Jam Marmalade Preserve								
딸기잼	301~5	5호	3.6~4.0	77.0~95.0	93.3~98.3	—	10~30	—
딸기잼	211~2	8호	3.6~4.0	77.0	93.3~95.0	—	10~25	—
딸기잼		18ℓ	3.6~4.0	77.0	98.9	—	40	—
복숭아잼	301~5	5호	3.8	77.0	93.3	—	30	—
살구잼	301~5	5호	—	—	95.0	—	5~10	—
살구잼		18ℓ	—	—	100.0	—	10	—
사과잼	301~5	5호	3.4~3.6	77.0~87.0	93.3~95.0	—	10~30	—
사과잼	211~2	8호	3.4~3.6	77.0	93.3	—	20	—
사과잼		18ℓ	3.4~3.6	87.0~89.0	95.0~98.0	—	20	—
사과잼		9ℓ	3.4~3.6	—	95.0~98.0	—	20	—
포도잼	301~5	5호	—	—	85.0	—	15	—
오랜지마마레드	〃	5호	3.8	93.3~95.0	93.3~95.0	—	10~30	—
과실프리저브	〃	5호	—	85.0	85.0	—	15	—
③ 주스								
오렌지주스	301~7	4호	3.2	60.0	82.2	—	20	—
오렌지주스		200g 관	—	70.0~75.0	85.0	—	12	—
사과주스	301~7	4호	3.4~3.8	40.0~70.0	87.8~91.7	—	15~20	—
포도주스		200g 관	—	70.0~75.0	85.0	—	10	—
토마토주스	301~7	200g 관	—	60.0~75.0	90.0~95.0	—	12~15	—
토마토주스	301~7	4호	—	60.0	95.0	—	21	—
④ Solid Pack 기타								
과실제리	301~5	5호	—	80.0	85.0	—	15	—
사과 Solid Pack	307~4	3호	—	—	98.0	—	13~18	—
〃	603~2	1호	3.8	66.0	98.9	—	20	—

원료품종명 조리방법 및 통조림 종류명	관형		내용물의 pH	가열초기온도(℃)	살균온도 (℃)	압력계에 표시된 눈금 (1bs/in2)	살균시간 (분)	가열개시에서 정온도까지의 시간 (분)
	관호칭	일본명						
4. 축산물								
① 맛들이								
쇠고기맛들이	301~4	6호	5.6~7.4	21.0~54.0	108.4~112.6	5.0~8.0	50~80	5~20
쇠고기맛들이	211~2	8호	5.6~7.4	—	108.4	5.0	50	8
쇠고기맛들이	303~3	휴대	5.6~7.4	15.0~45.0	109.4~112.6	6.0~8.0	50~60	5~20
쇠고기야채맛들이	301~5	5호	6.0	30.0	109.9	6.0	60	15~18
쇠고기야채맛들이	301~4	6호	6.0	18.0~30.0	113.4~112.6	7.0	70	15~25
쇠고기야채맛들이	301~3	휴대	6.0	18.0~50.0	109.9~112.6	6.0~7.0	45~70	7~25
닭고기가미	301~4	6호	6.0	—	112.6	8.0	70	—
② 콘-비후, 햄 소시지 및 베이컨								
콘—비후		콘비후1호	6.0	60.0	108.4	5.0	50	10
〃		콘비후2호	6.0	40.0~80.0	108.4~112.6	5.0~8.0	60~90	5~15
원기—소시지	211~2	8호	6.0	16.0~30.0	106.9~112.6	4.0~8.0	90	10~20
후랑크푸르트소시지	211~5	7호	—	21.0	108.4	5.0	60	10
슬라이스베이컨		소시지각관	—	—	100.0	—	80	—
소시지미트		소시지각관	—	45.0	111.3	7.0	70	10
③ 기타								
닭고기보일드	401~4	2호	—	50.0	115.8	10.5	90	15
닭고기보일드	301~7	4호	—	25.0~40.0	115.8	10.5	70~90	10~25
육페스트	401~4	2호	—	75.6~80.0	112.0	7.5	90	10
육페스트		포켓 3호	—	80.0	112.0	7.5	50	10
5. 조리식품								
볶음밥	401~2	평 1호	6.6	90.0	112.6	8.0	80	15
카레라이스	301~4	6호	—	75.0	111.3	7.0	60	10
카레페스트	401~4	2호	—	75.0~80.0	112.0	7.5	90	10
카레페스트	301~4	6호	—	75.0~80.0	112.0	7.5	60	10
햄버그	301~7	4호	6.0	38.0	112.6	8.0	100	—
비후스류	301~5	5호	6.0	38.0	112.6	8.0	80	—
토마토스프	301~7	4호	—	60.0	93.3	—	30	—
토마토스프	211~5	7호	—	80.0	108.4	5.0	30	8

찾아보기

참고문헌

A. 단행본 및 주요논문

이성갑 농산식품가공이용학 유림문화사 1992
이성갑 원예식품가공이용학 효일 출판사 2001
이성갑 축산식품가공이용학 선진문화사 2000
이성갑.김동수 수산식품가공이용학 광문각 2000
이성갑 통조림식품제조학 안성대학교 출판부 1998
이성갑통조림제조학 실험실습서 수학사 1994, 유한문화사 2000
이성갑 외 고교 식품가공기술Ⅱ 교육인적자원부 2002
이성갑 외 식품위생과 HACCP 광문각 2003
이성갑 식품첨가물공전 한국시품기술사협회 2003
이성갑.심우만 외 식품위생관계법규 편람 광문각 2008
식품의약품안전청 식품공전 2008
식품의약품안전청 건강기능식품 공전 2007
강대일 식품유통연감 식품저널 2008
강대일 건강기능식품연감 식품저널
김윤환 농산물상품편람 농업협동조합중앙회 1971
한국식품과학회 식품과학용어사전 광일문화사 2006
이철호 권태완 한국 식품학입문 고려대학교 출판부 2003
정강현.임지순.오문헌.김종국 식품가공학 문운당 2007
김재욱.이택수.김관유.금종화 식품가공저장학 광문각 2005
송재철. 박현정 최신 식품가공. 저장학 효일문화사 1998
김재욱. 김정호 식품가공학 문운당 2006
유태종. 이상건.김두진 식품가공학 문운당 1990
이응호.우상규 외 식품가공 및 저장 동명사 1996
이갑상 도해 식품가공실험. 실습 집현사 1986
이갑상.김동한 식품저장가공학 학문사 1995
이서래 가공식품학 고문사 1992
조은자. 장명숙 식품가공저장 효일문화사 1991
손태화.성종환외 식품가공학 형설출판사 1996
장학길.이영택 식품가공학 신광출판사 2004
김재욱.이계호.안승요 식품저장 및 가공 한국방송통신대학교 출판부 1995
김형열 식품가공기술학 효일문화사 2001
안용근.김동우, 노영희, 손천배 외 현대 식품가공실험 효일문화사 1999
이강윤.우세홍외 식품첨가물 개문사 1999
고하영 식품평가 석학당 2004

정동효 발효와 미생물공학 선진문화사 1989
한국식품과학회 식품공학 형설출판사 1984
이화영. 전해수 단위조작 회중당 1990
이한창 발효식품 신광출판사 1991
김동훈 식품화학 탐구당 1989
문범수.이갑상 식품재료학 수학사 1981
박영호 식품포장학 수학사 1993
정동효.박무현. 레토르트 식품
이철호.김동철 외 식품 EXTRUSION 기술 유림문화사 1987
고준수.곽해수 외 유식품가공학 선진문화사 2002
송계원 외. 식육과 육제품의 과학 선진문화사 1982
이유방.이무하 식육과학 의 이론과 응용 선진문화사 1990
한석현 계란의 과학과 그 이용 선진문화사 1996
김진수.염동민 외 통조림식품의 기초와 응용 효일문화사 2001
유태종 식품보감 문운당 1989
이응호 역(野中順三九 원저) 식품보장학 요론 수학사 1978
전희정. 전새일외 식품과 현대인의 건강 지구문화사 2005
박영호.장동석외 수산가공이용학 형설출판사 1994
한응수 식품안전과 품질관리 태학원 2006
이재영외 유가공학 향문사 1993
농수산물유통공사 일본가공식품 트랜드 2004
한응수 청과물저장과 가공기술 유림문화사 1997
이병영 농산물의 수확후처리기술 하트기획 2005
Rhee, Seong Kap OUTLINES OF FISH TECHNOLOGY JIN RO PUB.C).LTD 1994
HELEN CHARLEY. CONNIE WEAVER FOODS MERRILL. AN IMPRINT of PRENTICE HALL 1998
Lampert I M., Modern Dairy Products Food Trade, 1975
J.C. Torrest, Aberte E. D Principles of Mear Science Freeman and Co, 1975
C.T.Townsend A Laboratory Manual for the Canning Industry N.C.A Res.Lab. 1956
A.C.Hersam.,E.D.Hulland Canned Food J.A. Churchill LTD 1983
Brown.G.G. and Associates : Unit Operations. John Wiley and sons.1950
N.W. and J.N. Desrosier The Technology of Food Preservation, AVI 1977
Earle, R.S Unit Operation in Food Processing Pergamon Press, London, 1966
A.DE MERINDOL Fish Curing and Processing Mir Publishers MOSCOW RUSSIA 1969
F.A.PAINE Packaging Materials and Containers Blackie & Son Limited London UK 1967
小原哲二郎 外 食品加工工程圖鑑 建帛社 1994
小原哲二郎 外 食品製造學 建帛社 1982
小原哲二郎 食品材料學 地球出版 1968

谷川英一 罐詰의 製造 杞元社 1956
市原仲一. 櫻井芳人 食品の 包裝. 罐びん詰 光琳書院 1967
龜和田光男 食品新素材の開發と應用 シ-エム シ- 1987
木村進 .龜和田光男 食品加工の革新技術 シ-エム シ- 1986
二國 二郎, 伊勢村壽三(Scott Blair) 新 食品學(Foodstuffs) 朝蒼 書店 1968
加藤舜郎 食品冷凍の理論と應用 光琳 書院 1976

B. 국내외 식품전문잡지

식품과학회지 (한국식품과학회)
한국농화학회지 (한국농화학회)
한국응용생명화학회지(한국응용생명화학회)
한국영양식량학회지 (한국영양식량학회)
한국식품영양과학회지(한국식품영양과학회)
한국영양학회지 (한국영양학회)
한국산업식품공학회지 (한국산업식품공학회)
한국식생활문화학회지 (한국식생활문화학회)
한국축산식품학회지 (한국축산식품학회)
한국식품저장유통학회지 (한국식품저장유통학회)
한국식품위생안전성학회지 (한국식품위생안전성학회)
한국미생물생명공학회지 (한국미생물생명공학회)
한국산업식품제조학회지 (한국산업식품제조학회)
식품공업 (한국식품공업협회)
식품기술(한국식품연구원)
食品工業(日本)
化學工業(日本)
日本食品工業學會誌(日本食品工業學會)
食品 と科學 (日本)
營養と食品 (日本)
食品開發 (日本)
CEREAL CHEMISTRY
FOOD TECHNOLOGY
Journal of FOOD SCIENCE
Journal of Agriculture and FOOD CHEMISTRY
Nature
Journal of Biological Chemistry
Biochemistry
CHEMICAL ENGINEERING

필자소개

저자 **이 성 갑** 박사

■ 학력
▷ 고려대학교 농과대학 농화학과 (농학사)
▷ 인도 Mysore 대학원(식품공학석사)
▷ 중앙대학교 대학원 식품가공학과 (농학석사)
▷ 충북대학교 대학원 식품공학과 (농학박사)

■ 경력
▷ 농촌진흥청 농공이용연구소,농업연구관
▷ 농개공.한국냉장(주) 연구개발부장
▷ 국립한경대학교식품공학과 교수,대학원장
▷ 보건복지부 식품위생심의위원회 위원
▷ (사)한국식품기술사협회 회장

■ 자격
▷ 식품기술사 자격취득

■ 상훈
▷ 녹조근정훈장(대한민국)
▷ 국무총리 표창(교육공로)

■ 저서
1. 수산식품가공이용학, 광문각.진로연구사
2. 축산식품가공이용학, 세진사.선진문화사
3.농산식품가공이용학 , 유임문화사
3.식육가공학,안성산업대학교출판부
4. Outlines of Fish Technology,JinRoPub.
5.통조림식품 제조학,안성대출판부,수학사.유한사
6. 원예식품가공이용학, 효일 출판사
7. 식품위생관계법규편람, 광문각
8. 냉동냉장식품학,한경대학교 출판부
9.식품위생과 HACCP, 광문각
10.식품첨가물 총서, 한국식품기술사협회
11.최신 식품기술사시험문제해설집,광문각.석학당
12.식품(산업)가사 문제해설집,석학당,수학사.지구문화사
13.이성갑교수화보및 정년기념연구업적문집.연화사
14.종합해설 식품가공이용학.석학당 외 20종

■ 논문
▷ Durian종자전분과 구약감자의이화학적특성.외 200여편

■ 특허
▷ Silk 가수분해물을 이용한 김치조성물 외8 종

■ 현재
▷ 한국산업인력공단 국가기술자격시험위원
▷ 한국과학기술정보연구원 전문 연구위원
▷ 호서대학교자연대식품생물공학과 초빙교수

종합해설 **식품가공이용학**

2008년 8월 22일 1판 1쇄 발행
2012년 8월 23일 1판 3쇄 인쇄
2012년 8월 28일 1판 3쇄 발행

지은이 이 성 갑
펴낸이 윤 용 호
펴낸곳 석학당 출판사
121-856 서울시 마포구 신수동 448-6
등록 2001.10.23. 제10-2238호
전화 02)719-6116
팩스 02)719-6120
www.shdbooks.co.kr
E-mail shd6116@chol.com

ISBN 978-89-93158-06-9 93590

가격 25,000원